Network Calculus

华为数据通信·基础理论系列

丛书主编·**徐文伟**

NETWORK CALCULUS

A Theory of Deterministic Queuing Systems for the Internet

网络演算

互联网确定性排队系统理论

[瑞士]让-伊夫·勒布代克(Jean-Yves Le Boudec)
[比利时]帕特里克·蒂兰(Patrick Thiran) 著

李峭 赵露茜 何锋 赵琳 周璇 译

张嘉怡 王心远 王童童 审校

人民邮电出版社

北京

图书在版编目（CIP）数据

网络演算 : 互联网确定性排队系统理论 / （瑞士）让-伊夫·勒布代克（Jean-Yves Le Boudec），（比）帕特里克·蒂兰（Patrick Thiran）著 ; 李峭等译. -- 北京 : 人民邮电出版社，2022.3（2023.11重印）
（华为数据通信. 基础理论系列）
ISBN 978-7-115-58463-2

Ⅰ. ①网… Ⅱ. ①让… ②帕… ③李… Ⅲ. ①排队论—研究 Ⅳ. ①O226

中国版本图书馆CIP数据核字（2022）第017827号

内 容 提 要

本书主要阐述网络演算的理论，介绍对互联网确定性排队系统性能的界限分析方法。第一部分结合应用实例，给出网络演算综述及概念解释，介绍时延、积压、输出流量行为等界限分析方法。第二部分详细介绍网络演算的形式化数学理论研究，基于最小加代数的分析体系，对更通用、更复杂的系统进行建模和分析。第三部分介绍结合互联网特性的进阶研究，包括最优多媒体平滑、聚合调度、自适应保证与数据包尺度速率保证、时变整形器、有损系统等场景，给出积压等界限分析方法及其结果。

本书开创性地确立了互联网确定性排队系统的理论基础，可供通信、计算机网络专业的研究生学习，亦可供从事互联网、实时系统等设计、分析、验证的工程师参考。

◆ 著　　[瑞士] 让-伊夫·勒布代克（Jean-Yves Le Boudec）
　　　　[比利时] 帕特里克·蒂兰（Patrick Thiran）
译　　李　峭　赵露茜　何　锋　赵　琳　周　璇
审　校　张嘉怡　王心远　王童童
责任编辑　邓昱洲
责任印制　李　东　焦志炜

◆ 人民邮电出版社出版发行　北京市丰台区成寿寺路 11 号
邮编　100164　电子邮件　315@ptpress.com.cn
网址　https://www.ptpress.com.cn
固安县铭成印刷有限公司印刷

◆ 开本：720×1000　1/16
印张：22　　2022 年 3 月第 1 版
字数：395 千字　　2023 年 11 月河北第 5 次印刷

著作权合同登记号　图字：01-2020-0705 号

定价：99.00 元

读者服务热线：(010)81055552　印装质量热线：(010)81055316
反盗版热线：(010)81055315
广告经营许可证：京东市监广登字 20170147 号

华为数据通信·基础理论系列

编　委　会

译者简介

李峭，北京航空航天大学工学博士，北京航空航天大学电子信息工程学院副教授，曾在沈阳飞机设计研究所担任客座航空电子工程师，主要研究领域涉及实时系统、数字通信、数据通信和计算机网络，承担过多项航空电子综合化网络工程课题。从2002年开始学习并熟悉网络演算理论，并将其应用于航空电子网络（如AFDX网络和TTE网络）技术的推广工作中。目前主要研究时间敏感网络（TSN）和航空电子无线机舱内互连（WAIC）网络，致力于利用确定性网络演算和随机网络演算进行网络性能评价。

赵露茜，北京航空航天大学工学博士，2017年前往丹麦技术大学从事博士后研究工作，获玛丽·居里学者称号，2019年年底开始在慕尼黑工业大学从事科研工作。主要研究方向为实时通信网络形式化方法（确定性网络演算）下实时性能的分析以及网络配置研究，主要研究对象为针对实时和安全关键性应用的以太网新一代子标准时间敏感网络（TSN）。在相关领域发表10余篇论文，谷歌学术h因子为10。

何锋，北京航空航天大学工学博士，北京航空航天大学电子信息工程学院副教授，2014—2015年作为公派访问学者赴法国INP-ENSEEIHT（法国工程师学校，图卢兹大学成员）从事合作研究。主要研究领域涉及实时通信系统、嵌入式网络、实时性能评估（主要聚焦于航空电子和车载电子领域），以及航空电子综合技术。已出版2部专著，发表76篇论文。

赵琳，北京航空航天大学工学博士，中国航天科工集团有限公司工程师。主要研究方向为安全关键性网络和实时网络性能评估，近3年在通信与信息系统专业领域发表7篇学术论文，包含2篇SCI检索期刊论文和1篇最佳会议论文。

周璇，北京航空航天大学工学学士，现攻读北京航空航天大学信息与通信工程博士学位。主要研究领域为实时通信系统调度设计与性能评估，已在实时计算机网络领域发表5篇学术论文，包含1篇最佳会议论文。

审校者简介

审校者简介

张嘉怡：清华大学博士。在华为公司从事网络演算的应用研究、网络建模和性能评估工作。

王心远：河北工业大学硕士。在华为公司从事高速以太接口、网络演算的研究工作。

王童童：瑞典林雪平大学硕士。在华为公司从事网络SLA保障关键技术研究和标准化工作，担任IEEE 802.1DF编委。

总　　序

“2020 年 12 月 31 日，华为 CloudEngine 数据中心交换机全球销售额突破 10 亿美元。”

我望向办公室的窗外，一切正沐浴在旭日玫瑰色的红光里。收到这样一则喜讯，倏忽之间我的记忆被拉回到 2011 年。

那一年，随着数字经济的快速发展，数据中心已经成为人工智能、大数据、云计算和互联网等领域的重要基础设施，数据中心网络不仅成为流量高地，也是技术创新的热点。在带宽、容量、架构、可扩展性、虚拟化等方面，用户对数据中心网络提出了极高的要求。而核心交换机是数据中心网络的中枢，决定了数据中心网络的规模、性能和可扩展性。我们洞察到云计算将成为未来的趋势，云数据中心核心交换机必须具备超大容量、极低时延、可平滑扩容和演进的能力，这些极致的性能指标，远远超出了当时的工程和技术极限，业界也没有先例可循。

作为企业 BG 的创始 CEO，面对市场的压力和技术的挑战，如何平衡总体技术方案的稳定和系统架构的创新，如何保持技术领先又规避不确定性带来的风险，我面临一个极其艰难的抉择：守成还是创新？如果基于成熟产品进行开发，或许可以赢得眼前的几个项目，但我们追求的目标是打造世界顶尖水平的数据中心交换机，做就一定要做到业界最佳，铸就数据中心带宽的“珠峰”。至此，我的内心如拨云见日，豁然开朗。

我们勇于创新，敢于领先，通过系统架构等一系列创新，开始打造业界最领先的旗舰产品。以终为始，秉承着打造全球领先的旗舰产品的决心，我们快速组建研发团队，汇集技术骨干力量进行攻关，数据中心交换机研发项目就此启动。

CloudEngine 12800 数据中心交换机的研发过程是极其艰难的。我们突破了芯片架构的限制和背板侧高速串行总线（SerDes）的速率瓶颈，打造了超大容量、超高密度的整机平台；通过风洞试验和仿真等，解决了高密交换机的散热难题；通过热电、热力解耦，突破了复杂的工程瓶颈。

我们首创数据中心交换机正交架构、Cable I/O、先进风道散热等技术，自研超薄碳基导热材料，系统容量、端口密度、单位功耗等多项技术指标均达到国际领先水平，“正交架构 + 前后风道”成为业界构筑大容量系统架构的主流。我们首创的“超融合以太”技术打破了国外 FC（Fiber Channel，光纤通道）存储网络、超算互联 IB（InfiniBand）网络的技术封锁；引领业界的 AI ECN（Explicit Congestion Notification，显式拥塞通知）技术实现了 RoCE（RDMA over Converged Ethernet，基于聚合以太网的远程直接存储器访问）网络的实时高性能；PFC（Priority-based Flow Control ，基于优先级的流控制）死锁预防技术更是解决了 RoCE 大规模组网的可靠性问题。此外，华为在高速连接器、SerDes、高速 AD/DA（Analog to Digital/Digital to Analog，模数/数模）转换、大容量转发芯片、400GE 光电芯片等多项技术上，全面填补了技术空白，攻克了众多世界级难题。

2012 年 5 月 6 日，CloudEngine 12800 数据中心交换机在北美拉斯维加斯举办的 Interop 展览会闪亮登场。CloudEngine 12800 数据中心交换机闪耀着深海般的蓝色光芒，静谧而又神秘。单框交换容量高达 48 Tbit/s，是当时业界最高水平的 3 倍；单线卡支持 8 个 100GE 端口，是当时业界最高水平的 4 倍。业界同行被这款交换机超高的性能数据所震撼，业界工程师纷纷到华为展台前一探究竟。我第一次感受到设备的 LED 指示灯闪烁着的优雅节拍，设备运行的声音也变得如清谷幽泉般悦耳。随后在 2013 年日本东京举办的 Interop 展览会上，CloudEngine 12800 数据中心交换机获得了 DCN（Data Center Network，数据中心网络）领域唯一的金奖。

我们并未因为 CloudEngine 12800 数据中心交换机的成功而停止前进的步伐，我们的数据通信团队继续攻坚克难，不断进步，推出了新一代数据中心交换机——CloudEngine 16800。

华为数据中心交换机获奖无数，设备部署在 90 多个国家和地区，服务于 3800 多家客户，2020 年发货端口数居全球第一，在金融、能源等领域的大型企业以及科研机构中得到大规模应用，取得了巨大的经济效益和社会效益。

数据中心交换机的成功，仅仅是华为在数据通信领域众多成就的一个缩影。CloudEngine 12800 数据中心交换机发布一年多之后，2013 年 8 月 8 日，华为在北京发布了全球首个以业务和用户体验为中心的敏捷网络架构，以及全球首款 S12700 敏捷交换机。我们第一次将 SDN（Software Defined Network，软件定义网络）理念引入园区网络，提出了业务随行、全网安全协防、IP（Internet Protocol，互联网协议）质量感知以及有线和无线网络深度融合四大创新方案。基于可编程 ENP（Ethernet Network Processor，以太网络处理器）灵活的报文处理和流量控制能力，S12700 敏捷交换机可以满足企业的定制化业务诉求，助力客户构建弹性可扩展的网络。在面向多媒体及移动化、社交化的时代，传统以技术设备为中心的网络必将改变。

多年来，华为以必胜的信念全身心地投入数据通信技术的研究，业界首款 2T 路由器平台 NetEngine 40E-X8A / X16A、业界首款 T 级防火墙 USG9500、业界首款商用 Wi-Fi 6 产品 AP7060DN…… 随着这些产品的陆续发布，华为 IP 产品在勇于创新和追求卓越的道路上昂首前行，持续引领产业发展。

这些成绩的背后，是华为对以客户为中心的核心价值观的深刻践行，是华为在研发创新上的持续投入和厚积薄发，是数据通信产品线几代工程师孜孜不倦的追求，更是整个 IP 产业迅猛发展的时代缩影。我们清醒地意识到，5G、云计算、人工智能和工业互联网等新基建方兴未艾，这些都对 IP 网络提出了更高的要求，“尽力而为”的 IP 网络正面临着“确定性”SLA（Service Level Agreement，服务等级协定）的挑战。这是一次重大的变革，更是一次宝贵的机遇。

我们认为，IP 产业的发展需要上下游各个环节的通力合作，开放的生态是 IP 产业成长的基石。为了让更多人加入到推动 IP 产业前进的历史进程中来，华为数据通信产品线推出了一系列图书，分享华为在 IP 产业长期积累的技术、知识、实践经验，以及对未来的思考。我们衷心希望这一系列图书对网络工程师、技术爱好者和企业用户掌握数据通信技术有所帮助。欢迎读者朋友们提出宝贵的意见和建议，与我们一起不断丰富、完善这些图书。

华为公司的愿景与使命是“把数字世界带入每个人、每个家庭、每个组织，构建万物互联的智能世界”。IP 网络正是“万物互联”的基础。我们将继续凝聚全人类的智慧和创新能力，以开放包容、协同创新的心态，与各大高校和科研机构紧密合作。希望能有更多的人加入 IP 产业创新发展活动，让我们种下一份希望、发出一缕光芒、释放一份能量，携手走进万物互联的智能世界。

徐文伟

华为董事、战略研究院院长

2021 年 12 月

“华为数据通信·基础理论系列”序言

20 世纪 30 年代，英国学者李约瑟（Joseph Needham）曾提出这样的疑问：为什么在公元前 1 世纪到公元 15 世纪期间，中国文明在获取自然知识并将其应用于人的实际需要方面要比西方文明更有成效？然而，为什么近代科学蓬勃发展没有出现在中国？这就是著名的“李约瑟难题”，也称“李约瑟之问”。对这个“难题”的理解与回答，中外学者见仁见智。有一种观点认为，在人类探索客观世界的漫长历史中，技术发明曾经长期早于科学研究。古代中国的种种技术应用，更多地来自匠人经验知识的工具化，而不是学者科学研究的产物。

近代以来，科学研究的累累硕果带来了技术应用的爆发和社会的进步。力学、热学基础理论的进步，催生了第一次工业革命；电磁学为电力的应用提供了理论依据，开启了电气化时代；香农（Shannon）创立了信息论，为信息与通信产业奠定了理论基础。如今，重视并加强基础研究已经成为一种共识。在攀登信息通信技术高峰的 30 多年中，华为公司积累了大量成功的工程技术经验。在向顶峰进发的当下，华为深刻认识到自身理论研究的不足，亟待基础理论的突破来指导工程创新，以实现技术持续领先。

“华为数据通信·基础理论系列”正是基于这样的背景策划的。2019 年年初，华为公司数据通信领域的专家们从法国驱车前往位于比利时鲁汶的华为欧洲研究院，车窗外下着大雨，专家们在车内热烈讨论数据通信网络的难点问题，不约而同地谈到基础理论突破的困境。由于具有“统计复用”和“网络级方案”的属性，数据通信领域涉及的理论众多，如随机过程与排队论、图论、最优化理论、信息论、控制论等，而与这些理论相关的图书中，适合国内从业者阅读的中文版很少。华为数据通信产品线研发部总裁刘少伟当即表示，我们华为可以牵头，与业界专家一起策划一套丛书，一方面挑选部分经典图书引进翻译，另一方面系统梳理我们自己的研究成果，让从业者及相关专业的高校老师和学生能更系统、更高效地学习理论知识。

在规划丛书选题时，我们考虑到随着通信技术和业务的发展，网络的性能受到了越来越多的关注。在物理层，性能的关键点是提升链路或者 Wi-Fi 信道的容量，这依赖于摩尔定律和香农定律；网络层主要的功能是选路，通常路径上链路的瓶颈决定了整个业务系统所能实现的最佳性能，所以网络层是用户业务体验的上界，业务性能与系统的瓶颈息息相关；传输层及以上是用户业务体验的下界，通过实时反馈精细调节业务的实际发送，网络性能易受到网络服务质量（如时延、丢包）的影响。因此，从整体网络视角来看，网络性能提升优化是对“业务要求+吞吐率+时延+丢包率”多目标函数求最优解的过程。为此，首期我们策划了《排队论基础》（第 5 版）（*Fundamentals of Queueing Theory, Fifth Edition*）、《网络演算：互联网确定性排队系统理论》（*Network Calculus: A Theory of Deterministic Queuing Systems for the Internet*）和《MIMO-OFDM 技术原理》（*Technical Principle of MIMO-OFDM*）这三本书，前两本介绍与网络服务质量保障相关的理论，后一本介绍与 Wi-Fi 空口性能研究相关的技术原理。

由美国乔治·华盛顿大学荣誉教授唐纳德·格罗斯（Donald Gross）和美国乔治·梅森大学教授卡尔·M. 哈里斯（Carl M. Harris）撰写的《排队论基础》自 1974 年第 1 版问世以来，一直是排队论领域的权威指南，被国外多所高校列为排队论、组合优化、运筹管理相关课程的教材，其内容被 7000 余篇学术论文引用。这本书的作者在将排队论应用于多个现实系统方面有丰富的实践经验，并在 40 多年中不断丰富和优化图书内容。本次引进翻译的是由美国乔治·梅森大学教授约翰·F. 肖特尔（John F. Shortle）、房地美公司架构师詹姆斯·M. 汤普森（James M. Thompson）、唐纳德·格罗斯和卡尔·M. 哈里斯于 2018 年更新的第 5 版。由让-伊夫·勒布代克（Jean-Yves Le Boudec）和帕特里克·蒂兰（Patrick Thiran）撰写的《网络演算：互联网确定性排队系统理论》一书于 2002 年首次出版，是两位作者在洛桑联邦理工学院从事网络性能分析研究、系统应用时的学术成果。这本书出版多年来，始终作为网络演算研究者的必读书目，也是网络演算学术论文的必引文献。让-伊夫·勒布代克教授的团队在 2018 年开始进行针对时间敏感网络的时延上界分析，其方法就脱胎于《网络演算：互联网确定性排队系统理论》这本书的代数理论框架。本次引进翻译的是作者于

2020 年 9 月更新的最新版本，书中详细的理论介绍和系统分析，对实时调度系统的性能分析和设计具有指导意义。

《MIMO-OFDM 技术原理》的作者是华为 WLAN LAB 以及华为特拉维夫研究中心的专家多伦·埃兹里（Doron Ezri）博士和希米·希洛（Shimi Shilo）。从 2007 年起，多伦·埃兹里一直在特拉维夫大学教授 MIMO-OFDM 技术原理的研究生课程，这本书就是基于该课程讲义编写的中文版本。相比其他 MIMO-OFDM 图书，书中除了给出 MIMO 和 OFDM 原理的讲解外，作者团队还基于多年的工程研究和实践，精心设计了丰富的例题，并给出了详尽的解答，对实际无线通信系统的设计有较强的指导意义。读者通过对例题的研究，可进一步深入地理解 MIMO-OFDM 系统的工程约束和解决方案。

数据通信领域以及整个信息通信技术行业的研究最显著的特点之一是实用性强，理论要紧密结合实际场景的真实情况，通过具体问题具体分析，才能做出真正有价值的研究成果。众多学者看到了这一点，走出了象牙塔，将理论用于实践，在实践中丰富理论，并在著书时鲜明地体现了这一特点。本丛书书目的选择也特别注意了这一点。这里我们推荐一些优秀的图书，比如，排队论方面，可以参考美国卡内基·梅隆大学教授莫尔·哈肖尔-巴尔特（Mor Harchol-Balter）的 *Performance Modeling and Design of Computer Systems: Queueing Theory in Action*（中文版《计算机系统的性能建模与设计：排队论实战》已出版）；图论方面，可以参考加拿大滑铁卢大学两位教授约翰·阿德里安·邦迪（John Adrian Bondy）和乌帕鲁里·西瓦·拉马钱德拉·莫蒂（Uppaluri Siva Ramachandra Murty）合著的 *Graph Theory*；优化方法理论方面，可以参考美国加州大学圣迭戈分校教授菲利普·E. 吉尔（Philip E. Gill）、斯坦福大学教授沃尔特·默里（Walter Murray）和纽约大学教授玛格丽特·H. 怀特（Margaret H. Wright）合著的 *Practical Optimization*；网络控制优化方面，推荐波兰华沙理工大学教授米卡尔·皮奥罗（Michal Pioro）和美国密苏里大学堪萨斯分校的德潘卡·梅迪（Deepankar Medhi）合著的 *Routing, Flow, and Capacity Design in Communication and Computer Networks*；数据通信网络设备的算法设计原则和实践方面，则推荐美国加州大学圣迭戈分校教授乔治·瓦尔盖斯（George Varghese）的 *Network Algorithmics: An Interdisciplinary Approach to Designing Fast Networked Devices*；等等。

基础理论研究是一个长期的、难以快速变现的过程，几乎没有哪个基础科学理论的产生是由于我们事先知道了它的重大意义与作用从而努力研究形成的。但是，如果没有基础理论的突破，眼前所有的繁华都将是镜花水月、空中楼阁。在当前的国际形势下，不确定性明显增加，科技对抗持续加剧，为了不受制于人，更为了有助于全面提升我国的科学技术水平，开创未来 30 年的稳定发展局面，重视基础理论研究迫在眉睫。为此，华为公司将继续加大投入，将每年 20%~30% 的研发费用用于基础理论研究，以提升通信产业的原始创新能力，真正实现“向下扎到根”。华为公司也愿意与学术界、产业界一起，为实现技术创新和产业创新打好基础。

首期三本书的推出只是“华为数据通信·基础理论系列”的开始，我们也欢迎各位读者不吝赐教，提出宝贵的改进建议，让我们不断完善这套丛书。如有任何建议，请您发送邮件至 networkinfo@huawei.com，在此表示衷心的感谢。

推 荐 序 一

互联网经过 50 多年的发展，在消费领域取得了巨大的成功。时至今日，互联网开始被应用于实体经济，互联网的发展也正式进入“下半场”。当前的应用场景在要求网络具备海量连接能力的同时，也要求网络具备确定性的服务质量，“尽力而为”的传统互联网协议（Internet Protocol，IP）网络架构面临着巨大的挑战。人们对未来网络的愿景是智能、安全、柔性、可定制，未来网络要适应与实体经济的深度融合。未来，每个行业、企业、用户，甚至每个应用都将拥有定制化的网络，运营商的商业模式将从传统的卖带宽转变为提供定制化的网络服务，全网利用率将从目前的约 50%提升至 90%以上，用户使用成本将进一步降低。

当前基于 IP、以太网技术的互联网面对虚拟现实、增强现实、工业互联网、智能电网、无人驾驶及远程医疗等新应用的出现，开始显露出“力不从心”的“疲态”。尤其是随着 5G 网络的部署，用户对网络带宽以及网络所承载业务的时延的要求愈加严苛：网络需要提供可承诺的端到端小于 10 ms 的有界时延、微秒级的抖动、零丢包和高可靠性等。而传统的 IP/以太网“尽力而为”的工作方式需要转变为提供“准时、准确”的可承诺服务等级协定（Service Level Agreement，SLA）能力的工作方式。在互联网中进行创新研究、探索基础理论，进一步给出具体网络的部署及配置方法，最终使能 IP/以太网，提供确定性、可承诺 SLA 能力及相应的解决方案成为当前全球关注的热点。

目前，IEEE 802.1 工作组致力于时间敏感网络的标准化。因特网工程任务组（Internet Engineering Task Force，IETF）的 DetNet 工作组专注于网络层及更高层次的广域确定性网络技术。这些标准化的工作进一步推动业界在确定性及可承诺 SLA 领域进行系统的技术研究及探索，网络演算也是备受关注的一个领域。

网络演算（network calculus），或译为网络微积分，是一种基于最小加代数（min-plus algebra）的数学理论，一般包括确定性网络演算（Deterministic Network Calculus，DNC）和随机网络演算（Stochastic Network Calculus，SNC）。1991 年，美国加利福尼亚大学圣迭戈分校的勒内·莱昂纳多·克鲁兹（Rene Leonardo Cruz）教授首先提出确定性网络演算的基本概念和方法，1996 年，瑞士洛桑联邦理工学院的让–伊夫·勒布代克（Jean-Yves Le Boudec）教授正式引入最小加代数理论，促使确定性网络演算发展为完整的理论体系。随后确定性网络演算成功应用于分析互联网服务质量（Quality of Service，QoS）体系、异步传输方式（Asynchronous Transfer Mode，ATM）、机载航空电子全双工交换式以太网（Avionics Full-Duplex Switched Ethernet，AFDX）等网络的时延、SLA 和实时性保证。

让–伊夫·勒布代克与帕特里克·蒂兰（Patrick Thiran）于 2001 年联合编著了 *Network Calculus: A Theory of Deterministic Queuing Systems of the Internet*，系统地论述了确定性网络演算的基本概念、最小加代数基础及理论，并结合互联网的流量及调度机制等进行具体分析。我很高兴看到华为技术有限公司与北京航空航天大学合作完成这部专著中文版的翻译工作，希望这部译著能够推动对互联网提供基于确定性承载、可承诺时延及带宽等的业务保障方面的创新研究及探索，最终让网络可以更好地服务用户，推动经济发展。

最后祝愿网络演算及相关研究不断砥砺前行，取得新的进展，实现关键技术的创新与突破。

刘韵洁

中国工程院院士

推荐序二

很荣幸受邀为让–伊夫·勒布代克和帕特里克·蒂兰教授的 *Network Calculus: A Theory of Deterministic Queuing Systems of the Internet* 一书的中文译本撰写序言，这本书是我进入网络演算领域最先阅读的参考文献之一。据我了解，大多数网络演算的研究者都由此起步。即便到今天，在经过对网络演算 15 年的深入研究之后，我依旧认为本书以及其他几篇开拓性论文仍然是研究者进行研究的主要参考资料和灵感来源。

网络演算理论于约 30 年前被提出，这一理论的目的是对存在非概率分布流量的网络进行性能分析。网络演算的基本思想是通过描述流量的最大突发度，控制和量化这些突发数据，使得这些突发数据可以在系统中无损传输，以便根据最大突发度计算网络中端到端延迟的确定性上界。虽然对网络未知行为的模拟通常采用概率分布的假设，然而在网络演算中，研究者替代性地采用了具有确定性约束的非精准描述的方法，而不是通过统计的方法计算最差情况下的时延上界，这一方法将勒内·莱昂纳多·克鲁兹教授早期的研究工作形式化为最小加代数，并最终发展为网络演算。

网络演算最初应用于网络中的某些 QoS 应用。例如，为每条流预留资源的互联网综合服务（IntServ）、带宽预留协议、区分服务（DiffServ）等。2000 年后，关键系统（例如飞机和航天器中的嵌入式系统）的发展为这一理论提供了新的推动力，并开拓出了实时演算（real-time calculus）这一新的研究方向。网络演算具有高效的准周期性建模能力，模块化使它成为计算大型网络中最差情况下性能的良好工具。网络演算甚至被用于部分 A380 飞机的适航认证。此后网络演算也被应用于片上网络、传感器网络的分析。

这本书的原著出版于近 20 年前，无论是对网络演算应用感兴趣的从业者，还是对网络演算基础理论感兴趣的数学家，都能从本书中找到适合自己的内容。

本书的第一部分给出网络演算的综述，并结合应用实例介绍主要概念。这部分基于形式化的理论进行描述，并给出了每个概念的解释。初学者可以判断这个理论是否能够用于解决自己的问题，从而在本书的其余部分找到更多解答。

第二部分是形式化的数学理论。事实上，网络演算非常依赖最小加代数。如果以电子电路领域的情况进行类比，也可以将它称为最小加代数中的滤波理论，即经过低通滤波器后的输出信号是输入信号和该滤波器冲激响应的卷积。在网络演算中，服务器的离开过程是到达过程和服务过程的最小加卷积。最小加代数的两个算子在这些系统中具有直观的物理映射：加性模型用来描述基于时间或经过网元数据在时间上的累积量，以及某些事件之间求最大或最小的同步操作。例如在一个队列系统中，同步指的是一个报文完成其服务，随之开始下一个报文的服务的过程。这一部分也涉及最大加代数理论。

第三部分提出了进阶的研究课题，很好地说明了网络演算的潜力，并给出了网络在各种策略和变化下的分析方法。同时还介绍了处理各种场景的方法，如网络的动态行为、应对丢包等。

随着 5G 的出现，网络可以承诺提供更可靠和更高速的通信，网络演算似乎成为适用于分析该类型网络的有力工具。网络切片的设计体现了 IntServ 或 Diffserv 的技术演进。通过设计新的调度器，可以使通信网络的调度更加精确，并适应网络中不同类型的流。近期，包括 TSN、DetNet 在内的标准要求网络支持确定性分析来保证最差情况下的端到端延迟上界，而这正是网络演算所能提供的能力。网络演算的另一个典型应用场景是 uRLLC 场景，该场景要求亚毫秒级的传输时延，可靠性达到 99.9999%等。

然而利用网络演算给出性能上界的分析并不是拿来即用的，这种方法依然存在许多问题需要解决，只有解决了这些问题，网络演算才能成为分析 5G 等网络的必要工具。以下列出其中 3 个关键问题。

（1） 网络中新增的流量及其性能需求具有高度动态性。网络如何为这样的需求提供服务，这样的需求对现有网络产生什么样的影响，网络如何动态地适应其负载，这些都是需要考虑的问题。

（2） 当前研究已扩展出随机网络演算的多种理论，以适当放松对丢包或时延越界概率的要求（这也正是 uRLLC 等场景的要求），并计算这种概率下的最高时延。然而直到笔者在 2020 年年底撰写该序言时，现有的分析技术也无法很好地匹配仿真结果。

（3） 流循环的依赖问题还没有被完全解决。有一些技术可以处理这些依赖性，例如转向禁止（turn-prohibition）或加入整形器。前一种解决方案可能会引起流数量的增加，从而产生性能瓶颈，而后一种解决方案的实现较困难，会导致网络建设成本的增加。

希望这一中文译本能有助于网络演算在性能评估领域的推广。我的母语不是英语，因此能够深深体会到，使用母语版本的参考资料对研究者熟悉一个领域大有裨益。本书不仅提供了网络演算的基础知识，还包括了进阶的学术研究内容，可以帮助研究者更快地了解网络演算的理论。

安妮·布亚尔（Anne Bouillard）

安妮·布亚尔自 2020 年起入职华为技术有限公司巴黎研究所，担任研究科学家。2005 年，获得里昂高等师范学校（ENS Lyon）博士学位。2006—2017 年，任卡尚高等师范学校（ENS Cachan）和巴黎高等师范学校（ENS Paris）助理教授。2017—2019 年，在法国诺基亚贝尔实验室担任研究工程师。主要研究方向包括网络演算的离散事件系统、性能评估和概率分析。著有 *Deterministic Network Calculus: From Theory to Practical Implementation* 一书。

引　言

网络演算（network calculus）是近年发展出来的一套分析方法，这套方法对人们解决网络中流（flow）的问题提供深层次的理解。网络演算的基础是双子（dioid）代数理论，特别是最小加（min-plus）双子（也被称为最小加代数）。采用网络演算，我们能够理解综合服务（integrated service）网络、窗口流控、调度，以及缓冲或延迟定量的一些基本属性。

本书分为 3 个部分。第一部分（第 1 章和第 2 章）是关于网络演算的初级教程。该部分自成体系，可用作本科生或研究生入门课程的教材，但初学者需要先学习线性代数和微积分等本科生课程。第 1 章给出了初级教程中主要的一组分析结果——到达曲线（arrival curve）和服务曲线（service curve），以及功能强大的串联分析结果，这一章分别对这些结果进行介绍、推导并以图表进行展示。在合理的框架下，这一章给出了一些实用的定义，例如漏桶（leaky bucket）模型、通用信元速率算法，并推导了它们的基本属性。这一章还对整形器的本质属性进行了推导。第 2 章展示了第 1 章给出的基本结果如何应用于互联网。例如，说明了为什么互联网综合服务能够将任意路由器抽象为一种“速率–时延”服务曲线。这一章还给出了用于区分服务（differentiated service）的一些性能界限的理论基础。

第二部分介绍了本书各章都会用到的基础知识。第 3 章包含相关的初级数学知识。例如，以简明的方式阐释了最小加卷积（min-plus convolution）和次可加闭包（sub-additive closure）的概念。第 3 章引用了第一部分的大量内容，但仍是自成体系的。第 3 章的目的是提供便于读者进一步使用网络演算方法的数学知识。第 4 章给出了最小加代数的一些高级的结论，涉及不动点方程式等在第一部分未提到的内容。

第三部分包含一些进阶的内容，适合用于研究生课程。第 5 章展示了在保证服务的网络中如何应用网络演算确定优化的回放延迟（playback delay），这种方法解释了如何确定多媒体流的基本性能界限。第 6 章介绍了带有聚合调度（aggregate scheduling）的系统。尽管本书中介绍的网络演算的大部分内容适用于采用调度器将流分隔开的系统，但仍能够从聚合调度系统推导出一些有趣的结论。第 7 章进一步扩展了第 1 章对服务曲线的定义，对自适应保证（adaptive guarantee）进行分析，自适应保证被用于互联网区分服务。第 8 章分析时变整形器，时变整形器是第 1 章基本结论的扩展，考虑到由于自适应方法会导致系统参数发生变化，这一章给出了一种关于可重新协商预留服务的应用。最后，第 9 章介绍如何应对有损系统，其基础的结论是给出一种在流系统中表达损失的新方法，这种新方法能够用于在复杂系统中界定丢弃数据包损失的概率或拥塞的概率。

网络演算属于“异构代数”(exotic algebra）或“专题代数”(topical algebra）类代数方法。这是一类数学结果的集合，通常具有很高的描述复杂性（description complexity），可用于解释人造的信息系统，这些系统包含并发程序、数字电路，当然也包含通信网络。Petri 网也属于这类数学结果。对于这个有前景的研究领域的一般讨论，请参考相应的概述性论文 [1] 和专著 [2]。

我们希望能够使读者清楚地认识到：从本书所用的方法中，可以推导出一整套在很大程度上尚未被发现的、基础性的关系。例如在第 1 章推导出的“整形器保持到达约束”或“突发一次性准则”（pay burst only once）的结论具有相应的物理解释，并且对网络工程师而言具有实践上的重要意义。

本书所有的结果都是确定性的。更先进的网络演算专著应揭示随机系统与本书推导的确定关系之间的关联，但这些内容超出了本书的范围。感兴趣的读者可参阅参考文献 [2, 3]。本书的最后还提供了书中定义的术语的索引。

网络演算：计算机网络的系统论

接下来将要重点介绍网络演算与所谓的“系统论”（system theory）之间的相似关系。如果读者不熟悉系统论，可以跳过这些内容。

网络演算是在计算机网络中出现的确定性排队系统（deterministic queuing system）理论，它也被看作应用于计算机网络的系统论。网络演算与常规（已成功应用于电子电路设计中）的系统论的主要区别在于，网络演算考虑了另一种代数结构，对算子（operator）进行了如下替换：加法（+）替换成计算最小（min），乘法（×）替换成加法（+）。

在进入本书的主题之前，我们简要地展示一些最小加系统理论与常规系统理论之间的相似点与区别，其中前者应用于本书的通信网络，后者应用于电子电路。

让我们从一个非常简单的电路谈起，例如图 0.1(a) 所示的“电阻电容”（Resistor Capacitor，RC）电路单元。如果输入电压信号 $x(t) \in \mathbf{R}$，则这个简单电路的输出 $y(t) \in \mathbf{R}$ 是 x 与该电路冲激响应的卷积，其中冲激响应为 $h(t) = \frac{1}{RC}\mathrm{e}^{-\frac{t}{RC}}$，$t \geqslant 0$。

$$y(t) = (h \otimes x)(t) = \int_0^t h(t-s)x(s)\mathrm{d}s$$

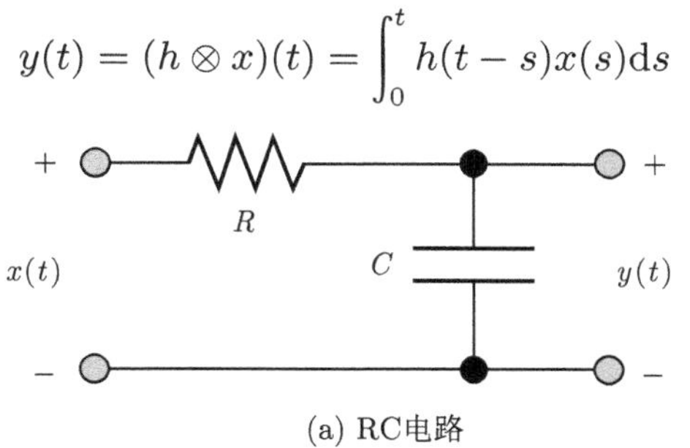

(a) RC电路

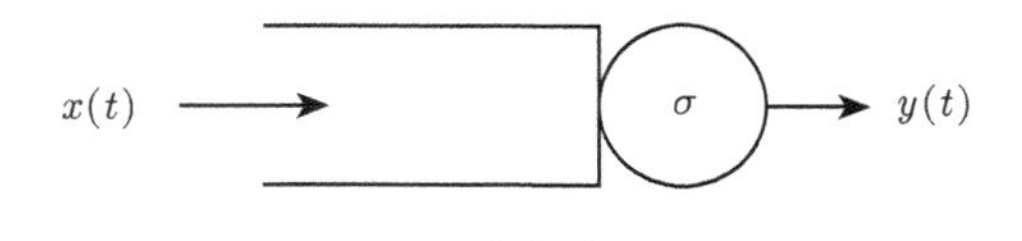

(b) 贪婪整形器

图 0.1　RC 电路单元

图 0.1 的说明： RC 电路与贪婪整形器在它们各自的代数结构下是基本的线性系统。

现在考虑通信网络的节点，将其理想地抽象为一个（贪婪）整形器（greedy shaper），如图 0.1(b) 所示。（贪婪）整形器是一种将输入信号 $x(t)$ 强行约束为某种输出信号 $y(t)$ 的装置，其中输出信号 $y(t)$ 服从由流量包络 σ（整形曲线）给定的速率集，（贪婪）整形器会导致经过缓冲器的流的时延增大。此处所指的输入和输出“信号”是累积流，定义为在时间区间 $[0,t]$ 观测到的数据流的比特数。输入和输出函数是关于参数 t 非递减的，参数 t 可以是连续或离散的。在本书中我们将看到 x 和 y 的关系如下式所示。

$$y(t) = (\sigma \otimes x)(t) = \inf_{s \in \mathbf{R}, 0 \leqslant s \leqslant t} \{\sigma(t-s) + x(s)\}$$

该关系定义了 σ 和 x 的最小加卷积。

在常规系统理论中，卷积既满足交换律又满足结合律，该属性很容易将对小规模电路的分析扩展到对大规模电路的分析。例如，图 0.2(a) 所示的串联线性电路的冲激响应是各个基本单元电路冲激响应的卷积。

$$h(t) = (h_1 \otimes h_2)(t) = \int_0^t h_1(t-s)h_2(s)\mathrm{d}s$$

在第 1 章中，我们将发现同样的属性也适用于贪婪整形器。图 0.2(b) 所示的第 2 个整形器的输出为 $y(t) = (\sigma \otimes x)(t)$，其中

$$\sigma(t) = (\sigma_1 \otimes \sigma_2)(t) = \inf_{s \in \mathbf{R}, 0 \leqslant s \leqslant t} \{\sigma_1(t-s) + \sigma_2(s)\}$$

这将帮助我们理解前文提到的“突发一次性准则”。

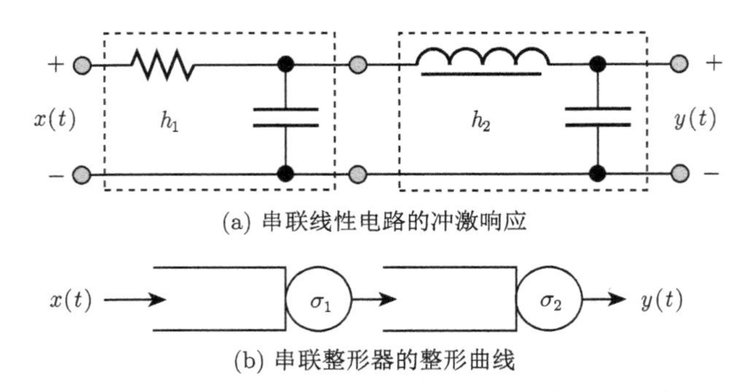

(a) 串联线性电路的冲激响应

(b) 串联整形器的整形曲线

图 0.2　串联的线性电路的冲激响应和串联的整形器的整形曲线

图 0.2 的说明： 两个串联的线性电路的冲激响应是它们各自冲激响应的卷积，两个串联的整形器的整形曲线是它们各自整形曲线的卷积。

因此，“常规”的电路和系统理论与网络演算存在明显的相似之处。但二者也存在重要的区别。

首要的区别在于线性系统对多个输入之和的响应。这对于线性电路 [例如用于从加性噪声 $n(t)$ 中将信号 $x(t)$ 去噪的线性低通滤波器，如图 0.3(a) 所示] 和计算机网络 [例如具有输出链路容量 C 的缓冲器节点的链路，其中研究者所关心的流 $x(t)$ 与背景流量 $n(t)$ 多路复用，如图 0.3(b) 所示]，都是非常普遍的情况。

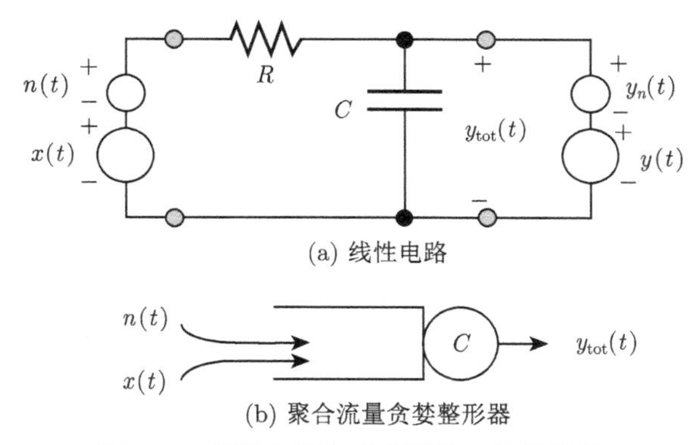

(a) 线性电路

(b) 聚合流量贪婪整形器

图 0.3　线性电路和聚合流量贪婪整形器

图 0.3 的说明：线性电路对两个输入之和 $x(t)+n(t)$ 的响应 $y_{\text{tot}}(t)$ 是它们各自的响应之和，见图 0.3(a)；然而，聚合流量贪婪整形器对两个输入之和 $x(t)+n(t)$ 的响应 $y_{\text{tot}}(t)$ 不是它们各自的响应之和，见图 0.3(b)。

因为图 0.3(a) 所示的电子电路是线性系统，所以两个输入之和的响应是各自信号的独立响应之和。定义 $y(t)$ 是线性系统对纯信号 $x(t)$ 的响应，$y_n(t)$ 是对噪声 $n(t)$ 的响应，并且 $y_{\text{tot}}(t)$ 是对被噪声干扰的信号 $x(t)+n(t)$ 的响应。则 $y_{\text{tot}}(t)=y(t)+y_n(t)$。这种有用的属性已经应用于设计最优线性系统，以尽可能地滤除噪声。

如果在输出链路上流量尽快地接受先入先出（First Input First Output，FIFO）的服务，则图 0.3(b) 所示的节点等效于贪婪整形器，其整形曲线对于 $t\geqslant 0$，有 $\sigma(t)=Ct$。因此它也是线性系统，只不过这个情况下是在最小加代数的范畴里的线性系统。这意味着，对两个输入中较小者的响应是系统对每个单独输入的最小响应。然而，这也意味着对两个输入之和的响应不再是系统对每个单独输入的响应之和，因为现在 $x(t)+n(t)$ 是对两个输入 $x(t)$ 和 $n(t)$ 进行非线性运算，所以加法起到了常规系统论中乘法的作用。这样确实很遗憾，线性属性不能被应用于聚合 $x(t)$ 和 $n(t)$ 的情况。因此，对于多路复用的聚合流，我们掌握的知识仍然很少。第 6 章将向读者介绍一些新的数学成果，以及一些看上去简单但至今仍然有待解决的问题。

在电子学和计算机网络中均会非常频繁地遇到非线性系统。然而，电路理论和网络演算对非线性系统的处理有很大差异。

以基本非线性电路为例，该电路只包含一个双极晶体管（Bipolar Junction

Transistor，BJT）的晶体管放大电路，如图 0.4(a) 所示。为了分析这种非线性电路，电子工程师首先输入 x^*（这是直流分析，x^* 为一个固定的电压常量），并计算该电路的静态工作点 y^*。接下来，电子工程师在静态工作点附近将非线性元件（晶体管）线性化，以得到所谓的小信号模型，它是冲激响应 $h(t)$ 的线性模型（这是交流分析）。现在，$x_{\text{lin}}(t) = x(t) - x^*$ 是在 x^* 小范围变化的时段内的时变函数，因此，$y_{\text{lin}}(t) = y(t) - y^*$ 可由 $y_{\text{lin}}(t) \approx (h \otimes x_{\text{lin}})(t)$ 逼近得到，该模型如图 0.4(b) 所示。将输入信号限制在工作点附近的小范围内变化，这样就绕过了完全非线性分析的难点。于是可以采用线性化模型，该模型足以满足对我们所关注的性能测度进行评价的准确性要求，如分析放大器的增益。

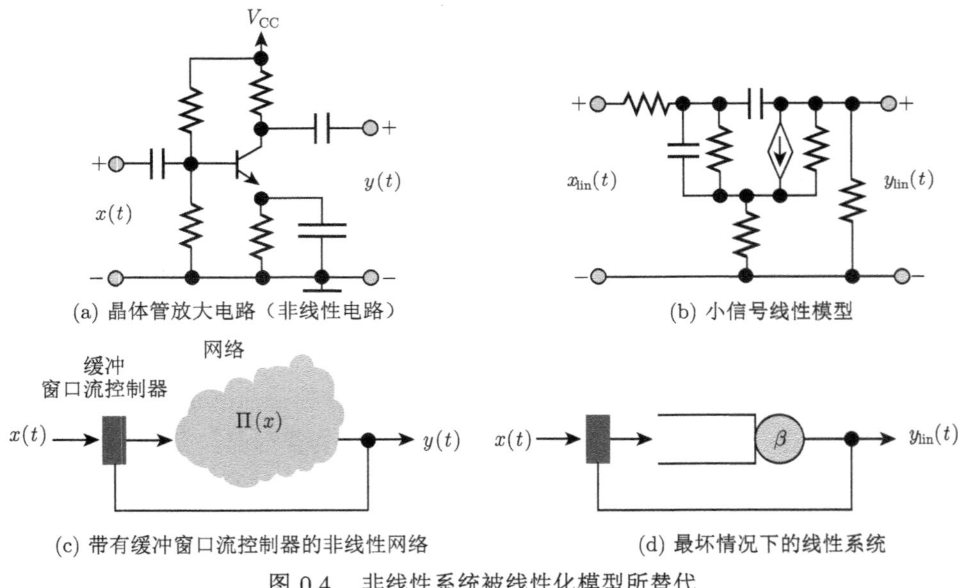

图 0.4　非线性系统被线性化模型所替代

图 0.4 的说明：一个基本非线性电路 [图 0.4(a)] 被一个（简化的）小信号线性模型 [图 0.4(b)] 替代；一个带有缓冲窗口流控制器的非线性网络 [图 0.4(c)] 被一个最坏情况下的线性系统 [图 0.4(d)] 替代。

在网络演算中，我们不将输入分解为一个小范围时变的部分和另一个较大但不变的部分。然而，我们确实采用线性系统替代了非线性元件，但现在前者是非线性系统的下界。第 1 章将介绍以服务曲线表达的例子：非线性系统 $y(t) = \Pi(x)(t)$ 被线性系统 $y_{\text{lin}}(t) = (\beta \otimes x)(t)$ 替代，其中 β 表示该服务曲线。这个模型对于

所有 $t \geqslant 0$ 和所有可能的输入 $x(t)$ 存在 $y_{\text{lin}}(t) \leqslant y(t)$。这也将允许我们计算性能测度，例如非线性系统中的延迟和积压。一个例子是图 0.4(c) 展示的窗口流控制器，第 4 章将对其进行分析。一条流 x 通过网络中的缓冲窗口流控制器馈入，实现某种映射 $y = \Pi(x)$。缓冲窗口流控制器限制网络中准许输入的数据量，通过这种方法，网络中传输的数据的总量总是小于某个正数（窗口的大小）。我们不知道确切的映射 Π，假设知道这条流的一条服务曲线 β，这样就能够用图 0.4(d) 的线性系统替代图 0.4(c) 中的非线性系统，以得到关于端到端延迟或传输中数据量的确定性界限。

阅读本书的时候，熟悉“常规”的电路与系统理论的读者将会发现两种系统论之间还有其他的相似或不同之处。然而，必须强调的是，读者并不需要预习系统论的知识，也可以学会本书讲解的网络演算知识。

致　谢

我们衷心地感谢学者张正尚（Cheng-Shang Chang）和勒内・利奥纳多・克鲁兹的开创性的工作，我们之间的讨论对本书产生了深刻的影响。我们感谢安娜・沙尔尼（Anna Charny）、西尔维娅・乔达诺（Silvia Giordano）、奥利维尔・维舍尔（Olivier Verscheure）、弗雷德里克・沃尔姆（Frédéric Worm）、容・贝内（Jon Bennett）、肯特・本森（Kent Benson）、维桑特・乔尔维（Vicente Cholvi）、威廉・库尔特内（William Courtney）、朱昂・埃查格（Juan Echaguë）、费利克斯・法卡斯（Felix Farkas）、热拉尔・赫布特恩（Gérard Hébuterne）、米兰・沃伊诺维奇（Milan Vojnović）和张志力（Zhi-Li Zhang）提供的卓有成效的协助。在这里还要感谢与拉杰夫・阿格拉沃尔（Rajeev Agrawal）、马修・安德鲁斯（Matthew Andrews）、弗朗索瓦・巴切利（François Baccelli）、纪尧姆・于尔瓦（Guillaume Urvoy）和洛塔尔・蒂勒（Lothar Thiele）之间的交流。感谢霍利・科里亚蒂（Holly Cogliati）帮助准备手稿。

目　录

第一部分　网络演算基础知识

第二部分　数学知识

第三部分 网络演算进阶

第一部分

网络演算基础知识

第1章 网络演算

本章介绍网络演算中到达曲线、服务曲线和整形器的基本概念。本章给出的应用与提供预留服务的基本网络有关，如异步传输方式（Asynchronous Transfer Mode，ATM）和互联网综合服务（IntServ）。其他情景下的应用将在后文中给出。

首先，本章给出累积量函数的定义，该函数能够处理连续和离散的时间模型。文中将展示如何用累积量函数初步解释播放缓冲器（playout buffer）问题，该问题将在第 5 章中进一步详细讨论。然后，本章在合适的到达曲线框架下描述漏桶和通用信元速率算法的概念。最后，本章详细地介绍最重要的到达曲线——分段线性函数和阶梯函数。读者可以使用阶梯函数厘清间距与到达曲线的关系。

本章还将介绍服务曲线的概念，它是一种应用于各种网络节点的通用模型。一般情况下，为 ATM 或互联网综合服务提出的所有调度器，均能够用一族简单的服务曲线描述，这样的服务曲线被称为“速率–时延”服务曲线。接下来，本章介绍一些网络的物理属性，诸如“突发一次性准则”“贪婪整形器保持到达约束”。读者可以发现贪婪整形器是最小加时不变系统。随后，本章还将介绍最大服务曲线的概念，该曲线能够被用于解释固定延迟或最大速率。本章的最后将展示如何将这些成果用于实际的缓冲区计量，给出用于处理固定延迟（如传播延迟）的实用性指南，此外，本章也介绍了由于数据包长度的变化而导致的畸变。

1.1 数据流的模型

1.1.1 累积量函数、离散时间与连续时间模型

使用累积量函数 $R(t)$ 描述数据流很方便：$R(t)$ 定义为在时间间隔 $[0,t]$ 内观测到的比特数。为了方便，除非特别说明，否则令 $R(0)=0$。函数 R 是广义递增的，即属于第 3.1.3 节定义的空间 $\mathcal{F}$，在这个空间中我们能够使用离散时间或连续时间模型。在真实系统中，总是存在一个最小的粒度（比特、字、信元或数据包），因此总是可以假设 $R(t)$ 被定义在一个具有有限元素的离散时间集

合上。然而，在连续时间上考虑问题通常会令计算更为简便（函数 R 可以连续，也可以不连续）。如果 $R(t)$ 是连续函数，则得到一种流体模型（fluid model）。否则，按照习惯应令 $R(t)$ 为右连续或左连续的（这在实际情况中造成的差异不大）①。图 1.1 展示了这些定义。

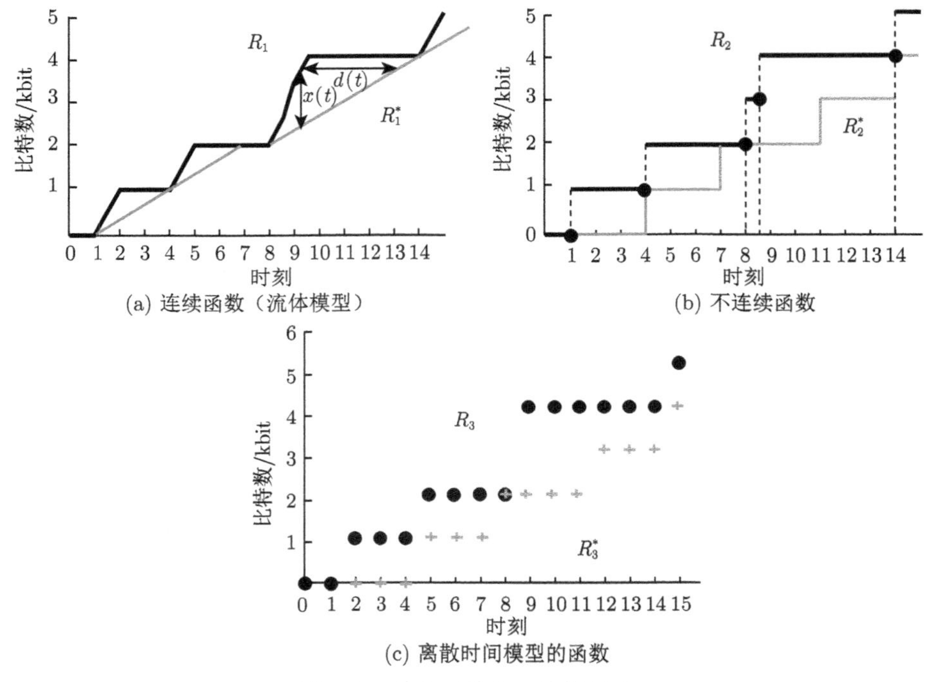

图 1.1　输入和输出函数的例子

例： 用广义递增函数 $R(t)$ 描述流。除非特别说明，在本书中通常考虑下列几种模型。

- 离散时间模型：$t \in \mathbf{N} = \{0, 1, 2, 3, \cdots\}$。
- 流体模型：$t \in \mathbf{R}_+ = [0, +\infty)$，并且 $R(t)$ 是连续函数。
- 连续时间模型：$t \in \mathbf{R}_+$，并且 $R(t)$ 是左连续或右连续函数。

图 1.1 是输入和输出函数的例子，用于展示术语定义与惯例。R_1 和 R_1^* 表示连续时间的连续函数 [流体模型，如图 1.1(a) 所示]，该函数中假设对于每个数

① 一直使用左连续或右连续函数都很好。然而，不同模型具有不同的最佳选择，详细分析见第 1.2.1 节和第 1.7 节的内容。

据包以 1 个时间单位的持续时段逐比特到达。R_2 和 R_2^* 表示连续时间下数据包到达时刻不连续的函数 [如图 1.1(b) 所示的时刻 1、4、8、8.6 和 14]：在这里假设只有数据包已经被完全接收才算被观测到。实心圆点表示在不连续点上的值：按照惯例，假设函数是左连续或右连续的。R_3 和 R_3^* 表示离散时间模型的函数，如图 1.1(c) 所示，系统只有在时刻 0、1、2 才被观测。

我们假设 $R(t)$ 具有导数 $\frac{\mathrm{d}R}{\mathrm{d}t}=r(t)$，则 $R(t)=\int_0^t r(s)\mathrm{d}s$（这时得到了一个流体模型），此时 r 被称为率函数。然而在这一步可以看出，与率函数相比，累积量函数 R 更加简单。与使用标准代数不同，使用最小加代数不需要函数具有“好的”性质（例如具有导数）。

通过选择时隙 δ，并且依据式 (1.1) 进行采样，总是可以将连续时间模型 $R(t)$ 映射到离散时间模型 $S(n)$，$n\in\mathbf{N}$。

$$S(n)=R(n\delta) \tag{1.1}$$

通常这个结果损失了信息。对于逆映射，使用下面的公式。式 (1.2) 可以从 $S(n)$ 导出连续时间模型[①]，其中，$n\in\mathbf{N}$。

$$R'(t)=S\left(\left\lceil\frac{t}{\delta}\right\rceil\right) \tag{1.2}$$

正如我们已经要求的那样，得到的函数 R' 总是左连续的。图 1.1(b) 展示了这种映射在 $\delta=1$，$S=R_3$，$R'=R_2$ 时的情形。

得益于式 (1.1) 的映射，任何连续时间模型的结果也可以应用于离散时间模型。除非另有证明，本书所有的结果既可应用于连续时间模型，又可应用于离散时间模型。离散时间模型一般用于 ATM 场景。反之，处理变长数据包通常使用连续时间模型（但不必是流体模型）。需要注意的是，处理变长数据包需要一些特定的机制，参见第 1.7 节的描述。

现在设想某个系统 S，将其看作一个黑盒。S 接收输入的数据，用它的累积量函数 $R(t)$ 表示，并经过一段可变延迟后发送数据。将 $R^*(t)$ 称为输出函数，其含义是系统 S 输出端的累积量函数。系统 S 可能有以下情况——单一的恒定速率缓冲器、复杂的通信节点，甚至是一个完整的网络。图 1.1 以不同形式展示了一个单服务队列的输入和输出函数，其中每个数据包接受服务恰好花费 3 个时间单位。对于输出函数 R_1^*（流体模型），假设数据包能够在第 1 个比特到达

① $\lceil x\rceil$（x 的上取整）被定义为不小于 x 的最小整数；例如 $\lceil 2.3\rceil=3$，以及 $\lceil 2\rceil=2$。

后立即以恒定速率接受服务（直通假设），且能够逐比特观察数据包以恒定速率离去，例如，第 1 个数据包在时刻 1 与 2 之间到达，在时刻 1 与 4 之间离开。对于输出函数 R_2^*，假设在数据包被全部接收之后立即为它提供服务，并且只有当数据包全部被发送后才算离开系统（存储转发假设）。这里，第 1 个数据包在时刻 1 之后立即到达，并且在时刻 4 之后立即离开。对于输出函数 R_3^*（离散时间模型），第 1 个数据包在时刻 2 到达，在时刻 5 离开。

1.1.2　积压与虚拟延迟

从输入函数到输出函数，可以导出下面两个有价值的定量关系。

定义 1.1.1（积压与虚拟延迟）　对于一个无损系统，在时刻 t 的积压为 $R(t)-R^*(t)$；在时刻 t 的虚拟延迟为 $d(t)=\inf\{\tau\geqslant 0:R(t)\leqslant R^*(t+\tau)\}$。

积压是系统中缓存的比特数。如果系统为单缓冲器，则积压是队列的长度。反之，如果系统更加复杂，则积压是假设能够同时观测输入和输出的情况下“正在传输”的比特数。时刻 t 的虚拟延迟的定义如下：对于某个在时刻 t 到达的比特，如果在它之前接收的所有比特先于它被服务，则这个在时刻 t 到达的比特应该经历的延迟为虚拟延迟。如图 1.1(a) 所示，积压被记为 $x(t)$，是输入和输出函数之间的垂直偏差；虚拟延迟是水平偏差。如果输入/输出函数是连续的（流体模型），则容易看出 $R^*(t+d(t))=R(t)$，且 $d(t)$ 是满足该等式的最小值。

从图 1.1 中可以看到 3 种函数中积压和虚拟延迟的值略有不同。对于图 1.1(a)，第 1 个数据包的最后 1 个比特的延迟是 $d(2)=2$ 个时间单位。反之，在图 1.1(b) 中延迟是 $d(1)=3$ 个时间单位。当然，这是由各自函数中的不同假设造成的。类似地，在图 1.1(b) 中第 4 个数据包的延迟是 $d(8.6)=5.4$ 个时间单位，这包含 2.4 个时间单位的等待时间和 3 个时间单位的服务时间。反之，在图 1.1(c) 中，$d(9)=6$ 个时间单位，其差异源于离散化造成的精确度损失。

1.1.3　例子：播放缓冲器

累积量函数是研究延迟与缓冲的有力工具之一，下面以简单的播放缓冲器问题来展示累积量函数的作用，一个简单的播放缓冲器的例子如图 1.2 所示。例如，在模仿电路分析（参见引言）的案例中，设想一个分组交换网络，从信源以恒定比特率 r 承载以比特为单位的信息，采用流体模型。先设定一个系统 S，带有输入函数 $R(t)=rt$ 的网络。因为排队，该网络会存在一些可变延迟，所以输出 $R^*(t)$ 不再具有恒定比特率 r。如何能够再生成一个恒定比特率流呢？标准的机制是在播放缓冲器中平滑延迟的可变部分。具体操作如下：当数据的第 1 个比特在时刻 $d_r(0)$ 到达后，便被存储于缓冲器中，直到经历一段固定时间 Δ，其中 $d_r(0)=\lim\limits_{t\to 0,t>0} d(t)$ 是函数 d 的右极限[①]。接着，当缓冲器非空时，缓冲器以恒定比特率 r 接受服务。这里给出第二个系统 S'，它带有输入 $R^*(t)$ 和输出 $S(t)$ 的网络。

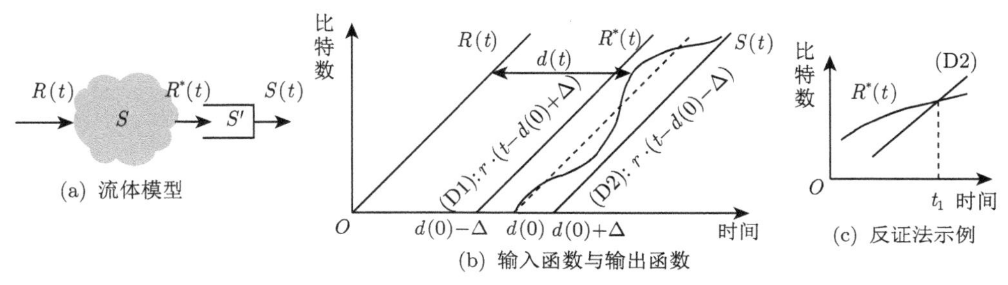

(a) 流体模型　(b) 输入函数与输出函数　(c) 反证法示例

图 1.2　一个简单的播放缓冲器的例子

假设网络延迟的可变范围被 Δ 限制。这意味着对于每个时刻 t，虚拟延迟（在本例中也是真实的延迟）满足

$$-\Delta \leqslant d(t)-d_r(0) \leqslant \Delta$$

这样，因为采用流体模型，所以存在

$$r\cdot(t-d_r(0)-\Delta) \leqslant R^*(t) \leqslant r\cdot(t-d_r(0)+\Delta)$$

其中，两端的限制在图 1.2(b) 中以两条与 $R(t)$ 平行的直线 D1 和 D2 表示。图 1.2(b) 表明，对于播放缓冲器 S'，其输入 $R^*(t)$ 总是在直线 D2 之上，意味着该播放缓冲器从未缺乏流量。这表明，输出 $S(t)$ 由 $S(t)=r\cdot(t-d_r(0)-\Delta)$ 给出。

正式的证明如下。我们使用反证法，假设缓冲器在一些时间饥饿，并且令 t_1 为第 1 次饥饿发生的时刻。显然，播放缓冲器将在时刻 t_1 为空，这样 $R^*(t_1)=S(t_1)$。存在时间间隔 $[t_1,t_1+\varepsilon]$，在此间隔内到达播放缓冲器的比特数少于 $r\varepsilon$，如图 1.2(c) 所示。于是 $d(t_1+\varepsilon)>d_r(0)+\Delta$ 这个不等式是不可能成立的。时刻 t 的积压等于 $R^*(t)-S(t)$，这是直线 D1 和直线 D2 之间的垂直偏差，记为 $2r\Delta$。

我们已经展示了播放缓冲器能够消除由网络造成的延迟变化，总结如下。

① 这对应于假设在刚过时刻 t 后到达的比特的虚拟延迟。在其他文献中，常使用记法 $d(0+)$ 表示。

命题 1.1.1 设想一个速率为 r 的恒定比特率流。这个流受到网络的影响，导致产生可变延迟，但是无损。得到的流被放入一个播放缓冲器，该播放缓冲器将流中的第 1 个比特延迟 Δ，并且以速率 r 读取该流。假设由网络造成的延迟可变性在 Δ 的界限之内，则：

(1) 播放缓冲器从不饥饿，并且以速率 r 形成一个恒定速率输出；

(2) 缓冲器的容量为 $2r\Delta$ 就足以避免溢出。

第 5 章将采用本章介绍的网络演算概念更仔细地研究播放缓冲器。

1.2 到达曲线

1.2.1 到达曲线的定义

如果想要为数据流提供保证，就需要网络提供某些特定支持，这将在第 1.3 节进行介绍。相应地，还需要限制从源端发送的流量。在综合服务网络（ATM 网络或综合服务互联网）中，采用如下表述定义到达曲线的概念。

定义 1.2.1（到达曲线） 给定一个 $t \geqslant 0$ 的广义递增函数 α，称流 R 受到 α 的约束，当且仅当对于所有 $s \leqslant t$ 下式成立

$$R(t) - R(s) \leqslant \alpha(t-s)$$

也称 α 是 R 的到达曲线，或 R 是 α-平滑的。

注意，该条件在一组重叠的时间间隔上都成立，如图 1.3 所示。

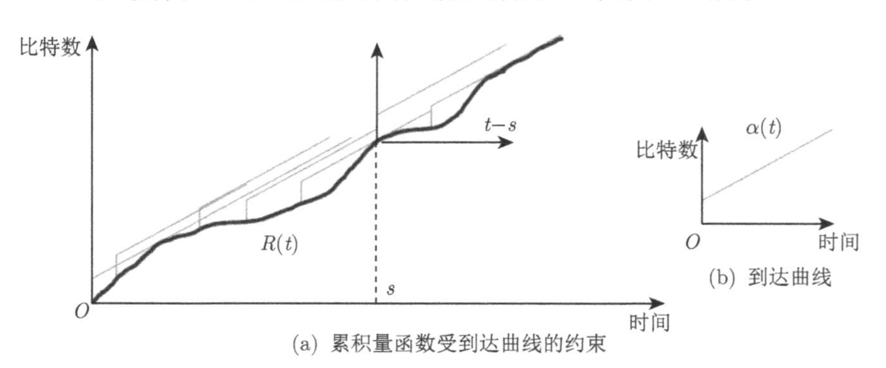

图 1.3 受到达曲线约束的示例，显示流的累积量函数 $R(t)$ 受到达曲线 $\alpha(t)$ 的约束

仿射到达曲线 例如，若 $\alpha(t) = rt$，则该约束表示在宽度为 τ 的任何时间窗口上，流的比特数受到 $r\tau$ 的限制。在这种情况下，称这条流受到峰值速率约

束。已知到达链路的流受到物理比特率 r 的限制时，就将发生这种情况。这种只受到峰值速率约束的流通常（但并不恰当地）被称为“恒定比特率”（Constant Bit Rate，CBR）流或者“确定比特率”（Deterministic Bit Rate，DBR）流。

若将 $\alpha(t)=b$ 作为到达曲线，b 为常数，则意味着该流发送的比特数最多等于 b。

在更一般的情况下，由于到达曲线与漏桶（leaky bucket）模型的关系，通常使用仿射到达曲线 $\gamma_{r,b}$，该曲线的定义为：当 $t>0$ 时，$\gamma_{r,b}(t)=rt+b$；否则 $\gamma_{r,b}(t)=0$。若将 $\gamma_{r,b}$ 作为到达曲线，则意味着源端允许一次发送 b bit，但在更长的周期内，速率不超过 r bit/s。参数 b 和 r 分别被称为突发容限（以数据量为单位）和速率（以单位时间传输的数据量为单位）。这种约束如图 1.3 所示。

阶梯函数到达曲线　在 ATM 场景中，还可以采用 $kv_{T,\tau}$ 形式的到达曲线，其中 $v_{T,\tau}(t)$ 为阶梯函数，$v_{T,\tau}(t)$ 的定义为：当 $t>0$ 时，$v_{T,\tau}(t)=\left\lceil\dfrac{t+\tau}{T}\right\rceil$；否则 $v_{T,\tau}(t)=0$（相关说明请参见第 3.1.3 节）。注意，由于 $v_{T,\tau}(t)=v_{T,0}(t+\tau)$，因此 $v_{T,\tau}(t)$ 是由 $v_{T,0}$ 在坐标系中向左移动 τ 个时间单位得到的。参数 T（间隔）和 τ（容限）以时间为单位。为了更好地理解 $v_{T,\tau}(t)$ 的使用方法，设想一条发送固定长度（等于 k 个数据单位）数据包的流（如一条 ATM 流），假设数据包间隔至少为 T 个时间单位，一个恒定比特率的语音编码器就是这样一个示例，它在通话突发期间周期性地生成数据包，否则保持沉默。这样的流就具有 $kv_{T,0}$ 形式的到达曲线。

接下来假设该流与其他流复用，可以简单地假设该流的数据包和其他流的数据包一起被放入队列，这种情况通常出现在工作站、操作系统或者 ATM 适配器中。排队强加了一部分可变延迟，假设这个可变延迟受到限制，限制值等于 τ 个时间单位，我们将在本章的后续部分特别是第 2 章中说明这些界限是如何得到的。将 $R(t)$ 和 $R^*(t)$ 分别作为流在多路复用器的输入和输出累积量函数，那么有 $R^*(s)\geqslant R(s-\tau)$，据此可以得到

$$R^*(t)-R^*(s)\leqslant R(t)-R(s-\tau)\leqslant kv_{T,0}(t-s+\tau)=kv_{T,\tau}(t-s)$$

因此，输出累积量函数 $R^*(t)$ 的到达曲线为 $kv_{T,\tau}$。至此，可以证明一条周期为 T、数据包长度为 k、经历了可变延迟小于等于 τ 的周期流具有 $kv_{T,\tau}$ 形式的到达曲线。参数 τ 通常被称为“单点信元延迟可变量”（one-point cell delay variation），这是由于该参数对应于一条周期流在一个单独的节点可观察到的偏差。

通常情况下，函数 $v_{T,\tau}$ 可以被用来表示数据包之间的最小间隔（minimum

spacing)，正如下面的命题所述。

命题 1.2.1（到达约束间隔） 设想一条具有累积量函数 $R(t)$ 的流，它生成具有 k 个数据单位的固定长度数据包，并且数据包是瞬时到达的。假设时间是离散或连续的，并且 $R(t)$ 为左连续。令 t_n 为第 n 个数据包的到达时刻，则以下两种属性是等价的。

属性 1：对于所有的 m、n，$t_{m+n} - t_m \geqslant nT - \tau$。

属性 2：流量的到达曲线为 $kv_{T,\tau}$。

数据包长度和数据包生成的条件意味着 $R(t)$ 具有 nk 的形式，$n \in \mathbf{N}$；间隔条件意味着前后两个数据包之间的时间间隔大于等于 $T - \tau$，中间被一个数据包隔开的两个数据包之间的时间间隔大于等于 $2T - \tau$，以此类推。

证明：假设属性 1 成立，考虑任意间隔 $(s, t]$，令 n 为在某一时间间隔内到达的数据包个数，假设这些数据包编号为 $m+1, \cdots, m+n$，那么 $s < t_{m+1} \leqslant \cdots \leqslant t_{m+n} \leqslant t$，因此可以得到

$$t - s > t_{m+n} - t_{m+1}$$

结合属性 1，则有

$$t - s > (n-1)T - \tau$$

根据 $v_{T,\tau}$ 的定义，上式可以变为 $v_{T,\tau}(t-s) \geqslant n$。因此，$R(t) - R(s) \leqslant kv_{T,\tau}(t-s)$，这样就完成了第一部分的证明，即如果属性 1 成立，则属性 2 也成立。

反过来，现在假设属性 2 成立，如果模型的时间是离散的，则可以利用式 (1.2) 中的映射将该模型的时间转换为连续的，因此可以认为该模型均处于连续时间的情况。考虑任意整数 m、n，对于所有 $\varepsilon > 0$，根据命题的假设有

$$R\left(t_{m+n} + \varepsilon\right) - R\left(t_m\right) \geqslant (n+1)k$$

因此，根据 $v_{T,\tau}(t)$ 的定义可知

$$t_{m+n} - t_m + \varepsilon > nT - \tau$$

由于上式对所有 $\varepsilon > 0$ 均成立，因此 $t_{m+n} - t_m > nT - \tau$。 □

本小节后续将阐明由仿射函数和阶梯函数定义的到达曲线的约束之间的关系。首先，这需要一个技术性的引理，即总是可以将到达曲线退化为左连续的。

引理 1.2.1（退化为左连续的到达曲线）　设想一条具有累积量函数 $R(t)$ 的流，以及 $t \geqslant 0$ 时的一个广义递增函数 $\alpha(t)$。假设 R 是左连续或右连续的，用 $\alpha_l(t)$ 表示 α 在 t 的左极限（由于 α 为广义递增函数，因此该极限在每个时间点上都存在），并且有 $\alpha_l(t)=\sup_{s<t}\{\alpha(s)\}$。若 α 为 R 的到达曲线，则 α_l 亦然。

证明： 首先假设 $R(t)$ 为左连续。对于某 $s<t$，令 t_n 为收敛于 t 的一组时间增序列，且 $s<t_n \leqslant t$。由于 $R\left(t_n\right)-R(s) \leqslant \alpha\left(t_n-s\right) \leqslant \alpha_l(t-s)$，$R$ 为左连续，$\lim_{n \rightarrow+\infty} R\left(t_n\right)=R(t)$，因此 $R(t)-R(s) \leqslant \alpha_l(t-s)$。

若 $R(t)$ 为右连续的，令 s_n 为收敛于上述 s 的一组时间递减序列，且 $s \leqslant s_n<t$。类似地，有 $R(t)-R\left(s_n\right) \leqslant \alpha\left(t-s_n\right) \leqslant \alpha_l(t-s)$ 以及 $\lim_{n \rightarrow+\infty} R\left(s_n\right)=R(s)$ 成立。因此，$R(t)-R(s) \leqslant \alpha_l(t-s)$。□

基于上述引理，到达曲线总是可以简化为左连续的[①]，注意，$\gamma_{r,b}$ 和 $v_{T,\tau}$ 均为左连续的。此外，本书按照惯例假设累积量函数 [如 $R(t)$] 为左连续的；然而这纯粹只是依照惯例，读者仍然可以选择右连续的累积量函数。相反，到达曲线总是只能设为左连续，而不是右连续。

在某些情况下，由 $\gamma_{r,b}$ 和 $v_{T,\tau}$ 定义的约束存在着等价关系。例如，一条 ATM 流（流的每个数据包长度是固定的，与一个数据单元相等）受到 $\gamma_{r,b}$ 的约束，其中 $r=\dfrac{1}{T}$ 且 $b=1$，等效于受到达曲线 $v_{T,0}$ 的约束。通常情况下，可以得到以下命题。

命题 1.2.2　设想一条左连续或右连续的流 $R(t)$，$t \in \mathbf{R}_+$；或一条离散时间的流 $R(t)$，$t \in \mathbf{N}_+$，这条流生成具有 k 个数据单元的固定长度数据包，并且数据包是瞬时到达的。对于给定的 T 和 τ，令 $r=\dfrac{k}{T}$ 及 $b=k\left(\dfrac{\tau}{T}+1\right)$，则 R 受到 $\gamma_{r,b}$ 的约束与 R 受到 $k v_{T,\tau}$ 的约束是等价的。

证明： 由于任意离散时间的流都可以转化为左连续的连续时间的流，因此这里只需考虑左连续的流 $R(t)$，$t \in \mathbf{R}_+$。另外，不失一般性地，令 $k=1$，即将数据单元设为一个数据包的长度。那么通过命题 1.2.2 中的参数映射，总是存在 $v_{T,\tau} \leqslant \gamma_{r,b}$。因此，如果 $v_{T,\tau}$ 是 R 的到达曲线，那么 $\gamma_{r,b}$ 亦是。

反过来，若假设 $\gamma_{r,b}$ 为 R 的到达曲线。那么对于所有 $s \leqslant t$，都有 $R(t)-R(s) \leqslant rt+b$。又由于 $R(t)-R(s) \in \mathbf{N}$，因此可以得到 $R(t)-R(s) \leqslant \lfloor rt+b \rfloor$。令 $\alpha(t)=\lfloor rt+b \rfloor$，利用引理 1.2.1，可以得到 $\alpha_i(t)=\lceil rt+b-1 \rceil=v_{T,r}(t)$。□

① 若考虑 α 在 t 的右极限为 $\alpha_r(t)$，那么 $\alpha \leqslant \alpha_r$，因此 α_r 恒为到达曲线，然而它并不优于 α。

值得注意的是，这种等价关系成立的前提条件为数据包长度固定，且等于 $kv_{T,\tau}$ 约束中的阶跃度（step size）。而在通常情况下，两族到达曲线给出的约束并不相同。例如，设想一条数据包长度为 1 个数据单位的 ATM 流，该条流受到形式为 $kv_{T,\tau}$（$k>1$）的到达曲线的约束，而这条流可能是由多条 ATM 流叠加而成的。因此，该约束 $kv_{T,\tau}$ 并不能映射成形式为 $\gamma_{r,b}$ 的约束。第 1.4.1 节中将回顾这个例子。

1.2.2　漏桶模型和通用信元速率算法

到达曲线约束的起源可以追溯到漏桶模型和通用信元速率算法概念的提出。下面将证明漏桶模型中的控制器（漏桶控制器）对应仿射到达曲线 $\gamma_{r,b}$，而通用信元速率算法对应阶梯函数 $v_{T,\tau}$。对于具有固定数据包长度的流，如 ATM 信元，两者是等价的。

定义 1.2.2（漏桶控制器）　漏桶控制器是一种按照下述方式分析流 $R(t)$ 数据的设备。假设有一个容量为 b 的流体桶（池），桶的初始状态为空。桶底有一个小孔，当桶非空时，流体以每秒 r 个单位的速率漏出，如图 1.4(a) 所示。

来自流 $R(t)$ 的数据必须向桶中倒入与数据量相等的流体。导致漏桶溢出的数据被称为不符合（non-conformant）数据，否则被称为符合（conformant）数据。

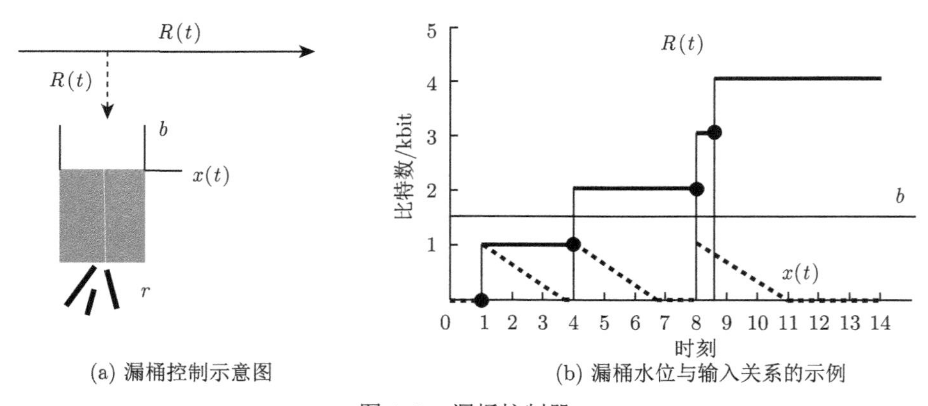

(a) 漏桶控制示意图　　(b) 漏桶水位与输入关系的示例

图 1.4　漏桶控制器

图 1.4 的说明： 图 1.4(a) 给出了上述定义的示意，漏桶模型中的流体并不代表数据，然而它与数据使用相同的计量单位。图 1.4(b) 中的粗虚线表示输入流体在漏桶中的高度 $x(t)$。首先假设 $r=0.4$ kbit/时刻，$b=1.5$ kbit。那么，在时刻 $t=8.6$，到达的数据包导致的流体累加将超过 $b=1.5$ kbit，因此该数据包

为不符合数据，此时不会有新的流体倒入漏桶。而如果假设 $b = 2$ kbit，那么所有数据包都将是符合数据。

不能将流体倒入漏桶的数据称为不符合数据。对于 ATM 系统，要么丢弃不符合数据，将其标记为低优先级以表示丢弃（所谓的“红色”信元）；要么将其放入缓冲区（缓冲漏桶控制器）。对于综合服务互联网，原则上不标记不符合数据，只是简单地将其流量类型设置为尽力传输（普通的 IP 流量）。

接下来将证明漏桶控制器将到达曲线强制约束为 $\gamma_{r,b}$，首先给出以下引理。

引理 1.2.2　设想一个以恒定比特率 r 提供服务的缓冲器。假设在时刻 0，缓冲区为空，输入由累积量函数 $R(t)$ 描述。若在时间区间 $[0,t]$ 内没有流量溢出，则在时刻 t 的缓冲量由下式给出

$$x(t) = \sup_{s:s\leqslant t}\{R(t) - R(s) - r(t-s)\}$$

证明：该引理可以通过推论 1.5.2 获得，但是在此给出直接证明。对于所有满足 $s \leqslant t$ 的 s，$r(t-s)$ 为在区间 $(s,t]$ 输出比特数的上界，因此

$$R(t) - R(s) - x(t) + x(s) \leqslant (t-s)r$$

那么

$$x(t) \geqslant R(t) - R(s) + x(s) - (t-s)r \geqslant R(t) - R(s) - (t-s)r$$

也就证明了 $x(t) \geqslant \sup\limits_{s:s\leqslant t}\{R(t) - R(s) - r(t-s)\}$。

反过来，令 t_0 为在时刻 t 之前缓冲区为空的最迟时刻，即

$$t_0 = \sup\{s : s \leqslant t, x(s) = 0\}$$

若 $x(t) > 0$，则 t_0 为 t 所在繁忙时段的开始时刻。那么，在区间 $(t_0,t]$ 内，队列一直为非空。由于输出的比特率为 r，因此有

$$x(t) = x(t_0) + R(t) - R(t_0) - (t-t_0)r \tag{1.3}$$

假设 $R(t)$ 为左连续的（否则证明会复杂一些），那么 $x(t_0) = 0$，并且 $x(t) \leqslant \sup\limits_{s:s\leqslant t}\{R(t) - R(s) - r(t-s)\}$。 □

现在如果使漏桶模型的行为完全类似于容量为 b 且以恒定比特率 r 提供服务的缓冲区，则需满足流的累积量函数 $R(t)$ 的数据是符合数据，即当且仅当漏桶高度 $x(t)$ 在任意时刻不会超过 b。根据引理 1.2.2，需满足

$$\sup_{s:s\leqslant t}\{R(t)-R(s)-r(t-s)\}\leqslant b$$

即等价于对于所有 $s\leqslant t$，满足

$$R(t)-R(s)-r(t-s)\leqslant b$$

因此，得出以下命题。

命题 1.2.3 泄漏速率为 r 且容量为 b 的漏桶控制器会强制流量受到达曲线 $\gamma_{r,b}$ 的约束，即承载符合数据的流具有到达曲线 $\gamma_{r,b}$；若输入流量的到达曲线为 $\gamma_{r,b}$，则流量的所有数据均为符合数据。

第 1.4.1 节将对漏桶模型的参数给出一个简单的解释，即 r 为服务流量所需的最小速率，b 为以恒定速率向流提供服务时所需缓冲区的大小。

与漏桶模型概念大致相同的另一组模型是与 ATM 一起使用的通用信元速率算法（Generic Cell Rate Algorithm，GCRA）。

定义 1.2.3 [GCRA(T,τ)] 带有参数 T 和 τ 的通用信元速率算法用于固定长度数据包（称为“信元”）。与之一致的信元有如下定义，以信元的到达时刻 t 作为输入并返回结果，那么它具有一个内部（静态）变量的理论到达时刻（theoretical arrival time，tat）。在下面的算法伪码中，“τ”用 tau 表示。

- initially, tat = 0
- when a cell arrives at time t, then

```
if ( t < tat - tau)
     result = NON-CONFORMANT;
     /* 返回值，信元状态为“不符合” */
else {
     tat = max ( t , tat) + T;
     result = CONFORMANT;
     /* 返回值，信元状态为“符合” */
     }
```

表 1.1 和表 1.2 的示例对 GCRA 的定义进行了说明，表中给出信元的到达时刻、信元到达之前内部变量 tat 的值以及信元状态（符合或不符合）。从表 1.1 和表 1.2 中可以看出，流量可以维持的长期速率为 $1/T$（单位时间内的信元）；而 τ 表示容限，用于量化两个信元相对于理想间隔 T 可以提前到达的上限。例如，在表 1.1 的示例中，假设信元可以提早两个时间单位到达（到达时刻为从

18 到 48 的信元），但提前到达的信元不计入累积量，否则流量的到达速率将超过 $1/T$（到达时刻为 57 的信元）。

表 1.1　GCRA(10, 2) 示例 1

示例 1 的到达时刻	示例 1 到达之前的 tat 值	示例 1 的信元状态
0	0	符合
10	10	符合
18	20	符合
28	30	符合
38	40	符合
48	50	符合
57	60	不符合

表 1.2　GCRA(10, 2) 示例 2

示例 2 的到达时刻	示例 2 到达之前的 tat 值	示例 2 的信元状态
0	0	符合
10	10	符合
15	20	不符合
25	20	符合
35	35	符合

通常会得到下面的结果，它建立了 GCRA 与阶梯函数 $v_{T,\tau}(t)$ 的关系。

命题 1.2.4　设想一条具有累积量函数 $R(t)$ 的流，它生成长度为 k 个数据单位的固定长度数据包，并且数据包是瞬时到达的。设时间是离散或连续的，并且 $R(t)$ 是左连续的，则以下两种属性等价。

属性 1：流符合 $\mathrm{GCRA}(T,\tau)$。

属性 2：流的到达曲线为 $kv_{T,\tau}$。

证明：命题的证明涉及最大加代数。首先假设属性 1 成立。θ_n 表示第 n 个数据包（或信元）到达后的 tat 值，且 $\theta_0=0$；t_n 表示第 n 个数据包的到达时刻。根据 GCRA 的定义，有 $\theta_n=\max\{t_n,\theta_{n-1}\}+T$。将该等式应用于所有 $m\leqslant n$，并用符号 $\vee$ 表示求最大，根据 $\vee$ 的加法分配律可得到下列一组等式。

$$\begin{cases}\theta_n=(\theta_{n-1}+T)\vee(t_n+T)\\ \theta_{n-1}+T=(\theta_{n-2}+2T)\vee(t_{n-1}+2T)\\ \qquad\qquad\cdots\\ \theta_1+(n-1)T=(\theta_0+nT)\vee(t_1+nT)\end{cases}$$

此外，由于 $\theta_0=0$ 且 $t_1\geqslant 0$，有 $(\theta_0+nT)\vee(t_1+nT)=t_1+nT$，因此上面最后一个等式可以简化为 $\theta_1+(n-1)T=t_1+nT$。从最后一个等式开始，依次将等式迭代到前一个等式上，可得

$$\theta_n=(t_n+T)\vee(t_{n-1}+2T)\vee\cdots\vee(t_1+nT) \tag{1.4}$$

现在考虑第 $(m+n)$ 个数据包的到达时刻（$m,n\in\mathbf{N}$，且 $m\geqslant 1$），根据属性 1，该数据包为符合数据，因此有

$$t_{m+n}\geqslant\theta_{m+n-1}-\tau \tag{1.5}$$

根据式 (1.4)，对于任意 $1\leqslant j\leqslant m+n-1$，有 $\theta_{m+n-1}\geqslant t_j+(m+n-j)T$。那么，令 $j=m$，则可以得到 $\theta_{m+n-1}\geqslant t_m+nT$，再结合式 (1.5)，得出 $t_{m+n}\geqslant t_m+nT-\tau$。根据命题 1.2.1 可知属性 2 成立。

反过来，假设属性 2 成立。利用数学归纳法证明第 n 个数据包是符合数据。首先当 $n=1$ 时，总是有 $t_{m+1}\geqslant t_m+T-\tau$ 成立，因此数据包总是符合数据，属性 1 成立；假设对于任意 $m\leqslant n$ 的数据包是符合数据，那么按照上述推导思路，式 (1.4) 对 n 成立，并将其改写为 $\theta_n=\max\limits_{1\leqslant j\leqslant n}\{t_j+(n-j+1)T\}$ 的形式。根据命题 1.2.1 可知，对于任意 $1\leqslant j\leqslant n$，$t_{n+1}\geqslant t_j+(n-j+1)T-\tau$ 成立，因此 $t_{n+1}\geqslant\max\limits_{1\leqslant j\leqslant n}\{t_j+(n-j+1)T\}-\tau$。再结合上述 θ_n 的表达式，可以得到 $t_{n+1}\geqslant\theta_n-\tau$，因此第 $(n+1)$ 个数据包也是符合数据。 □

注意式 (1.4) 与引理 1.2.2 的类比。实际上，根据命题 1.2.2，对于固定长度数据包，仿射函数 $\gamma_{r,b}(t)$ 的到达约束和阶梯函数 $v_{T,\tau}(t)$ 的到达约束具有等价关系，并给出以下推论。

推论 1.2.1 对于一条具有固定长度数据包的流，满足 GCRA(T,τ) 等价于满足漏桶控制器，其中恒定比特率 r 和突发容限 b 为：

$$b=\left(\frac{\tau}{T}+1\right)\delta$$

$$r=\frac{\delta}{T}$$

式中，δ 是以数据单位表示的数据包的长度。

推论 1.2.1 也能够通过 GCRA 将漏桶控制器直接等价表示出来。将 ATM 信元作为数据单位，上述结果表明：对于一条 ATM 信元流，符合 GCRA(T,τ)

等价于将 $v_{T,\tau}(t)$ 作为到达曲线，也等价于将 $\gamma_{r,b}(t)$（$r=\dfrac{1}{T}, b=\dfrac{\tau}{T}+1$）作为到达曲线。

设想一组数量为 I 的漏桶控制器（或 GCRA），其参数分别为 r_i、b_i，对于任意 i 具有 $1\leqslant i\leqslant I$。如果将它们并行地用于同一条流，则这条流的符合数据对于每个独立的漏桶控制器都是符合的。这条具有符合数据的流的到达曲线为

$$\alpha(t)=\min_{1\leqslant i\leqslant I}\{\gamma_{r_i,b_i}(t)\}=\min_{1\leqslant i\leqslant I}\{r_it+b_i\}$$

由此能够容易地表明，以这种方式获得的到达曲线族是一组分段线性凹函数，包括有限数量的分段。第 1.5 节将给出一些不属于该族的函数示例。

在 ATM 网络和互联网上的应用　漏桶模型和 GCRA 被用于定义与综合服务网络中流量相符的标准模型。ATM 的恒定比特率连接由一个参数为 T 和 τ 的 GCRA（或等效的漏桶模型）定义，T 为理想信元间隔，τ 被称为信元延迟可变容限（Cell Delay Variation Tolerance，CDVT）。ATM 的可变比特率（Variable Bit Rate，VBR）连接由一条对应于两个漏桶模型或 GCRA 控制器的到达曲线定义；综合服务网络框架也使用相同的到达曲线族，例如

$$\alpha(t)=\min\{M+pt,rt+b\} \tag{1.6}$$

其中，M 表示最大数据包的长度，p 表示峰值速率，b 表示突发容限，r 表示可持续速率，如图 1.5 所示。在综合服务互联网的术语中，四元组 (p,M,r,b) 也被称为流量规范（T-SPEC）。

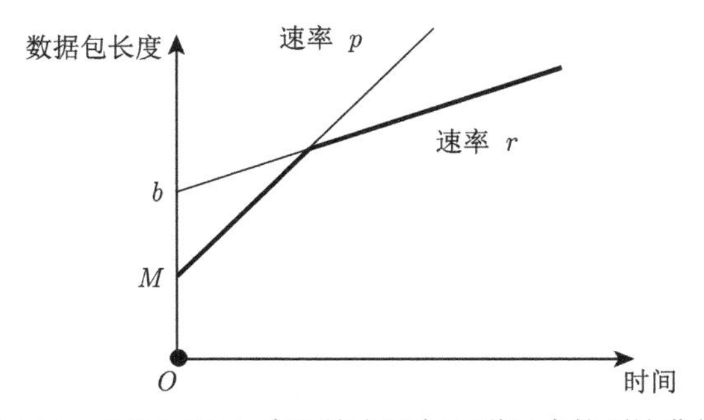

图 1.5　ATM VBR 流和综合服务互联网流的到达曲线

1.2.3　次可加性和到达曲线

本节对最小加代数和到达曲线的关系进行讨论，首先以一个具有启发性的例子展开讨论。

设想一条流 $R(t) \in \mathbf{N}$，$t \in \mathbf{N}$（例如一条 ATM 信元流，以信元计数）。为了简化讨论，可以认为时间是离散的。假设已知这条流受到达曲线的约束为 $3v_{10,0}$，例如这条流是由 3 条恒定比特率连接叠加而成的，每条恒定比特率连接的峰值速率为每单位时间 0.1 个信元。此外，假设已知这条流以每单位时间 1 个信元的物理特性在某条链路上到达观测点，这样能够总结出该流还受到达曲线的约束为 $v_{1,0}$。因此，显然它受到的约束可被表示为 $\alpha_1 = \min\{3v_{10,0}, v_{1,0}\}$，如图 1.6 所示。

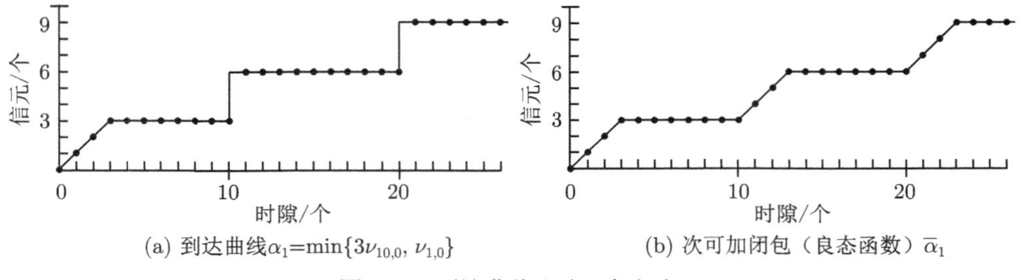

(a) 到达曲线$\alpha_1=\min\{3\nu_{10,0}, \nu_{1,0}\}$　(b) 次可加闭包（良态函数）$\bar{\alpha}_1$

图 1.6　到达曲线和次可加闭包

图 1.6 的说明： 图 1.6(a) 为到达曲线 $\alpha_1 = \min\{3v_{10,0}, v_{1,0}\}$，它的次可加闭包（良态函数，good function）$\bar{\alpha}_1$ 如图 1.6(b) 所示。时间为离散的，图中的线段可方便读者观察。

通过到达曲线 α_1 可知，$R(10) \leqslant 3$，$R(11) \leqslant 6$。然而，由于链路的约束，单位时间内最多只能有 1 个信元到达，因此也可以得出 $R(11) \leqslant R(10) + [R(11) - R(10)] \leqslant \alpha_1(10) + \alpha_1(1) = 4$。换言之，$R$ 受到 α_1 的约束，然而可以得到比 α_1 本身更优的上界。这是因为根据上述用例可以看出，α_1 不是一个良态函数。

定义 1.2.4　设想函数 $\alpha \in \mathcal{F}$，若其满足以下任一等价属性，则可以说 α 为良态函数。

属性 1　α 是次可加（sub-additive）的，且 $\alpha(0) = 0$；

属性 2　$\alpha = \alpha \otimes \alpha$；

属性 3　$\alpha \oslash \alpha = \alpha$；

属性 4　$\alpha = \bar{\alpha}$（α 的次可加闭包）。

该定义使用了第 3 章中定义的次可加性、最小加卷积、最小加解卷积（min-plus deconvolution）和次可加闭包，上述 4 项属性的等价性来自推论 3.1.1 和推论 3.1.13。次可加性（属性 1）表示 $\alpha(s+t)\leqslant\alpha(s)+\alpha(t)$。若 α 不是次可加的，那么 $\alpha(s)+\alpha(t)$ 就可能是比 $\alpha(s+t)$ 还好的界限，如图 1.6(a) 中 α_1 所示。属性 2、3、4 利用了第 3 章中定义的最小加卷积、最小加解卷积和次可加闭包，特别根据定理 3.1.10 可知，函数 α 的次可加闭包 $\bar{\alpha}$ 是满足 $\bar{\alpha}\leqslant\alpha$ 的最大良态函数；此外，若 $\alpha\in\mathcal{F}$，则 $\bar{\alpha}\in\mathcal{F}$。

关于到达曲线的主要结论是：任何到达曲线都可以由其次可加闭包表示的良态到达曲线所替代。如图 1.6(b) 中 $\bar{\alpha}_1$ 所示。

定理 1.2.1（到达曲线退化为次可加闭包曲线）　若一条流被一个广义递增函数 α 约束，则等价于该条流被该函数的次可加闭包 $\bar{\alpha}$ 所约束。

下面给出定理的相关证明，该证明可以体现到达曲线概念的核心，即与最小加代数中线性关系的理论基础有关。

引理 1.2.3　当且仅当 $R\leqslant R\otimes\alpha$ 时，流 R 受到达曲线 α 的约束。

证明：$R\leqslant R\otimes\alpha$ 表示对于 $\forall t$，$R(t)\leqslant(R\otimes\alpha)(t)$。最小加卷积 $R\otimes\alpha$ 在第 3 章中进行了定义。由于 $R(s)$ 和 $\alpha(s)$ 的定义仅对于 $s\geqslant 0$ 成立，因此 $R\otimes\alpha$ 满足 $(R\otimes\alpha)(t)=\inf\limits_{0\leqslant s\leqslant t}\{R(s)+\alpha(t-s)\}$。从而，$\forall s\in[0,t]$，$R\leqslant R\otimes\alpha$ 与 $R(t)\leqslant R(s)+\alpha(t-s)$ 等价。　□

引理 1.2.4　若 α_1 和 α_2 均为流 R 的到达曲线，那么 $\alpha_1\otimes\alpha_2$ 也为流 R 的到达曲线。

证明：根据第 3 章可知，若 α_1 和 α_2 为广义递增函数，则 $\alpha_1\otimes\alpha_2$ 亦是。余下部分的证明可以直接根据引理 1.2.3 以及“$\otimes$”的结合律得出。　□

定理 1.2.1 的证明：由于 α 为到达曲线，因此根据引理 1.2.4，$\alpha\otimes\alpha$ 亦是到达曲线；通过迭代，对于所有 $n\geqslant 1,\alpha^{(n)}$ 同样是到达曲线；根据 δ_0 的定义，δ_0 亦是到达曲线。因此次可加闭包 $\bar{\alpha}=\inf\limits_{n\geqslant 0}\{\alpha^{(n)}\}$ 也是到达曲线。

反过来，由于 $\bar{\alpha}\leqslant\alpha$，因此，若 $\bar{\alpha}$ 为到达曲线，则 α 亦是。　□

例：因此应将到达曲线的选择限制为次可加函数。可以预测第 1.2.1 节中给出的 $\gamma_{r,b}$ 和 $v_{T,\tau}$ 函数是次可加的。另外，由于 $t=0$ 时，它们的函数值为 0，因此它们为良态函数（根据定义 1.2.4，属性 1）。根据第 1 章的内容可知，任意 $\alpha(0)=0$ 的凹函数 α 都是次可加的，因此 $\gamma_{r,b}$ 为次可加的。

函数 $v_{T,\tau}$ 不是凹函数，但它仍然是次可加的。这是因为根据其定义，上取整函数为次可加的，这样有

$$v_{T,\tau}(s+t)=\left\lceil\frac{s+t+\tau}{T}\right\rceil\leqslant\left\lceil\frac{s+\tau}{T}\right\rceil+\left\lceil\frac{t}{T}\right\rceil$$

$$\leqslant\left\lceil\frac{s+\tau}{T}\right\rceil+\left\lceil\frac{t+\tau}{T}\right\rceil=v_{T,\tau}(s)+v_{T,\tau}(t)$$

回到开始的例子 $\alpha_1=\min\{3v_{10,0},v_{1,0}\}$，正如文中所讨论的，$\alpha_1$ 不是次可加的。根据定理 1.2.1，可以通过式 (3.13)，将 α_1 替换为它的次可加闭包 $\bar{\alpha}_1$，该计算通过以下引理得以简化，引理可以直接由定理 3.1.11 得出。

引理 1.2.5 令 γ_1 和 γ_2 为良态函数，则 $\min\{\gamma_1,\gamma_2\}$ 的次可加闭包为 $\gamma_1\otimes\gamma_2$。

若将上述引理应用于 $\alpha_1=\min\{3v_{10,0}\wedge v_{1,0}\}$，由于 $v_{T,\tau}$ 为良态函数，因此 α_1 的次可加闭包为 $\bar{\alpha}_1=3v_{10,0}\otimes v_{1,0}$，如图 1.6 所示。

最后讨论等价命题，由于该命题的证明很简单，因此留给读者自行证明。

命题 1.2.5 对于一个给定的 $\alpha(0)=0$ 的广义增函数 α，考虑其定义的源为 $R(t)=\alpha(t)$（贪婪源，greedy source）。当且仅当 α 为良态函数时，α 可作为源的到达曲线。

VBR 到达曲线 测试通过漏桶或 GCRA 组合获得的到达曲线族，这些到达曲线是凹分段线性函数。根据第 3 章可知，如果 γ_1 和 γ_2 为凹函数，且满足 $\gamma_1(0)=\gamma_2(0)=0$，那么 $\gamma_1\otimes\gamma_2=\gamma_1\wedge\gamma_2$。因此，任何满足 $\alpha(0)=0$ 的凹分段线性函数均为良态函数。特别地，若通过以下方式定义 VBR 连接或综合服务流的到达曲线，有

$$\begin{cases}\alpha(t)=\min\{pt+M,rt+b\} & t>0\\ \alpha(0)=0\end{cases}$$

如图 1.5 所示，则 α 为良态函数。

从引理 1.2.1 可以看出，到达曲线 α 总是可以由其左极限 α_l 代替。那么它应该如何与次可加闭包进行组合？这两种操作是否满足交换律，即是否满足 $(\bar{\alpha})_l=\overline{\alpha_l}$？通常情况下，若 α 为左连续的，那么不能保证 $\bar{\alpha}$ 也是左连续的，因此无法保证操作的可交换性。然而，如果 $(\bar{\alpha})_l$ 为良态函数，则有 $\overline{(\bar{\alpha})_l}=(\bar{\alpha})_l$。因此，首先对到达曲线 α 取次可加闭包，然后取左极限进行改进，得到的到达曲线 $(\bar{\alpha})_l$ 为良态函数，也是左连续函数（极良态函数），并且由 α 产生的约束等同于由 $(\bar{\alpha})_l$ 产生的约束。

最后，利用一致连续性的论据可以很容易地证明：如果 α 在任何有界时间间隔内的取值是有限的，并且 α 是左连续的，那么 $\bar{\alpha}$ 也是左连续的，并且有 $(\bar{\alpha})_l = \overline{\alpha_l}$。这个假设在离散时间内是始终正确的，并且在大多数实际情况下也是如此。

1.2.4　最小到达曲线

现在设想一条给定的流 $R(t)$，应该确定它的最小到达曲线。例如，当 R 的流量值是通过测量得到的，就会引出如何确定最小到达曲线的问题。下面的定理说明 $R(t)$ 存在一条最小到达曲线。

定理 1.2.2（最小到达曲线）　给定一条流 $R(t)_{t\geqslant 0}$，那么：

- 函数 $R \oslash R$ 是该流的到达曲线；
- 对于任何一条可以约束流的到达曲线 α，总有 $(R \oslash R) \leqslant \alpha$；
- $R \oslash R$ 是一个良态函数。

称函数 $R \oslash R$ 为流 R 的最小到达曲线。

最小到达曲线的定义使用了第 3 章中定义的最小加解卷积。图 1.7 展示了一个例子，测量得到流 R 的最小到达曲线为 $R \oslash R$。

证明：通过 $\oslash$ 的定义，有 $(R \oslash R)(t) = \sup\limits_{v\geqslant 0}\{R(t+v) - R(v)\}$，满足 $R \oslash R$ 是一条到达曲线。

现在假设某条到达曲线 α 也是流 R 的到达曲线。由引理 1.2.3 可知，$R \leqslant (R \otimes \alpha)$ 。根据第 3 章定理 3.1.12 的规则 14，有 $R \oslash R \leqslant \alpha$。表明 $R \oslash R$ 是流 R 的最小到达曲线。最后，根据定理 3.1.12 的规则 15，可知 $R \oslash R$ 是一个良态函数。 □

设想一个贪婪源 $R(t) = \alpha(t), \alpha$ 为良态函数，那么其最小到达曲线是什么？[①] 最后，好奇的读者或许想要知道 $R \oslash R$ 是否是左连续的，证明如下。假设 R 是右连续或左连续的，根据引理 1.2.1 可知，$(R \oslash R)_l$ 的左极限也是一条到达曲线，并且其上界为 $R \oslash R$。由于 $R \oslash R$ 是最小到达曲线，它遵循 $(R \oslash R)_l = R \oslash R$，因此 $R \oslash R$ 是左连续的（并且为良态函数）。

在很多情况下，我们并不关心此处给出的绝对最小到达曲线，而是关心在一族到达曲线中 [例如，在所有 $\gamma_{r,b}(t)$ 函数中] 找到最小到达曲线。关于这方面的研究，请参阅参考文献 [4]。

---

① 根据定义 1.2.4 的等价性，最小到达曲线是 α 本身。

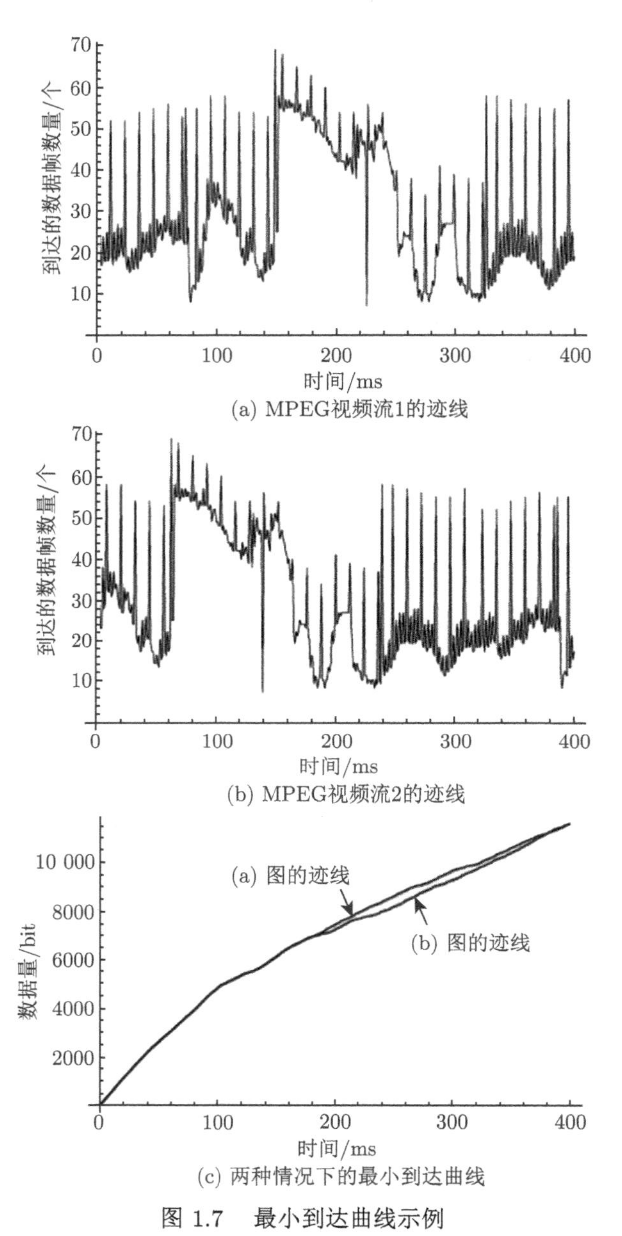

图 1.7　最小到达曲线示例

图 1.7 的说明： 时间为离散的，且设单位时间为 40 ms。图 1.7(a) 和图 1.7(b) 给出了 2 种 MPEG 视频流的迹线，该迹线以各时隙中数据帧到达

数量的数据绘制而成，两种迹线看上去很像，但它们所对应的服务曲线不同，每个数据帧具有固定帧长（416 Byte）。图 1.7(c) 显示了第一条迹线和第二条迹线的最小到达曲线。第一条迹线中的大突发度出现较早，因此其最小到达曲线较大。

1.3 服务曲线

1.3.1 服务曲线的定义

通过上节已经看出综合服务网络的第一个原则是用到达曲线约束流。为了提供预留，网络节点反过来需要为流提供一些保障，这是由数据帧的调度 [5] 完成的。本节介绍和研究了服务曲线的概念，利用这一概念可以抽象出数据帧调度的详细内容。由于服务曲线比到达曲线更加抽象，因此本节将结合一些例子进行解释。

首先，设想一个简单的通用处理器共享（Generalized Processor Sharing，GPS）[6] 节点的调度器的例子，这里只给出简单的定义，第 2 章将给出更多细节。GPS 节点并行服务多条流，假设每条流都被分配了给定的速率。可以保证的是，流在节点上产生积压所持续的 t 时间段内将获得至少等于 rt 的服务量，其中 r 为分配给流的速率。GPS 节点是一个理论概念，实际上无法实现，因为它依赖于流体模型，而在真实网络中使用的是数据帧。第 2.1 节将介绍如何解决实际方案与 GPS 模型之间的差异。设想一条输入流 R 经过一个速率为 r 的 GPS 节点后，对应的输出流为 R^*，另外假设节点的缓冲区足够大，因此不会发生溢出，读者将在本节中学习如何计算满足上述假设的缓冲区的大小。对于有损系统的分析参见第 9 章的内容。在这些假设下，对于所有时刻 t，令 t_0 为距离时刻 t 最近的忙周期的开始时刻，根据 GPS 的假设，有

$$R^*(t) - R^*(t_0) \geqslant r(t - t_0)$$

像往常一样假设 R 为左连续的，那么在时刻 t_0，流量的积压为 0，因此有 $R(t_0) - R^*(t_0) = 0$。结合前一个公式，有

$$R^*(t) - R(t_0) \geqslant r(t - t_0)$$

因此，对于所有时刻 t，有 $R^*(t) \geqslant \inf_{0 \leqslant s \leqslant t}\{R(s) + r(t-s)\}$，也可以写成

$$R^* \geqslant R \otimes \gamma_{r,0} \tag{1.7}$$

注意，GPS 节点的局限性案例是速率为 r 的恒定比特率服务器，该服务器专门用于服务单条流。第 2 章将详细研究 GPS。

接下来介绍第二个例子，假设关于网络节点唯一的信息是，给定流 R 的比特的最大延迟，由某个定值 T 限制，并按先进先出的顺序服务流的比特。我们将在第 1.5 节中介绍，这种假设与一族被称为“最早截止期限优先（Earliest Deadline First，EDF）”的调度器一起使用。可以将该假设转换为对于所有 t 的延迟界限为 $d(t) \leqslant T$。由于 R^* 总是广义递增的，因此根据 $d(t)$ 的定义可以得出 $R^*(t+T) \geqslant R(t)$。相反地，如果 $R^*(t+T) \geqslant R(t)$，那么 $d(t) \leqslant T$。换言之，最大延迟受到 T 的限制等价于对于所有 t，有 $R^*(t+T) \geqslant R(t)$，又可以写为

$$R^*(s) \geqslant R(s-T), \quad s \geqslant T$$

第 3 章中介绍的“冲激”函数 δ_T 定义为：若 $0 \leqslant t \leqslant T$，则 $\delta_T(t)=0$；若 $t>T$，则 $\delta_T(t)=+\infty$。该函数具有以下性质：对于 $t \geqslant 0$ 定义下的任意广义递增函数 $x(t)$，若 $t \geqslant T$，则 $(x \otimes \delta_T)(t)=x(t-T)$；否则，$(x \otimes \delta_T)(t)=x(0)$。因此，关于最大延迟的条件，可以写成

$$R^* \geqslant R \otimes \delta_T \tag{1.8}$$

对于上述的两个例子，存在相同形式的输入/输出关系 [式 (1.7) 和式 (1.8)]，这表明服务曲线的定义确实可以提供有用的结果。

定义 1.3.1（服务曲线） 设想一个系统 S，以及一条经过 S 的输入和输出函数为 R 和 R^* 的流。当且仅当 β 为广义递增函数，且满足 $\beta(0)=0$ 和 $R^* \geqslant R \otimes \beta$ 时，可以认为 S 为这条流提供的服务曲线是 β。

图 1.8 展示了上述定义，输出 R^* 必须位于 $R \otimes \beta$ 之上，$R \otimes \beta$ 为所有曲线的下包络。上述定义条件也可以表示为，β 为广义递增函数，满足 $\beta(0)=0$，且对于所有 $t \geqslant 0$，有

$$R^*(t) \geqslant \inf_{s \leqslant t}\{R(s)+\beta(t-s)\}$$

实际上，如果 β 是连续的，则可以避免使用下确界。以下命题可以由定理 3.1.8 直接得到。

命题 1.3.1 若 β 是连续的，则服务曲线的属性意味着对于所有 t，可以找到 $t_0 \leqslant t$，使得

$$R^*(t) \geqslant R_l(t_0)+\beta(t-t_0) \tag{1.9}$$

其中 $R_l(t_0)=\sup\limits_{s<t_0}\{R(s)\}$ 为在 t_0 的左极限，若 R 为左连续的，那么 $R_l(t_0)=R(t_0)$。

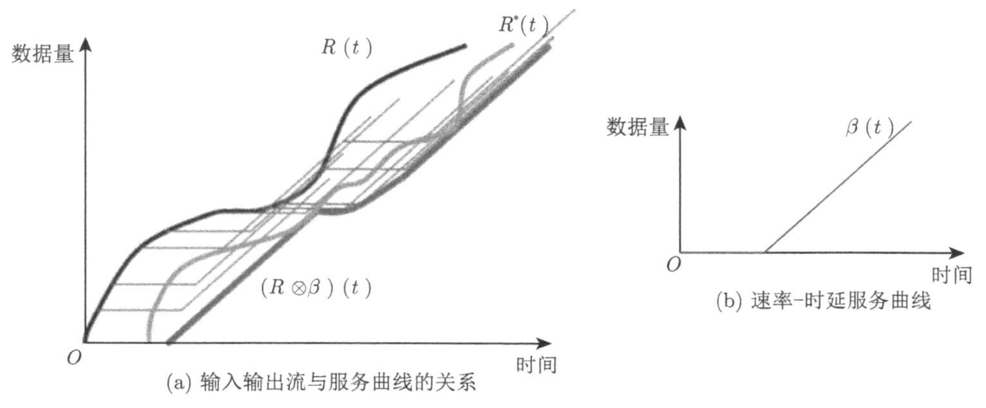

图 1.8　服务曲线定义

对于恒定速率的服务器（以及任何严格服务曲线），可以将式 (1.9) 中的 t_0 视为忙周期的开始；对于其他情况，则 t_0 是未知的。然而，某些情况下，可以选择随 t 递增的 t_0。

命题 1.3.2　若服务曲线 β 是凸的，那么可以找到某个广义递增函数 $\tau(t)$，使得式 (1.9) 中可以取 $t_0=\tau(t)$。

注意，由于假设服务曲线为广义递增的，因此凸函数 β 必须为连续的。因而可以应用命题 1.3.1 的结论。

证明：这里给出当 R 为左连续时的证明，更一般情况下的证明基本上是相同的，仅涉及一些 ε 削减。考虑 $t_1<t_2$，且当 $t=t_1$ 时，令 τ_1 为式 (1.9) 中 t_0 的值。同时考虑任意 $t'\leqslant\tau_1$，根据 τ_1 的定义，有

$$R^*(t')+\beta(t_1-t')\geqslant R^*(\tau_1)+\beta(t_1-\tau_1)$$

因此

$$R^*(t')+\beta(t_2-t')\geqslant R^*(\tau_1)+\beta(t_1-\tau_1)-\beta(t_1-t')+\beta(t_2-t')$$

由于 β 为凸的，因此对于任意 4 个满足 $a\leqslant c\leqslant b$、$a\leqslant d\leqslant b$ 以及 $a+b=c+d$ 的数总有

$$\beta(a)+\beta(b)\geqslant\beta(c)+\beta(d)$$

感兴趣的读者可以通过画图进行验证。将以上式子应用于 $a=t_1-\tau_1$、$b=t_2-t'$、$c=t_1-t'$、$d=t_2-\tau_1$，有

$$R^*(t')+\beta(t_2-t')\geqslant R^*(\tau_1)+\beta(t_2-\tau_1)$$

上式对所有 $t'\leqslant\tau_1$ 均成立。接下来固定 t_2，对于所有的 $t'\leqslant t_2$，求 $R^*(t')+\beta(t_2-t')$ 的最小值。对于某些 $t'\geqslant\tau_1$，上式可以达到最小值。 □

第 1.4 节将给出服务曲线，保证服务曲线与到达曲线约束的结合构成综合服务网络中使用的确定性边界的基础。在此之前，先给出一个在实际中使用的经典服务曲线的示例。

1.3.2 经典服务曲线示例

保证延迟节点 对于第 1.3.1 节中第二个例子的分析可以被重现，表述如下。

命题 1.3.3 对于无损的比特处理系统，任何比特的延迟都由某个定值 T 限制，等价于系统向流提供 δ_T 的服务曲线。高低优先级非抢占式服务如图 1.9 所示。

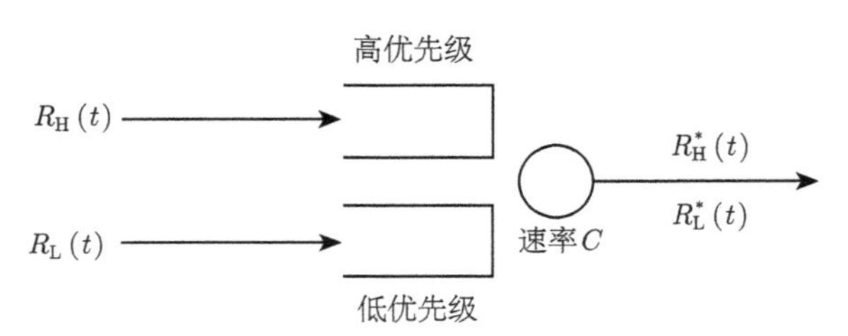

图 1.9 高低优先级非抢占式服务

图 1.9 的说明： 两条优先级流（H 和 L）在队列头部（Head of the Line, HOL）接受可抢占式服务。高优先级的流受到达曲线 α 的约束。

不可抢占式优先级节点 设想一个服务两条流 $R_{\rm H}(t)$ 和 $R_{\rm L}(t)$ 的节点，第一条流具有高于第二条流的不可抢占式优先级（见图 1.9）。该示例说明了某些流类型比其他流类型具有高优先级时所使用的通用框架，如因特网的区分服务 [7]。服务器的速率是恒定的，等于 C；称 $R_{\rm H}^*(t)$ 和 $R_{\rm L}^*(t)$ 为两条流的输出。对于第一条高优先级流，在某个时刻 t，令 s 为高优先级流积压周期的起始时刻。高优先级的服务可以因在 s 之前不久到达的低优先级数据帧延迟。但是，只要这个数据帧被服务完毕，服务器就会专用于高优先级。只要有高优先级的流排

队，在时间区间 $(s,t]$ 上，输出的比特数为 $C(t-s)$。因此

$$R_{\mathrm{H}}^{*}(t)-R_{\mathrm{H}}^{*}(s)\geqslant C(t-s)-l_{\max}^{\mathrm{L}}$$

其中 $l_{\max}^{\mathrm{L}}$ 为低优先级数据帧的最大帧长。根据 s 的定义，有 $R_{\mathrm{H}}^{*}(s)=R_{\mathrm{H}}(s)$，因此

$$R_{\mathrm{H}}^{*}(t)\geqslant R_{\mathrm{H}}(s)+C(t-s)-l_{\max}^{\mathrm{L}}$$

又因为

$$R_{\mathrm{H}}^{*}(t)-R_{\mathrm{H}}(s)=R_{\mathrm{H}}^{*}(t)-R_{\mathrm{H}}^{*}(s)\geqslant 0$$

从而可以得到

$$R_{\mathrm{H}}^{*}(t)\geqslant R_{\mathrm{H}}(s)+\left[C(t-s)-l_{\max}^{\mathrm{L}}\right]^{+}$$

函数 $u\mapsto\left[Cu-l_{\max}^{\mathrm{L}}\right]^{+}$ 被命名为“速率–时延”函数，其中速率为 C、延迟为 $\dfrac{l_{\max}^{\mathrm{L}}}{C}$（参见参考文献 [8]，本书中记为 $\beta_{C,\frac{l_{\max}^{\mathrm{L}}}{C}}$）。因此该函数为高优先级流的服务曲线。

接下来分析低优先级流。为了确保不出现饥饿现象，假设高优先级流受到到达曲线 α_{H} 的约束。对于任意时刻 t，令 s' 为服务忙周期的起始时刻（注意 $s'\leqslant s$）。在时刻 s'，两条流的积压都为 0，即满足 $R_{\mathrm{H}}^{*}(s')=R_{\mathrm{H}}(s')$ 和 $R_{\mathrm{L}}^{*}(s')=R_{\mathrm{L}}(s')$。在时间间隔 $(s',t]$ 上，输出为 $C(t-s')$。因此

$$R_{\mathrm{L}}^{*}(t)-R_{\mathrm{L}}^{*}(s')\geqslant C(t-s')-\left[R_{\mathrm{H}}^{*}(t)-R_{\mathrm{H}}^{*}(s')\right]$$

另外，由于

$$R_{\mathrm{H}}^{*}(t)-R_{\mathrm{H}}^{*}(s')=R_{\mathrm{H}}^{*}(t)-R_{\mathrm{H}}(s')\leqslant R_{\mathrm{H}}(t)-R_{\mathrm{H}}(s')\leqslant\alpha_{\mathrm{H}}(t-s')$$

以及 $R_{\mathrm{H}}^{*}(t)-R_{\mathrm{H}}^{*}(s')\geqslant 0$，那么有

$$R_{\mathrm{L}}^{*}(t)-R_{\mathrm{L}}(s')=R_{\mathrm{L}}^{*}(t)-R_{\mathrm{L}}^{*}(s')\geqslant S(t-s')$$

其中，$S(u)=\left[Cu-\alpha_{\mathrm{H}}(u)\right]^{+}$。因此，若 S 为广义递增的，那么低优先级流获得的服务曲线为函数 S。进一步假设 $\alpha_{\mathrm{H}}=\gamma_{r,b}$，即高优先级流受到漏桶控制器或 GCRA 的约束。在这种情况下，低优先级流的服务曲线 $S(t)$ 为速率–时延函数 $\beta_{R,T}(t)$，其中 $R=C-r$，$T=\dfrac{b}{C-r}$。

因此，存在以下命题。

命题 1.3.4 设想一个速率为 C 的恒定比特率服务器，它服务高、低优先级的两条流，并且高优先级流是非抢占式的。那么高优先级流具有速率为 C 和延迟为 $\frac{l^{\mathrm{L}}_{\max}}{C}$ 的速率–时延服务曲线，其中 $l^{\mathrm{L}}_{\max}$ 为低优先级流的最大帧长。此外，若高优先级流是 $\gamma_{r,b}$-平滑的，且 $r < C$，那么低优先级流具有速率为 $C-r$ 和延迟为 $\frac{b}{C-r}$ 的速率–时延服务曲线。

这个例子表明了速率–时延服务曲线的重要性。在第 2 章（定理 2.1.2）可以看到，实际情况下所有 GPS 的实现都提供了速率–时延类型的服务曲线。

严格服务曲线（strict service curve）对应于一类重要的网络节点，服从以下的理论框架。

定义 1.3.2（严格服务曲线） 如果在任意积压期间 u 内，流的输出至少等于 $\beta(u)$，那么认为系统 S 为流提供了严格服务曲线 β。

GPS 节点作为这种示例，提供形式为 $\beta(t) = rt$ 的严格服务曲线，利用第 1.3.1 节 GPS 节点示例中相同的忙周期分析，可以证明以下命题。

命题 1.3.5 如果节点为某条流提供的严格服务曲线为 β，那么 β 也是这条流的服务曲线。

严格服务曲线的性质提供了一种可视化服务曲线概念的边界方式：在这种情况下，$\beta(u)$ 是忙周期内保证的最小服务量。但是注意，定义 1.3.1 给出的服务曲线定义更加通用。贪婪整形器（见第 1.5.2 节）是一个将整形曲线作为服务曲线的系统示例，但它并不满足严格服务曲线的属性。相反，在本书后文可以看到，只有在采用严格服务曲线的定义时，某些属性才成立。第 7 章将给出严格服务曲线的更具一般性的讨论。

可变容量节点 设想一个为某条流提供可变服务容量的网络节点。在某些情况下，可以通过累积量函数 $M(t)$ 对容量进行建模，其中 $M(t)$ 为时刻 $0 \sim t$ 为流提供的总服务容量。例如，对于 ATM 系统，将 $M(t)$ 视为时刻 $0 \sim t$ 可用于发送流信元的时隙数。假设节点的缓冲足够大，使溢出不可能发生，那么可以给出以下显而易见的命题，但该命题在实际应用中具有重要的意义。

命题 1.3.6 如果对于某个固定的函数 β，且对于所有 $0 \leqslant s \leqslant t$，可变容量满足最小的保证形式如下

$$M(t) - M(s) \geqslant \beta(t-s) \tag{1.10}$$

那么 β 为严格服务曲线。

因此，β 也是该特定流的服务曲线。利用可变容量节点的概念建立服务曲线属性，也是一个便捷方法。对于实时系统（而不是通信网络）的应用，请参阅参考文献 [9]。

第 4 章将提到可变容量节点的输出可由下式给出

$$R^*(t) = \inf_{0 \leqslant s \leqslant t}\{M(t) - M(s) + R(s)\}$$

最后，回到优先级节点，有以下命题。

命题 1.3.7　命题 1.3.4 中针对高优先级流的服务曲线是严格的。

该命题的证明留给读者，它依赖于如下的事实，即恒定速率服务器是一种整形器。

1.4　网络演算基础

本节会给出几种主要的网络演算结果，它们是关于具有服务保证的无损系统的界限。

1.4.1　3 种界限

第一个定理说明，积压界限由到达曲线和服务曲线之间的垂直距离确定。

定理 1.4.1（积压界限）　假设流量的到达曲线为 α，经过服务曲线为 β 的系统。那么对于所有 t，积压 $R(t) - R^*(t)$ 满足

$$R(t) - R^*(t) \leqslant \sup_{s \geqslant 0}\{\alpha(s) - \beta(s)\}$$

证明：直接根据服务曲线和到达曲线的定义得

$$R(t) - R^*(t) \leqslant R(t) - \inf_{0 \leqslant s \leqslant t}\{R(t-s) + \beta(s)\}$$

因此

$$R(t) - R^*(t) \leqslant \sup_{0 \leqslant s \leqslant t}\{R(t) - R(t-s) + \beta(s)\} \leqslant \sup_{0 \leqslant s \leqslant t}\{\alpha(s) + \beta(t-s)\} \quad \square$$

接下来，利用水平距离的概念 [具体可见第 3 章式 (3.21)]，令

$$\delta(s) = \inf\{\tau \geqslant 0 : \alpha(s) \leqslant \beta(s+\tau)\}$$

根据定义 1.1.1，假设存在这样的系统，α 为系统的输入，β 为系统的输出，$\delta(s)$ 为系统的虚拟延迟（换言之，假设 $\alpha \leqslant \beta$）。那么，$h(\alpha,\beta)$ 是 $\delta(s)$ 的所有值的上确界。第二个定理给出一般情况下的延迟界限。

定理 1.4.2（延迟界限） 假设流的到达曲线为 α，经过服务曲线为 β 的系统。那么对于所有 t，虚拟延迟 $d(t)$ 满足 $d(t) \leqslant h(\alpha,\beta)$。

证明： 考虑某个定值 $t \geqslant 0$；根据虚拟延迟的定义，对于所有 $\tau < d(t)$，有 $R(t) > R^*(t+\tau)$。接下来，根据服务曲线在时刻 $t+\tau$ 的属性，表明存在某个 s_0，使得

$$R(t) > R\left(t+\tau-s_0\right)+\beta\left(s_0\right)$$

根据上式可知 $t+\tau-s_0<t$，因此

$$\alpha\left(\tau-s_0\right) \geqslant \left[R(t)-R\left(t+\tau-s_0\right)\right] > \beta\left(s_0\right)$$

从而，$\tau \leqslant \delta\left(\tau-s_0\right) \leqslant h(\alpha,\beta)$。这里对于所有 $\tau < d(t)$ 均成立，因此有 $d(t) \leqslant h(\alpha,\beta)$。 □

定理 1.4.3（输出流约束） 假设流的到达曲线为 α，经过服务曲线为 β 的系统。输出流受到达曲线为 $\alpha^* = \alpha \oslash \beta$ 的约束。

该定理利用了第 3 章介绍的最小加解卷积，该方法已经在证明定理 1.2.2 时被使用过。

证明： 利用上述符号，对于 $0 \leqslant t-s \leqslant t$，考虑 $R^*(t)-R^*(t-s)$，并在时刻 $t-s$ 应用服务曲线的定义。假设 inf 在定义 $R \otimes \beta$ 中表示最小值，也就是说，存在某个 $u \geqslant 0$，使得 $t-s-u \geqslant 0$ 时

$$(R \otimes \beta)(t-s) = R(t-s-u)+\beta(u)$$

因此有

$$R^*(t-s)-R(t-s-u) \geqslant \beta(u)$$

且有

$$R^*(t)-R^*(t-s) \leqslant R^*(t)-\beta(u)-R(t-s-u)$$

由于 $R^*(t) \leqslant R(t)$，因此

$$R^*(t)-R^*(t-s) \leqslant R(t)-R(t-s-u)-\beta(u) \leqslant \alpha(s+u)-\beta(u)$$

而最后一项根据 $\oslash$ 算子的定义，以 $(\alpha \oslash \beta)(s)$ 为界。

接下来，放宽 inf 在定义 $R \otimes \beta$ 中表示最小值的假设。在这种情况下，证明基本上是相同的，只是复杂程度较低。对于所有 $\varepsilon > 0$，存在某个 $u \geqslant 0$，使得 $t-s-u \geqslant 0$ 时

$$(R \otimes \beta)(t-s) \geqslant R(t-s-u) + \beta(u) - \varepsilon$$

同理

$$R^*(t) - R^*(t-s) \leqslant (\alpha \oslash \beta)(s) + \varepsilon$$

上式对所有 $\varepsilon > 0$ 均成立。 □

计算 3 种界限的示意如图 1.10 所示。

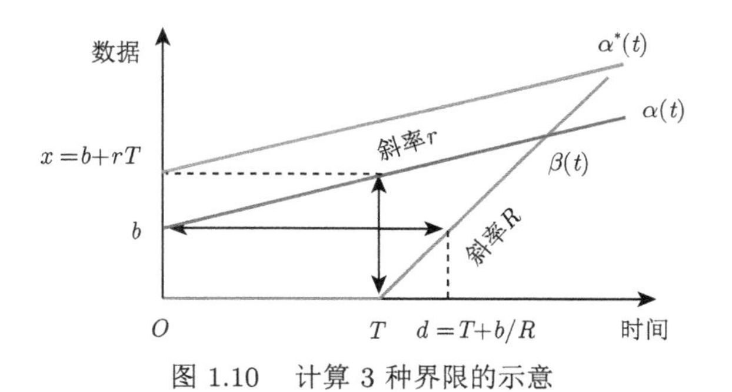

图 1.10　计算 3 种界限的示意

图 1.10 的说明： 一条被漏桶约束的流，被某个提供速率–时延服务曲线的节点服务，图 1.10 展示了如何计算缓冲界限、延迟界限和输出流约束，这里要求缓冲容量能够承载可能的最大积压，即缓冲界限等于积压界限。如果 $r \leqslant R$，则缓冲界限为 $b+rT$，延迟界限为 $d = T + \dfrac{b}{R}$，并且流的突发度增加 rT。如果 $r > R$，则这些界限是无限大的。

漏桶的简单示例　假设一条流受到漏桶的约束，其到达曲线的形式为 $\alpha = \gamma_{r,b}$，流经过一个服务曲线为 $\beta_{R,T}$ 的节点。感兴趣的读者可以找出图 1.10 中有关 3 种界限的结果。

对于 $T=0$ 的特例，受漏桶约束的流以恒定速率 R 被服务。如果 $R \geqslant r$，则服务该流所需的缓冲区大小为 b，否则为无穷大。漏桶参数中，r 为流所需的最小服务速率，b 是对于任意恒定速率大于等于 r 的流所需的缓冲区大小。

例：速率–时延服务曲线服务下的 VBR 流。对于一条由 T-SPEC (M, p, r, b) 定义的 VBR 流，意味着该流的到达曲线为 $\alpha(t) = \min\{M + pt, rt + b\}$（见第 1.2 节）。假设流经过一个服务曲线为速率–时延函数 β（$\beta = \beta_{R,T}$）的节点，该示例为综合服务使用的标准模型。利用定理 1.4.1 和定理 1.4.2，假设 $R \geqslant r$，即预留速率不小于流的可持续速率。

根据 α 和 β 之间的凸域（如图 1.11 所示），可以看到在 α 或 β 的某个角点处达到了垂直最大距离 $v = \sup\limits_{s \geqslant 0}\{\alpha(s) - \beta(s)\}$，从而

$$v = \max\{\alpha(T), \alpha(\theta) - \beta(\theta)\}$$

其中 $\theta = \dfrac{b - M}{p - r}$。类似地，在一个角点处达到水平最大距离。在图 1.11 中，它标记为 AA' 或 BB' 的距离。因此，延迟界限 d 为

$$d = \max\left\{\frac{\alpha(\theta)}{R} + T - \theta, \frac{M}{R} + T\right\}$$

经过最大加代数运算，重新给出这些结果。

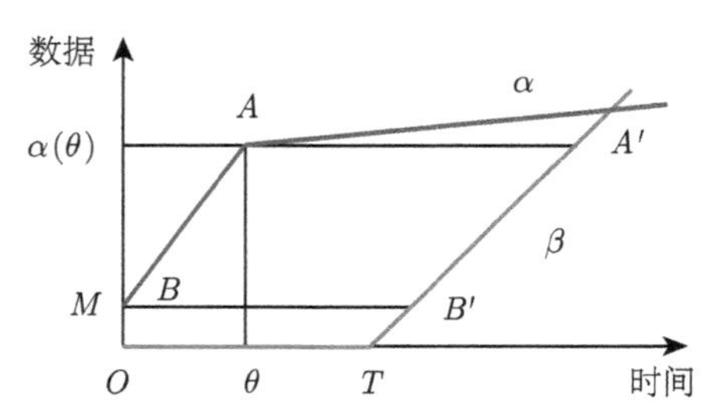

图 1.11　综合服务节点中 VBR 流的缓冲界限和延迟界限

命题 1.4.1（综合服务模型的缓冲界限和延迟界限）　一条满足 T-SPEC (M, p, r, b) 的 VBR 流经过一个服务曲线为速率–时延函数 $\beta = \beta_{R,T}$ 的节点，该流所需的缓冲界限为

$$v = b + rT + \left[\frac{b - M}{p - r} - T\right]^+ \left([p - R]^+ - p + r\right)$$

该流的延迟界限为

$$d=\frac{M+\frac{b-M}{p-r}[p-R]^{+}}{R}+T$$

此外，还可根据定理 1.4.3 算出输出流量的到达曲线 α^{*}。根据 $\oslash$（见第 3 章）的性质，有 $\alpha^{*}=\alpha \oslash (\lambda_R \otimes \delta_T)=(\alpha \oslash \lambda_R) \oslash \delta_T$，注意

$$(f \oslash \delta_T)(t)=f(t+T)$$

对于所有 f 均成立（左移）。

$\alpha \oslash \lambda_R$ 的计算参见定理 3.1.14，计算中包括时间反转和平滑。然而如果 α 为凹函数，这里就能够给出直接的推导。对于一个凹函数 α，定义 t_0 为

$$t_0=\inf\{t \geqslant 0 : \alpha'(t) \leqslant R\}$$

其中 α' 是左导数，并假设 $t_0<+\infty$。除了可能在其定义区间的末尾，凹函数始终具有左导数。通过研究函数 $u \rightarrow \alpha(t+u)-Ru$ 的变化可以发现：若 $s \geqslant t_0$，则 $(\alpha \oslash \lambda_R)(s)=\alpha(s)$；若 $s<t_0$，则 $(\alpha \oslash \lambda_R)(s)=\alpha(t_0)+(s-t_0)R$。

将各个部分放在一起，可以看出输出函数 α^{*} 是通过 α 得到的。

- 利用斜率为 R 的线性函数代替 $[0,t_0]$ 上的 α，该线性函数在 $t=t_0$ 处具有与 α 相同的值, 且在 $[t_0,+\infty)$ 保持与 α 相同的值。
- 然后左移 T。

图 1.12 展示了上述过程。注意，由于“$\otimes$”满足交换律，因此可以以任意顺序执行上述两个步骤。请验证该过程与定理 3.1.14 的等效性。

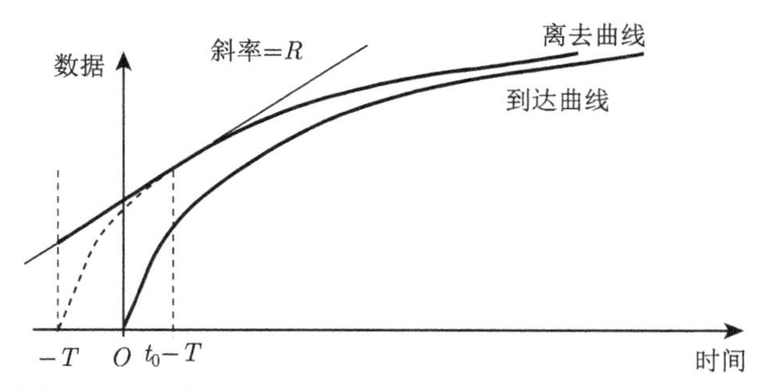

图 1.12　具有速率–时延服务曲线的节点的输出到达曲线

如果将其应用于 VBR 连接，那么可以得到以下结果。

命题 1.4.2（综合服务模型的输出上界） 与命题 1.4.1 采用相同的假设, 输出流量的到达曲线 α^* 为

$$\alpha^*(t) = \begin{cases} b + r(T+t), & T \geqslant \dfrac{b-M}{p-r} \\ \min\left\{(t+T)(p \wedge R) + M + \right. \\ \quad \left. \dfrac{b-M}{p-r}[p-R]^+, b + r(T+t)\right\}, & T < \dfrac{b-M}{p-r} \end{cases}$$

示例（ATM） 考虑图 1.13 所示的示例，聚合流的到达曲线为阶梯函数 $10v_{25,4}$。该图说明所需的缓冲界限为 10 个 ATM 信元，最大延迟为 18 个时隙。根据推论 1.2.1 可知，GCRA 约束与漏桶等效。因此，10 个连接的每一个都受到仿射到达曲线 $\gamma_{r,b}$ 的约束，其中 $r = \dfrac{1}{25} = 0.04$ 并且 $b = 1 + \dfrac{4}{25} = 1.16$。然而，如果将所得的仿射函数 $10\gamma_{r,b}$ 作为聚合流的到达曲线，则计算出的缓冲界限为 11.6，延迟界限为 19.6。仿射函数高估了缓冲区和延迟范围。请记住，阶梯函数和仿射函数之间的等价关系仅适用于数据包大小等于阶跃度的流量的情况，多个 ATM 连接的聚合流显然不属于这种情况。

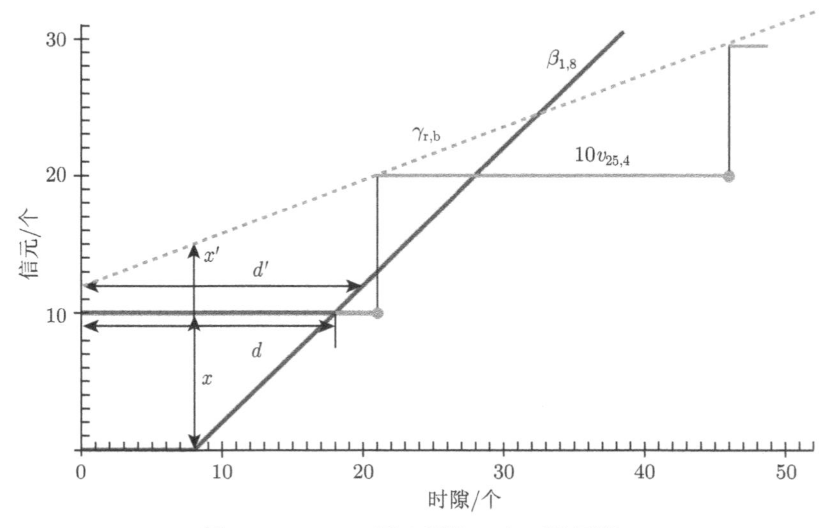

图 1.13　ATM 缓冲界限 x 和延迟界限 d

图 1.13 的说明： 假设 ATM 节点为 10 条 ATM 连接提供服务，每条连接

都受 GCRA(25, 4) 约束（以时隙计数）。节点向聚合流提供的服务曲线为 $\beta_{R,T}$，其中速率 R 为每时隙 1 个信元，延迟 T 为 8 个时隙。该图表明，通过仿射函数 $\gamma_{r,b}$ 近似阶梯函数 $10v_{25,4}$ 会导致对边界高估。

定理 1.4.3 的直接应用表明，输出流的到达曲线为 $\alpha_0^*(t) = \alpha(t+T) = v_{25,12}(t)$。如果已知服务曲线为严格服务曲线，那么可以对边界略微进行改进，这将在第 2 章中进行讨论。

1.4.2 界限是紧致的吗

接下来讨论这 3 种界限各自的优化情况。对于积压界限和延迟界限，答案很简单。

定理 1.4.4 对于定理 1.4.1 和定理 1.4.2 的积压界限和延迟界限，若满足

- α 为良态函数 [广义递增、次可加、$\alpha(0)=0$]。
- β 为广义递增函数, 且 $\beta(0)=0$。

则界限是紧致的。更确切地说，存在一个因果系统，其输入流为 $R(t)$，输出流为 $R^*(t)$，输入流受到 α 的约束，提供给流的服务曲线为 β，则两个边界是紧致的。

因果系统意味着 $R(t) \leqslant R^*(t)$，定理 1.4.4 意味着定理 1.4.1 中的积压界限等于 $\sup\limits_{t\geqslant 0}\{R(t)-R^*(t)\}$，延迟界限等于 $\sup\limits_{t\geqslant 0}\{d(t)\}$ 。其中，$d(t)$ 是定义 1.1.1 中给出的虚拟延迟。

证明：通过定义 $R=\alpha, R^*=\min\{\alpha,\beta\}$，构建一个系统 R, R^*。由于 $R^* \leqslant \alpha = R$，因此该系统为因果系统。假设任意时刻 t，若 $\alpha(t)<\beta(t)$，那么

$$R^*(t) = R(t) = R(t) + \beta(0)$$

否则

$$R^*(t) = \beta(t) = R(0) + \beta(t)$$

上述任意一种情况，对于所有 t，总是存在 $s \leqslant t$，使得 $R^*(t) \geqslant R(t-s)+\beta(s)$，这表明了服务曲线的性质。 □

当然，边界的紧致程度与服务曲线和到达曲线相同。可以看出，$R(t)=\alpha(t)$ 的源端称为贪婪源端。因此，积压界限和延迟界限是贪婪源端所能达到的最坏界限。

实际上，即使具体的结果不太理想，输出的也是最坏情况下的界限。

定理 1.4.5 假设：

1. α 为良态函数 [广义递增、次可加、$\alpha(0)=0$]；
2. α 为左连续的；
3. β 为广义递增函数，且 $\beta(0)=0$；
4. $\alpha \bar{\oslash} \alpha$ 的界限不受上述约束。

则定理 1.4.3 的输出界限是紧致的。更确切地说，存在一个因果系统，其输入流为 $R(t)$，输出流为 $R^*(t)$，输入流受到 α 的约束，提供给流的服务曲线为 β，则由定理 1.4.3 给出的 α^* 是 R^* 的最小到达曲线。

根据第 1.2 节可知，前 3 个条件并非强制性的。首先讨论最后一个条件的含义，根据最大加解卷积（max-plus deconvolution）的定义

$$(\alpha \bar{\oslash} \alpha)(t)=\inf_{s\geqslant 0}\{\alpha(t+s)-\alpha(s)\}$$

对于 $\alpha \bar{\oslash} \alpha$ 的解释如下。假设一个贪婪源端 $R(t)=\alpha(t), \alpha \bar{\oslash} \alpha$ 为在持续时间为 t 的间隔内到达源端比特数的最小值。若函数为广义递增的, 那么最后一个条件意味着 $\lim\limits_{t\to+\infty}(\alpha \bar{\oslash} \alpha)(t)=+\infty$。比如，对于具有 T-SPEC (p,M,r,b) 的 VBR 源端，有 $(\alpha \bar{\oslash} \alpha)(t)=rt$ 且满足条件。如果到达曲线为阶梯函数，那么容易证明这种情况也是满足上述条件的。

证明定理 1.4.5 需要一些技巧，留在本章末尾进行证明。

读者可能会好奇，输出上界 α^* 是否为良态函数。然而，由于 $\alpha^*(0)$ 为积压界限，在合理的情况下为正数，因此答案是否定的。另外，由于 α^* 满足次可加性（证明很简单，留给读者自行证明），因此修正函数 $\delta_0\wedge\alpha^*$ [$t>0$ 时，为 $\alpha^*(t)$；否则为 0] 为良态函数。若 α 为左连续的，$\delta_0\wedge\alpha^*$ 甚至为极良态函数，通过定理 1.4.5 也可知 $\delta_0\wedge\alpha^*$ 是左连续的。

1.4.3 级联

到目前为止，已经讨论了基本网络元件的部分。接下来，讨论这些主要结论在网络元件串联中的应用。

定理 1.4.6（节点的级联） 假设一条流依次流经系统 S_1 和 S_2，假设 $S_i(i=1,2)$ 的服务曲线为 β_i，那么两个系统的级联为该流提供的服务曲线是 $\beta_1\otimes\beta_2$。

证明： 令 R_1 为节点 1 的输出、节点 2 的输入。根据服务曲线的性质，对于节点 1，有

$$R_1 \geqslant R \otimes \beta_1$$

对于节点 2，有

$$R^* \geqslant R_1 \otimes \beta_2 \geqslant (R \otimes \beta_1) \otimes \beta_2 = R \otimes (\beta_1 \otimes \beta_2) \qquad \square$$

例：对于提供速率–时延服务曲线 $\beta_{R_i,T_i}, i = 1,2$（综合服务通常满足该假设）的两个节点，有

$$\beta_{R_1,T_1} \otimes \beta_{R_2,T_2} = \beta_{\min\{R_1,R_2\}T_1+T_2}$$

综合服务节点的级联相当于将单独节点的延迟相加，并且取服务速率中的最小值。

此外，还可以对速率–时延服务曲线模型进行另一种解释。已知 $\beta_{R,T} = (\delta_T \otimes \lambda_R)(t)$，可以将具有速率–时延服务曲线的节点看作保证延迟为 T 的节点与速率为 R 的恒定比特率节点的级联或与速率为 R 的 GPS 节点的级联。

突发一次性准则　通过级联定理，可以理解“突发一次性准则”的现象。对于两个节点的级联，每个节点提供速率–时延服务曲线 β_{R_i,T_i}，$i = 1,2$（综合服务通常满足该服务曲线模型）。假设输入受到 $\gamma_{r,b}$ 的约束，且 $r < R_1$、$r < R_2$。比较通过以下两种方法计算的最坏延迟界限：通过网络的服务曲线；通过迭代分别计算网络中每个节点的延迟界限。

根据定理 1.4.2，可以计算出延迟界限 D_0 为

$$D_0 = \frac{b}{R} + T_0$$

其中 $R = \min\limits_i \{R_i\}, T_0 = \sum\limits_i T_i$。接下来，应用第 2 种方法，根据定理 1.4.2，节点 1 的延迟界限为

$$D_1 = \frac{b}{R_1} + T_1$$

节点 1 的输出到达曲线 α^* 为

$$\alpha^*(t) = b + r(t + T_1)$$

那么节点 2 的延迟界限为

$$D_2 = \frac{b + rT_1}{R_2} + T_2$$

因此

$$D_1 + D_2 = \frac{b}{R_1} + \frac{b + rT_1}{R_2} + T_0$$

由此看出，$D_0 < D_1 + D_2$。换言之，根据全局服务曲线计算出的延迟界限优于单个节点延迟界限的累加。

更进一步地比较，根据单个节点计算出的延迟界限的形式为 $\frac{b}{R_1} + T_1$（节点 1，$\frac{b}{R_1}$ 项可以看作由输入流量的突发引起的延迟分量，而 T_1 是由节点本身引起的延迟分量。可以看出，$D_1 + D_2$ 包含两次 $\frac{b}{R_i}$ 形式的延迟分量，而 D_0 只包含一次。这就是"突发一次性准则"现象。D_0 和 $D_1 + D_2$ 之间的另一个区别是 $\frac{rT_1}{R_2}$ 项，这是由节点 1 上突发度的增加引起的。可以看出，突发度的增加不会造成整个延迟的增加。

定理 1.4.6 的一个推论是，端到端延迟界限不依赖于级联节点的顺序。

1.4.4 积压界限的改进

这里给出两种情况，可以稍微改进一下积压界限。

定理 1.4.7 假设一条到达曲线为 α 的流通过一个严格服务曲线为 β 的无损节点，且存在某个 $u_0 > 0, \alpha(u_0) \leqslant \beta(u_0)$ 成立，那么忙周期的持续时间小于等于 u_0。此外，对于任意时刻 t，积压 $R(t) - R^*(t)$ 满足

$$R(t) - R^*(t) \leqslant \sup_{u:0 \leqslant u < u_0} \{R(t) - R(t-u) - \beta(u)\} \leqslant \sup_{u:0 \leqslant u < u_0} \{\alpha(u) - \beta(u)\}$$

该定理表明，对于积压界限的计算，考虑小于 u_0 的时间间隔就足够了，这是由于忙周期的持续时间小于 u_0。

证明： 假设某个缓冲区非空时的时刻为 t，令 s 为 t 之前缓冲区为空的最后一个时刻。那么，根据严格服务曲线的性质，有

$$R^*(t) \geqslant R^*(s) + \beta(t-s) = x(s) + \beta(t-s)$$

因此，时刻 t 的缓冲区 $b(t)=R(t)-R^{*}(t)$ 满足

$$b(t) \leqslant R(t)-R(s)-\beta(t-s) \leqslant \alpha(t-s)-\beta(t-s)$$

接下来，若 $t-s \geqslant u_0$，那么可以找到一个时刻 $t'=s+u_0$，满足 $s+1 \leqslant t' \leqslant t$，使得 $b(t')=0$。这与 s 的定义矛盾，因此我们只能假设 $t-s<u_0$。 □

定理 1.4.8 假设一条次可加到达曲线为 α 的流通过一个服务曲线为 β 的无损节点，β 是超可加的，且存在某个 $u_0>0, \alpha(u_0) \leqslant \beta(u_0)$ 成立。那么对于任意时刻 t，积压 $R(t)-R^{*}(t)$ 满足

$$R(t)-R^{*}(t) \leqslant \sup_{u: 0 \leqslant u<u_0}\{R(t)-R(t-u)-\beta(u)\} \leqslant \sup_{u: 0 \leqslant u<u_0}\{\alpha(u)-\beta(u)\}$$

注意，α 为次可加的条件并非强制性的。反之，β 为超可加的条件是强制性的，它尤其适用于速率–时延服务曲线。该定理没有涉及忙周期，这与在此不假定严格服务曲线的事实相符。

证明： 对于任意时刻 t，积压满足

$$b(t) \leqslant \sup_{u \geqslant 0}\{R(t)-R(t-u)-\beta(u)\}$$

对于 $s \leqslant t$，定义 $k=\left\lceil\frac{t-s}{u_0}\right\rceil$、$s'=k u_0+s$，因此有 $s \leqslant s' \leqslant t$，且

$$t-u_0<s' \tag{1.11}$$

由于 β 为超可加的，因此

$$R(t)-R(s) \leqslant\left[R(t)-R\left(s'\right)-\beta\left(t-s'\right)\right]+\left[R\left(s'\right)-R(s)-\beta\left(s'-s\right)\right]$$

注意第二项满足

$$R\left(s'\right)-R(s)-\beta\left(s'-s\right) \leqslant k\left[\alpha\left(u_0\right)-\beta\left(u_0\right)\right] \leqslant 0$$

因此

$$R(t)-R(s) \leqslant\left[R(t)-R\left(s'\right)-\beta\left(t-s'\right)\right]$$

说明定理成立。 □

1.5 贪婪整形器

1.5.1 定义

通过漏桶和 GCRA 的定义，介绍了强制执行一般到达曲线的两个设备示例。一般情况下，整形曲线为 σ 的管制器（policer）是对一条输入流的到达比特数进行计数的设备，并决定哪些比特符合 σ 的到达曲线；整形曲线为 σ 的整形器为比特处理设备，它会强制输出 σ 的到达曲线。贪婪整形器被定义为：只要发送的比特违反约束 σ，整形器就在缓冲区中延迟输入的比特；但只要条件允许，这些被延迟的比特会被尽快输出。

对于 ATM 或互联网综合服务，通过一条连接或一条流发送的流量在网络边界被管制。执行管制是为了确保用户发送的数据不超过连接的合约规定的数据量。超过规定数据量的流要么被直接丢弃，要么在 ATM 的情况下被标记为低优先级而被丢弃，或者在互联网综合服务的情况下被转为“尽力传输”的流。在被转为“尽力传输”的流的情况下，IPv4 网络没有标记机制，因此沿着流的路径，每个路由器都有必要再次执行管制功能。

网络中的管制设备通常是需要进行缓冲的，因此它们属于整形器。通常情况下，整形是必要的，因为缓冲区的输出通常不再与输入端指定的流量合约相符。

1.5.2 贪婪整形器的输入/输出特性

贪婪整形器的主要结论如下。

定理 1.5.1（贪婪整形器的输入/输出特性） 设想一个整形曲线为 σ 的贪婪整形器。假设整形器缓冲区在时刻 0 为空，并且缓冲区足够大，因此不会丢失数据。那么对于输入流 R，输出流 R^* 由下式表示

$$R^* = R \otimes \bar{\sigma} \tag{1.12}$$

其中，$\bar{\sigma}$ 为 σ 的次可加闭包。

证明： 首先要回顾的是，若 σ 是次可加的，且 $\sigma(0) = 0$，则 $\bar{\sigma} = \sigma$。通常情况下，已知可以用 $\bar{\sigma}$ 代替 σ，而无须更改整形器的定义。因此，不失一般性地，假设 $\bar{\sigma} = \sigma$。

定理的证明是最小加代数的应用。首先，设想一个虚拟系统，该系统将 R

作为它的输入，且输出 S 满足约束条件

$$\begin{cases} S \leqslant R \\ S \leqslant S \otimes \sigma \end{cases} \tag{1.13}$$

这样的系统可以充当缓冲区（第一个方程表明输出来自输入），并且其输出将满足到达曲线 σ 的约束。然而，这样的系统不一定是贪婪整形器。例如，对于所有的 $t \geqslant 0$，存在一个 $S(t) = 0$ 的惰性整形器！为了使该系统成为贪婪整形器，它必须尽快输出比特。对于满足式 (1.13) 给出的条件的系统，存在一般性的结论。

引理 1.5.1（最小加线性系统） 假设 σ 为良态函数 [满足次可加性，且 $\sigma(0) = 0$]。对于某一固定函数 R，在满足式 (1.13) 的所有函数 $S(t)$ 中，存在一个函数是所有函数的上界，该函数等于 $R \otimes \sigma$。

证明：该引理是第 4 章一般结果的特例。然而，也可以在此给出一个非常简单的证明，如下所示。

定义 $S^* = R \otimes \sigma$，由于 σ 为良态函数，因此可以马上知道 S^* 是满足式 (1.13) 的系统的解。接下来，假设 S' 为其他解决方案。由于 $S' \leqslant R$，因此

$$S' \leqslant S_0 \otimes \sigma = S^*$$

因此 S^* 为最大解。 □

注意，引理证明了系统 [由式 (1.13) 定义] 存在最大解。此外还要注意，在引理中，函数 R 不必是广义递增的。

接下来，利用引理 1.5.1 来证明 $R^* = S^*$。函数 R 是广义递增的，因此 S^* 也是广义增的。显然，R^* 是系统 [满足式 (1.13)] 的一个解，因此对于所有 t，$R^*(t) \leqslant S^*(t)$。接下来，如果存在某个 t 值，使得 $R^*(t) \neq S^*(t)$，那么这将与贪婪整形器试图尽早输出比特的条件相矛盾。 □

可以直接得到以下的推论。

推论 1.5.1（贪婪整形器的服务曲线） 设想一个整形曲线为 σ 的贪婪整形器。假设 σ 为次可加的，且 $\sigma(0) = 0$。则该系统为流提供等于 σ 的服务曲线。以这类服务曲线对流进行重整形的例子如图 1.14 所示。

例：重整形器的缓冲区大小。经常会在网络中引入重整形器，这是因为缓冲区的输出通常不再符合在输入时指定的流量合约。例如，设想一条到达曲线

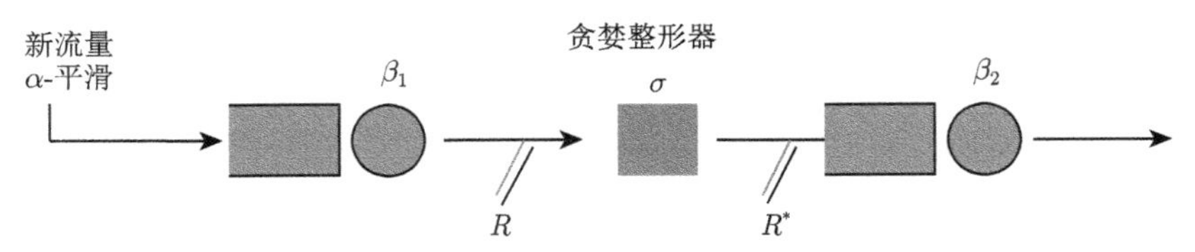

图 1.14　重整形器的例子

为 $\sigma(t)=\min\{pt+M, rt+b\}$ 的流，它经过若干节点，这些节点的服务曲线为 $\beta_1=\beta_{R,T}$。在若干节点之后放置一个整形曲线为 σ 的贪婪整形器（如图 1.14 所示）。整形器的输入（图 1.14 中的 R）的到达曲线为 α^*，由命题 1.4.2 给出。推论 1.5.1 给出了贪婪整形器服务曲线的性质，因此贪婪整形器所需的缓冲区大小 B 为 α^* 与 σ 的垂直距离 $v(\alpha^*,\sigma)$。经过代数运算，得到

$$B=\begin{cases} b+Tr, & T>\dfrac{b-M}{p-r} \\ M+\dfrac{(b-M)(p-R)}{p-r}+TR, & T\leqslant\dfrac{b-M}{p-r}, p>R \\ M+Tp, & \text{其他情况} \end{cases} \tag{1.14}$$

推论 1.5.2（贪婪整形器的缓冲区占用）　设想一个整形曲线为 σ 的贪婪整形器，假设 σ 是次可加的，且 $\sigma(0)=0$。令 $R(t)$ 为输入函数。则在时刻 t，缓冲区占用 $x(t)$ 为

$$x(t)=\sup_{0\leqslant s\leqslant t}\{R(t)-R(s)-\sigma(t-s)\}$$

证明： 积压的定义为 $x(t)=R(t)-R^*(t)$，其中 R^* 为输出。利用定理 1.5.1 得到

$$x(t)=R(t)-\inf_{0\leqslant s\leqslant t}\{R(s)+\sigma(t-s)\}=R(t)+\sup_{0\leqslant s\leqslant t}\{-R(s)-\sigma(t-s)\}\quad\square$$

注意，引理 1.2.2 是该推论的一个特例。

在最小加代数中，如果一个系统的输入/输出特性具有 $R^*=R\otimes\beta$ 的形式（其中，β 不一定是次可加的），则该系统为线性时不变系统。因此，根据定理可以认为贪婪整形器是最小加线性时不变系统。但最小加线性时不变系统不一定是贪婪整形器。例如，具有恒定延迟 T 的节点，其输入/输出关系为

$$R^*=R\otimes\delta_T$$

与保证延迟的节点（具有以 T 为边界的可变延迟节点）相比，其输入/输出关系具有服务曲线的属性，即

$$R^* \geqslant R \otimes \delta_T$$

本节的剩余部分也将进行类似的说明，即贪婪整形器的输入/输出特性 $R^* = R \otimes \sigma$ 比推论 1.5.1 中描述的服务曲线特性强大得多。

1.5.3　贪婪整形器的性质

参考图 1.14，在第 1.5.2 节中，我们已经了解了如何计算贪婪整形器所需的缓冲区大小。接下来，如果沿着网络的传输路径引入贪婪整形器，那么在贪婪整形器上可能会导致一些比特的延迟，因而可能会增加端到端的延迟。然而，事实并非如此，以下结果表明，从全局的角度来看，“贪婪整形器是没有代价的”。

定理 1.5.2（重整形不会增加延迟或缓冲需求）　假设一条受到达曲线 α 约束的流，按顺序输入网络 S_1 和 S_2。假设在 S_1 和 S_2 之间插入一个整形曲线为 $\sigma(\sigma \geqslant \alpha)$ 的贪婪整形器。定理 1.4.2 给出的积压界限和延迟界限对于没有整形器的系统和有整形器的系统都是有效的。

条件 $\sigma \geqslant \alpha$ 意味着重整形可能只进行了部分的整形。

证明：令 β_i 为 S_i 的服务曲线，定理 1.4.1 中的积压界限由下式给出

$$v\left(\alpha, \beta_1 \otimes \sigma \otimes \beta_2\right) = v\left(\alpha, \sigma \otimes \beta_1 \otimes \beta_2\right) \tag{1.15}$$

这表明如果将整形器放在网络的入口处，就能得到积压界限。显然，这不会引入积压，这表明整个积压不会受整形器的影响。同样的推理也适用于延迟界限。　□

如果读者比较细心，可能很难同意上一段的内容。的确，这里有一个微妙之处。第 1.4 节中的界限是紧致的，但是由于同时使用多个界限，因此在本节讨论的情况下不能再保证得到的界限是紧致的。在这一点上，只能说，如果把整形器放在前面，那么为带有整形器的系统计算的界限是相同的。仍然需要证明，对于这样的系统，具有或不具有整形器得到的界限是相同的。有多种证明方法，这里给出一种计算式的方法。该证明依赖于引理 1.5.2，如下所示。

引理 1.5.2　令 α 与 σ 均为良态函数，假设 $\alpha \leqslant \sigma$。那么对于任意函数 β，$v(\alpha, \sigma \otimes \beta) = v(\alpha, \beta)$ 以及 $h(\alpha, \sigma \otimes \beta) = h(\alpha, \beta)$ 成立。

证明：利用第 3.1.11 节中的最小加解卷积，有

$$v(\alpha, \sigma \otimes \beta) = [\alpha \oslash (\sigma \otimes \beta)](0)$$

根据定理 3.1.12 得 $\alpha \oslash (\sigma \otimes \beta) = (\alpha \oslash \sigma) \oslash \beta$。此外，由于 $\sigma \geqslant \alpha$，因此有 $\alpha \oslash \sigma \leqslant \alpha \oslash \alpha$。又因为 α 为良态函数，所以 $\alpha \oslash \alpha = \alpha$，于是

$$\alpha \oslash (\sigma \otimes \beta) = \alpha \oslash \beta \tag{1.16}$$

最后 $v(\alpha, \sigma \otimes \beta) = v(\alpha, \beta)$。

类似地，$h(\alpha, \beta) = \inf\{d \mid (\alpha \oslash \beta)(-d) \leqslant 0\}$，结合式 (1.16) 得出 $h(\alpha, \sigma \otimes \beta) = h(\alpha, \beta)$。 □

再次参考图 1.14，假设将第一个网络元件与贪婪整形器放置在同一节点中。根据定理 1.5.2，该组合节点所需的总缓冲区与输出端口没有贪婪整形器时的情况相同。因此，如果可以动态地给第一个网络元件与贪婪整形器分配缓冲区空间，那么贪婪整形器可以不占用任何内存。但是，根据式 (1.14)，仍需要为贪婪整形器分配一些缓冲区空间。同样，定理 1.5.2 表明，最坏情况下的延迟也不会额外增加。

然而，相比之下，放置贪婪整形器有着明显的优势。它减少了下一个网络元件准入流的突发度，从而减少了该网络元件中所需的缓冲区空间。更具体地说，对于第 1.4.3 节中“突发一次性准则”的示例，假设在第一个节点的输出端插入一个整形器，那么第二个节点的输入就具有与第一个节点输入相同的到达曲线，即 $\gamma_{r,b}$ 而非 $\gamma_{r,b+rT_1}$。因此，节点 2 上的流量所需的缓冲区大小为 $b + rT_2$ 而不为 $b + r(T_1 + T_2)$。

以下定理阐述了贪婪整形器的另一个物理属性，表明整形不能相互抵消。

定理 1.5.3（整形保留到达约束） 假设一条到达曲线为 α 的流量，通过一个整形曲线为 σ 的贪婪整形器。假设 σ 为良态函数，那么输出流量仍受原始到达曲线 α 的约束。

证明：

$$R^* = R \otimes \sigma \leqslant (\beta \otimes \alpha) \otimes \sigma$$

根据条件 $R \leqslant R \otimes \alpha$，表明 α 为一条到达曲线，从而

$$R^* = R \otimes \sigma \otimes \alpha = R^* \otimes \alpha$$ □

贪婪整形器输出的到达曲线为 $\min\{\alpha, \sigma\}$, 若 α 也是良态函数，则根据引理 1.2.5 可知, $\min\{\alpha, \sigma\}$ 的次可加闭包为 $\alpha \otimes \sigma$。

示例（ATM 多路复用器）　假设一个 ATM 交换机接收 3 条 ATM 连接，每条连接均受到 GCRA(10, 0)（周期性连接）的约束。交换机按照尽力工作（work conserving）的方式服务连接，且输出链路的速率为每个时隙 1 个信元。那么对于聚合输出来说，如何得到一条良态的到达曲线?

假设聚合输入的到达曲线为 $\alpha = 3v_{10,0}$，服务器是一个整形曲线为 $\sigma = v_{1,0}$ 的贪婪整形器，因此该服务器保留了到达曲线的约束形式。从而，输出流量受到 $3v_{10,0} \otimes v_{1,0}$ 的约束，该约束函数是一个良态函数，我们已经在图 1.6 中见到过这个约束函数的例子。

1.6　最大服务曲线、可变延迟和固定延迟

1.6.1　最大服务曲线

如果修改第 1.3 节中服务曲线定义下的不等式，那么可以得到一个被称为最大服务曲线的新概念，该概念可用于计算恒定延迟，或在某些情况下确定延迟和积压之间的关系。

定义 1.6.1（最大服务曲线）　设想某系统 S 和一条流，这条流具有输入和输出函数 R 和 R^* 且通过 S。当且仅当 $\gamma \in F$ 且 $R^* \leqslant R \otimes \gamma$ 时，S 为流提供的最大服务曲线为 γ。

注意，上述定义等价于 γ 是广义递增的，且

$$R^*(t) \leqslant R(s) + \gamma(t-s)$$

对于任意 t 以及任意 $s \leqslant t$，上述定义也等价于

$$R^*(t) - R^*(s) \leqslant B(s) + \gamma(t-s)$$

其中 $B(s)$ 表示时刻 s 处的积压。整形曲线为 σ 的贪婪整形器可以同时将 σ 作为服务曲线和最大服务曲线。

通常，最大服务曲线的概念不如服务曲线的概念有影响力。然而，如下列命题所示，对于处理最大速率和恒定传播延迟，最大服务曲线是有用的。另外，第 6 章将介绍利用最大服务曲线可以找到聚合多路复用的良态边界。

以下命题给出两个特殊情况，其证明是容易的，留给读者证明。

命题 1.6.1（最小延迟） 当且仅当无损节点强加的最小虚拟延迟等于 T 时，该节点提供等于 δ_T 的最大服务曲线。

命题 1.6.2（输出端的到达约束） 假设无损节点的输出受某一到达曲线 σ 的约束，那么该节点提供等于 σ 的最大服务曲线。

与最小服务曲线类似，最大服务曲线可以级联。

定理 1.6.1（节点的级联） 假设流量依次通过系统 S_1 和 S_2，S_i 为流量提供的最大服务曲线为 γ_i，$i=1,2$。那么，两个系统的级联为流量提供等于 $\gamma_1 \otimes \gamma_2$ 的服务曲线。

证明： 该证明可以效仿定理 1.4.6 的证明。 □

应用： 设想一个最大输出速率等于 c，且内部传输延迟等于 T 的节点。它遵循定理 1.6.1 以及之前的两个命题，即该节点向任何流量提供的最大服务曲线等于速率–时延函数 $\beta_{c,T}(t)=[c(t-T)]^+$。

最大服务曲线不能使我们得出与（普通）服务曲线一样好的结果。然而，最大服务曲线可以用于减小输出边界。在某些情况下，它们还可以用于获得最小延迟界限。事实上，可以得到以下两个定理。

定理 1.6.2（输出流，定理 1.4.3 的推广） 假设流在到达曲线 α 的约束下，经过一个提供服务曲线为 β 和最大服务曲线为 γ 的系统。那么，输出流受到达曲线 $\alpha^*=(\alpha\otimes\gamma)\oslash\beta$ 的约束。

证明： 与定理 1.4.3 的证明不同，证明定理 1.6.2 使用最小加代数更简单。令 R 和 R^* 为输入和输出函数，并令 R^* 的最小到达曲线为 $R^*\oslash R^*$。由于 $R^*\leqslant R\otimes\gamma$ 且 $R^*\geqslant R\otimes\beta$，因此

$$R^*\oslash R^*\leqslant(R\otimes\gamma)\oslash(R\otimes\beta)$$

根据第 3 章定理 3.1.12 的规则 12，将其应用于 $f=R\otimes\gamma$，$g=R$ 和 $h=\beta$，可以得到

$$R^*\oslash R^*\leqslant\{(R\otimes\gamma)\oslash R\}\oslash\beta$$

根据“$\otimes$”的交换性和定理 3.1.12 中的规则 13

$$\{(R\otimes\gamma)\oslash R\}=\{(\gamma\otimes R)\oslash R\}\leqslant\{\gamma\otimes(R\oslash R)\}$$

有

$$R^* \oslash R^* \leqslant \{\gamma \otimes (R \oslash R)\} \oslash \beta \leqslant (\gamma \otimes \alpha) \oslash \beta \qquad \square$$

定理 1.6.3（最小延迟界限） 假设一条在到达曲线 α 约束下的流量，经过一条提供最大服务曲线 γ 的系统，令 $\gamma(D) = 0$。那么对于任意 t，虚拟延迟 $d(t)$ 满足 $d(t) \geqslant D$。

证明： 由于 $R^*(t) \leqslant R(t-D) + \gamma(D)$，因此 $R^*(t) \leqslant R(t-D)$。 $\square$

注意，由于通常期望 $\alpha \otimes \gamma$ 小于 α，因此可以通过最大服务曲线的概念改进输出界限。相反，最小延迟界限仅在最大服务曲线中存在时延部分的情况下才能提供一些可供利用的新信息，这适用于最小延迟的情况，但通常不适用于输出的到达约束的情况。

示例（数值） 再次参考图 1.13 示例中设定的到达曲线和服务曲线。首先利用定理 1.4.3，计算输出到达曲线 α_0^*。具体过程如下。

$$\alpha_0^* = 10v_{25,4} \oslash \beta_{1,8} = 10v_{25,4} \oslash (\lambda_1 \otimes \delta_8)$$

根据第 3 章定理 3.1.12 的规则 15 有

$$\alpha_0^* = (10v_{25,4} \oslash \delta_8) \oslash \lambda_1$$

$(10v_{25,4} \oslash \delta_8)(t) = 10v_{25,4}(t+8) = 10v_{25,12}(t)$，并且直接根据 $\oslash$ 的定义最终可以直接得到 $\alpha_0^* = v_{25,12}$。

接下来，假设我们拥有了更多关于节点的信息。假设节点 S_1 表示两个调度器和一个固定延迟元件的级联，如图 1.15 所示。每个调度器向聚合流提供服务曲线 β_{R_0,T_0}，其中信元速率 R_0 等于 1 (单位时隙的信元数)，延迟 T_0 等于 2 个时隙。延迟元件是一条链路，其最大速率等于单位时隙 1 个信元，且固定传播 (propagation) 和传输 (transmission) 延迟等于 4 个时隙。因此，延迟元件是整形曲线为 $\lambda_1(t) = t$ 的贪婪整形器和固定延迟元件为 δ_4 的组合。可以验证节点 1 中 3 个元素的级联所提供的服务曲线等于 $\beta_{1,2} \otimes \lambda_1 \otimes \delta_4 \otimes \beta_{1,2} = \beta_{1,8}$。除此以外，根据延迟元件，节点还为聚合流提供了等于 $\beta_{1,4}$ 的最大服务曲线。根据定理 1.6.2，输出流受到达曲线 α_1^* 的约束

$$\alpha_1^* = (\alpha \otimes \beta_{1,4}) \oslash \beta_{1,8}$$

该计算与 α_0^* 的计算类似，并涉及 $10v_{25,4} \otimes \lambda_1$ 的计算，它与图 1.6 所示的过程类似。最终得到

$$\alpha_1^*(t) = (10v_{25,4} \otimes \lambda_1)(t+4)$$

从图 1.15 中可以看出，与在不知道最大服务曲线性质的情况下得到的到达曲线 α_0^* 的边界相比，到达曲线 α_1^* 的边界更优。

接下来假设更改节点 S_1 中延迟元件的顺序，并将其作为节点的最后一个元素，将 S_2 作为该结果的节点。那么，由于最小加卷积的交换性，导致界限对延迟元件的顺序不敏感，前文的结论仍然成立。因此，到达曲线 α_1^* 也可以作为系统 S_2 的输出。然而，在这种情况下，还可以将延迟元件建模为整形器的组合，即整形曲线 λ_1（对应于每个时隙 1 个信元的固定速率）加上固定延迟元件（4 个时隙的固定延迟）。整形器输入的到达曲线为 $\alpha \oslash \beta_{1,4}$，其中 $\alpha = 10v_{25,4}$。因此，根据整形器的特点，其输出受到的约束为

$$\alpha_2^*(t) = (\alpha \oslash \beta_{1,4}) \otimes \lambda_1 = 10v_{25,8} \otimes \lambda_1$$

由于固定延迟元件不会改变流的特点，因此系统 S_2 输出的到达曲线为 α_2^*。图 1.15 显示，α_2^* 给出了比 α_1^* 更好的边界。

在一般情况下，以下结论通常是正确的：只要能够将网络元件建模为整形器，则这种模型所提供的边界就比最大服务更严格。

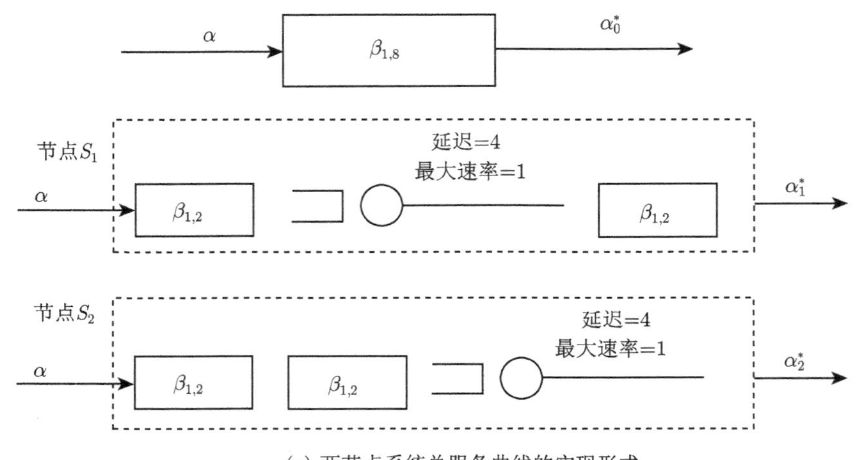

(a) 两节点系统总服务曲线的实现形式

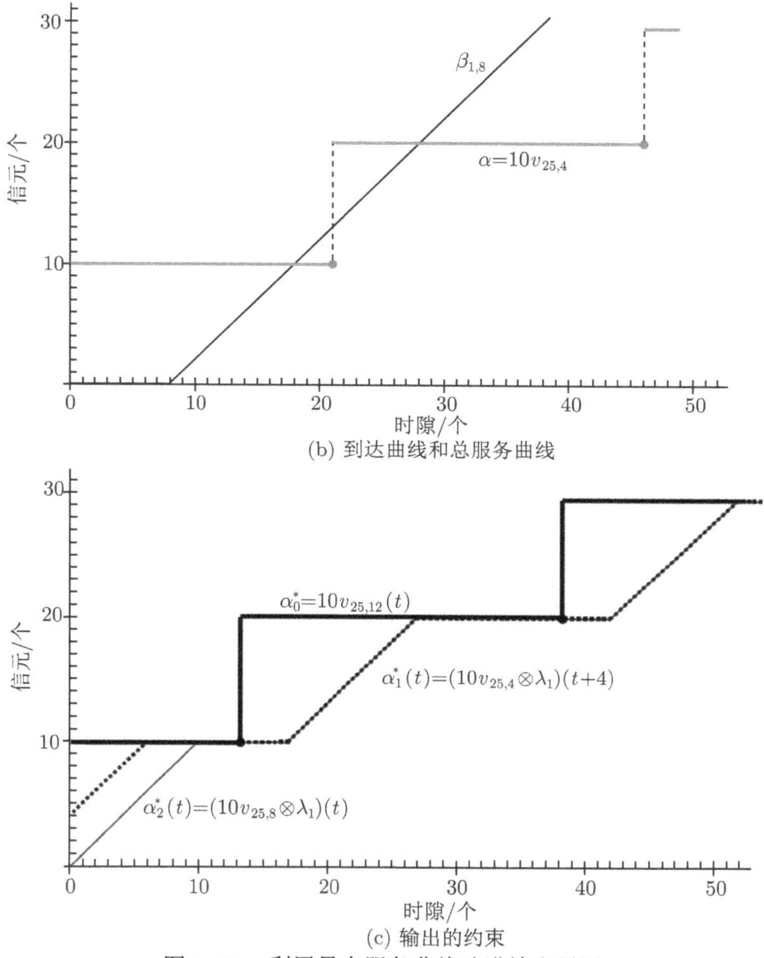

(b) 到达曲线和总服务曲线

(c) 输出的约束

图 1.15 利用最大服务曲线改进输出界限

图 1.15 的说明： 图 1.15(a) 中有两个节点 S_1 和 S_2，它们是提供总服务曲线 $\beta_{1,8}$ 的系统的两种可能的实现形式；图 1.15(b) 描绘出到达曲线 α 和总服务曲线 $\beta_{1.8}$；图 1.15(c) 表示输出的约束。其中仅在使用服务曲线 $\beta_{1,8}$ 的情况下得到 α_0^* (顶部粗实线)，α_1^* (中间粗虚线) 是在假设系统为 S_1 的情况下得到的，α_2^* (底部细实线) 是在假设系统为 S_2 的情况下得到的。

1.6.2 积压造成的延迟

一般情况下，无法根据服务曲线框架下的积压来约束延迟的界限，但有一种特殊且很重要的情况除外。

定理 1.6.4 假设无损节点为一条流提供的最小服务曲线为 β 、最大服务曲线为 γ，且满足 $\beta(t)=\gamma(t-v)$。令 f 为最大加解卷积 $\gamma\bar{\oslash}\gamma$，即

$$f(t)=\inf_{s\geqslant 0}\{\gamma(s+t)-\gamma(s)\}$$

那么积压 $B(t)$ 以及虚拟延迟 $d(t)$ 满足

$$f(d(t)-v)\leqslant B(t)$$

此外，若 γ 具有超可加性（super-additive），则

$$\beta(d(t))\leqslant B(t)$$

证明： 对于某个定值 $t\geqslant 0$，有 $d(t)=\inf\{E_t\}$，其中集合 E_t 定义为

$$E_t=\{s\geqslant 0:R^*(t+s)\geqslant R(t)\}$$

由于 R^* 和 R 是广义递增的，因此 E_t 是一个区间，则有

$$d(t)=\sup\{s\geqslant 0:R^*(t+s)<R(t)\}$$

假设 R^* 和 R 是左连续的，则有

$$R^*(t+d(t))\leqslant R(t)$$

对于某个任意值 ε，可以找到某个 s 满足

$$R^*(t+d(t))\geqslant R(s)+\beta(t-s+d(t))-\varepsilon$$

根据最大服务曲线的性质，有

$$R^*(t)-R(s)\leqslant\gamma(t-s)$$

联立上面 3 个表达式，可得

$$B(t)=R(t)-R^*(t)\geqslant\beta(t-s+d(t))-\gamma(t-s)-\varepsilon=\gamma(t-s+d(t)-v)-\gamma(t-s)-\varepsilon$$

因此有

$$B(t)\geqslant\inf_{u\geqslant 0}\{\gamma(d(t)-v+u)-\gamma(u)\} \tag{1.17}$$

根据 f 的定义，后一项为 $f(d(t)-v)$。最后，若 γ 具有超可加性，那么 $\gamma\bar{\oslash}\gamma=\gamma$。 □

上述定理能够被用于以下的实际情况。

推论 1.6.1 假设无损节点为一条流提供的最小服务曲线为 $\beta=\beta_{r,v}$、最大服务曲线为 $\gamma=\beta_{r,v'}$，其中 $v'\leqslant v$。则积压 $B(t)$ 和虚拟延迟 $d(t)$ 满足

$$d(t)\leqslant\frac{B(t)}{r}+v$$

证明： 利用定理 1.6.4 可以得出该推论。注意，由于 γ 是凸函数，因此它是超可加的。 □

1.6.3 可变延迟与固定延迟

一些网络元件具有固定延迟（传播和传输），而另一些网络元件具有可变延迟（排队）。在许多情况下，分别评估总延迟和延迟的可变部分是很重要的。例如，总延迟对于确定吞吐量和响应时间很重要；可变延迟对于确定播放缓冲区的大小很重要（相关的简单示例，参见第 1.1.3 节；对于更具一般性的讨论，参见第 5 章）。在第 1.5.2 节的结尾已经看到，具有固定延迟的节点可以被建模为最小加线性系统。除此以外，最大服务曲线的概念是区分可变延迟和固定延迟的工具，如下所示。

假设一个由网络元件 $1,\cdots,I$ 串联而成的网络，每个单元的延迟由固定延迟 d_i 和可变延迟组成。假设可变延迟部分提供的服务曲线为 β_i，固定延迟部分以 δ_{d_i} 同时作为服务曲线和最大服务曲线。定义 $\beta=\beta_1\otimes\cdots\otimes\beta_I$，网络提供的端到端服务曲线为 $\beta\otimes\delta_{d_1+\cdots+d_I}$，且端到端最大服务曲线为 $\delta_{d_1+\cdots+d_I}$。假设输入流受到某到达曲线 α 的约束。根据定理 1.4.2 和定理 1.6.3，端到端延迟 $d(t)$ 满足

$$d_1+\cdots+d_I\leqslant d(t)\leqslant h\left(\alpha,\beta\otimes\delta_{d_1+\cdots+d_I}\right)$$

通过简单的观察可以发现 $h\left(\alpha,\beta\otimes\delta_{d_1+\cdots+d_I}\right)=d_1+\cdots+d_I+h(\alpha,\beta)$，因此端到端延迟满足

$$0\leqslant d(t)-(d_1+\cdots+d_I)\leqslant h(\alpha,\beta)$$

在上述方程中，$d_1+\cdots+d_I$ 是延迟的固定部分，$h(\alpha,\beta)$ 是延迟的可变部分。因此，可以忽略固定部分的计算，只计算延迟的可变部分。

类似地，输出的到达曲线约束是

$$\alpha^* = (\alpha \otimes \delta_{d_1+\cdots+d_I}) \oslash (\beta \otimes \delta_{d_1+\cdots+d_I}) = \alpha \oslash \beta$$

因此，计算输出界限时，可以忽略固定延迟。

对于积压，读者可以很容易地确定，但不能忽略固定延迟。总结如下。

命题 1.6.3 为了计算积压和固定延迟界限，通过在服务曲线中引入 δ_T 函数，来对固定或可变延迟进行建模。由于“$\otimes$ ”满足交换律，延迟可以沿串联的缓冲区以任意顺序插入，而不会改变延迟界限；对于可变延迟界限的计算或输出到达约束的计算，可以忽略固定延迟。

1.7 处理变长数据包

本章中的所有结果都直接应用于使用离散时间模型的 ATM 系统。变长的数据包（通常是 IP 服务的情况）还有一些额外的微妙之处可供讨论。接下来，我们将对其进行详细研究。本节的主要研究内容包括打包器（packetizer）的定义，以及打包器对于延迟、突发度和积压界限的影响；并且在变长数据包的情况下，重新讨论贪婪整形器的概念。在本节的其余部分中，均假设时间是连续的。

本节中，考虑数据包到达时刻 $T_i \geqslant 0$ 的广义递增序列，并假设对于任意 t，集合 $\{i : T_i \leqslant t\}$ 是有限的。

1.7.1 变长数据包引入不规则性的示例

本小节提供的问题来自这样一个事实：真正的分组交换系统通常输出整个数据包，而非连续的数据流。设想图 1.16 所示的例子，它给出一个恒定比特率为 c 的通道（trunk）输出，接收不同大小的数据包序列作为输入。令 l_i、T_i 分别表示第 $i(i = 1, 2\cdots)$ 个数据包的长度（比特）和到达时刻，那么输入函数为

$$R(t) = \sum_i l_i 1_{\{T_i \leqslant t\}} \tag{1.18}$$

在上面的方程中，$1_{\{expr\}}$ 为指示函数（indicator function）。若 $expr$ 为真，则 $1_{\{expr\}}$ 等于 1 ；否则 $1_{\{expr\}}$ 等于 0。与大多数系统一样，假设只观察到通道输出的整个数据包，如图 1.16 所示的 $R'(t)$，它通过打包操作逐比特输出 R^* 得

到 [图 1.16 中，$R(t)$ 表示输入，$R^*(t)$ 表示贪婪整形器的输出，$R'(t)$ 表示最终输出，即打包器的输出]。根据第 1.5 节已知的 $R^* = R \otimes \lambda_r$，逐比特输出 R^* 是很好理解的。然而，打包器的作用是什么？第 1.4 节和第 1.5 节中的结论是否仍然成立？

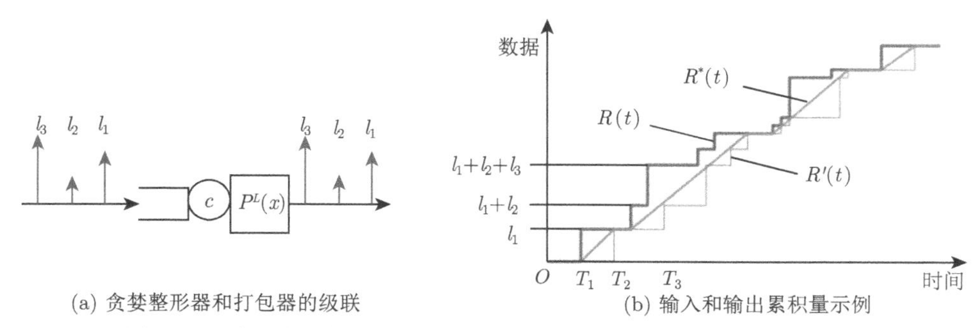

(a) 贪婪整形器和打包器的级联　　(b) 输入和输出累积量示例

图 1.16　实用中的变长数据包通道可看作贪婪整形器和打包器的级联

图 1.16 的说明：一条数据包通道具有恒定比特率约束，且用于传输变长的数据包，可以被看作一个贪婪整形器和一个打包器的级联。该通道的输入是 $R(t)$，贪婪整形器的输出是 $R^*(t)$，最终的输出是打包器的输出，记为 $R'(t)$。

当然，应该存在一些修正。例如，图 1.16 中的逐比特输出 R^* 是整形曲线为 λ_c 的贪婪整形器的输出，因此其到达曲线为 λ_c，但显然这对于 R' 并不成立。更糟糕的是，已知贪婪整形器会保持到达约束，因此如果 R 是 σ-平滑的，那么 R^* 也是；然而，这对于 R' 也不成立。设想以下示例 [10]，假设 $\sigma(t) = l_{\max} + rt$，且 $r < c$；此外，假设输入流量 $R(t)$ 在时刻 $T_1 = 0$ 时发送大小为 $l_1 = l_{\max}$ 的第一个数据包，且在时刻 $T_2 = \frac{l_2}{r}$ 时发送大小为 l_2 的第二个数据包。因此，R 的确是 σ-平滑的。第一个数据包的发送时刻为 $T_1' = \frac{l_{\max}}{c}$。假设第二个数据包的 l_2 很小，具体而言，$l_2 < \frac{r}{c} l_{\max}$，那么两个数据包背靠背发送，第二个数据包的发送时刻为 $T_2' = T_1' + \frac{l_2}{c}$。此时，间距 $T_2' - T_1'$ 小于 $\frac{l_2}{r}$，因此第二个数据包不符合要求。换言之，R' 不是 σ-平滑的。注意，如果所有数据包的大小均相同，则无法使用此示例。

在本节中，下面这个示例的情况将非常普遍：对变长数据包进行打包确实会引入一些额外的不规则性。然而，我们能够对其进行量化，并且将看到不规则性很小（但可能大于数据包长度的量级），大部分结果参见参考文献 [11]。

1.7.2 打包器

首先需要一些定义。

定义 1.7.1（累积数据包长度） 累积数据包长度的序列 L 是一个广义递增序列 $(L(0)=0, L(1), L(2), \cdots)$, 使得

$$l_{\max} = \sup_n \{L(n+1) - L(n)\}$$

这个序列是有限的。

在本章中，将 $L(n) - L(n-1)$ 解释为第 n 个数据包的长度。接下来，引入一种新的构造块 [3]。

定义 1.7.2 [函数 $P^L(x)$[3]] 设想一个累积数据包长度的序列 L，其中 $L(0)=0$。对于任意实数 x，定义

$$P^L(x) = \sup_{n \in \mathbf{N}} \left\{ L(n) 1_{\{L(n) \leqslant x\}} \right\} \tag{1.19}$$

图 1.17 说明了该定义。直观地讲，$P^L(x)$ 是完全包含在 x 中的最大累积数据包长度，函数 $P^L(x)$ 是右连续的。如果 $R(t)$ 是右连续的，那么 $P^L(R(t))$ 也是右连续的。例如，如果所有数据包都具有单位长度，则 $L(n) = n$ 并且对于 $x > 0$，$P^L(x) = \lfloor x \rfloor$。$P^L(x)$ 的一个等价表征为

$$P^L(x) = L(n) \Leftrightarrow L(n) \leqslant x < L(n+1) \tag{1.20}$$

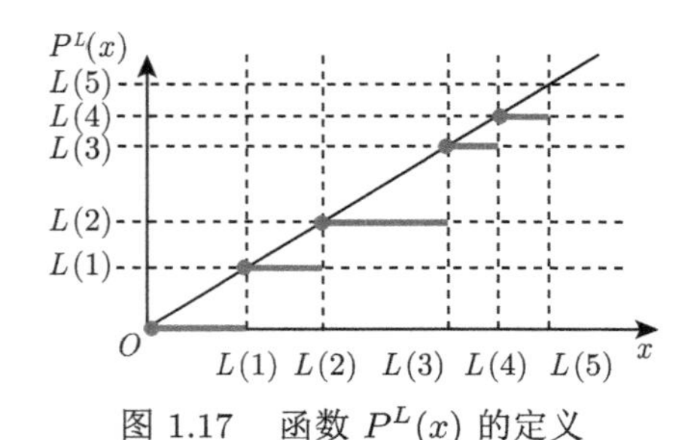

图 1.17 函数 $P^L(x)$ 的定义

定义 1.7.3（打包器 [3,12,13]） 设想一个累积数据包长度的序列 L。L-打包器是将输入 $R(t)$ 转换为 $P^L(R(t))$ 的系统。

对于图 1.16 中的例子，有 $R'(t) = P^L(R^*(t))$，因此系统可以解释为贪婪整形器和打包器的级联。

那么可以立即得到以下的不等式

$$x - l_{\max} < P^L(x) \leqslant x \tag{1.21}$$

定义 1.7.4　若 $P^L(R(t)) = R(t)$ 对所有 t 成立，则流 $R(t)$ 是可"L-打包的"（L-packetized）。

以下性质的证明很容易，留给读者证明。

- （打包器的保序性）若 $x \leqslant y$，则对于所有 $x, y \in \mathbf{R}$ 有 $P^L(x) \leqslant P^L(y)$。
- （P^L 的幂等性）$P^L\left(P^L(x)\right) = P^L(x)$ 对于所有 $x \in \mathbf{R}$ 成立。
- （打包器的最优性）可以按照第 1.5 节对贪婪整形器表征的类似方式来描述打包器，对于所有满足下式的流 $x(t)$，存在一个上界，即 $P^L(R(t))$。

$$\begin{cases} x \text{ 是 } L\text{-打包的} \\ x \leqslant R \end{cases} \tag{1.22}$$

对于最后一项性质的证明类似于引理 1.5.1，它依赖于 $P^L(x)$ 的幂等性。

接下来，研究打包器对第 1.4 节中 3 种界限的影响。首先介绍一个定义。

定义 1.7.5（逐数据包的延迟）　设想一个系统，它具有 L-打包的输入和输出，令 T_i、T'_i 为第 i 个数据包的到达和离去时刻。假设没有数据包丢失，那么每个数据包的延迟为 $\sup\limits_i \{T'_i - T_i\}$。

本节的主要结论是以下定理，如图 1.18 所示。

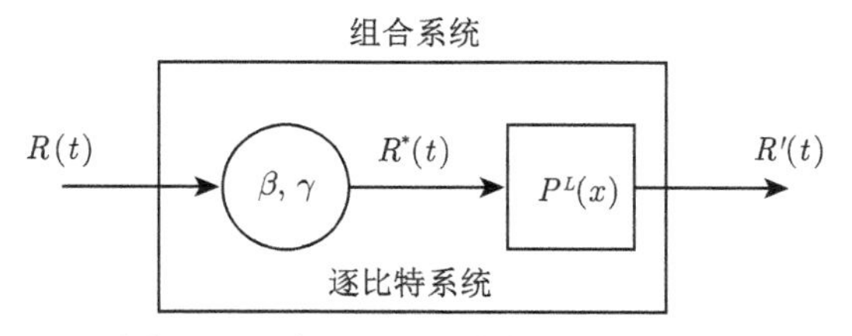

图 1.18　定理 1.7.1 中的场景和符号

定理 1.7.1（打包器的影响）　设想一个（逐比特）系统，该系统具有 L-打包的输入 R 和逐比特输出 R^*，然后对 R^* 进行 L-打包，最终生成打包输出 R'。假设两个系统都是先入先出且无损的，将该组合系统（combined system）称为 R 映射到 R' 的系统。

1. 组合系统的每个数据包的延迟是逐比特系统的最大虚拟延迟；

2. 令 B^* 为逐比特系统的最大积压，B' 为组合系统的最大积压。则有

$$B^* \leqslant B' \leqslant B^* + l_{\max}$$

3. 假设逐比特系统提供给流的最大服务曲线为 γ、最小服务曲线为 β。那么，组合系统提供给流的最大服务曲线为 γ、最小服务曲线 β' 为

$$\beta'(t) = [\beta(t) - l_{\max}]^+$$

4. 若某条流 $S(t)$ 的到达曲线为 $\alpha(t)$，那么 $P^L(S(t))$ 的到达曲线为 $\alpha(t) + l_{\max}1_{\{t>0\}}$。

下面将给出定理 1.7.1 的证明。在此之前，先讨论其含义。定理中的第 1 条表示将打包器附加到节点上不会增加该节点的数据包延迟。然而，后文将会证明，打包会增加端到端的延迟。

再次考虑第 1.7.1 节中的示例，结合图 1.16 就会发现，打包增加了积压（或者所需的缓冲），如第 2 条所示。第 4 条表明，最终输出 R' 的到达曲线为 $\sigma'(t) = \sigma(t) + l_{\max}1_{\{t>0\}}$，这与第 1.7.1 节中观察的一致：即使 R^* 是 σ-平滑的，R' 也不是 σ-平滑的。我们将在第 1.7.4 节中看到存在一种比“打包贪婪整形器”（Packetized Greedy Shaper）的概念更强的结果。

定理的第 3 条是本节中最重要的结论，表明打包操作削弱了服务曲线的及时性保证，使之拖延了传输一个最大长度的数据包所需的时间。例如，若系统提供一条速率为 R 的速率–时延服务曲线，则附加到系统的打包器会将延迟增加 $\dfrac{l_{\max}}{R}$。另外参考图 1.16 中的示例，将通道（trunk）和打包器组合在一起对系统进行建模。

- 最小服务曲线为 $\beta_{c,\frac{l_{\max}}{c}}$。
- 最大服务曲线为 λ_c。

定理 1.7.1 的证明：

第 1 条的证明：对于满足 $T_i \leqslant t < T_{i+1}$ 的 t，有 $R(t) = L(i)$，因此

$$\sup_{t\in[T_i,T_{i+1}]} \{d(t)\} = d(T_i)$$

又有

$$d(T_i) = T_i' - T_i$$

将两个等式结合可知

$$\sup_t\{d(t)\}=\sup_i\{T_i'-T_i\}$$

第 2 条的证明：可以由式 (1.21) 直接得出。

第 3 条的证明：最大服务曲线 γ 的结果可以由式 (1.21) 直接得到。接下来，考虑最小服务曲线属性。

对于某一时刻 t，通过 $T_{i_0}\leqslant t<T_{i_0+1}$ 定义 i_0。对于 $1\leqslant i\leqslant i_0$ 以及 $T_{i-1}\leqslant s<T_1$，存在 $R(s)=R\left(T_{i-1}\right)$ 和广义增函数 β，因此

$$\inf_{T_{i-1}\leqslant s<T_i}\{R(s)+\beta(t-s)\}=R\left(T_{i-1}\right)+\beta_r\left(t-T_i\right)=R_l\left(T_i\right)+\beta_r\left(t-T_i\right)$$

其中 β_r 是 β 的右极限（相应地，R_l 是 R 的左极限）。类似地，

$$\inf_{s\in\left[T_{i_0},t\right]}\{R(s)+\beta(t-s)\}=R(t)$$

由于 $\beta(0)=0$，因此情况 1：存在某个 $i\leqslant i_0$，使得 $(R\otimes\beta)(t)=R_l\left(T_i\right)+\beta_r\left(t-T_i\right)$；或情况 2：$(R\otimes\beta)(t)=R(t)$。

对于情况 1，假设 $R^*(t)\geqslant(R\otimes\beta)(t)$，因而

$$R'(t)\geqslant R^*(t)-l_{\max}\geqslant R_l\left(T_i\right)+\beta_r\left(t-T_i\right)-l_{\max}$$

另一方面，由于 $R^*(t)\geqslant R_l\left(T_i\right)=R\left(T_{i-1}\right)$，且 R 是 L-打包的，因此有

$$R'(t)\geqslant R_l\left(T_i\right)$$

两者结合可知

$$\begin{aligned}R'(t)&\geqslant\max\left\{R_l\left(T_i\right),R_l\left(T_i\right)+\beta_r\left(t-T_i\right)-l_{\max}\right\}\\&=R_l\left(T_i\right)+\max\left\{\beta_r\left(t-T_i\right)-l_{\max},0\right\}\\&=R_l\left(T_i\right)+\beta_r'\left(t-T_j\right)\end{aligned}$$

对于任意定值 $\varepsilon>0$，通过右极限的定义，能够找到某个 $s\in\left(T_{i-1},T_i\right)$，使得 $\beta(t-s)\leqslant\beta_r\left(t-T_i\right)+\varepsilon$。又由于 $R(s)=R_l\left(T_i\right)$，因此

$$R'(t)\geqslant R(s)+\beta(t-s)-\varepsilon\geqslant\left(R\otimes\beta'\right)(t)-\varepsilon$$

上式对于所有 $\varepsilon>0$ 均成立，因此 $R'(t)\geqslant\left(R\otimes\beta'\right)(t)$，这证明服务曲线属性对于情况 1 成立。对于情况 2 的证明是显而易见的。

第 4 条的证明可以由式 (1.21) 直接得出。 □

例：GPS 节点的级联 设想一个保证速率 (Guaranteed Rate，GR) 为 R（参见第 1.3.1 节）的理论 GPS 节点与 L-打包器的级联，假设该系统接收变长的数据包流。这里构建了一个理论上的节点，该节点可以作为一个 GPS 节点，但被限制只能传送整个数据包。这样的假设并不现实，第 2 章将介绍更符合真实情况的 GPS 节点，但这里假设的例子足以说明打包器的一个重要作用。

应用定理 1.7.1，可以发现该节点提供了一条速率–时延服务曲线 $\beta_{R,\frac{l_{\max}}{R}}$。接下来，级联 m 个这样的 GPS 节点，如图 1.19 所示。那么，端到端的服务曲线为速率–时延函数 $\beta_{R,T}$，其中

$$T = m\frac{l_{\max}}{R}$$

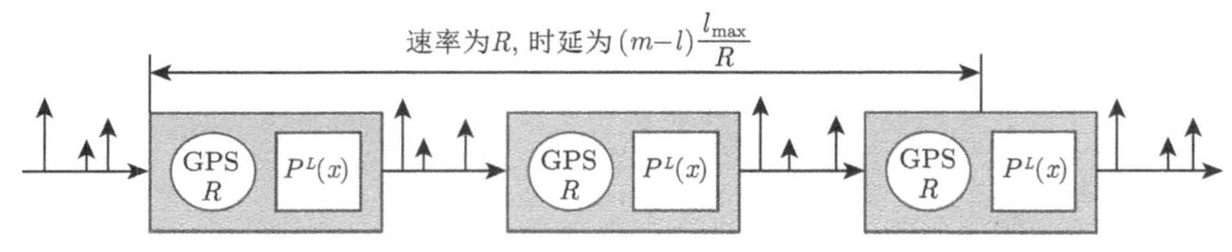

图 1.19 带有打包输出的多个 GPS 节点级联

从该例子中可以看到，打包器引入的额外延迟的确与一个数据包的长度有关。然而，其效果还要与跳数相乘。

对于端到端延迟界限的计算，需要考虑定理 1.7.1，也就是可以忽略最后一个打包器。因此，端到端延迟界限可以根据端到端路径上所提供的速率–时延服务曲线 β_{R,T_0} 得到，其中

$$T_0 = (m-1)\frac{l_{\max}}{R}$$

例如，如果原始输入流被速率为 r、漏桶的大小为 b 的漏桶约束，如果 $r \leqslant R$，则端到端延迟界限为

$$\frac{b+(m-1)l_{\max}}{R} \tag{1.23}$$

敏锐的读者很容易发现该界限为最坏情况。这表明，在解释定理 1.7.1 时应该注意，打包器仅在最后一跳才没有增加延迟。可以这样理解该问题，打包器延迟了数据包前面的比特，进而对下游节点的处理造成延迟，该效果在式 (1.23) 中得以体现。

说明 1.7.1　打包器不会增加其所在节点的最大延迟；然而，它们通常会增加端到端延迟。

第 2 章将介绍，很多实际的调度器都可以建模为一个提供服务曲线保证的节点和打包器的级联，后文将给出式 (1.23) 的实际推广。

1.7.3　贪婪整形器和打包器之间的关系

之前已经看到，在贪婪整形器上附加一个打包器会削弱输出的到达曲线。然而，有一种情况并非如此，这种情况对于第 1.7.4 节的结论很重要，其本身也有实际的应用。图 1.20 说明了定理 1.7.2。

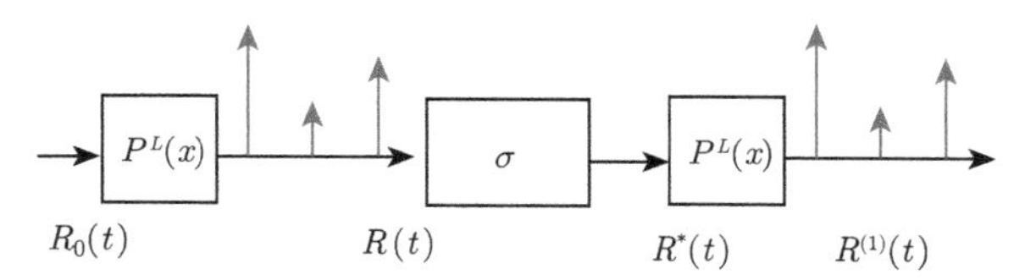

图 1.20　定理 1.7.2 表明 $R^{(1)}$ 是 σ-平滑的

定理 1.7.2　设想一个累积数据包长度的序列 L，并令 $P^L(x)$ 为 L-打包器，如果以算子形式表示，记为 $\mathcal{P}_L$（参见定义 4.1.4）。另外考虑良态函数 σ，并假设存在一个次可加函数 σ_0，以及 $l \geqslant l_{\max}$，使得

$$\sigma(t) = \sigma_0(t) + l1_{\{t>0\}} \tag{1.24}$$

称 C_σ 是整形曲线为 σ 的贪婪整形器，则对于任何输入，合成（composition）[①] $\mathcal{P}_L \circ C_\sigma \circ \mathcal{P}_L$ 的输出是 σ-平滑的。

在实际情况中，该定理的用法如下。设想一条 L-打包的流，经过一个整形曲线为 σ 的贪婪整形器，并对输出进行打包。那么，得到的结果是 σ-平滑的 [假设 σ 满足定理中式 (1.24) 的条件]。

注意，一般来说，即使 σ 满足定理中的条件，$\mathcal{P}_L \circ C_\sigma$ 的输出也不是 L-打包的（感兴趣的读者可以很容易地找到一个反例）。同样，如果 $\mathcal{P}_L \circ C_\sigma$ 的输入不是 L-打包的，那么通常情况下输出也不是 σ-平滑的。

在式 (1.24) 的条件下，该定理也可以这样表述

$$\mathcal{P}_L \circ C_\sigma \circ \mathcal{P}_L = C_\sigma \circ \mathcal{P}_L \circ C_\sigma \circ \mathcal{P}_L$$

① 利用符号 $\mathcal{P}_L \circ C_\sigma$ 表示两个算子的合成，首先应用于 C_σ，具体见第 4.1.3 节。

因为上述两个算子总是产生相同的输出。

式 (1.24) 中条件的讨论 若 σ 为凹函数，且 $\sigma_r(0) \geqslant l_{\max}$，则在实际中式 (1.24) 是成立的，其中 $\sigma_r(0) = \inf\limits_{t>0}\{\sigma(t)\}$ 为 σ 在 0 处的右极限。例如，如果整形曲线是由漏桶的级联定义的，那么所有漏桶的深度至少等于最大数据包的长度。

这也为解释图 1.16 的示例提供了一些启发：出现问题是由于整形曲线 λ_c 不满足条件。

敏锐的读者也许会问，式 (1.24) 成立的充分条件是否为 σ 是次可加的，且 $\sigma_r(0) \geqslant l_{\max}$。然而，很遗憾答案是否定的。例如，设想一个阶梯函数 $\sigma = l_{\max}v_T$，有 $\sigma_r(0) = l_{\max}$，但如果试图将 σ 改写为 $\sigma(t) = \sigma_0(t) + l1_{\{t>0\}}$，则对于 $t \in (0, T]$，必须有 $l = l_{\max}$ 并且 $\sigma_0(t) = 0$；若强制认为 σ_0 为次可加的，则意味着 $\sigma_0 = 0$，与式 (1.24) 并不相符[①]。

证明： 使用与图 1.20 中相同的符号，以证明 $R^{(1)}$ 是 σ-平滑的。首先有 $R^* = R \otimes \sigma$，接下来考虑满足 $s < t$ 的任意 s 和 t。根据最小加卷积的定义，对于任意 $\varepsilon > 0$，存在某个 $u \leqslant s$ 使得

$$(R \otimes \sigma)(s) \geqslant R(u) + \sigma(s-u) - \varepsilon \tag{1.25}$$

接下来，考虑 $\varepsilon > 0$ 的集合 E，以找到满足上述公式的 $u < s$。可能有两种情况：0 是 E[②] 的累积点（情况 1），或 0 不是 E 的累积点（情况 2）。

对于情况 1：存在一个序列 (ε_n, s_n), $s_n < s$，使得

$$\lim_{n \to +\infty} \varepsilon_n = 0$$

以及

$$(R \otimes \sigma)(s) \geqslant R(s_n) + \sigma(s - s_n) - \varepsilon_n$$

由于 $s_n \leqslant t$，因此

$$(R \otimes \sigma)(t) \leqslant R(s_n) + \sigma(t - s_n)$$

结合上面两个不等式，有

$$(R \otimes \sigma)(t) - (R \otimes \sigma)(s) \leqslant \sigma(t - s_n) - \sigma(s - s_n) + \varepsilon_n$$

---

① 同样地，利用“星形整形”(第 3.1 节) 替代次可加会得到相似的结论。

② 即 E 中的元素在 0 处收敛。

由于 $t-s_n>0$ 且 $s-s_n>0$，因此

$$\sigma(t-s_n)-\sigma(s-s_n)=\sigma_0(t-s_n)-\sigma_0(s-s_n)$$

由于已经假设 σ_0 为次可加的，又有 $t\geqslant s$，因此

$$\sigma_0(t-s_n)-\sigma_0(s-s_n)\leqslant\sigma_0(t-s)$$

前面已经展示了，对于所有 n

$$(R\otimes\sigma)(t)-(R\otimes\sigma)(s)\leqslant\sigma_0(t-s)+\varepsilon_n$$

因此

$$(R\otimes\sigma)(t)-(R\otimes\sigma)(s)\leqslant\sigma_0(t-s)$$

根据式 (1.21)，有

$$R^{(1)}(t)-R^{(1)}(s)\leqslant\sigma_0(t-s)+l_{\max}\leqslant\sigma(t-s)$$

至此情况 1 证毕。

对于情况 2: 存在某个满足 $0<\varepsilon<\varepsilon_0$ 的值 ε_0，对于式 (1.25) 必须取 $u=s$，那么有

$$(R\otimes\sigma)(s)=R(s)$$

由于假设 R 为 L-打包的，因此

$$R^{(1)}(s)=P^L((R\otimes\sigma)(s))=P^L(R(s))=R(s)=(R\otimes\sigma)(s)$$

从而

$$\begin{aligned}R^{(1)}(t)-R^{(1)}(s)&=P^L((R\otimes\sigma)(t))-(R\otimes\sigma)(s)\\&\leqslant(R\otimes\sigma)(t)-(R\otimes\sigma)(s)\end{aligned}$$

由于 $R\otimes\sigma$ 的到达曲线为 σ，因此

$$R^{(1)}(t)-R^{(1)}(s)\leqslant\sigma(t-s)$$

至此情况 2 证毕。 □

例：基于虚拟完成时间的缓冲漏桶控制器　定理 1.7.2 给出了一个基于数据包整形器的实际应用。假设构建一个系统，以确保数据包流满足某个凹的分段

线性的到达曲线（当然也是 L-打包的），该系统可以通过按比特操作的缓冲漏桶控制器和打包器的级联实现。计算出数据包最后 1 bit 经过逐比特漏桶控制器的输出时间（等于完成时间），并在此完成时间立即释放整个数据包。若每个漏桶的大小至少等于最大数据包长度，那么通过定理 1.7.2 可知，最终的输出满足漏桶约束。

反例　若到达曲线是非凹函数，那么可以找到这样一条到达曲线 σ，使 $t>0$ 时，满足 $\sigma(t)\geqslant l_{\max}$，但不满足式 (1.24)。在这种情况下，定理 1.7.2 的结论就可能不再成立。图 1.21 给出这样一个例子，当 σ 为阶梯函数时，输出 $R^{(1)}$ 不是 σ-平滑的。

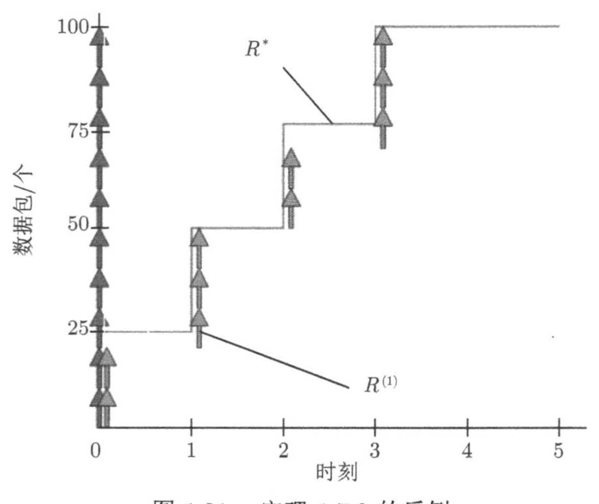

图 1.21　定理 1.7.2 的反例

图 1.21 的说明： 10 个数据包在时刻 $t=0$ 突发到达，每个数据包的长度等于 10 个数据单位，并且 $\sigma=25v_1$。贪婪整形器在时刻 0 和时刻 1 发出 25 个数据单位，使打包器在时刻 1 产生一次 3 个数据包的突发，且这样 $R^{(1)}$ 不是 σ-平滑的。

1.7.4　打包贪婪整形器

回顾图 1.16 的示例中所提出的问题，对打包贪婪整形器的问题进行更本质的研究。这里不像前文对贪婪整形器和打包器进行级联，而是给出与第 1.5 节一致的定义。

定义 1.7.6（打包贪婪整形器） 根据式 (1.18) 的定义，设想一组输入的数据包序列 $R(t)$。令 L 为累积数据包长度，系统为具有整形曲线 σ 的打包整形器，该系统的输出被强制设定为 L-打包的，且具有 σ 作为到达曲线。这里将打包贪婪整形器称为打包整形器，该整形器的工作原理是每当发送的数据包违反约束 σ 时，都会延迟缓冲区中的输入数据包；但只要条件允许，这些被延迟的数据包会被尽快输出。

例：基于桶补充的缓冲漏桶控制器 $\sigma(t) = \min_{m=1,\cdots,M}\{\gamma_{r_m,b_m}(t)\}$ 的情况可以通过观察一组（M 个）漏桶的控制器来实现，其中第 m 个漏桶的容量为 b_m，并以恒定速率 r_m 流出。当数据包 i 被释放时，每个漏桶都会接收 l_i 单位的流体（l_i 为数据包 i 的大小）。一旦漏桶 m 中的液位允许，即所有 m 的液位降到 $b_m - l_i$ 以下，那么该数据包就会被释放。至此，就基于“桶补充” (bucket replenishment) 定义了一种缓冲漏桶控制器。显然，输出的到达曲线为 σ，且是 L-打包的，并且要求输出尽可能早地发送数据包。因此，缓冲漏桶控制器实现了打包贪婪整形器。注意，该实现（以下称其为前者）不同于第 1.7.3 节中介绍的基于虚拟完成时间的缓冲漏桶控制器（以下称其为后者）。对于后者，例如在只有漏桶 m 充满的时间段内，虚拟数据包分段释放速率为 r_m，漏桶 m 保持充满状态，然后（虚拟）分段在打包器中重新组装；而对于前者，如果某个漏桶充满，则控制器等待的时间至少要等于当前数据包长度的缓冲容量被输出所需的时间。因此，两个系统中流体的液位是不同的，前者是一个上限。而在推论 1.7.1 中，可以看到这两种实现是等价的。

该示例中，若漏桶的容量小于最大数据包的长度，则永远不可能输出数据包：所有数据包都滞留在缓冲区中，且输出 $\bar{R}(t) = 0$。

命题 1.7.1 若 $\sigma_r(0) < l_{\max}$，则打包贪婪整形器将一直阻塞所有数据包 $[\bar{R}(t) = 0]$。因此，在本节中，假设 $t > 0$ 时 $\sigma(t) \geqslant l_{\max}$ 恒成立。

对于实际情况，必须假设到达曲线 σ 在原点处的不连续性的阶跃大小至少等于一个最大数据包长度。

对两种情况进行比较，一种是打包贪婪整形器，另一种是由整形曲线为 σ 的贪婪整形器与一个打包器的级联，从图 1.16 的示例可知，后者输出的到达曲线为 $\sigma'(t) = \sigma(t) + l_{\max}1_{\{t>0\}}$，而非 σ。那么，级联是否实现了整形曲线为 σ' 的打包贪婪整形器呢？在给出一般性答案之前，先给出定理 1.7.2 的一个普遍性结论。

定理 1.7.3（打包贪婪整形器的实现） 设想一个累积数据包长度的序列 L 和一个良态函数 σ，假设 σ 满足式 (1.24) 的条件，且只有输入是 L-打包的。那么打包贪婪整形器的 L 和 σ 可以根据整形曲线为 σ 的流体整形器和 L-打包器的级联实现。通过逐比特的流体整形器和打包器的级联如图 1.22 所示。

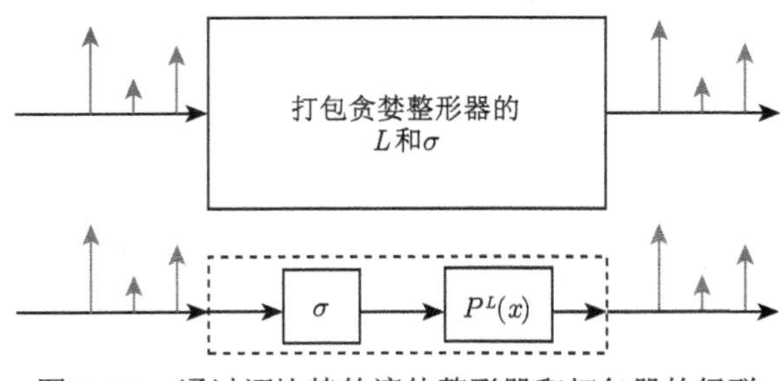

图 1.22　通过逐比特的流体整形器和打包器的级联

图 1.22 的说明： 假设式 (1.24) 成立，打包贪婪整形器可以通过逐比特的流体整形器和打包器的级联实现。实际上，这意味着可以通过计算虚拟的流体系统的完成时间，并在其完成时间内释放数据包，来实现打包贪婪整形器。

证明： 令 $R(t)$ 为打包输入，逐比特的流体整形器和打包器的级联的输出为 $R^{(1)}(t) = P^L(R \otimes \sigma)(t)$；令 $\bar{R}(t)$ 为打包贪婪整形器的输出。由于有 $\bar{R} \leqslant R$，因此有 $\bar{R} \otimes \sigma \leqslant R \otimes \sigma$ 以及

$$P^L(\bar{R} \otimes \sigma) \leqslant P^L(R \otimes \sigma)$$

但由于 $\bar{R}$ 是 σ-平滑的，因此 $\bar{R} \otimes \sigma = \bar{R}$；且由于 $\bar{R}$ 是 L-打包的，因此 $P^L(\bar{R} \otimes \sigma) = \bar{R}$。前一个不等式可以改写为 $\bar{R} \leqslant R^{(1)}$。相反，根据定理 1.7.2，$R^{(1)}$ 也是 σ-平滑的，且为 L-打包的。打包贪婪整形器的定义意味着 $\bar{R} \geqslant R^{(1)}$ 成立（证明参见引理 1.7.1），因此有 $\bar{R} = R^{(1)}$。 □

由此可见，特别是当定理中的条件满足 σ 为凹函数且 $\sigma_r(0) \geqslant l_{\max}$ 时（例如，如果整形曲线是由漏桶的级联定义的），所有漏桶的大小至少与最大数据包的大小相同。那么有以下推论。

推论 1.7.1 对于 L-打包的输入，基于桶补充和虚拟完成时间的缓冲漏桶控制器的实现是等价的。

如果放宽式 (1.24) 的条件，则打包贪婪整形器的构造会更加复杂。

定理 1.7.4（打包贪婪整形器的 I/O 特征） 设想一个整形曲线为 σ 和累积数据包长度为 L 的打包贪婪整形器，假设 σ 是良态函数。那么打包贪婪整形

器的输出 $\bar{R}(t)$ 为

$$\bar{R}=\inf\left\{R^{(1)},R^{(2)},R^{(3)},\cdots\right\} \tag{1.26}$$

其中 $R^{(1)}(t)=P^L((\sigma\otimes R)(t))$，且当 $i\geqslant 2$ 时，$R^{(i)}(t)=P^L\left(\left(\sigma\otimes R^{(i-1)}\right)(t)\right)$。

图 1.23 描述了该定理，并给出一个示例以显示输出的迭代构造过程。注意，此示例的整形曲线不满足式 (1.24)。否则，从定理 1.7.3 可知迭代将在第一步停止，即 $\bar{R}=R^{(1)}$。另外，还可以检查如下例子：若 $\sigma=\lambda_r$（因此满足命题 1.7.1 的条件），则式 (1.26) 的结果为 0。

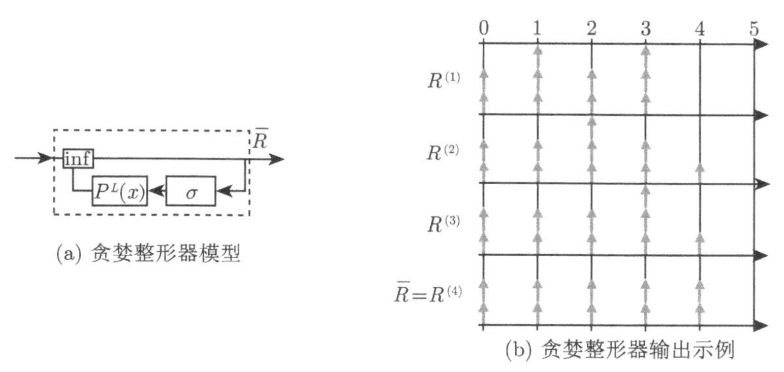

图 1.23　打包贪婪整形器的输出表示

图 1.23 的说明：图 1.23 左侧为贪婪整形器，右侧为输出的例子。图中的数据与图 1.21 中的相同。

证明：该证明是引理 1.7.1 的直接应用（引理本身是第 4.3 节通用方法的应用）。 □

引理 1.7.1　设想一个累积数据包长度的序列 L 和一个良态函数 σ。所有流量 $x(t)$ 满足

$$\begin{cases} x\leqslant R \\ x \text{ 是 } L\text{-打包的} \\ x \text{ 以 } \sigma \text{ 作为到达曲线} \end{cases} \tag{1.27}$$

那么存在一条流量 $\bar{R}(t)$ 是所有流量的上界，其由式 (1.26) 给出。

证明：该引理是定理 4.3.1 的直接应用，如第 4.3.2 节所述。然而，为了本章内容的完整，这里给出另一种直接而简短的证明。

若 x 为一个解，那么可以通过对 i 的归纳来直接证明 $x(t)\leqslant R^{(i)}(t)$，因而 $x\leqslant\bar{R}$。接下来，最困难的部分是证明 $\bar{R}$ 确实为一个解。这需要证明式 (1.27) 中

的 3 个条件成立。首先，$R^{(1)} \leqslant R(t)$，并通过对 i 进行归纳，对于所有 $i, R^{(i)} \leqslant R$ 成立，因此有 $\bar{R} \leqslant R$。

其次，考虑某个定值 t，对于所有 $i \geqslant 1, R^{(i)}(t)$ 是 L-打包的。令 $L\left(n_0\right):= R^{(1)}(t)$。由于 $R^{(i)}(t) \leqslant R^{(1)}(t)$，因此 $R^{(i)}(t)$ 属于集合

$$\left\{L(0), L(1), L(2), \cdots, L\left(n_0\right)\right\}$$

这是一个有限集。因此，该集合元素的下界 $\bar{R}(t)$ 一定是该集合元素之一 $L(k)$，$k \leqslant n_0$。这表明 $\bar{R}(t)$ 是 L-打包的，且在任意时刻 t 上都是成立的。

最后，对于所有 i

$$\bar{R}(t) \leqslant R^{(i+1)}(t)=P^L\left(\left(\sigma \otimes R^{(i)}\right)(t)\right) \leqslant\left(\sigma \otimes R^{(i)}\right)(t)$$

因此有

$$\bar{R} \leqslant \inf_i\left\{\sigma \otimes R^{(i)}\right\}$$

通过固定函数的卷积是上半连续的，也就意味着

$$\inf_i\left\{\sigma \otimes R^{(i)}\right\}=\sigma \otimes \bar{R}$$

这是第 4 章中所有最小加算子的一般性结果，基本证明如下。

$$\begin{aligned}
\inf_i\left\{\sigma \otimes R^{(i)}\right\}(t) &= \inf_{s \in[0, t], i \in \mathbf{N}}\left\{\sigma(s)+R^{(i)}(t-s)\right\} \\
&= \inf_{s \in[0, t]}\left\{\inf_{i \in \mathbf{N}}\left\{\sigma(s)+R^{(i)}(t-s)\right\}\right\} \\
&= \inf_{s \in[0, t]}\left\{\sigma(s)+\inf_{i \in \mathbf{N}}\left\{R^{(i)}(t-s)\right\}\right\} \\
&= \inf_{s \in[0, t]}\{\sigma(s)+\bar{R}(t-s)\} \\
&= (\sigma \otimes \bar{R})(t)
\end{aligned}$$

因此

$$\bar{R} \leqslant \sigma \otimes \bar{R}$$

即满足了第 3 个条件。注意，$\bar{R}$ 是广义递增的。 □

打包贪婪整形器是否能够保持到达约束？图 1.24 给出了一个反例，即一条变长数据包流，在经过一个打包贪婪整形器之后，失去了其初始到达曲线的约束。但是，如果到达曲线是由漏桶定义的，就可以得到肯定的结果。

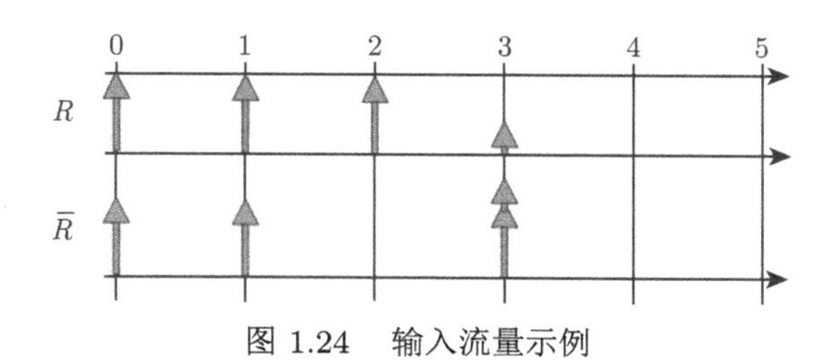

图 1.24 输入流量示例

图 1.24 的说明： 输入流 R 由 3 个长度为 10 个数据单位的数据包以及一个长度为 5 个数据单位的数据包组成，数据包之间的间隔为 1 个时间单位。它是 α-平滑的，且 $\alpha = 10v_{1,0}$。流量 $\bar{R}$ 是打包贪婪整形器的输出，$\sigma = 25v_{3,0}$。输出在时刻 3 具有 15 个数据单位数据包的突发度。它是 σ-平滑的，但不是 α-平滑的。

定理 1.7.5（凹到达约束的守恒） 假设一条具有到达曲线 α 的 L-打包的流量，它被输入具有一个累积数据包长度为 L、整形曲线为 σ 的打包贪婪整形器。假设 α 和 σ 是凹函数，且 $\alpha_r(0) \geqslant l_{\max}$、$\sigma_r(0) \geqslant l_{\max}$。那么，输出的流量仍然受到原到达曲线 α 的约束。

证明： 由于 σ 满足式 (1.24)，根据定理 1.7.3，$\bar{R} = P^L(\sigma \otimes R)$。由于 R 是“α-平滑”的，因此不会被具有整形曲线 α 的逐比特贪婪整形器所修改，从而有 $R = \alpha \otimes R$。将上述两式结合，并根据 $\otimes$ 的结合律，给出 $\bar{R} = P^L((\sigma \otimes \alpha) \otimes R)$。根据假设，$\sigma \otimes \alpha = \min\{\sigma, \alpha\}$（参见定理 3.1.6），因此 $\sigma \otimes \alpha$ 满足式 (1.24)。根据定理 1.7.2，$\bar{R}$ 是“$\sigma \otimes \alpha$-平滑”的，因此也是 α-平滑的。 □

整形器的串联分解

定理 1.7.6 设想 M 个打包贪婪整形器串联，假设第 m 个整形器的整形曲线 σ^m 为凹函数，且 $\sigma_r^m(0) \geqslant l_{\max}$。对于 L-打包输入，其串联等价于整形曲线为 $\sigma = \min\limits_m\{\sigma^m\}$ 的打包贪婪整形器。

证明： 这里仅对 $M = 2$ 的情况进行证明，但很容易扩展到 M 值更大的情况。令 $R(t)$ 为打包输入，$R'(t)$ 为串联整形器的输出，$\bar{R}(t)$ 是具有输入为 $R(t)$ 的打包贪婪整形器的输出。

首先，根据定理 1.7.3，有

$$R' = P^L\left(\sigma^2 \otimes P^L\left(\sigma^1 \otimes R\right)\right)$$

对于所有 m，满足 $\sigma^m \geqslant \sigma$，因此

$$R' \geqslant P^L\left(\sigma \otimes P^L(\sigma \otimes R)\right)$$

同样，再利用定理 1.7.3，得到 $\bar{R} = P^L(\sigma \otimes R)$。此外，$\bar{R}$ 为 L-打包的且是 σ-光滑的，因此 $\bar{R} = P^L(\bar{R})$ 和 $\bar{R} = \sigma \otimes \bar{R}$，于是有

$$R' \geqslant \bar{R} \tag{1.28}$$

其次，R' 是 L-打包的，根据定理 1.7.5，R' 是 σ-平滑的。因此，其串联是一个打包整形器（可能不是贪婪的)。由于 $R(t)$ 是打包贪婪整形器的输出，因此一定满足 $R' \leqslant \bar{R}$。再结合式 (1.28)，至此证毕。 □

由此可知，具有整形曲线 $\sigma(t) = \min_{m=1,\cdots,M}\{r_m t + b_m\}$ 的整形器，其中对于满足 $b_m \geqslant l_{\max}$ 的所有 m，可以通过 M 个单独的漏桶以任意顺序串联来实现。此外，根据推论 1.7.1，每个漏桶的个体可以独立地基于完成时间或桶补充规则运行。

如果不满足定理中的条件，则上述结论可能不成立。事实上，对于图 1.24 中的示例，具有曲线 α 和 σ 的打包贪婪整形器的串联并不具备 α-平滑输出，因此它不能等价于具有曲线 $\min\{\alpha, \sigma\}$ 的打包贪婪整形器。

第 1.5 节中提到的其他整形器属性通常都是不成立的。对于满足式 (1.24) 的整形曲线，当引入一个打包贪婪整形器时，需要根据定理 1.7.1 来计算端到端的服务曲线。

1.8 无损有效带宽和等效容量

1.8.1 流的有效带宽

利用本章的结论来为某条流定义一个函数，称为有效带宽（effective bandwidth)。该函数表明流所需的比特率。更精确地说，设想一条具有累积函数 R 的流，对于固定但任意的延迟 D，将流的有效带宽 $e_D(R)$ 定义为：尽力工作模式下，用于流服务所需的比特率，使其虚拟延迟小于等于 D。

命题 1.8.1 流的有效带宽定义如下

$$e_D(R) = \sup_{0\leqslant s\leqslant t}\left\{\frac{R(t)-R(s)}{t-s+D}\right\} \tag{1.29}$$

对于到达曲线 α，将有效带宽 $e_D(\alpha)$ 定义为贪婪流量 $R=\alpha$ 的有效带宽。通过对式 (1.29) 的简单变换，可得出以下命题。

命题 1.8.2　良态到达曲线的有效带宽定义如下

$$e_D(\alpha)=\sup_{s\geqslant 0}\left\{\frac{\alpha(s)}{s+D}\right\} \tag{1.30}$$

谨慎的读者可能会发现流 R 的有效带宽，也是其最小到达曲线 $R\oslash R$ 的有效带宽。例如，对于一条 T-SPEC(p,M,r,b) 约束的 VBR 流，其有效带宽是 r 与图 1.25(a) 中斜线 (A_1A_0) 和 (QA_1) 斜率的最大值。因此，有效宽带等于

$$e_D=\max\left\{\frac{M}{D},r,p\left(1-\frac{D-\dfrac{M}{p}}{\dfrac{b-M}{p-r}+D}\right)\right\} \tag{1.31}$$

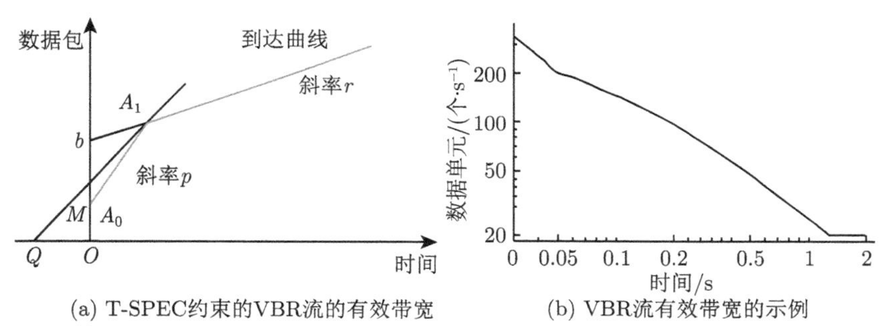

(a) T-SPEC约束的VBR流的有效带宽　(b) VBR流有效带宽的示例

图 1.25　VBR 流的有效带宽计算

图 1.25 的说明： 图 1.25(a) 为 VBR 流，计算它的有效带宽。例如 $r=20$ 个数据包/s，$M=10$ 个数据包，$p=200$ 个数据包/s，$b=26$ 个数据包 [见图 1.25（b）]。

假设 α 是次可加的。定义可持续速率 $m=\lim\limits_{s\to+\infty}\inf\limits_{s>0}\left\{\dfrac{\alpha(s)}{s}\right\}$，以及峰值速率 $p=\sup\limits_{s>0}\left\{\dfrac{\alpha(s)}{s}\right\}$。那么对于所有 D，有 $m\leqslant e_D(\alpha)\leqslant p$。此外，若 α 为凹函数，则有 $\lim\limits_{D\to+\infty}e_D(\alpha)=m$。若 α 是可微分的，则 $e(D)$ 为到达曲线切线的斜率，从时间轴 $t=-D$ 时刻绘制（见图 1.26）。也可以直接根据式 (1.29) 中的定义得出

$$e_D\left(\sum_i\alpha_i\right)\leqslant\sum_i e_D\left(\alpha_i\right) \tag{1.32}$$

换言之，聚合流的有效带宽小于或等于各流有效带宽之和。若流的到达曲线都相同，则聚合流的有效带宽为 $I \times e_D(\alpha_1)$。这里提到的聚合流与各条到达曲线的关系体现在“有效带宽”这一术语中。$\sum_i e_D(\alpha_i) - e_D\left(\sum_i \alpha_i\right)$ 是缓冲增益，它告诉我们通过在流之间共享缓冲区，可以节省多少容量。

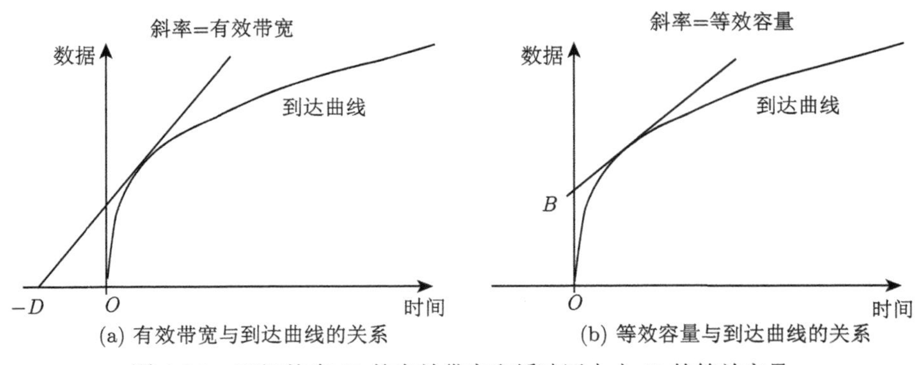

(a) 有效带宽与到达曲线的关系　　(b) 等效容量与到达曲线的关系

图 1.26　延迟约束 D 的有效带宽和缓冲区大小 B 的等效容量

1.8.2　等效容量

如果将延迟约束替换为不超过固定缓冲区大小的要求，也会得到类似的结果。实际上，若 $C \geqslant f_B(R)$，则具有恒定速率 C 的队列可保证流量 R 的最大积压为 B（以 bit 为单位），即

$$f_B(R) = \sup_{0 \leqslant s < t} \left\{ \frac{R(t) - R(s) - B}{t - s} \right\} \tag{1.33}$$

类似地，对于一个良态函数 α，有

$$f_B(\alpha) = \sup_{s > 0} \left\{ \frac{\alpha(s) - B}{s} \right\} \tag{1.34}$$

将 $f_B(\alpha)$ 称为等效容量，类似于参考文献 [14] 中的定义。与有效带宽类似，假设缓冲区也加在一起，异构混合流量的等效容量小于或等于各单独流量的等效容量之和。换言之，$f_B(\alpha) \leqslant \sum_i f_{B_i}(\alpha_i), \alpha = \sum_i \alpha_i, B = \sum_i B_i$。图 1.26 给出了图形解释。

例如，对于一条 T-SPEC (p, M, r, b) 流，使用上述同样的方法，可得出以下等效容量

$$f_B = \begin{cases} +\infty, & B < M \\ r + \dfrac{(p - r)[b - B]^+}{b - M}, & \text{其他} \end{cases} \tag{1.35}$$

直接的计算结果表明 $f_b(\gamma_{r,b}) = r$。换言之，如果为一条受仿射函数 $\gamma_{r,b}$ 约束的流分配一定的容量，该容量等于其可持续速率 r，则一个等于这条流突发容限 b 的缓冲区就足以确保这条流无损运行。

接下来，考虑将一些符合流量规范 T-SPEC(M_i, p_i, r_i, b_i) 的 IntServ 流（或 VBR 连接）混合起来，这些流聚合为一条流。如果为这条聚合流分配的速率为 $\sum\limits_i r_i$，该速率等于聚合流中所有流的可持续速率之和，那么缓冲区的需求为突发容限之和 $\sum\limits_i b_i$，无须再考虑峰值速率等其他参数。反之，式 (1.35) 也说明分配比突发容限更多的缓冲没有意义：若 $B > b$，此时等效容量仍然为 r。

上述内容说明，通过分配大于可持续速率的速率来减少所需的缓冲或延迟是可行的。在第 2.2 节中，描述了如何使用资源预留协议（Resource Reservation Protocol，RSVP）之类的协议来实现该操作。请注意，式 (1.29)、式 (1.33) 可单独或一起用于根据测量的到达曲线估算流所需的容量。可将它们视为流函数 R 上的低通滤波器。

1.8.3 示例：FIFO 多路复用器的接受域

假设由 T-SPEC(M_i, p_i, r_i, b_i) 形式的流量规范定义两种类型的流，即类型 1（即 $i = 1$）和类型 2（即 $i = 2$），设想某个节点复用类型 1 的 n_1 条流和类型 2 的 n_2 条流，该节点具有恒定的输出速率 C。接下来想获知该节点可以接受多少流。

若流被接受的唯一条件是所有流的延迟都受到某个值 D 的限制，那么 (n_1, n_2) 的可接受集由下式定义

$$e_D(n_1\alpha_1 + n_2\alpha_2) \leqslant C$$

可以利用与式 (1.31) 的推导相同的凸参数，并将其应用于函数 $n_1\alpha_1 + n_2\alpha_2$。定义 $\theta_i = \dfrac{b_i - M}{p_i - r_i}$，且假设 $\theta_1 \leqslant \theta_2$，则结果为

$$\begin{aligned} & e_D(n_1\alpha_1 + n_2\alpha_2) \\ = & \max\left\{ \begin{array}{ll} \dfrac{n_1M_1 + n_2M_2}{D}, & \dfrac{n_1M_1 + n_2M_2 + (n_1p_1 + n_2p_2)\theta_1}{\theta_1 + D}, \\ \dfrac{n_1b_1 + n_2M_2 + (n_1r_1 + n_2p_2)\theta_2}{\theta_2 + D}, & n_1r_1 + n_2r_2 \end{array} \right\} \end{aligned}$$

直接从前面的方程式得出可行集 (n_1, n_2)，这要考虑两类到达曲线中凸起的角点所对应的参数（取值如表 1.3 所示）。如果考虑另一种情况，即接受条件取决于缓冲区的容量 B，感兴趣的读者可以计算其等效容量。

表 1.3　混合流（1 型和 2 型）的接受域

i	$p_i^{①}$	$M_i^{②}$	$r_i^{①}$	$b_i^{②}$	θ_i/ms
1	20000	1	500	26	1.3
2	5000	1	500	251	55.5

注：① 以每秒发送的数据包个数计量；② 以数据包个数计量。

表 1.3 的说明： 最大延迟设为 D。表中列出了 1 型流和 2 型流的参数以及 θ_i 的结果。

回顾式 (1.32)，可以更一般地说，有效带宽是函数 α 的凸函数，即

$$e_D(a\alpha_1 + (1-a)\alpha_2) \leqslant ae_D(\alpha_1) + (1-a)e_D(\alpha_2)$$

对于所有 $a \in [0,1]$，等效容量函数亦是如此。

接下来，考虑某种请求（call）的接受准则，该准则要么单纯地受到延迟限制的约束，要么单纯地受到缓冲区最大容量的约束，要么兼有上述两种约束。假设 I 种连接的类型，并定义接受域 A 为满足接受准则的一组值 $(n_1, \cdots, n_I)$，其中 n_i 是类型 i 的连接数。从有效带宽和等效容量函数的凸属性可以得出，接受域 A 是凸的。第 9 章将它与一些具有正丢包概率的系统的接受域进行比较。

可持续速率分配　如果读者仅对本书的结论感兴趣，可以重新考虑之前的解决方案，并仅考虑连接混合的可持续速率。聚合流受到 $\alpha(s) = b + rs$ 的约束，$b = \sum_i n_i b_i$，且 $r = \sum_i n_i r_i$。定理 1.4.1 表明，只要 $C \geqslant r$，最大聚合缓冲区的占用量就由 b 限制。换言之，只要总缓冲区等于突发度，那么分配可持续速率就可以保证无损操作。

在更一般的设置下，假设聚合流的最小到达曲线为 α，且假设参数 r 和 b 满足

$$\lim_{s\to+\infty} \alpha(s) - rs - b = 0$$

因此，突发度为 b 的可持续速率 r 是一个紧致的界限。能够很容易地说明，若分配速率为 $C = r$，那么最大的缓冲区占用为 b。

接下来，考虑多路复用多个 VBR 连接的情况。如果没有可用的缓冲区，则必须进行无损操作来分配峰值速率的总和。反之，使用大小为 b 的缓冲区可以仅分配可持续速率。这就是所谓的缓冲增益（buffering gain），即通过添加一些缓冲获得峰值速率上的增益。缓冲增益是以增加延迟为代价的，这一结论易从定理 1.4.2 证明。

1.9 定理 1.4.5 的证明

步骤 1： 设想一个固定时刻 t_0，并假设在该步骤中，存在一个时刻 u_0 达到 $\alpha \oslash \beta$ 定义中的最大值。构造输入和输出函数 R 和 R^*，使 R 受到 α 的约束，系统 (R, R^*) 满足因果性，且 $\alpha^*(t_0) = (R^* \oslash R^*)(t_0)$，$R$ 和 R^* 由下式给出

$$\begin{cases} R(t) = \alpha(t), & t < u_0 + t_0 \\ R(t) = \alpha(u_0 + t_0), & t \geqslant u_0 + t_0 \\ R^*(t) = \inf\{\alpha(t), \beta(t)\}, & t < u_0 + t_0 \\ R^*(t) = R(t), & t \geqslant u_0 + t_0 \end{cases}$$

很容易看出，定理 1.4.5 的证明类似于定理 1.4.4 的证明，R 和 R^* 均为广义递增的，那么 $R^* \leqslant R$，且 β 为流的服务曲线，因此

$$R^*(u_0 + t_0) - R^*(u_0) = \alpha(u_0 + t_0) - R^*(u_0) \geqslant \alpha(u_0 + t_0) - \beta(u_0) = \alpha^*(t_0)$$

证明定理 1.4.5 的步骤 1 如图 1.27 所示，系统在 t_0 处获得输出边界。

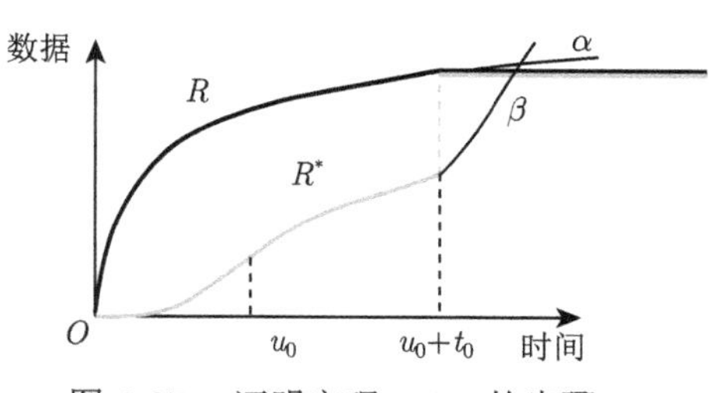

图 1.27　证明定理 1.4.5 的步骤 1

步骤 2： 接下来，设想一个时间序列 $t_0, t_1, \cdots, t_n, \cdots$（不必一定是增序列）。假设在此步骤中，对于所有 n，都存在一个值 u_n 达到 $(\alpha \oslash \beta)(t_n)$ 定义的上确界。证明存在函数 R 和 R^*，使得 R 受到 α 的约束，系统 (R, R^*) 满足因果性，有 β 作为服务曲线，且对于所有 $n \geqslant 0$，$\alpha^*(t_n) = (R^* \oslash R^*)(t_n)$。

通过对一组递增区间 $[0,s_0],[0,s_1],\cdots,[0,s_n],\cdots$ 进行归纳，构建 R 和 R^*。归纳性质是：限定于时间间隔 $[0,s_n]$ 的系统满足因果性，将 α 作为输入到达曲线，β 作为服务曲线，且对于 $i\leqslant n$ 满足 $\alpha^*(t_i)=(R^*\oslash R^*)(t_i)$。

第一个间隔由 $s_0=u_0+t_0$ 定义；R 和 R^* 根据步骤 1 定义在区间 $[0,s_0]$。显然，归纳性质对于 $n=0$ 成立。假设在区间 $[0,s_n]$ 上构建了系统。接下来，定义 $s_{n+1}=s_n+u_n+t_n+\delta_{n+1}$，选择 δ_{n+1} 使下式成立：对于所有 $s\geqslant 0$，有

$$\alpha(s+\delta_{n+1})-\alpha(s)\geqslant R(s_n) \tag{1.36}$$

根据定理的最后一个条件来看，上式是可能成立的。那么系统在区间 $(s_n,s_{n+1}]$ 的定义为

$$\begin{cases} R(t)=R^*(t)=R(s_n), & s_n<t\leqslant s_n+\delta_{n+1} \\ R(t)=R(s_n)+\alpha(t-s_n-\delta_{n+1}), & s_n+\delta_{n+1}<t\leqslant s_{n+1} \\ R^*(t)=R(s_n)+(\alpha\wedge\beta)(t-s_n-\delta_{n+1}), & s_n+\delta_{n+1}<t\leqslant s_{n+1} \\ R^*(s_{n+1})=R(s_{n+1}), & \text{其他} \end{cases}$$

证明定理 1.4.5 的步骤 2 如图 1.28 所示，系统在所有 $t_n,n\in\mathbf{N}$ 处获得输出边界。

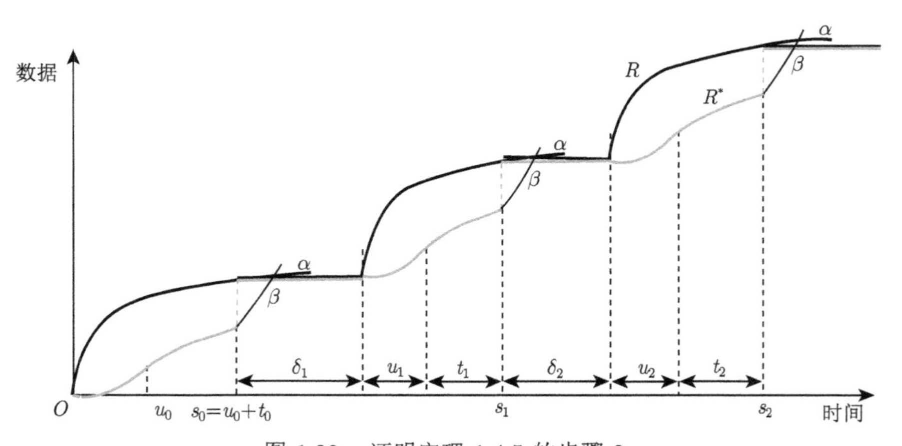

图 1.28　证明定理 1.4.5 的步骤 2

接下来，证明在区间 $[0,s_{n+1}]$ 上定义的系统满足到达曲线的约束。考虑 $R(t)-R(v)$，其中 $t,v\in[0,s_{n+1}]$。若同时满足 $t\leqslant s_n$ 且 $v\leqslant s_n$，或 $t>s_n$ 且 $v>s_n$，则根据构造和归纳的性质，到达曲线的性质保持不变。因此可以假设

$t > s_n$ 且 $v \leqslant s_n$，其实可以假设 $t \geqslant s_n + \delta_{n+1}$，因为如果不在这种假设条件下，该属性是显然成立的，无须证明。令 $t = s_n + \delta_{n+1} + s$，有

$$R(t) - R(v) = R(s_n + \delta_{n+1} + s) - R(v) = R(s_n) + \alpha(s) - R(v) \leqslant R(s_n) + \alpha(s)$$

根据式 (1.36) 有

$$R(s_n) + \alpha(s) \leqslant \alpha(s + \delta_{n+1}) \leqslant \alpha(s + \delta_{n+1} + s_n - v) = \alpha(t - v)$$

从这里可以看出到达曲线的特性。

通过使用与步骤 1 中相同的参数，可以很容易证明系统满足因果性，服务曲线为 β，且满足

$$R^*(u_{n+1} + t_{n+1}) - R^*(u_{n+1}) = \alpha^*(t_{n+1})$$

至此证明了 $n+1$ 的归纳性质也是成立的。

步骤 3： 与步骤 2 类似，设想时间序列 $t_0, t_1, \cdots, t_n, \cdots$（不必一定是增序列）。接下来，将步骤 2 中的结果推广到 $\alpha^* = (\alpha \oslash \beta)(t_n)$ 定义中的上确界不一定达到的情况。首先假设 $\alpha^*(t_n)$ 对所有 n 都是有限的，对于所有 $n, m \in \mathbf{N}_+$，存在 $u_{m,n}$ 使得

$$\alpha(t_n + u_{m,n}) - \beta(u_{m,n}) \geqslant \alpha^*(t_n) - \frac{1}{m} \tag{1.37}$$

由 (m, n) 所构成的集合是可枚举的，假设用 $(M(i), N(i)), i \in \mathbf{N}$ 对该集合进行编号。利用与步骤 2 相同的构造过程，可以在递增区间 $[0, s_i]$ 的序列上对 i 进行归纳，并建立一个因果关系系统 (R, R^*)。该系统以 α 作为输入到达曲线，以 β 作为服务曲线，使得

$$R^*(s_i) - R^*\left(s_i - t_{N(i)}\right) \geqslant \alpha^*\left(t_{N(i)}\right) - \frac{1}{M(i)}$$

对于一个任意的定值 n，通过将上式应用于满足 $N(i) = n$ 的所有 i，可得

$$\begin{aligned}(R^* \oslash R^*)(t_n) &\geqslant \sup_{i \in \{i | N(i) = n\}} \left\{\alpha^*\left(t_{N(i)}\right) - \frac{1}{M(i)}\right\} \\ &= \alpha^*(t_n) - \inf_{i \in \{i | N(i) = n\}} \left\{\frac{1}{M(i)}\right\}\end{aligned}$$

对于满足 $N(i) = n$ 的所有 i，集合 $\dfrac{1}{M(i)}$ 属于 $\mathbf{N}_+$，有

$$\inf_{i \in \{i | N(i) = n\}} \left\{\frac{1}{M(i)}\right\} = 0$$

且因此 $(R^* \oslash R^*)(t_n) = \alpha^*(t_n)$。至此，在所有 $n, \alpha^*(t_n)$ 都为有限的情况下，步骤 3 证毕。

若 $\alpha^*(t_n)$ 对于某个 t_n 是无穷大的，则可以使用类似的推理。在这种情况下，用 $\alpha(t_n + u_{m,n}) - \beta(u_{m,n}) \geqslant m$ 替代式 (1.37)。

步骤 4： 得出结论。若时间是离散的，则该定理在步骤 3 就得以证明。否则使用密度参数。非负有理数 $\mathbf{Q}_+$ 的集合是可枚举的，因此可以将步骤 3 应用于 $\mathbf{Q}_+$ 的所有元素的序列，并得到系统 (R, R^*)，该系统满足对于所有 $q \in \mathbf{Q}_+$，有

$$(R^* \oslash R^*)(q) = \alpha^*(q)$$

函数 R^* 是右连续的。因此，根据定理 1.2.2 末尾的讨论，$R^* \oslash R^*$ 是左连续的。接下来证明 α^* 也是左连续的。对于所有 $t \geqslant 0$，有

$$\sup_{s<t}\{\alpha^*(s)\} = \sup_{(s,v)\in\{s<t,v\geqslant 0\}}\{\alpha(s+v) - \beta(v)\} = \sup_{v\geqslant 0}\left\{\sup_{s<t}\{\alpha(s+v) - \beta(v)\}\right\}$$

此外

$$\sup_{s<t}\{\alpha(s+v)\} = \alpha(t+v)$$

由于 α 是左连续的，因此

$$\sup_{s<t}\{\alpha^*(s)\} = \sup_{v\geqslant 0}\{\alpha(t+v) - \beta(v)\} = \alpha^*(t)$$

可以看出 α^* 也是左连续的。

回到步骤 4 的主要论证目标，考虑任意的 $t \geqslant 0$，集合 $\mathbf{Q}_+$ 在非负实数集中是稠密的。因此存在有理数序列 $q_n \in \mathbf{Q}_+, n \in \mathbf{N}$, 使得 $q_n \leqslant t$ 且 $\lim_{n\to+\infty} q_n = t$。根据 $(R^* \oslash R^*)$ 和 α^* 的左连续性可以得到

$$(R^* \oslash R^*)(t) = \lim_{n\to+\infty}(R^* \oslash R^*)(q_n) = \lim_{n\to+\infty}\alpha^*(q_n) = \alpha^*(t) \qquad \square$$

1.10 参考文献说明

在参考文献 [15] 中，网络演算已被应用于 ATM 交换机的分析。参考文献 [4] 给出了一种确定 ATM 系统最小到达曲线的实用算法，它利用参考文献 [16] 给出的流量的突发度函数，定义如下。对于任意 $r, B(r)$ 为使流量是 $\gamma_{r,b}$-平滑的

最小值 b，因此，如果流量以恒定速率 r 被服务，则 $B(r)$ 是所需的缓冲区容量。注意，$B(r)$ 为流量的最小到达曲线 σ 的勒让德变换（Legendre transform），即 $B(r)=\sup\limits_{t\geqslant 0}\{\sigma(t)-rt\}$，参考文献 [4] 给出了计算 $B(r)$ 的快速算法。有趣的是，这个概念也被应用于计算文本中字符的分布。

参考文献 [9] 将到达曲线和服务曲线的概念用于分析实时处理系统。结果表明，可变容量节点的服务曲线一定是超可加的；反之，任何超可加函数都是可变容量节点的服务曲线。并且与具有次可加服务曲线的贪婪整形器进行对比，表明除了恒定比特率的通道外，贪婪整形器不能被建模为可变容量节点，反之亦然。

在参考文献 [17] 中，作者考虑交叉开关的交换结构，并令 $r_{i,j}$ 为服务于从输入端口 i 流至输出端口 j 的流量的速率。假设对于所有 j 满足 $\sum\limits_i r_{i,j}\leqslant 1$，且对于所有 i 满足 $\sum\limits_i r_{i,j}\leqslant 1$，并假设 $(r_{i,j})$ 满足双随机矩阵，且利用其性质，给出一种简单的调度算法，该算法可以保证分配给从端口 i 流至端口 j 的流量的可变容量 C 满足：对于算法定义的某个值 $s_{i,j}$，$C_{i,j}(t)-C_{i,j}(s)\geqslant r_{i,j}(t-s)-s_{i,j}$。因此，节点提供的服务曲线为速率–时延函数 $\beta_{r_{i,j},s_{i,j}}$。

参考文献 [3] 介绍了一种应对变长数据包的对偶方法，包括利用“g-规整性”（g-regularity）概念代替到达曲线（或“σ-平滑度”）的定义。设想一条变长数据包的流量，其累积数据包长为 L，并令 T_i 为第 i 个数据包的到达时间。若对于所有数据包编号 $i\leqslant j$，满足 $T(j)-T(i)\geqslant g(L(j)-L(i))$，则称这条流是“$g$-规整”（g-regular）的。该参考文献随后利用类似于贪婪整形器的概念形成一套理论，该理论用最大加卷积（max-plus convolution）代替最小加卷积。克鲁兹 [18] 最初引入的 (b,r) 调节器即该理论下的整形器，其输出为 g-规整的，有 $g(x)=\dfrac{[x-b]^+}{r}$。通常情况下，该理论与漏桶控制器的概念并不完全一致；更具体地说，满足 g-规整与 σ-平滑的流的集合之间没有明确的对应关系。这里用一个例子来解释。设想一组满足 g-规整性的流的集合，其中 $g(x)=\dfrac{x}{r}$，那么这组流的最小到达曲线为 $\sigma(t)=rt+l_{\max}$ [3]。反之，若流是 σ-平滑的，则不能保证它是 g-规整的。事实上，以下数据包序列就是满足 σ-平滑但不满足 g-规整条件的流：流在时刻 $T_1=0$ 产生一个短数据包（长度 $l_1<l_{\max}$），随后在时刻 $T_2=\dfrac{l_1}{r}$ 产生一个具有最大帧长 $l_{\max}$ 的数据包。实际上，如果流是 σ-平滑的，则它是 g'-规整的，其中 $g'(x)=\dfrac{[x-l_{\max}]^+}{r}$。

定义 1.3.2 定义的严格服务曲线在参考文献 [19] 中被称为"强"服务曲线。

1.11 习　　题

习题 1.1 分别针对以下 3 种情况，计算缓冲区初始为空且输入函数为 $R(t)=\int_0^t r(s)\mathrm{d}s$ 的系统的最大缓冲区大小 X。

1. 若 $r(t)=a$ （常数）；
2. 一个峰值速率为 1 Mbit/s，"开"周期为 1 s，"关"周期为 τ s，且通道比特率为 $c=0.5$ Mbit/s 的开关连接；
3. 若 $r(t)=c+c\sin\omega t$，其中通道比特率 $c>0$。

习题 1.2 已知一个大小为 X 的固定缓冲区，其接收数据的输入为 $r(t)$。假设缓冲区初始状态为空，求避免缓冲区溢出所需的输出速率 c。

习题 1.3

1. 对于恒定比特率为 c 的流，给出几条可能的到达曲线。
2. 一条到达曲线为 $\alpha(t)=B$ 的流，其中 B 为常数。那么对流来说，这意味着什么？

习题 1.4 如果一条流的到达曲线为 $\gamma_{P,B}$，则认为该流是受 (P,B) 约束的。

1. 若通道系统的缓冲区大小为 B、比特率为 P。请填空：若输入受到 _______ 约束，输出受到 _____________ 约束，则系统是无损的。
2. 一条受到 (P,B) 约束的流，流入以速率 c 服务的无限缓冲区。那么，该流在缓冲区中的最大延迟是多少？

习题 1.5 **On-Off 流**。

1. 假设一条周期为 T 的周期性数据流，满足：当 $0\leqslant t<T_0$ 时，$r(t)=p$；当 $T_0\leqslant t<T$ 时，$r(t)=0$。
   （1） 画出 $R(t)=\int_0^t r(s)\mathrm{d}s$。
   （2） 找出流的一条到达曲线；找出流的最小到达曲线。
   （3） 找出使流受 (r,b) 约束的最小 (r,b)。
2. 假设承载流量的流使用一条比特率为 P bit/s 的链路，数据以可变帧长的数据包发送，流受到漏桶 (r,b) 的控制。那么，最大数据包长度是多少？两个最大帧长数据包之间的最小时间间隔是多少？
   应用：$P=2$ Mbit/s, $r=0.2$ Mbit/s; 如果数据包长度为 2 KB，那么所需的突发容限 b 是多少？数据包之间的最小间隔是多少？

习题 1.6 考虑以下 GCRA 的替代定义。

定义 1.11.1 GCRA(T,τ) 是一种控制器，它将信元到达时刻 t 作为输入并输出返回值 `result`。它有内部 (静态) 变量 X（漏桶液位）和最近符合时刻

（Last Conformance Time，LCT）。

- 初始状态，X=0, LCT=0
- 某个信元在时刻 t 到达，则

```
if(X  -  t + LCT > tau)
   result = NON-CONFORMANT;
else{
X = max (X  -  t + LCT, 0) + T;
    LCT = t;
    result = CONFORMANT;
    }
```

证明 GCRA 的两种定义方式是等价的。

习题 1.7

1. 对于以下流量以及 GCRA(10, 2)，指出符合与不符合的信元，时刻以链路速率下的信元时隙的个数作为单位，并在假设信元瞬间到达的情况下，绘制漏桶的行为。

   （1）0, 10, 18, 28, 38。

   （2）0, 10, 15, 25, 35。

   （3）0, 10, 18, 26, 36。

   （4）0, 10, 11, 18, 28。

2. 对于 GCRA($T, CDVT$)，背靠背传输的信元的最大数量 [最大"团"(clump) 的大小] 是多少？

习题 1.8

1. 对于以下流量以及 GCRA (100, 500)，指出符合与不符合的信元。时刻以链路速率下的信元时隙的个数作为单位。

   （1）0, 100, 110, 120, 130, 140, 150, 160, 170, 180, 1000, 1010。

   （2）0, 100, 130, 160, 190, 220, 250, 280, 310, 1000, 1030。

   （3）0, 10, 20, 300, 310, 320, 600, 610, 620, 800, 810, 820, 1000, 1010, 1020, 1200, 1210, 1220, 1400, 1410, 1420, 1600, 1610, 1620。

2. 假设一条信元流，其相邻信元发送时刻之间的最小间距为 γ 个时间单位（γ 是两个信元传输开始之间的最小时间间隔）。那么 GCRA(T, τ) 的最大突发度是多少？发生两次最大突发之间的最小时间间隔是多少？

3. 假设一条信元流，其信元间的最小间距为 γ 个时间单位，两次突发之间的最小间隔为 T_I。那么最大突发度是多少？

习题 1.9 对于 CBR 连接，以下是 ATM 运行时的一些参数。

峰值信元速率（信元/s）= 100，1000，10 000，100 000

CDVT （μs）= 2900，1200，400，135

1. 对于上述每种情况，以 bit/s 和 bit 为单位的 (P, B) 参数是多少？T 与 τ 相比结果如何？
2. 若一条连接需要的峰值速率为 1000 信元/s，信元延迟变化为 1400 μs，应该如何处理？
3. 假设给缓冲中的每个连接分配峰值速率，那么确保无损的缓冲容量是多少？考虑以下每种情况下的应用，其中将峰值信元速率为 P 的 N 个相同连接进行多路复用。

案例	1	2	3	4
连接数量	3000	300	30	3
峰值信元速率（信元/s）	100	1000	10 000	100 000

习题 1.10 以下两个问题是相互独立的。

1. 假设一个 ATM 源受到 GCRA（$T = 30$ 个时隙，$\tau = 60$ 个时隙）的约束，其中时间以时隙为单位，一个时隙表示一个信元在链路上传输所需的时间。ATM 源根据以下算法发送信元。
   - 第一阶段。只要所有信元是符合的，那么信元在时刻 $t(1) = 0, t(2) = 15, t(3) = 30, \cdots, t(n) = 15(n-1)$ 进行发送。换言之，n 是使得所有 $i \leqslant n$ 时，在时刻 $t(i) = 15(i-1)$ 发送的信元都是符合的情况下的最大值。在时刻 $t(n)$ 发送第 n 个信元，意味着第一阶段的结束。
   - 接下来进入第二阶段。在时刻 $t(n)$ 之后最早的符合信元可以发送的时刻，用于随后第 $n+1$ 个信元的发送，并以此重复。换言之，令 $t(k)$ 为信元 k 的发送时间，其中 $k > n$；那么 $t(k)$ 是 $t(k-1)$ 之后可以发送符合信元的最早时间。

   那么，在时间间隔 $[0, 151]$ 内，源端发送了多少信元？
2. 网络节点可以建模为具有恒定输出速率 c（信元/s）的单个缓冲区。它接收 I 条 ATM 连接，分别标记为 $1, \cdots, I$。每条 ATM 连接都有一个峰值信元速率 p_i（信元/s）以及一个信元延迟变化容限 τ_i（s），$1 \leqslant i \leqslant I$。进入缓冲区的总输入速率至少与 $\sum_{i=1}^{I} p_i$ 相当（这也相当于认为它是无限的）。那么，保证无损运行所需的缓冲区大小（信元）是多少？

习题 1.11 在该问题中，时间以时隙为单位。一个时隙可以在链路上传输一个 ATM 信元。

1. 假设一个 ATM 源 S_1 受到 GCRA（$T = 50$ 个时隙，$\tau = 500$ 个时隙）的约束，S_1 根据以下算法发送信元。
   - 第一阶段。只要所有信元是合格的，那么信元在时刻 $t(1) = 0, t(2) = 10, t(3) = 20, \cdots, t(n) = 10(n-1)$ 进行发送。换言之，n 是使得所有 $i \leqslant n$ 时，在时刻 $t(i) = 10(i-1)$ 发送的信元都是合格的情况下的最大值。在时刻 $t(n)$ 发送第 n 个信元，意味着第一阶段的结束。

- 接下来进入第二阶段。在时刻 $t(n)$ 之后最早的合格信元可以发送的时刻，用于随后第 $n+1$ 个信元的发送，并以此重复。换言之，令 $t(k)$ 为信元 k 的发送时间，其中 $k>n$；那么 $t(k)$ 是 $t(k-1)$ 之后可以发送合格信元的最早时间。

那么在时间间隔 $[0,401]$ 内，源端发送了多少信元?

2. 假设一个 ATM 源 S_2 同时受到 GCRA（$T=10$ 个时隙，$\tau=2$ 个时隙）和 GCRA（$T=50$ 个时隙，$\tau=500$ 个时隙）的约束。S_2 从 0 时刻开始发送信元，且待发送信元的数量是无限的。S_2 会在 GCRA 组合允许的情况下尽快发送其信元。令 $t(n)$ 为源发送第 n 个信元的时间，其中 $t(1)=0$。那么 $t(15)$ 的值是多少?

习题 1.12 考虑流 $R(t)$ 获得的服务满足最小服务曲线保证 β，假设

- β 为凹函数，且广义递增。
- $R\otimes\beta$ 中的 inf 符号表示取最小值。

那么对于所有 t，令 $\tau(t)$ 为满足下式的数值

$$(R\otimes\beta)(t)=R(\tau(t))+\beta(t-\tau(t))$$

证明存在这样的 τ，如果 $t_1\leqslant t_2$，那么 $\tau\left(t_1\right)\leqslant\tau\left(t_2\right)$。

习题 1.13

1. 在假设服务曲线为 $c(t)=r\left[t-T_0\right]^+$ 的情况下，求出峰值速率为 P 以及信元延迟变化为 τ 的 ATM CBR 连接的最大积压和最大延迟。
2. 在假设服务曲线为 $c(t)=r\left[t-T_0\right]^+$ 的情况下，求出峰值速率为 P，信元延迟变化为 τ，可持续信元速率为 M 以及突发容限为 τ_B （s）的 ATM VBR 连接的最大积压和最大延迟。

习题 1.14 举证以下论点。

1. 假设流受到 (P,B) 的约束，并且以速率 $c\geqslant P$ 被服务。那么，输出也受到 (P,B) 的约束。
2. 假设 $a()$ 存在一个有界的右导数。那么，受到 $a()$ 约束的流，通过服务速率恒定为 $c\geqslant\sup\limits_{t\geqslant 0}\{\alpha'(t)\}$ 的缓冲区后的输出也受到 $a()$ 的约束。

习题 1.15

1. 在假设服务曲线为 $c(t)=r\left[t-T_0\right]^+$ 的情况下，求出峰值速率为 P 以及信元延迟变化为 τ 的 ATM CBR 连接的输出的到达曲线。
2. 在假设服务曲线为 $c(t)=r\left[t-T_0\right]^+$ 的情况下，求出峰值速率为 P，信元延迟变化为 τ，可持续信元速率为 M 以及突发容限为 τ_{B}（s）的 ATM VBR 连接输出的到达曲线。

习题 1.16 想象这样一幅图——某条流经过一个速率–时延服务曲线为 $\beta_{R,T}$ 的节点，推导其输出的到达曲线。如果图中的 t_0 是无限的，也就是说，对于所有 $t,\alpha'(t)>r$，

可以得出什么结论？

习题 1.17 设想一组具有服务保证的节点，其服务曲线为 $c_i(t) = r_i\,[t - T_i]^+$。那么，经过该系统的受到 (m, b) 约束的流的最大延迟是多少？

习题 1.18 一条受到 T-SPEC(p, M, r, b) 约束的流经过节点 1 和节点 2，节点 i 的服务曲线为 $c_i(t) = R_i\,[t - T_i]^+$。那么流在节点 2 所需的缓冲区大小为多少？

习题 1.19 一条受到 T-SPEC (p, M, r, b) 约束的流依次经过节点 1 和节点 2，节点 i 的服务曲线为 $c_i(t) = R_i\,[t - T_i]^+$。在节点 1 和节点 2 之间放置一个整形器，整形器强制流的到达曲线满足 $z(t) = \min\{R_2 t, bt + m\}$。

1. 该流在整形器所需的缓冲区大小为多少？
2. 节点 2 所需的缓冲区大小为多少？若 $T_1 = T_2$，会得出什么结果？
3. 对比采用或未采用重整形器的情况下，对于如前所述的缓冲区，所需的缓冲区容量总和。
4. 给出节点 2 输出的到达曲线。

习题 1.20 证明“重整形器的缓冲区大小”的例子中给出的公式（即式 1.14）。

习题 1.21 定理 1.5.1 “贪婪整形器的输入输出特性”是否比推论 1.5.1 “贪婪整形器的服务曲线”的结论更强？

习题 1.22

1. 解释“突发一次性准则”的含义。
2. 简要概述整形器的主要属性。
3. 使用 $\otimes$ 算子定义以下概念：服务曲线、到达曲线、整形器。
4. 什么是贪婪源？

习题 1.23

1. 举证对于速率为 c 的恒定比特率通道，其时刻 t 的积压由以下公式给出

$$W(t) = \sup_{s \leqslant t}\{R(t) - R^*(s) - c(t - s)\}$$

2. 如果仅假设节点是一个提供 β 作为服务曲线的调度器，而不是一个恒定比特率的通道，那么上述公式会变成什么样子？

习题 1.24 提供服务曲线 β 是否确实意味着，在长度为 t 的任意繁忙时段内，所获得的服务总量至少为 $\beta(t)$？

习题 1.25 流 $S(t)$ 受到达曲线 α 的约束。将流通过整形曲线为 σ 的整形器，假设

$$\alpha(s) = \min\{m + ps, b + rs\}$$

以及

$$\sigma(s) = \min\{Ps, B + Rs\}$$

假设 $p > r, m \leqslant b, P \geqslant R$，整形器固定缓冲区的大小为 $X \geqslant m$。若要求缓冲区不溢出。

1. 假设 $B=+\infty$，计算出保证没有缓冲区溢出的 P 的最小值 P_0。
2. 不再假设 $B=+\infty$，但令 P 等于问题 1 计算的 P_0 值。计算 (B,R) 的值 (B_0,R_0) 以保证没有缓冲区溢出，并最小化代价函数 $c(B,R)=aB+R$，其中 a 是一个大于 0 的常数。

   若 $(P,B,R)=(P_0,B_0,R_0)$，最大虚拟延迟是多少？

习题 1.26 设想一个大小为 X 个信元的缓冲区，其以每秒 c 个信元的恒定速率服务。将 N 个相同的连接输入缓冲区，每个连接都受到 GCRA (T_1,τ_1) 和 GCRA (T_2,τ_2) 的约束。若想保证没有信元丢失，那么 N 的是大值是多少？

假设 $T_1=0.5$ ms, $\tau_1=4.5$ ms, $T_2=5$ ms, $\tau_2=495$ ms, $c=10^6$ 信元/s，$X=10^4$ 个信元。

习题 1.27 考虑由函数 $R(t)$ 定义的流，其中 $R(t)$ 表示从时刻 $t=0$ 以来观测到的比特数。

1. 将流输入一个缓冲区，并以速率 r 服务这个流。令 $q(t)$ 表示缓冲区在时刻 t 的积压。假设缓冲区足够大，且初始为空。那么假设已知 $R(t)$ 的情况下，$q(t)$ 的表达式是什么？

   接下来，假设缓冲区的初始值（时刻 $t=0$）不是 0，而是某个 $q_0\geqslant 0$ 的值。那么 $q(t)$ 的表达式是什么？
2. 将流量输入一个漏桶管制器，漏桶的速率为 r 、大小为 b。由于这是一个管制器，而非整形器，因此会丢弃不符合要求的比特。假设该漏桶足够大，且初始为空。那么，确保管制器不丢弃任何比特的 R 的条件是什么（换言之，流是符合的）？

   接下来，假设漏桶的初始（时刻 $t=0$ ）不是 0，而是某个 $b_0\geqslant 0$ 的值。那么，确保管制器不丢弃任何比特的 R 的条件是什么（换言之，流是符合的）？

习题 1.28 设想一个可变容量的网络节点，其容量曲线为 $M(t)$。证明存在一个最大函数 $S^*(t)$，对于所有 $0\leqslant s\leqslant t$，使得

$$M(t)-M(s)\geqslant S^*(t-s)$$

证明 S^* 为超可加的。

反之，如果函数 β 是超可加的，证明存在一个容量函数为 $M(t)$ 的可变容量的网络节点，使得对于所有 $0\leqslant s\leqslant t, M(t)-M(s)\geqslant S^*(t-s)$ 成立。

证明，除了一个明显的特例，整形器不能被建模为可变容量节点。

习题 1.29

1. 设想一个打包贪婪整形器，其整形曲线为 $\sigma(t)=rt, t\geqslant 0$。假设 $L(k)=kM$，其中 M 为定值。假设 $t>0$，且 $R(0)=0$，输入为 $R(t)=10M$。计算打包贪婪整形器的输出序列 $R^{(i)}(t), i=1,2,3,\cdots$。

2. 当 $\sigma(t)=(rt+2M)1_{\{t>0\}}$ 时，求解与上述相同的问题。

习题 1.30 设想一个源，由下面函数给出

$$\begin{cases} R(t)=B, & t>0 \\ R(t)=0, & t\leqslant 0 \end{cases}$$

因此，这条流包含 B bit 的瞬时突发。

1. 这条流的最小到达曲线是什么？
2. 假设服务于流的节点提供速率–时延类型的最小服务曲线，其中速率为 r，时延为 Δ。那么流最后一位的最大时延是多少？
3. 假设该流经过两个串联的节点 N_1 和 N_2，其中 $N_i(i=1,2)$ 为流提供速率–时延类型的最小服务曲线，速率为 r_i，时延为 Δ_i。那么流的最后 1 bit 经过两个节点后产生的最大时延是多少？
4. 在与前一个问题假设相同的情况下，令函数 $R_1(t)$ 为节点 N_1 的输出（也是节点 N_2 的输入）流的函数。那么，R_1 在最坏情况下的最小到达曲线是什么？
5. 假设在 N_1 和 N_2 之间插入一个“重新格式化器”(reformatter) S。S 的输入为 $R_1(t)$。令 $R_1'(t)$ 为 S 的输出，$R_1'(t)$ 也是 N_2 的输入。重新格式化器 S 的作用是对流量 R_1 进行延迟，从而输出一条 R 的延迟流量 R_1'。换言之，一定存在某个 d，使得 $R_1'(t)=R(t-d)$。假设重新格式化器 S 在选择尽可能小的 d 上是最优的。那么在最坏的情况下，d 的最优值是多少？
6. 在与前一个问题假设相同的情况下，经过串联节点 N_1、S、N_2 的最坏端到端延迟是多少？重新格式化器是否透明？

习题 1.31 令 σ 为良态函数。设想一个整形曲线为 σ 的逐位贪婪整形器与 L-打包器的级联，并假设 $\sigma(0^+)=0$。只考虑输入为 L-打包的情况。

1. 该系统对于 σ 是打包整形器吗？
2. 它对于 $\sigma+l_{\max}$ 是打包整形器吗？
3. 它对于 $\sigma+l_{\max}$ 是打包贪婪整形器吗？

习题 1.32 假设 σ 为良态函数，且 $\sigma=\sigma_0+lu_0$，其中 u_0 为在 $t=0$ 时的阶跃函数。那么能得出 σ_0 是次可加的结论吗？

习题 1.33 算子 P^L 是上半连续的吗？

习题 1.34

1. 设想 L-打包器与最小服务曲线为 β、最大服务曲线为 γ 的网络元件级联，那么是否可以认为，组合系统提供的最小服务曲线为 $[\beta(t)-l_{\max}]^+$、最大服务曲线为 γ，并且与反方向级联情况下的结果一样。
2. 设想提供保证服务为 λ_{r_1} 的 GPS 节点、L-打包器以及提供保证服务为 λ_{r_2} 的第二个 GPS 节点级联，证明组合系统提供速率为 $R=\min\{r_1,r_2\}$、延

迟为 $E=\dfrac{l_{\max}}{\max\{r_1,r_2\}}$ 的速率–时延服务曲线。

习题 1.35 考虑节点向流 $R(t)$ 提供的速率–时延服务曲线为 $\beta=S_{R,L}$。假设 $R(t)$ 为 L-打包的，数据包的到达时刻为 $T_1,T_2,\cdots$（且通常为左连续的）。证明 $(R\otimes\beta)(t)=\min\limits_{T_i\in[0,t]}\{R(T_i)+\beta(t-T_i)\}$（从而得到 inf）。

习题 1.36

1. 假设 K 个连接（每个连接的峰值速率为 p、可持续速率为 m 和突发容限为 b）输入具有恒定服务速率为 P、容量为 X 的 FIFO 缓冲区通道。计算系统无损失的 K 的条件。
2. 若 $Km=P$，那么对于 K 个连接，可接受的 X 的条件是什么?
3. 若在 $p=2$ Mbit/s、$m=0.2$ Mbit/s、$X=10$ MB、$b=1$ MB 以及 $P=0.1$ Mbit/s、1 Mbit/s、2 Mbit/s 或 10 Mbit/s 的情况下，最大连接数是多少?
4. 对于大小为 X 的固定缓冲区，当 K 和 P 为变量时，绘制可接受域。

习题 1.37 给出 $f_B(R)$ 和 $f_B(\alpha)$ 的表达式。

习题 1.38

1. 当 $D=1$ ms、10 ms、100 ms、1 s 时，$p=2$ Mbit/s、$m=0.2$ Mbit/s、$b=100$ KB 的连接的有效带宽是多少?
2. 在连接的参数为 p、m、b 的一般情况下，绘制有效带宽 e 与延迟约束的关系。

习题 1.39

1. 计算混合 VBR 连接 $1,\cdots,I$ 的有效带宽。
2. 给出从公式中推导齐次情况的推导过程。
3. 假设 K 个连接（每个连接的峰值速率为 p、可持续速率为 m 和突发容限为 b）输入具有恒定服务速率为 P、容量为 X 的 FIFO 缓冲区通道。计算系统无损失的 K 的条件。
4. 假设有两类连接 $K_i,i=1,2$，输入具有恒定服务速率 P 以及无限容量 X 的 FIFO 缓冲区通道。只要连接的排队延迟不超过某个 D，那么连接就是可接受的。绘制接受域，即连接准入控制器（CAC）接受的 (K_1,K_2) 集合。接受域是否为凸的? 接受域的互补域是正象限凸的吗? 这是否可以泛化出两种以上的类型?

第 2 章 网络演算应用于互联网

本章应用第 1 章的概念，介绍综合服务和区分服务的基础理论。综合服务定义了如何对流进行预留。本章详细解释该综合服务框架为什么受到 GPS 模型的深入影响。特别地，将假定每个路由器可被建模为一个节点，该节点提供最小服务曲线，即速率–时延函数，本章将说明 RSVP 等协议是如何使用该函数的。本章还分析了基于服务曲线调度的更加有效的框架，该框架能够提供一种简单的方式解决可调度性的复杂问题。

本章解释保证速率节点的概念。该节点与服务曲线元件相对应，但有一些区别，因为它使用最大加代数而不是最小加代数。本章将分析两种方法之间的关系。

区分服务的特点是按照逐服务等级（per-class of service）进行预留，而不是按照逐流（per-flow）进行预留。本章将介绍如何将第 1 章中有关界限的结论应用于求解延迟界限和积压界限。此外还介绍了“阻尼器”（damper），这是一种强化最大服务曲线的方法，并说明它如何从根本上减小延迟界限。

2.1 GPS 和保证速率节点

本节将描述 GPS 及其派生方法：它们构成了定义互联网保证模型的基础。

2.1.1 数据包调度

只要流满足某些到达曲线的约束（见第 2.2 节），则保障服务网络会为流提供延迟和吞吐量保证。这就要求网络节点实现某种形式的数据包调度，也称为服务规则（service discipline）。在网络节点的每个缓冲器中，数据包调度被定义为确定不同数据包服务顺序的功能。

数据包调度的一种简单形式是 FIFO：数据包按照到达顺序获得服务。延迟界限和所需的缓冲器大小取决于聚合流的最小到达曲线（见第 1.8 节）。如果其中一条流的流量很大，则所有流的延迟都增加，并且可能会发生数据包被丢弃的现象。

因此 FIFO 调度需要网络中所有节点的所有流严格执行到达曲线约束。同样，使用 FIFO 调度时所有流的延迟界限都是相同的。第 2.6 节将更详细地研究 FIFO 调度。

一种替代方法 [5,20] 是使用逐流排队（per-flow queuing），以便为流提供隔离，并提供不同的保证。首先介绍逐流排队的理想形式，该形式被称为“GPS”[6]，这一概念在第 1 章中已经被提到。

2.1.2 GPS 及其实际运用

GPS 节点并行服务多条流，总输出速率等于 c bit/s。流 i 被分配指定的权重 ϕ_i。我们称 $R_i(t)$、$R_i^*(t)$ 为流 i 的输入和输出函数。在任何时刻 t，如果流 i 没有积压 $[R_i(t) = R_i^*(t)]$，GPS 节点保证提供给流 i 的服务速率为 0；否则，保证提供给流 i 的服务速率为 $\dfrac{\phi_i}{\sum\limits_{j \in B(t)} \phi_j} c$，其中 $B(t)$ 是时刻 t 的积压流的集合。因此

$$R_i^*(t) = \int_0^t \frac{\phi_i}{\sum\limits_{j \in B(t)} \phi_j} 1_{\{i \in B(s)\}} \mathrm{d}s$$

在上面的表达式中，使用指示函数 $1_{\{expr\}}$，如果表达式“$expr$”为真，则其取值为 1，否则为 0。

从而易得 GPS 节点提供给流 i 一条等于 $\lambda_{r_i,c}$ 的服务曲线，其中 $r_i = \dfrac{\phi_i C}{\sum\limits_j \phi_j}$。参考文献 [21] 表明，如果对于所有流，它们的一些到达曲线属性是已知的，则每条流可以获得更好的服务曲线。然而，利用简单的服务曲线 $\lambda_{r_i,c}$ 的属性就可以充分理解综合服务模型。

GPS 满足隔离流和提供区分保证的要求。如果知道每条流的到达曲线，则可以使用第 1 章的结论来计算每条流的延迟界限和缓冲器需求。但是，GPS 节点是一个理论上的概念，它并不是真正可行的。这是由于它依赖于流模型，并且假定数据包是可无限分割的。如何才能实际运用 GPS？一种简单的解决方案是使用虚拟完成时间，就像第 1.7.3 节中对缓冲漏桶控制器所做的那样：对于每个数据包，在 GPS 下计算其完成时间 θ，然后在时刻 θ 将数据包提供给多路复用

器，此复用器以速率 c 服务数据包。图 2.1（a）显示了多条流到达并离开的示例的完成时间。它还说明了该方法的主要缺点：在时刻 3 和时刻 5，复用器将处于空闲状态；而在时刻 6，它将为突发的 5 个数据包进行服务。需要特别说明的是，这样的调度器不是尽力工作的。

这就是促使研究人员寻找其他 GPS 实际运用方法的原因。本节研究了一种 GPS 的实现，这种实现是逐数据包地进行处理，被称为数据包通用处理器共享（Packet Generalized Processor Sharing，PGPS）[6]。GPS 的其他实现将在第 2.1.3 节中讨论。

PGPS 对 GPS 的近似模拟如下所述。每条流有一个 FIFO 队列。调度器一次处理一个数据包，直到数据包以系统速率 c 完成传输为止。对于每个数据包，计算它在 GPS 下的完成时间（称为“GPS 完成时间”）。然后，每当一个数据包完成传输时，在所有现存的数据包中具有最早 GPS 完成时间的那个数据包被选择为下一个数据包进行传输。图 2.1 显示了一个多条流到达并离开的示例。可以看出，与之前讨论的简单方案不同，PGPS 是尽力工作的。但是这样做的代价是，可能会在 GPS 数据包的完成时间之前调度该数据包。

可以在以下命题中量化 PGPS 和 GPS 之间的差异。第 2.1.3 节将介绍如何导出服务曲线属性。

命题 2.1.1 PGPS 的完成时间最多为 GPS 的完成时间加上 $\frac{L}{c}$，其中 c 为总速率，L 为最大数据包长度 [6]。

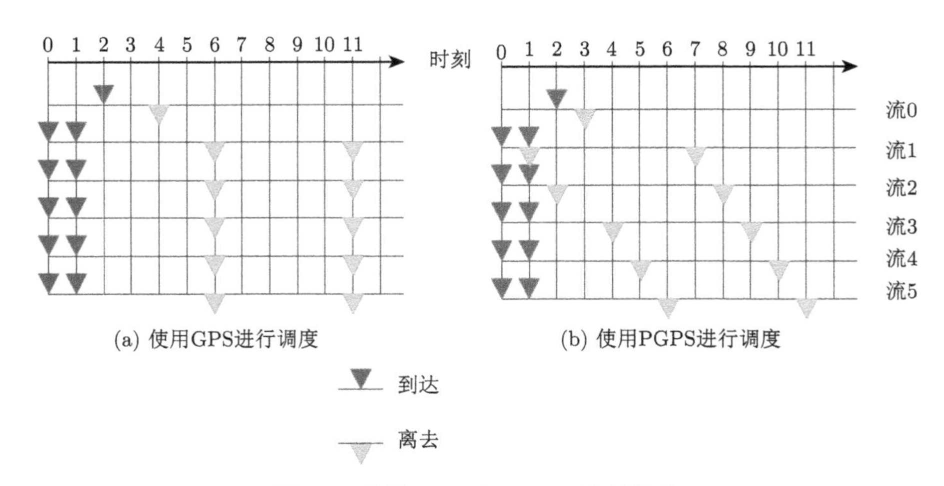

图 2.1 使用 GPS 和 PGPS 进行调度

图 2.1 的说明： 流 0 的权重为 0.5, 流 1 至流 5 的权重为 0.1。所有数据包具有相同的传输时间，等于 1 个时间单位。

证明： 按照数据包的离开顺序，称 $D(n)$ 为 PGPS 下聚合输入流中第 n 个数据包的完成时间，称 $\theta(n)$ 为 GPS 下聚合输入流中第 n 个数据包的完成时间。称 n_0 为开始繁忙时段的数据包编号，数据包 n 在此繁忙时段离开。请注意，PGPS 和 GPS 具有相同的繁忙时段，因为如果仅观察聚合流，则 PGPS 和 GPS 之间没有区别。

在 PGPS 中可能有一些数据包在数据包 n 之前离开，但在 GPS 下仍然有一些数据包的离去时刻迟于数据包 n。如果这种情况发生，令 m_0 为最大数据包编号，且有 $m_0 \geqslant n_0$；否则令 $m_0 = n_0 - 1$。在这个命题中，称 $l(m)$ 为数据包 m 的比特长度。在 PGPS 下，数据包 m_0 在 $D(m_0) - \frac{l(m_0)}{c}$ 时刻开始服务，该服务必须早于数据包 $m(m = m_0 + 1, \cdots, n)$ 的到达时刻。事实上，除非根据 PGPS 的定义，PGPS 调度器将在数据包 m_0 前调度数据包 $m(m = m_0 + 1, \cdots, n)$。现在观察 GPS 系统，根据 m_0 的定义，数据包 $m = m_0 + 1, \cdots, n$ 在不晚于数据包 n 时离开；它们已在 $D\left(m_0\right) - \frac{l\left(m_0\right)}{c}$ 时刻后到达。根据区间 $\left[D\left(m_0\right) - \frac{l\left(m_0\right)}{c}, \theta(n)\right]$ 内的总服务量，发现

$$\sum_{m=m_0+1}^{n} l(m) \leqslant c\left(\theta(n) - D\left(m_0\right) + \frac{l\left(m_0\right)}{c}\right)$$

现在由于数据包 $m_0, \cdots, n$ 处在同一个繁忙时段，因此有

$$D(n) = D\left(m_0\right) + \frac{\sum\limits_{m=m_0+1}^{n} l(m)}{c}$$

通过联立上面的两个表达式，发现 $D(n) \leqslant \theta(n) + \frac{l\left(m_0\right)}{c}$，这表明命题在 $m_0 \geqslant n_0$ 时成立。

如果 $m_0 = n_0 - 1$，则在 GPS 下的所有数据包 $n_0, \cdots, n$ 都在数据包 n 之前离开，并且相同的推理表明

$$\sum_{m=n_0}^{n} l(m) \leqslant c\left(\theta(n) - t_0\right)$$

其中 t_0 是繁忙时段的开始时刻，并且

$$D(n) = t_0 + \frac{\sum\limits_{m=n_0}^{n} l(m)}{c}$$

因此，在这种情况下 $D(n) \leqslant \theta(n)$。 □

2.1.3 GR 节点和最大加代数方法

可以从对偶的角度探讨较早定义的服务曲线概念，该角度包括研究数据包的到达时刻和离开时刻，而不是研究函数 $R(t)$（此函数计算时间 t 内到达的比特数）。研究函数 $R(t)$ 到达时刻和离去时刻的方法会得出最大加代数（与最小加代数具有相同的属性），由于可以处理变长的数据包，最大加代数更适合考查细节，但仅在服务曲线为速率–时延类型的曲线时才有效。当节点不能被假设为逐流 FIFO 时，节点也是有用的，例如 DiffServ（见第 2.4 节）。

GR 模型框架还允许表明很多调度器具有速率–时延服务曲线属性。事实上，参考文献中已经提出了除 PGPS 之外的大量 GPS 的实际运用，本书中提到了虚拟时钟调度 [22]、PGPS[6] 和自计时公平排队 [23,24]。有关 GPS 实际运用的详细讨论，请参见参考文献 [23, 25]。这些实际运用与实现它们的复杂度以及可获得的界限不同。所有这些实际运用都适用于被称为“保证速率”的模型框架 [26]。本文还将分析它与最小加代数的关系。

定义 2.1.1（GR 节点 [26]） 设想一个为流提供服务的节点，数据包按照到达顺序进行编号。令 $a_n \geqslant 0$、$d_n \geqslant 0$ 分别为到达时刻和离去时刻。如果保证 $d_n \leqslant f_n + e$ [f_n 由式 (2.1) 定义]，则该节点是这个流的 GR 节点，其中速率为 r，延迟为 e。

$$\begin{cases} f_0 = 0 \\ f_n = \max\{a_n, f_{n-1}\} + \dfrac{l_n}{r}, \quad 对于所有\ n \geqslant 1 \end{cases} \tag{2.1}$$

变量 f_n（保证速率时钟）可以被解释为从一个 FIFO 恒定速率服务器（速率为 r）中离开的时间。参数 e 表示节点偏离量。但请注意，GR 节点不一定被限定为 FIFO。GR 节点也被称为“速率–时延服务器”。

例：GPS 设想一个理想的 GPS 调度器，该调度器将速率 $R_i = \dfrac{c\phi_i}{\sum\limits_j \phi_i}$ 分

配给流 i。该调度器是流 i 的 GR 节点，速率为 R_i，时延为 0（读者自行证明）。

定义 2.1.2（调度器与 GPS 的单向偏差）　称调度器 S 与 GPS 偏离 e，如果对于所有数据包 n，离去时刻满足

$$d_n \leqslant g_n + e \tag{2.2}$$

其中，g_n 是从假想的 GPS 节点离开的时间，该 GPS 节点向该流分配速率 $r = \frac{c\phi_1}{\sum_j \phi_i}$（假设该流的编号为 1）。

将此定义解释为与假想的 GPS 调度器的比较，该调度器为相同的流提供服务。

定理 2.1.1　如果调度器满足式 (2.2)，则它是速率为 r、时延为 e 的 GR 节点。

证明： $g_n \leqslant f_n$，其余易得。□

例：PGPS　设想一个 PGPS 调度器，为流 i 分配速率 $R_i = \frac{c\phi_i}{\sum_j \phi_i}$。PGPS 调度器是流 i 的 GR 节点，速率为 R_i，时延为 $\frac{L}{c}$，其中，L 是最大数据包长度（在调度器中出现的所有流，来自命题 2.1.1）。

定理 2.1.2（GR 节点的最大加表示）　设想一个系统，其中数据包按到达顺序编号为 $1, 2, \cdots$。称 a_n、d_n 为数据包 n 的到达和离去时刻，l_n 为数据包 n 的长度。按照惯例定义 $d_0 = 0$。系统是一个速率为 r、时延为 e 的 GR 节点，当且仅当对于所有 n 都存在 $k \in \{1, \cdots, n\}$ 时，有

$$d_n \leqslant e + a_k + \frac{l_k + \cdots + l_n}{r} \tag{2.3}$$

证明： 式 (2.1) 可以使用与命题 1.2.4 的证明相同的最大加代数迭代求解。定义

$$A_j^n = a_j + \frac{l_j + \cdots + l_n}{r}, \qquad 1 \leqslant j \leqslant n$$

则得到

$$f_n = \max\left\{A_n^n, A_{n-1}^n, \cdots, A_1^n\right\}$$

其余易得。□

式 (2.3) 是服务曲线定义的对偶 [参见式 (1.9)]，其中 $\beta(t)=r[t-e]^{+}$。现在阐明这种关系。

定理 2.1.3（等效于服务曲线） 设想一个具有“L-打包”输入的节点。

1. 如果该节点保证一条最小服务曲线等于速率–时延函数 $\beta=\beta_{r,v}$。并且如果该节点是 FIFO 节点，则它是速率为 r 和时延为 v 的 GR 节点。

2. 相反，速率为 r 且时延为 e 的 GR 节点是服务曲线元件的级联，服务曲线等于速率–时延函数 $\beta_{r,v}$ 和 L-打包器的级联：如果 GR 节点是 FIFO 的，则服务曲线元件也是如此。

证明很长，将在本节末尾给出。

通过应用定理 1.7.1，可以得到推论 2.1.1。

推论 2.1.1 GR 节点提供最小服务曲线 $\beta_{r,v+\frac{l_{\max}}{r}}$，此服务曲线可用于获得积压界限。

定理 2.1.4（延迟界限） 对于在速率为 r、时延为 e 的（可能是非 FIFO 的）GR 节点中服务的 α-平滑流，任何数据包的延迟都由下式限定

$$\sup_{t>0}\left\{\frac{\alpha(t)}{r}-t\right\}+e \tag{2.4}$$

证明：根据定理 2.1.2，对于任意固定的 n，可以找到 $1\leqslant j\leqslant n$，使得

$$f_n=a_j+\frac{l_j+\cdots+l_n}{r}$$

数据包 n 的延迟为

$$d_n-a_n\leqslant f_n+e-a_n$$

定义 $t=a_n-a_j$。通过假设

$$l_j+\cdots+l_n\leqslant\alpha_r(t)$$

其中 $\alpha_r(t)$ 是在 t 上 α 的右极限。因此

$$d_n-a_n\leqslant -t+\frac{\alpha_r(t)}{r}+e\leqslant\sup_{t\geqslant 0}\left\{\frac{\alpha_r(t)}{r}-t\right\}+e$$

现在则有 $\sup\limits_{t>0}\left\{\frac{\alpha(t)}{r}-t\right\}=\sup\limits_{t\geqslant 0}\left\{\frac{\alpha_r(t)}{r}-t\right\}$。 □

注释：注意式 (2.4) 是到达曲线 α 和速率–时延服务曲线（速率为 r，时延为 e）之间的水平偏差公式。因此，对于 FIFO GR 节点，定理 2.1.4 遵循定理 2.1.2，而对于计算延迟，可以忽略打包器。定理 2.1.4 也适用于非 FIFO 节点。

2.1.4 GR 节点的级联

FIFO 节点　对于逐流 FIFO 的 GR 节点，适用于通过服务曲线方法获得的级联结果。

定理 2.1.5　具体来说，速率为 r_m 和时延为 e_m 的 M 个 GR 节点（逐流 FIFO）的级联是速率为 $r=\min\limits_m\{r_m\}$ 和时延为 $e=\sum\limits_{i=1,\cdots,n} e_i+\sum\limits_{i=1,\cdots,n-1}\dfrac{L_{\max}}{r_i}$ 的 GR 节点，其中 $L_{\max}$ 是该流的最大数据包长度。

如果对于所有 m 有 $r_m=r$，则额外项为 $(M-1)\dfrac{L_{\max}}{r}$；这是由于受到打包器的影响。

证明：根据定理 2.1.3 的第 2 点，可以将系统 i 分解为 S_i、P_i 的级联，其中 S_i 提供服务曲线 β_{r_i,e_i}，P_i 是打包器。

称 S 是如下元件的级联，有

$$S_1,P_1,S_2,P_2,\cdots,S_{n-1},P_{n-1},S_n$$

根据定理 2.1.3 的第 2 点，S 是 FIFO 的，并提供服务曲线 $\beta_{r,e}$。根据定理 2.1.3 的第 1 点，它是速率为 r 和时延为 e 的 GR 节点。现在 P_n 不会影响每个数据包最后 1 bit 的完成时间。 □

注意这里略微有一点变化：定理 2.1.5 的证明表明，在用 $e=\sum\limits_{i=1,\cdots,n} e_i+\sum\limits_{i=2,\cdots,n}\dfrac{L_{\max}}{r_i}$ 代替 $e=\sum\limits_{i=1,\cdots,n} e_i+\sum\limits_{i=1,\cdots,n-1}\dfrac{L_{\max}}{r_i}$ 时，该定理也有效。

端到端延迟界限　因此，通过 GR 节点级联的端到端延迟界限为

$$D=\sum_{m=1}^{M} v_m+l_{\max}\sum_{m=1}^{M-1}\frac{1}{r_m}+\frac{\sigma}{\min\limits_m\{r_m\}} \tag{2.5}$$

这是参考文献 [26] 中的公式，它是式 (1.23) 的泛化。

合成节点（composite node）　我们详细分析一个特定的示例，该示例在实践中通常是在对路由器建模时出现的。设想一个由两个元件组成的合成节点。前者（可变延迟元件）对数据包施加范围为 $[\delta_{\max}-\delta,\delta_{\max}]$ 的延迟。后者是 FIFO 的，并向其输入提供数据包尺度速率保证，其中速率为 r，时延为 e。可以证明，如果已知可变延迟元件是 FIFO 的，那么得到一个简单的结果。首先给出以下引理，该引理本身具有一些意义。

引理 2.1.1（可变延迟 GR 节点） 设想已知保证延迟小于等于 $\delta_{\max}$ 的节点。不限定该节点是否为 FIFO 节点。称 $l_{\min}$ 为最小数据包长度，对于任意 $r>0$，该节点是时延为 $e=\left[\delta_{\max}-\dfrac{l_{\min}}{r}\right]^{+}$ 和速率为 r 的 GR 节点。

证明： 用本节的标准符号表示。该假设意味着对于所有 $n\geqslant 1$，有 $d_n\leqslant a_n+\delta_{\max}$。用式 (2.1) 定义 f_n，则有 $f_n\geqslant a_n+\dfrac{l_n}{r}\geqslant a_n+\dfrac{l_{\min}}{r}$，因此 $d_n-f_n\leqslant \delta_{\max}-\dfrac{l_{\min}}{r}\leqslant\left[\delta_{\max}-\dfrac{l_{\min}}{r}\right]^{+}$。 □

定理 2.1.6（具有 FIFO 可变延迟元件的合成 GR 节点） 设想两个节点的级联。前者对数据包施加的延迟小于等于 $\delta_{\max}$。后者是速率为 r 和时延为 e 的 GR 节点。两个节点都是 FIFO 节点。两个节点以任意顺序的级联都是速率为 r 和时延为 $e''=e+\delta_{\max}$ 的 GR 节点。

证明： 对于任意 $r'>r$，前一个节点是 GR 节点（r'，$e'=\left[\delta_{\max}-\dfrac{l_{\min}}{r}\right]^{+}$）。根据定理 2.1.5（及其后的注释），两个节点的级联是 GR 节点（r，$e+e'+\dfrac{l_{\max}}{r'}$）。令 r' 趋于 $+\infty$ 即证。 □

非逐流 FIFO 的 GR 节点 非逐流 FIFO 的 GR 节点的级联结果不再为真。我们将详细研究这种合成节点。

定理 2.1.7 设想两个节点的级联。第一个节点对数据包施加范围为 $[\delta_{\max}-\delta,\delta_{\max}]$ 的延迟。第二个节点是 FIFO 的，并为其输入提供保证速率时钟服务，该服务的速率为 r，时延为 e。不假定第一个节点为 FIFO 的，因此到达第二个节点的数据包顺序与到达第一个节点的数据包顺序不同。假设新的输入受连续到达曲线 $\alpha(\cdot)$ 的约束。两个节点的级联按此顺序向新的输入提供保证速率时钟服务，该服务的速率为 r，时延为

$$e''=e+\delta_{\max}+\frac{\alpha(\delta)-l_{\min}}{r}$$

证明在第 2.1.5 节给出。

应用： 对于 $\alpha(t)=\rho t+\sigma$，发现

$$e''=e+\delta_{\max}+\frac{\rho\delta+\alpha-l_{\min}}{r}$$

2.1.5　证明

1. 定理 2.1.3 的证明

第 1 部分： 设想服务曲线元件 S。假设为了简化说明，输入和输出函数 R 和 R^* 是右连续的。设想虚拟系统 S^0，它由整形曲线为 λ_r 的逐比特贪婪整形器和随后的恒定逐比特延迟元件组成。逐比特贪婪整形器是恒定比特率服务器，速率为 r。因此数据包 n 的最后 1 bit 恰好在时刻 f_n 离开，由式 (2.1) 定义，则数据包 n 的最后 1 bit 在时刻 $d_n^0 = f_n + e$ 离开 S^0。S^0 的输出函数是 $R^0 = R \otimes \beta_{r,e}$。通过假设 $R^* \geqslant R^0$，并根据 FIFO 假设，表明 S 中的延迟由 S' 中的延迟限定。因此 $d_n \leqslant f_n + e$。

第 2 部分： 设想虚拟系统 S，其输出 $S(t)$ 由下式定义

$$\text{若 } d_{i-1} < t \leqslant d_i$$

则

$$S(t) = \min\left\{R(t), \max\left\{L(i-1), L(i) - r\left(d_i - t\right)\right\}\right\} \tag{2.6}$$

有关说明请参见图 2.2。从而易得 $R'(t) = P^L(S(t))$。

还要考虑虚拟系统 S^0，其输出为

$$S^0(t) = \left(\beta_{r,v} \otimes R\right)(t)$$

S^0 是恒定速率服务器，延迟为 v。现在的目标是证明 $S \geqslant S^0$。

称 d_i^0 为数据包 i 的最后 1 bit 在 S_0 的离去时刻（如图 2.2 所示的 $i=2$ 的例子，虚拟系统输出是 $S(t)$）。令 $u = d_i^0 - d_i$。GR 节点的定义表示 $u \geqslant 0$。现在由于 S_0 是移动的常速率服务器，因此有

$$\text{如果 } d_i^0 - \frac{l_i}{r} < s < d_i^0,\ \text{则 } S^0(s) = L(i) - r\left(d_i^0 - s\right)$$

且 $d_{i-1}^0 \leqslant d_i^0 - \dfrac{l_i}{r}$，因此 $S^0\left(d_i^0 - \dfrac{l_i}{r}\right) = L(i-1)$，并且

$$\text{如果 } S \leqslant d_i^0 - \frac{l_i}{r},\ \text{则 } S^0(s) \leqslant L(i-1)$$

从而易得

$$\text{如果 } d_{i-1}^0 + u < s < d_i^0,\ \text{则 } S^0(s) \leqslant \max\left\{L(i-1), L(i) - r\left(d_i^0 - s\right)\right\} \tag{2.7}$$

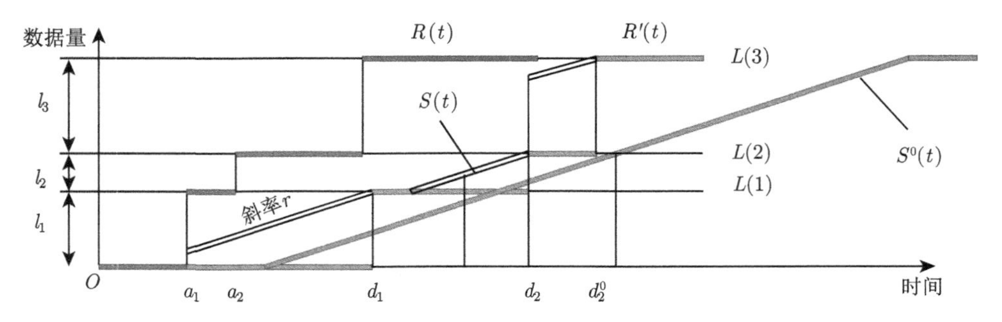

图 2.2　GR 节点的到达函数和离开函数

现在考虑某些 $t \in (d_{i-1}, d_i]$，并令 $s = t + u$。如果 $S(t) = R(t)$，由于 $R \geqslant S^0$，则显然有 $S(t) \geqslant S^0(t)$。否则，由式 (2.1) 得 $S(t) = \max\{L(i-1), L(i) - r(d_i - t)\}$。有 $d_i^0 - s = d_i - t$，因此与式 (2.7) 结合，得出 $S^0(s) \leqslant S(t)$。现在 $s \geqslant t$，从而最终有 $S^0(s) \leqslant S(t)$。也很容易看出如果对于所有 i 有 $d_{i-1} \leqslant d_i$，那么 S 是 FIFO 的。

2. 定理 2.1.7 的证明

定理 2.1.7 的证明使用的符号和约定详见定理 7.5.3 的证明过程。使用相同类型的缩减也能够假设所有数据包的到达时刻是不同的。

令 $n \geqslant 1$；根据定理 2.1.2，可充分地说明存在某些 $k \in \{1, \cdots, n\}$ 使得

$$d_n \leqslant e_2 + a_k + \frac{l_k + \cdots + l_n}{r} \tag{2.8}$$

根据假设，存在某些 j，使得 $b_j \leqslant b_n$ 和

$$d_n \leqslant b_j + e + \frac{B\left[b_j, b_n\right]}{r} \tag{2.9}$$

不能假设 $j \leqslant n$；因此，将 k 定义为在间隔 $[b_j, b_n]$ 中最早到达的数据包，换句话说，$k = \inf\{i \geqslant 1 : b_j \leqslant b_i \leqslant b_n\}$，必然有 $k \leqslant n$。

在 $[b_j, b_n]$ 中到达第 2 个节点的任何数据包必须在数据包 k 之后或与其一起到达节点 1，且必须在 b_n 前到达。因此 $B\left[b_j, b_n\right] \leqslant A\left[a_k, b_n\right]$。现在 $b_n \leqslant a_n + \delta$。因此有（详细过程见定理 7.7.1）

$$\begin{aligned} B\left[b_j, b_n\right] &\leqslant A\left[a_k, a_n\right] + A\left(a_n, b_n\right] \\ &\leqslant A\left[a_k, a_n\right] + \alpha(\delta) - l_{\min} \end{aligned}$$

且 $b_j \leqslant b_k \leqslant a_k + \delta$，并由式 (2.9) 得

$$d_n \leqslant a_k + e + \delta + \alpha(\delta) + A[a_k, a_n] - l_{\min}$$

这也说明了式 (2.8) 是成立的。

2.2　IETF 的综合服务模型

2.2.1　保证服务

互联网支持不同的预留原则，定义了两种服务："保证"服务，以及"受控负载"服务。它们的不同之处在于前者提供了真正的保证，而后者仅提供近似保证。本节将重点介绍它们的区别。在这两种情况下，预留原则基于"准入控制"，其操作如下。

- 为了接收保证服务或受控负载服务（controlled load service），必须首先在配置阶段执行预留流。
- 流必须遵循形式为 $\alpha(t) = \min\{M + \rho t, rt + b\}$ 的到达曲线，称为 T-SPEC（见第 1.2.2 节）。在预留阶段声明 T-SPEC。
- 路径上的所有路由器接受或拒绝预留。对于保证服务，路由器只有在能够提供服务曲线保证和足够缓冲以进行无损运行时才接受预留。服务曲线在预留阶段的表示如下所述：对于受控负载服务，没有严格定义接受预留的含义。最有可能的是，这意味着路由器具有一个估计模块，该模块决定预留是否可以在大概率条件下被接受，并且几乎不会发生丢包；这里没有服务曲线或保证延迟。

本章会重点介绍保证服务。提供受控负载服务依赖于有损模型，这将在第 9 章进行讨论。

2.2.2　互联网路由器的综合服务模型

假设预留阶段所有路由器都可以使用非常简单的模型导出其特征。该模型基于以下观点：综合服务路由器实际实现了 GPS 的近似，例如 PGPS，或 GR 节点。第 2.1.3 节中已经表明，实现保证速率的路由器向流提供的服务曲线是速率–时延函数，速率为 R，时延为 T，满足以下关系

$$T = \frac{C}{R} + D \tag{2.10}$$

C 为流的最大数据包长度。$D = \dfrac{L}{c}$，其中 L 是路由器中所有流的最大数据

包长度，c 是调度器的总速率。这是为互联网节点定义的模型 [8]。

事实 2.2.1 路由器的综合服务模型是提供给流的服务曲线始终是速率–时延函数，其参数之间的关系形式为式 (2.10)。

C 和 D 的值取决于路由器的特定实现，对于 GR 节点的情况请参见推论 2.1.1。注意，路由器不必实现近似于 GPS 的调度方法。实际上，我们在第 2.3 节中讨论了一个调度器系列，它比 GPS 具有更多优势。如果路由器采用的方法与 GPS 有很大不同，则必须找到一条服务曲线，该服务曲线边界低于路由器提供的最好服务曲线保证。在某些情况下，这可能意味着没有充分利用部分有关路由器的重要信息。例如，在综合服务模型中，不可能通过第 2.4.3 节中讨论的广义服务曲线最早截止期限优先（the generalization of the Service Curve Earliest Deadline-first，SCED）之类的系统来实现为流提供固定延迟的网络。

2.2.3 通过 RSVP 进行预留设置

设想由 T-SPEC (M,p,r,b) 定义的流，其经过节点 $1,\cdots,N$。通常，节点 1 和节点 N 是终端系统，而节点 n（$1<n<N$）是路由器。综合服务模型假定流路径上的节点 n 提供了速率–时延服务曲线 β_{R_n,T_n}，并进一步假定 T_n 具有以下形式

$$T_n=\frac{C_n}{R}+D_n$$

其中 C_n 和 D_n 是取决于节点 n 的特性的常数。

预留实际上是通过诸如 RSVP 之类的流建立过程进行的。在过程结束时，路径上的节点 n 已为流分配了值 $R_n\geqslant r$。这等效于分配了服务曲线 β_{R_n,T_n}。由定理 1.4.6 可知，提供给流的端到端服务曲线是速率–时延函数，其中速率 R 和时延 T 由下式给出

$$\begin{cases} R=\min\limits_{n=1,\cdots,N}\{R_n\} \\ T=\sum\limits_{n=1}^{N}\left(\dfrac{C_n}{R_n}+D_n\right) \end{cases}$$

令 $C_{\text{tot}}=\sum\limits_{n=1}^{N}C_n$ 和 $D_{\text{tot}}=\sum\limits_{n=1}^{N}D_n$。可以将后一个等式改写为

$$T=\frac{C_{\text{tot}}}{R}+D_{\text{tot}}-\sum_{n=1}^{N}S_n \tag{2.11}$$

其中

$$S_n = C_n\left(\frac{1}{R} - \frac{1}{R_n}\right) \tag{2.12}$$

项 S_n 在节点 n 处被称为“局部松弛”项。

从命题 1.4.1 可以立即得出以下命题。

命题 2.2.1　如果 $R \geqslant r$，则在上述条件下，端到端延迟界限为

$$\frac{b-M}{R}\left[\frac{p-R}{p-r}\right]^{+} + \frac{M+C_{\mathrm{tot}}}{R} + D_{\mathrm{tot}} - \sum_{n=1}^{N} S_n \tag{2.13}$$

现在可以使用 RSVP 描述预留的建立。使用 RSVP 建立预留的一些细节如图 2.3 所示。该过程涉及建立两个 RSVP 流：广告（advertisement，记为“PATH”）流和预留（reservation，记为“RESV”）流。首先描述点对点的情况。

- PATH 消息由源端 A 发送。该消息包含流的 T-SPEC（源 T-SPEC），在传输过程中未进行修改，消息中的另一个字段是 ADSPEC，该字段沿路径进行累积。在目的端 B，ADSPEC 字段除了其他参数之外，还包含式 (2.13) 中使用的 C_{tot}、D_{tot} 值。PATH 消息不会引起任何预留。
- RESV 消息由目的端 B 发送，并发起实际的预留。该消息遵循由 PATH 消息标记的反向路径。RESV 消息包含值 R'（作为所谓的 R-SPEC 的一部分），该值是发送路径沿途的路由器必须保留的速率参数 R_n 的下限。遵循下面的描述过程，R' 的值由目的端 B 基于端到端延迟目标 d_{obj} 确定。RESV 消息通常不会被中间节点更改。

定义函数 f 为

$$f(R') = \frac{b-M}{R'}\left[\frac{p-R'}{p-r}\right]^{+} + \frac{M+C_{\mathrm{tot}}}{R'} + D_{\mathrm{tot}}$$

换句话说，f 是定义端到端延迟界限的函数，其假设沿路径的所有节点都将预留 $R_n = R'$。目的端 B 计算 R'，R' 的值为满足 $f(R') \leqslant d_{\mathrm{obj}}$ 条件的最小值（且 $R' \geqslant r$）。仅当 $D_{\mathrm{tot}} < d_{\mathrm{obj}}$ 时，R' 的取值存在。

在图 2.3 中，目的端 B 需要满足延迟可变量（delay variation）为 0.6 s 的目标，这就要求速率最小值为 $R' = 622$ kbit/s。R' 的值被发送到 PATH 消息的 R-SPEC 字段中的下一个上游节点。中间节点不知道完整的 C_{tot} 和 D_{tot} 取值，也不知道总的延迟变动目标。考虑所有中间节点都是真正 PGPS 调度器的简单

情况。节点 n 简单地检查它是否能为流保留 $R_n = R'$。这涉及验证预留速率的总和是否小于调度器的总速率，以及是否有足够的缓冲可用。如果是这样，则在所有中间节点都接受预留的情况下，它将 RESV 消息传递到上游，直至目的端。如果预留被拒绝，则节点通常将其丢弃并通知源端 A。在这种简单情况下，所有节点都应将其速率设置为 $R_n = R'$。因此 $R = R'$，式 (2.13) 确保端到端延迟界限被保证。

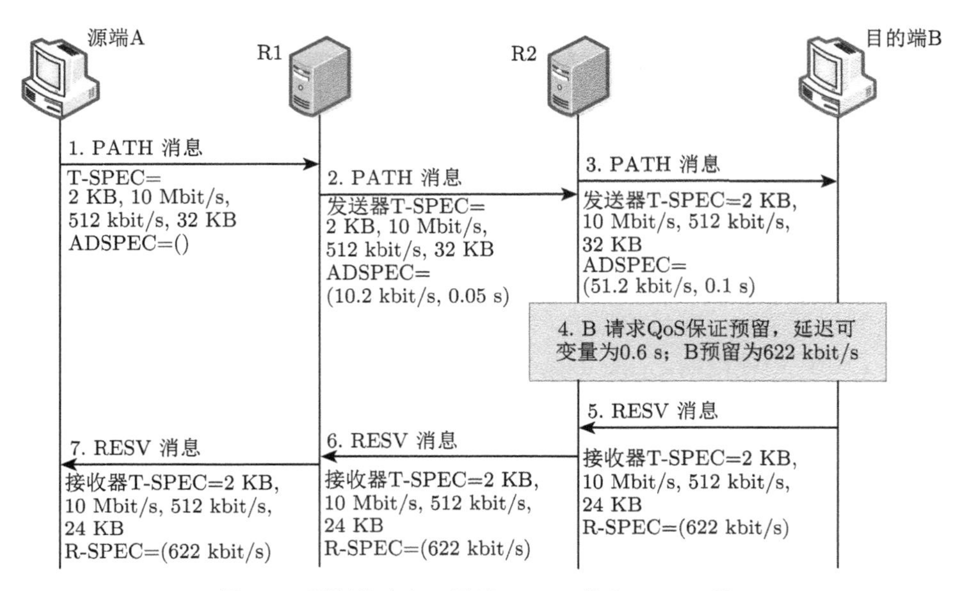

图 2.3　预留的建立，显示 PATH 流和 RESV 流

实际上，由于 RSVP 的设计者还希望 RSVP 支持其他调度器，因此有一个小的附加元素（松弛项）。R-SPEC 中的松弛项的用法如图 2.4 所示，我们看到由目的端 B 设置的端到端延迟可变量要求为 1.0 s。在这种情况下，目的端预留的最小速率为 512 kbit/s。即使这样，延迟可变量目标 D_{obj} 也大于式 (2.13) 给出的界限 $D_{\max}$。差异 $D_{\text{obj}} - D_{\max}$ 用松弛项 S 写入，并传递给 RESV 消息中的上游节点。上游节点无法计算式 (2.13)，因为它没有端到端的参数值。但是，除了广告的内容之外，上游节点还可以使用松弛项来提高其内部延迟的目标。例如，保证速率节点可以增加其 v 值（定理 2.1.2），从而减少执行预留所需的内部资源。由图 2.4 可知，R1 将松弛项减少了 0.1 s，这等同于将 D_{tot} 参数增加

0.1 s，但不修改 D_{tot}。

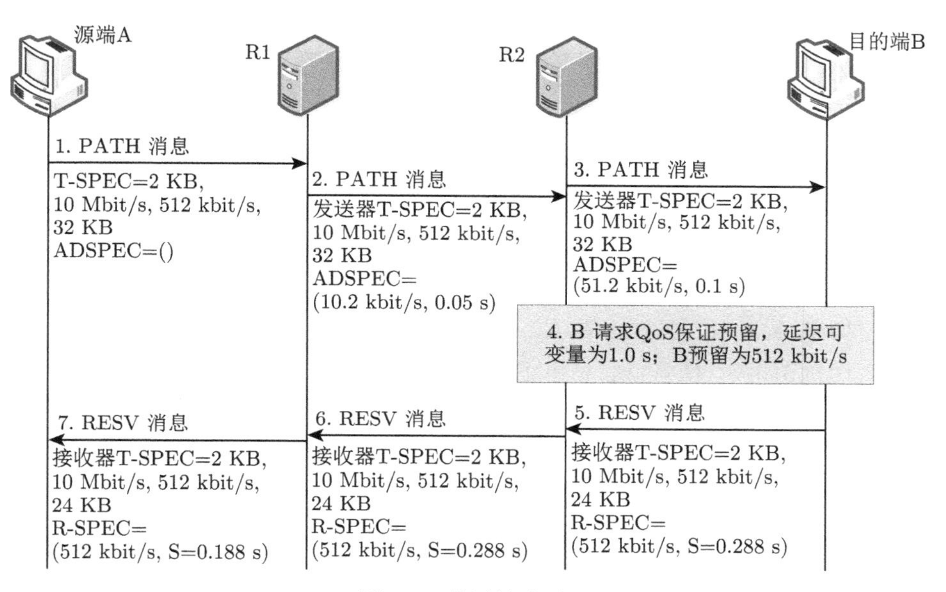

图 2.4 使用松弛项

这里考虑的延迟是总的（固定的加上可变的）延迟。RSVP 还包含一个用于广告固定延迟部分的字段，该字段可用于计算端到端的固定延迟。然后通过减法获得延迟的可变部分（称为延迟抖动）。

2.2.4 流建立算法

节点有许多不同的方法来决定应分配的参数。在这里提出一种可能的算法。如果所有节点都预留持续速率 r，则目的端计算得到最坏情况下的延迟可变量。如果产生的延迟可变量是可接受的，则目的端设置 $R = r$，且中间节点可以利用所得的松弛度，在它们广告的延迟可变量（由参数 C 和 D 定义）的基础上加上本地延迟值。否则，目的端 B 将 R 设置为支持端到端延迟可变量目标的最小值 $R_{\min}$，并将松弛项设置为 0。作为结果，沿路径的所有节点都必须预留 $R_{\min}$。与以前的情况一样，节点可以分配一个速率，该速率大于节点通过上游传递的 R 的值，以减少它们对缓冲的需求。

定义 2.2.1（流建立算法）

- 在目的端系统 I，计算

$$D_{\max} = f_T(r) + \frac{C_{\text{tot}}}{r} + D_{\text{tot}}$$

如果 $D_{\text{obj}} > D_{\max}$，则为流分配速率 $R_I = r$ 和附加的延迟可变量 $d_I \leqslant D_{\text{obj}} - D_{\max}$；设置 $S_I = D_{\text{obj}} - D_{\max} - d_I$，并将预留请求 R_I、S_I 发送到端 $I-1$。否则（如果 $D_{\text{obj}} \leqslant D_{\max}$）找到最小 $R_{\min}$，使得 $f_T(R_{\min}) + \frac{C_{\text{tot}}}{R_{\min}} \leqslant D_{\text{obj}} - D_{\text{tot}}$（如果它存在）。向端 $I-1$ 发送预留请求 $R_I = R_{\min}$ 和 $S_I = 0$。如果 $R_{\min}$ 不存在，则拒绝该预留或增加延迟可变量目标 D_{obj}。

- 在中间系统 i：从系统 $i+1$ 接收预留请求 R_{i+1} 和 S_{i+1}。
- 如果 $S_i = 0$，则对速率 R_{i+1} 进行预留。如果成功预留，则向端 $i-1$ 发送预留请求 $R_i = R_{i+1}$ 和 $S_i = 0$。
- 否则（$S_i > 0$），对速率 R_{i+1} 进行预留，并增加一些额外的延迟可变量 $d_i \leqslant S_{i+1}$。如果成功，则将预留请求 $R_i = R_{i+1}$ 和 $S_i = S_{i+1} - d_i$ 发送到端 $i-1$。

算法确保了预留速率恒定。容易验证端到端延迟可变量是否受 D_{obj} 的限制。

2.2.5 多播流

现在考虑多播情况。源端 S 沿着多播树发送数据流到多个目的端。PATH 消息沿多播树转发，在分支点处进行复制。在同一个分支点，RESV 消息将合并。设想这样一个分支点，将其称为节点 i，并假定它接收到针对相同 T-SPEC 但具有各自参数 R'_{in}、S'_{in}、R''_{in}、S''_{in} 的预留请求。节点使用定义 2.2.1 的语义在内部执行预留。然后节点必须合并发送给节点 $i-1$ 的预留请求。使用以下规则进行合并。

R-SPEC 合并规则　合并预留的 R、S 由下式给出

$$R = \max\{R', R''\}$$
$$S = \min\{S', S''\}$$

现在考虑应用定义 2.2.1 的树。我们想说明对于所有目的端，端到端延迟界限都得到了保证。

使用此算法无法减小从目的端到源端的路径上的速率。因此，沿着树向目的端的最小速率是在目的端设置的速率。

RSVP 的其他一些特征如下。

- 节点中的状态需要刷新；如果未被刷新，则预留被释放（软状态）。

- 路由与流的预留不协调。

到目前为止，仅关注了延迟约束。缓冲需求可以使用命题 1.4.1 中的值来计算。

2.2.6 ATM 流建立

使用 ATM 时，存在以下差异。

- 路径仅在流建立时确定。不同的连接可能会根据它们的需求遵循不同的路由，并且一旦建立连接，连接将始终使用相同的路径。
- 使用标准的 ATM 信令，连接设置在源端启动，并由目的端和所有中间系统确认。

2.3 可调度性

到目前为止，每条流都是被单独考虑的，并假设节点能够提供某种调度或服务曲线保证。在本节中将解决资源分配的总体问题。

当节点执行预留时，有必要检查本地资源是否充足。通常，用于此目的的方法包括将节点分解为构建块网络，例如调度器、整形器和延迟元件。主要考虑两种资源：比特率（称为“带宽”）和缓冲器。主要困难是比特率的分配。根据参考文献[27]，本节将介绍的分配速率等于分配服务曲线。它也等同于可调度性概念。

考虑具有输出速率 C 的 PGPS 调度器的简单情况。如果要为流 i 分配速率 r_i，则对于每个 i，可以将 GPS 权重 $\phi_i = \frac{r_i}{C}$ 分配给流 i。假设

$$\sum_i r_i \leqslant C \tag{2.14}$$

则从命题 2.1.1 和推论 2.1.1 可知，每条流 i 都被保证了速率为 r_i 和时延为 $\frac{L}{C}$ 的速率–时延服务曲线。换句话说，PGPS 的可调度性条件很简单，见式 (2.14)。但是，接下来将看到可调度性条件并不总是那么简单。还请注意，端到端延迟不仅取决于分配给流的服务曲线，还取决于其到达曲线约束。

许多调度器已经被提出，其中一些调度器不适合 GR 框架。在保证服务中最通用的框架是 SCED[27]。本节给出固定长度数据包和时隙理论。变长数据包一般理论的某些方面是已知的 [3]，还有一些理论尚待完成。不失一般性地，假设每个数据包的长度为 1 个数据单元。

2.3.1 EDF 调度器

SCED 是基于 EDF 调度器的概念。EDF 调度器根据某种方法将截止期限 D_i^n 分配给流 i 的第 n 个数据包。假设截止期限在流中是广义递增的。在每个时隙，调度器从存在的所有数据包中选择截止期限最小的数据包。有多种计算截止期限的方法。基于延迟的调度器（Delay Based Scheduler，DBS）[28] 设置 $D_i^n = A^n + d_i$，其中 A^n 是流 i 的第 n 个数据包的到达时刻，并且 d_i 是分配给流 i 的延迟预算。如果 d_i 独立于 i，则 EDF 调度器等同于一个 FIFO 调度器。可以看出上述情况是 SCED 的特殊情况，SCED 将其视为计算截止期限的非常通用的方法。

EDF 调度器是尽力工作的，也就是说，如果系统中至少存在一个数据包，则 EDF 调度器不能处于空闲状态。结果是来自不同流的数据包不一定按照它们的截止期限顺序接受服务。例如，设想基于延迟的 EDF 调度器，并假设流 1 具有较大的延迟预算 d_1，而流 2 具有较小的延迟预算 d_2。即使流 1 的数据包的截止期限 $t_1 + d_1$ 大于流 2 的数据包的截止期限，流 1 的数据包（在时刻 t_1 到达）也可能在流 2 的数据包（在时刻 t_2 到达）之前获得服务。

现在将为 EDF 调度器导出一个通用的可调度性标准。称 $R_i(t), t \in \mathbf{N}$ 为流 i 的到达函数；称 $Z_i(t)$ 为截止期限小于等于 t 的流 i 的数据包数量。例如，对于基于延迟的 EDF 调度器，$Z_i(t) = R_i(t - d_i)$。命题 2.3.1 对参考文献 [3] 的推论进行了改进。

命题 2.3.1 设想一个具有 I 条流和输出速率为 C 的 EDF 调度器。所有数据包在其截止期限内获得服务的必要条件是

$$\text{对于所有 } s \leqslant t, \quad \sum_{i=1}^{I} Z_i(t) - R_i(s) \leqslant C(t-s) \tag{2.15}$$

充分条件是，

$$\text{对于所有 } s \leqslant t, \quad \sum_{i=1}^{I} [Z_i(t) - R_i(s)]^+ \leqslant C(t-s) \tag{2.16}$$

证明：首先证明必要条件。我们称 R_i' 为流 i 的输出。由于 EDF 调度器是尽力工作的，因此有 $\sum\limits_{i=1}^{I} R_i' = \lambda_C \otimes \left(\sum\limits_{i=1}^{I} R_i\right)$。现在通过假设 $R_i' \geqslant Z_i$，从而有

$$\sum_{i=1}^{I} Z_i(t) \leqslant \inf_{s\in[0,t]} \{C(t-s)\} + \sum_{i=1}^{I} R_i(s)$$

这等价于式 (2.15)。

现在通过反证法证明充分条件。假设在某些时刻 t，截止期限为 t 的数据包尚未被服务。在时隙 t 中，被服务的数据包的截止期限小于等于 t，否则我们的数据包将被选择。定义 s_0，以使时间间隔 $[s_0+1,t]$ 是在繁忙时段内以 t 结尾的最大时间间隔，并且所服务的所有数据包的截止期限均小于等于 t。

现在称 S 为流集合，S 在系统中 $[s_0+1,t]$ 的某个时间点具有截止期限小于等于 t 的数据包。可以证明

$$\text{如果 } i \in S,\ \text{则 } R_i'(s_0) = R_i(s_0) \tag{2.17}$$

也就是说，在时隙 s_0 的末端，流 i 不被积压。事实上，如果 s_0+1 是繁忙时段的开始，则该属性对于任何流都为真；否则就存在矛盾。假设 $i \in S$ 并且在时隙 s_0 的末端流 i 会有一些积压。在时隙 s_0，截止期限大于 t 的数据包被服务。因此，在时隙 s_0 末端，队列中剩余的所有数据包的截止期限必须大于 t。由于假定截止期限在流中是广义递增的，因此在时隙 s_0 或之后到达的队列中，所有流 i 的数据包的截止期限均大于 t，这与 $i \in S$ 相矛盾。此外，从最后一个论点可以得出，如果 $i \in S$，则在 t 之前或 t 处服务的所有数据包的截止期限必须小于等于 t。从而

$$\text{如果 } i \in S,\quad \text{则 } R_i'(t) \leqslant Z_i(t)$$

至此，由于至少有一个截止期限小于等于 t 的数据包没有在 t 处获得服务，因此先前的不等式对 S 中至少一个 i 是严格的。因此

$$\sum_{i \in S} R_i'(t) < \sum_{i \in S} Z_i(t) \tag{2.18}$$

可以观察到在 $[s_0+1,t]$ 中接受服务的所有数据包必须是来自 S 中的流。因此

$$\sum_{i=1}^{I} \left(R_i'(t) - R_i'(s_0)\right) = \sum_{i \in S} \left(R_i'(t) - R_i'(s_0)\right)$$

联立式 (2.17) 与式 (2.18)，可得

$$\sum_{i=1}^{I} \left(R_i'(t) - R_i'(s_0)\right) < \sum_{i \in S} \left(Z_i(t) - R_i(s_0)\right)$$

现在，$[s_0+1,t]$ 的时间间隔完全处于繁忙时段，因此 $\sum_{i=1}^{I}(R_i'(t)-R_i'(s_0)) = C(t-s_0)$。从而

$$
\begin{aligned}
C(t-s_0) &< \sum_{i\in S}(Z_i(t)-R_i(s_0)) = \sum_{i\in S}[Z_i(t)-R_i(s_0)]^+ \\
&\leqslant \sum_{i=1}^{I}[Z_i(t)-R_i(s_0)]^+
\end{aligned}
$$

这与式 (2.16) 相矛盾。 □

说明：命题 2.3.1 的结论是，如果对于某些截止期限分配算法，一组流可以被调度，那么这组流对用于产生相同或更晚的截止期限的任何其他截止期限分配算法也是可调度的。第 2.3.2 节中将得出具有实际意义的其他结果。

2.3.2 SCED 调度器

对于所有 i，给定函数 β_i，SCED 定义了截止期限分配算法，该算法在某些条件下保证流 i 具有 β_i 作为最小服务曲线①。粗略地说，SCED 将截止期限为 t 的数据包的数量 $Z_i(t)$ 设置为 $(R_i\otimes\beta_i)(t)$。

定义 2.3.1（SCED） 称 A_i^n 为流 i 的数据包 n 的到达时刻。通过下式定义函数 R_i^n

$$
R_i^n(t) = \inf_{s\in[0,A_i^n]}\{R_i(s)+\beta_i(t-s)\}
$$

对于 SCED，流 i 的数据包 n 的截止期限被定义为

$$
D_i^n = (R_i^n)^{-1}(n) = \min\{t\in\mathbf{N} : R_i^n(t)\geqslant n\}
$$

函数 β_i 被称为流 i 的“目标服务曲线”。

函数 R_i^n 类似于最小加卷积 $R_i\otimes\beta_i$，但是其最小值一直计算到 A_i^n。这样可以在数据包到达时立即计算该数据包的截止期限。因此，SCED 可被实时运用。截止期限通过应用 R_i^n 的伪逆（pseudo-inverse）来获得，SCED 的定义如图 2.5 所示，图中流 i 的数据包 n 在时间 A_i^n 到达，截止期限为 D_i^n。如果 $\beta_i=\delta_{d_i}$，那么很容易看出 $D_i^n=A_i^n+d_i$，即 SCED 调度器在这种情况下是基于延迟的调度器。命题 2.3.2 是 SCED 调度器的主要属性。结果表明，SCED 实现了基于服务曲线的截止期限分配算法。

① 引用参考文献 [29]，该算法原来被称为“SCED-B”。这里为了简化，将其称为 SCED。

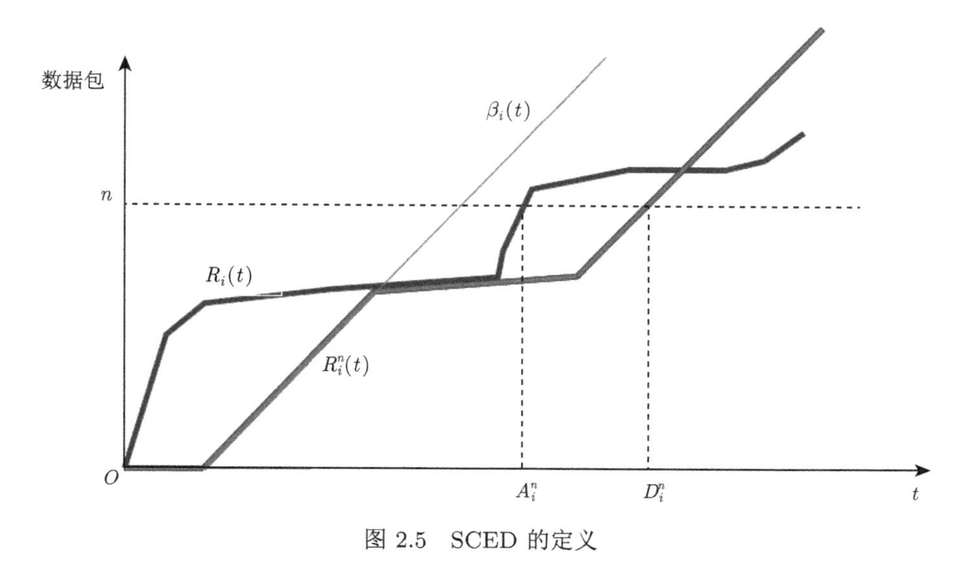

图 2.5　SCED 的定义

命题 2.3.2　对于 SCED 调度器，截止期限小于等于 t 的数据包的数量由 $Z_i(t)=\lfloor(R_i\otimes\beta_i)(t)\rfloor$ 给出。

证明：在演示中删除下角标 i。首先，证明 $Z(t)\geqslant\lfloor(R\otimes\beta)(t)\rfloor$。令 $n=\lfloor(R\otimes\beta)(t)\rfloor$，由于 $R\otimes\beta\leqslant R$ 并且 R 取整数值，必须使 $R(t)\geqslant n$，因此 $A^n\leqslant t$。现在 $R^n(t)\geqslant(R\otimes\beta)(t)$，从而

$$R^n(t)\geqslant(R\otimes\beta)(t)\geqslant n$$

根据 SCED 的定义，D^n 表示 $D^n\leqslant t$，这等于 $Z(t)\geqslant n$。

相反，对于某个固定但任意的 t，让 $n=Z(t)$。数据包 n 的截止期限小于等于 t，这意味着 $A^n\geqslant t$，且对于所有 $s\in[0,A^n]$，有

$$R(s)+\beta(t-s)\geqslant n \tag{2.19}$$

现在对于 $s\in[A^n,t]$，有 $R(s)\geqslant n$，因此 $R(s)+\beta(t-s)\geqslant n$，从而对于所有 $s\in[0,t]$，式 (2.19) 为真，这意味着 $(R\otimes\beta)(t)\geqslant n$。□

定理 2.3.1（SCED、ATM 的可调度性）　设想一个具有 I 条流，总输出速率为 C，流 i 的目标服务曲线为 β_i 的 SCED 调度器。

1. 如果

$$\sum_{i=1}^{I}\beta_i(t)\leqslant Ct,\qquad 对于所有\ t\geqslant 0 \tag{2.20}$$

则每个数据包将在其截止期限或之前被服务并且每条流 i 接收 $\lfloor \beta_i \rfloor$ 作为服务曲线。

2. 假设还知道每条流 i 都受到达曲线 α_i 的约束。如果

$$\sum_{i=1}^{I} (\alpha_i \otimes \beta_i)(t) \leqslant Ct, \qquad \text{对于所有 } t \geqslant 0 \tag{2.21}$$

则同样的结论成立。

证明：

1. 命题 2.3.2 意味着对于 $0 \leqslant s \leqslant t$，有 $Z_i(t) \leqslant R_i(s) + \beta_i(t-s)$，因此，$Z_i(t) - R_i(s) \leqslant \beta_i(t-s)$。由于 $0 \leqslant \beta_i(t-s)$，因此

$$[Z_i(t) - R_i(s)]^+ = \max\{Z_i(t) - R_i(s), 0\} \leqslant \beta_i(t-s)$$

假设 $\sum_{i=1}^{I} \beta_i(t-s) \leqslant C(t-s)$，通过使用命题 2.3.1，我们知道每个数据包都在其截止期限或之前被服务。因此，$R'_i \geqslant Z_i$ 并根据命题 2.3.2 有

$$R'_i \geqslant Z_i = \lfloor \beta_i \otimes R_i \rfloor$$

由于 R_i 仅取整数，因此 $\lfloor \beta_i \otimes R_i \rfloor = \lfloor \beta_i \rfloor \otimes R_i$。

2. 通过假设 $R_i = \alpha_i \otimes R_i$，有 $Z_i = \lfloor \alpha_i \otimes \beta_i \otimes R_i \rfloor$ 并且可以应用相同的参数，用 $\alpha_i \otimes R_i$ 替代 β_i。 □

基于延迟的调度器的可调度性 基于延迟的调度器将延迟目标 d_i 分配给流 i 的所有数据包。定理 2.3.1 的直接应用给出了以下可调度性条件。

定理 2.3.2（参考文献 [28]） 设想一个为 I 条流提供服务的基于延迟的调度器，其中延迟 d_i 被分配给流 i。所有数据包都具有相同的长度，且时间具有时隙化。假设流 i 是 α_i-平滑的，其中 α_i 是次可加的，称 C 为总输出比特率。满足这些假设的任何流的混合都是可调度的，如果有

$$\sum_i \alpha_i(t-d_i) \leqslant Ct$$

如果 $\alpha_i(t) \in \mathbf{N}$，则可调度性条件是必要的。

证明： 基于延迟的调度器是 SCED 的一种特殊情况，其具有目标服务曲线 $\beta_i = \delta_{d_i}$。这表明定理中的条件是充分的。另外，考虑由 $R_i(t) = \alpha_i(t)$ 给出的

贪婪流。输入流累积量 $R_i(t)$ 是可能等于 $\alpha_i(t)$ 的，由于定理中设定 α_i 是次可加的，流 R_i 必须是可调度的，因此输出 R_i' 满足 $R_i'(t) \geqslant \alpha_i(i-d_i)$。现在 $\sum_i R_i'(t) \leqslant Ct$，这证明该条件一定成立。 □

从参考文献 [28] 中可以看出，给定每条流的到达曲线和延迟预算，基于延迟的调度器在所有调度器中具有最大的可调度性范围。然而请注意，在网络设置中，我们感兴趣的是端到端延迟界限，并且已知它通常小于各跳延迟界限之和（见第 1.4.3 节）。

基于延迟的调度器的可调度性要求网络中的每个节点的到达曲线是已知且强制的。出于可在网络节点上对到达曲线进行调整的目的，我们引入了速率控制服务规则（Rate Controlled Service Disciplines，RCSD）[23,30,31]，即在每个节点中实现一个数据包整形器，随后是一个基于延迟的调度器。数据包整形器可确保每条流的到达曲线是已知的。请注意，这种组合不是尽力工作的。

由于出现“突发一次性准则”现象，因此 RCSD 可能会提供比保证速率节点差的端到端延迟界限。但是，可以通过在每个节点上对流进行聚合重整形，以避免这种情况。定理 2.3.2 允许设置更小的截止期限。参考文献 [32, 33] 中表明，如果所有流的到达曲线约束都是由一个漏桶定义的，则应该在每个节点上将流重整形为其持续速率以实现与 GR 节点相同的端到端延迟界限。

GR 节点的可调度性　考虑应用于 ATM 情况的 GR 节点系列。我们无法给出一般的可调度性条件，因为调度器的类型为 GR 类型，它并不能确切地告诉我们其自身是如何运行的。但是，对于任何速率 r 和延迟 v，都可以存在具有 SCED 的 GR 节点。

定理 2.3.3（在 ATM 应用情况下 GR 节点作为 SCED 调度器）　考虑具有 I 条流和输出速率为 C 的 SCED 调度器。让流 i 的目标服务曲线等于速率为 r_i 和延迟为 v_i 的速率–时延服务曲线。如果

$$\sum_{i=1}^{I} r_i \leqslant C$$

则调度器是每条流 i 的 GR 节点，速率为 r_i，延迟为 v_i。

证明：根据命题 2.3.2，

$$Z_i(t) = \lfloor (R_i \otimes \lambda_{r_i})(t - v_i) \rfloor$$

因此 Z_i 是恒定速率服务器的输出，速率为 r_i，延迟为 v_i。现在从定理 2.3.1 中得知，定理中的条件保证 $R_i' \geqslant Z_i$。因此，任何流 i 的数据包延迟都由恒定速率服务器的延迟来限制，其速率为 r_i，加上延迟 v_i。 □

请注意基于速率的调度器和基于延迟的调度器之间的根本区别。对于前者，可调度性以速率之和的条件，独立于输入流量的具体特征。后者与之相反，可调度性对到达曲线设置了条件。但请注意，为了获得延迟界限，即使使用基于延迟的调度器，也需要到达曲线。

比基于延迟的调度器更好的调度器 调度器不必基于速率或基于延迟。基于速率的调度器遭遇延迟目标和速率分配之间的耦合：如果想要一个低延迟，可能会被迫分配一个大的速率；由定理 2.3.3 知，分配大的速率将减少流的数量，使之少于能够被调度的数量。基于延迟的调度器可避免此缺点，但要求在每一跳处都对流进行重整形。现在通过巧妙地使用 SCED，有可能在不需要付出设置整形器的代价的前提下，获得基于延迟的调度器的优点。

假设对于每条流 i 都已知到达曲线 α_i，并且希望获得端到端延迟界限 d_i。则应分配给该流的最小网络服务曲线为 $\alpha_i \otimes \delta_{d_i}$（证明较容易，留给读者自行证明）。因此，希望通过向流 i 分配目标最小网络服务曲线 $\alpha_i \otimes \delta_{d_i}$ 来构建调度器。可调度性条件与基于延迟的调度器相同，但是存在着显著的差异：即使一些流不符合它们各自的到达曲线，服务曲线也可以被保证。更精确地说，如果某些流不符合到达曲线约束，仍然可以保证服务曲线，但不能保证延迟界限。

与第 2.2 节的推论 [34] 相比，这种发现可以被利用，以便于用更灵活的方式分配服务曲线。假设流 i 使用节点 $m(m=1,\cdots,M)$ 的序列。每个节点接收延迟预算 d_i 的一部分 d_i^m，其中 $\sum\limits_{m=1}^{M} d_i^m \leqslant d_i$。那么对于流 i，每个节点都可以实现具有目标服务曲线 $\beta_i^m = \delta_{d_i^m} \otimes \alpha_i$ 的 SCED。节点 m 的可调度性条件为

$$\sum_{j \in E_m} \alpha_j\left(t - d_j^m\right) \leqslant C_m t$$

其中，E_m 是在节点 m 调度流的集合，C_m 是节点 m 的输出速率。如果满足可调度性条件，则流 i 接收 $\alpha_i \otimes \delta_{d_i}$ 作为端到端服务曲线，因此流 i 具有以 d_i 为界限的延迟。可调度性条件与在节点 m 处设置具有延迟预算 d_i^m 的基于延迟的调度器与具有整形曲线 α_i 的重整形器的组合的情况相同；但不需要通过一个重整形器来实现。特别地，流 i 在节点 m 处的延迟界限大于 d_i^m。因此，可以再次发现，端到端延迟界限小于各界限之和。

参考文献 [29] 解释了如何为流路径上每个网络元件 m 分配服务曲线 β_i^m，使得 $\beta_i^1 \otimes \beta_i^2 \otimes \cdots = \alpha_i \otimes \delta_i$，以获得较大的可调度集。这推广并改善了 RCSD 的可调度性范围。

扩展到变长数据包　可以按照参考文献 [3] 中的思路将先前的结果扩展到变长数据包。第一步是设想一个虚拟的可抢占式 EDF 调度器（系统 I），该调度器将截止期限分配给每个比特。像前文一样，定义 $Z_i^{\mathrm{I}}(t)$ 为截止期限小于等于 t 的比特数。可抢占式 EDF 调度器按其截止期限顺序为系统中存在的比特提供服务。这种调度器是抢占式的（而且是虚构出来的），因此，数据包未完全传送；但是也很可能相互交织。前文中的结果适用于此系统，没有任何更改。

第二步是通过分配每个比特与数据包中最后 1 bit 相同的截止期限来修改系统 I。得到的新系统称为系统 Ⅱ。令 $Z_i^{\mathrm{II}}(t) = P^{L_i}\left(Z_i^{\mathrm{I}}(t)\right)$，其中 P^{L_i} 是流 i 的累积数据包长度（见第 1.7 节）。由命题 2.3.1 的说明可知，如果系统 I 是可调度的，那么系统 Ⅱ 也是可调度的。系统 Ⅱ 由抢占式 EDF 调度器和一个打包器组成。

第三步是定义“数据包-EDF”调度器（系统 Ⅲ）；这是从系统 Ⅱ 中导出的，与 PGPS 来自 GPS 的原理相同。更准确地说，数据包-EDF 调度器选择下一个数据包进行服务，此数据包为以最小截止期限在系统中存在的数据包。在服务数据包时，它不会被中断。系统 Ⅲ 被称为非抢占式 EDF 调度器。然后，系统 Ⅲ 中任何数据包的离去时刻都由系统 Ⅱ 中数据包的离去时刻加上 $\frac{l_{\max}}{C}$ 来限定，其中 $l_{\max}$ 是所有流中的最大数据包长度，C 是总输出速率。该证明类似于命题 2.1.1，留给读者证明（也可以在参考文献 [3] 中找到解答）。

可以将上述 3 个步骤应用于具有变长数据包的 SCED 调度器，称为“数据包-SCED”（PSCED）。

定义 2.3.2（PSCED）　PSCED 调度器是一种非抢占式的 EDF 调度器，其中，截止期限分配如下。称 A_i^n 为流 i 中数据包 n 的到达时刻，通过下式定义函数 R_i^n

$$R_i^n(t) = \inf_{s \in \left[0, A_i^n\right]} \left\{R_i(s) + \beta_i(t-s)\right\}$$

对于 PSCED，流 i 中数据包 n 的截止期限被定义为

$$D_i^n(t) = \left(R_i^n\right)^{-1}\left(L_i(n)\right) = \min\left\{t \in \mathbf{N} : R_i^n(t) \geqslant \left(L_i(n)\right)\right\}$$

其中 L_i 是流 i 的累积数据包长度。函数 β_i 称为流 i 的“目标服务曲线”。

从上述讨论中可以得出以下命题。

命题 2.3.3 参考文献 [3] 设想一个具有 I 条流的 PSCED 调度器，总输出速率为 C，流 i 的目标服务曲线为 β_i。称 $l_{\max}^i$ 为流 i 的最大数据包长度，并令 $l_{\max} = \max\limits_i\{l_{\max}^i\}$。

1. 如果

$$\sum_{i=1}^{I} \beta_i(t) \leqslant Ct, \quad \text{对于所有 } t \geqslant 0 \tag{2.22}$$

则每个数据包在它的截止期限加上 $\dfrac{l_{\max}}{C}$ 的时刻或在此之前被服务。数据包延迟界限为 $h(\alpha_i, \beta_i) + \dfrac{l_{\max}}{C}$。此外，每条流 i 接收 $\left[\beta\left(t - l_{\max}^i\right) - \dfrac{l_{\max}}{C}\right]^+$ 作为服务曲线。

2. 另外，假设知道每条流受到达曲线 α_i 约束。如果

$$\sum_{i=1}^{I} (\alpha_i \otimes \beta_i)(t) \leqslant Ct, \qquad \text{对于所有 } t \geqslant 0 \tag{2.23}$$

则同样的结论成立。

请注意，命题的第一部分意味着最大数据包延迟可以通过假设流 i 接收 β_i [不是 $\beta_i\left(t - l_{\max}^i\right)$] 作为服务曲线来计算，并加上 $\dfrac{l_{\max}}{C}$。

证明：根据上述 3 个步骤，可以将 PSCED 调度器分解为一个抢占式 EDF 调度器、一个打包器和一个延迟元件。其余部分则遵循打包器的属性和定理 2.3.1。

□

2.3.3 缓冲需求

正如在本节开始所提到的，为了接受预留必须计算缓冲需求。条件就是 $\sum\limits_i X_i \leqslant X$，其中 X_i 是该网络元件上流 i 所需的缓冲，X 是分配给服务类型的总缓冲。X_i 的计算基于定理 1.4.1，需要计算每条流到达节点时的到达曲线。这是使用定理 1.4.2 和流建立算法（如定义 2.2.1）完成的。

对每个节点上的流进行重整形通常是有利的。实际上，在没有重整形的情况下，突发随跳数线性增加。但是已知对于初始约束的重整形不会改变端到端延

迟界限，也不会增加实现它的节点上的缓冲需求。如果对每条流都实施重整形，则每个节点的突发都相同。

2.4　应用于区分服务

2.4.1　区分服务

除了在第 2.2 节研究的基于预留的服务外，本书还提出互联网的区分服务[7]。区分服务的主要目标是提供某种更好的服务形式，同时不会像综合服务那样需要知道每条流的状态信息，例如加速转发（Expedited Forwarding，EF）[35,36]，EF 的网络模型如图 2.6 所示。实现此目的的思想基于以下原则。

- 流的类型被定义。在网络内部，属于同一类型的所有流都被视为一个聚合流。
- 在网络边缘，区分服务与综合服务一样，假定各条流（称为“微流”，micro-flow）符合某种到达曲线。

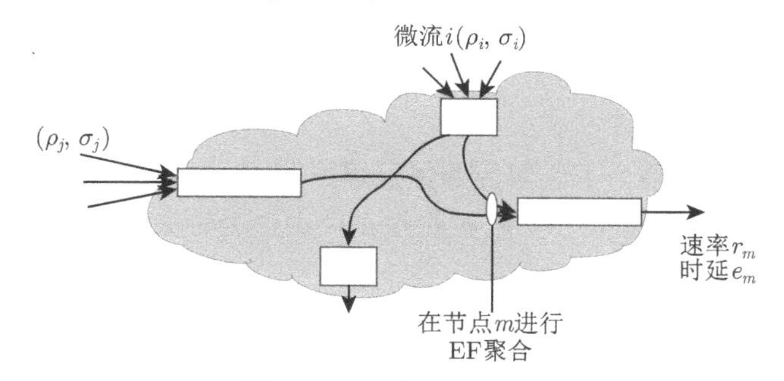

图 2.6　EF 的网络模型

图 2.6 的说明：微流是被单独整形的，并且每条微流都符合某些到达曲线。在所有节点上，将多条微流作为一条聚合流，并由 GR 节点保证。离开节点后，不同的微流采用不同的路径，并成为其他节点上聚合流的一部分。

如果聚合流在网络中接收到适当的服务曲线，并且每条聚合流的总流量并不是很大，那么应该期望在延迟和丢包方面有一定的界限。接受微流的关键条件是必须保持某些到达曲线对于总聚合流的约束。但是，正如我们将要看到的，一个主要的困难是从聚合的特征中得出单条流的性能界限。

区分服务是一个包含许多不同服务的框架。当今定义的两种主要服务是 EF 和保证转发（Assured Forwarding，AF）[37]。EF 的目标是为总体提供一些硬延迟保证，并且无丢包。AF 的目标是用很少的几种类型（4 种）对流进行隔离；在每种类型中定义了 3 个级别的丢弃优先级。类似于 EF，其中一种 AF 类型被用于提供无丢包的低延迟服务。

本章重点关注聚合调度如何影响延迟和保证吞吐量的基本问题。在本节的其余部分，将使用图 2.6 所示的网络模型。问题是，根据上述假设，一方面要找到端到端延迟抖动界限，另一方面要找到所有节点的积压界限。延迟抖动是最大延迟与最小延迟之差，延迟抖动的值决定了播放缓冲区的大小（第 1.1.3 节对此进行了介绍）。

2.4.2 显式的 EF 延迟界限

本节考虑第 2.4.1 节中提到的 EF（低延迟流量类型），并找到一种无丢包网络的最坏情况下的延迟（即延迟界限）的闭式表达式，该表达式适用于任何拓扑。此界限基于将在第 6 章中详细介绍的通用时间停止（general time stopping）方法。这种方法可以由参考文献 [38] 和参考文献 [39] 得到。

假设和符号（见图 2.6）

- 在网络接入点，微流 i 受到达曲线 $\rho_i t+\sigma_i$ 约束。在网络内部，不对 EF 微流进行整形。
- 节点 m 充当整个 EF 聚合的保证速率节点，速率为 r_m，时延为 e_m。尤其是如果聚合在 FIFO 服务曲线元件中作为一条流获得服务，且服务曲线是速率–时延服务曲线时，这种假设成立。但即使节点是非 FIFO 的，也同样适用（见第 2.1.3 节）。第 6 章解释了在 EF 环境中使用的通用节点模型是数据包尺度速率保证，它满足这种假设。
- 令 e 为所有 m 在 e_m 中的上限。
- h 是任意一条流所经过的跳数的上界。h 通常为 10 或更小，并且比网络中的节点总数小得多。
- 利用率因子：定义 $v_m=\dfrac{1}{r_m}\sum\limits_{i\ni m}\rho_i$，$i\ni m$ 表示节点 m 在微流 i 的路径上。令 v 为所有 v_m 的上限。
- 归一化突发度因子：定义为 $\tau_m=\dfrac{1}{r_m}\sum\limits_{i\Rightarrow m}\sigma_i$。令 τ 为所有 τ_m 的上界。
- $L_{\max}$ 为任意 EF 数据包长度（以 bit 为单位）的最大值。

定理 2.4.1（延迟和积压的闭式界限 [38]**）** 如果 $v<\dfrac{1}{h-1}$，则 EF 的端到

端延迟可变量界限为 hD_1，其中

$$D_1 = \frac{e+\tau}{1-(h-1)v}$$

在节点 m，服务无丢包低延迟流所需的缓冲受 $B_{\mathrm{req}} = r_m D_1 + L_{\max}$ 限制。

证明：（第 1 部分） 假设存在一个有限界限，并将 D 称为最小上限。馈入节点 m 的数据在 $[0,(h-1)D]$ 范围内经历了可变延迟，因此在节点 m 处 EF 聚合的到达曲线为 $vr_m(t+(h-1)D)+r_m\tau$。应用式 (2.4)，任何数据包所见的延迟都由 $e+\tau+(h-1)Dv$ 限制，因此 $D \leqslant e+\tau+(h-1)Dv$。如果利用率因子 $v < \dfrac{1}{h-1}$，则遵循 $D \leqslant D_1$。

（第 2 部分） 使用时间停止方法证明存在有限的界限。对于任何时刻 $t>0$，考虑由原有网络组成的虚拟系统，其中所有的源均在时刻 t 停止。该网络满足第 1 部分的假设，因为在整个网络生命周期中只有有限的比特数。对于以 t 为标号的虚拟网络，称 $D'(t)$ 为所有节点上的最坏情况下的延迟。从以上推导中可以看出，对于所有 t，有 $D'(t) \leqslant D_1$。让 t 趋于 $+\infty$ 表示在任何节点的最坏情况下的延迟仍然由 D_1 限制。

（第 3 部分） 根据推论 2.1.1，积压由到达曲线 $vr_m(t+(h-1)D)+r_m\tau$ 和服务曲线 $r_m(t-e_m)-L_{\max}$ 之间的垂直偏差限制，积压经过代数运算得到 B_{req}。

□

通过避免选取最大值 v_m 可以稍微完善该定理。这给出了以下推论（留给读者自行证明）。

推论 2.4.1　如果 $v < \dfrac{1}{h-1}$，则 EF 的端到端延迟的可变量界限为 hD_1'，其中

$$D_1' = \min_m \left\{ \frac{e_m+\tau_m}{1-(h-1)v_m} \right\}$$

在峰值速率已知情况下的改进界限　此外，如果还有关于每个节点的总输入比特率信息，则可以获得稍改进的界限。将以下假设添加到上面提到的与图 2.6 相对应的“假设和符号”的项目中。

- 令 C_m 表示节点 m 所有输入低延迟流峰值速率的界限。如果没有关于此峰值速率的信息，则 $C_m = +\infty$。对于内部速率较大且仅在输出端缓冲的路由器，C_m 是所有输入链路的比特率之和（延迟界限对于较小的 C_m 更好）。

- 扇入：令 I_m 为节点 m 的注入链路数。令 F 为 $\frac{I_m L_{\max}}{r_m}$ 的上限。F 是传输时出现在多个输入的 EF 数据包的最长时间。
- 重定义 $\tau_m = \max\left\{\frac{I_m L_{\max}}{r_m}, \frac{1}{r_m}\sum_{i \ni m}\sigma_i\right\}$。令 τ 为所有 τ_m 的上限。
- 令 $u_m = \frac{[C_m - r_m]^+}{C_m - v_m r_m}$。注意 $0 \leqslant u_m \leqslant 1$，$u_m$ 随 C_m 的增加而增加。如果 $C_m = +\infty$，则 $u_m = 1$。

称 $u = \max\limits_m\{u_m\}$。知道最大输入速率 C_m（当 C_m 的取值小，u 也很小）后，参数 $u \in [0,1]$ 封装了所获得的收益。

定理 2.4.2（在峰值速率已知的情况下的改进界限 [38,39]） 令

$$v^* = \min_m\left\{\frac{C_m}{(h-1)[C_m - r_m]^+ + r_m}\right\}$$

如果 $v < v^*$，则 EF 端到端延迟可变量的界限为 hD_2，其中

$$D_2 = \frac{e + u\tau + (1-u)F}{1-(h-1)uv}$$

证明：该证明类似于定理 2.4.1 的证明。称 D 为最小界限，假设它存在。EF 数据包的流在某些注入链路 l 上到达节点 m 的到达曲线为 $C_m^l t + L_{\max}$，其中 C_m^l 是链路的峰值速率（根据定理 1.7.1 的第 4 项）。因此，EF 数据包在节点 m 的输入流的到达曲线为 $C_m t + I_m L_{\max}$。输入流因此受到 T-SPEC (M,p,r,b) 的约束 [见式 (1.6)]，其中 $M = I_m L_{\max}$，$p = C_m$，$r = r_m v_m$，$b = r_m\tau_m + (h-1)Dr_m v_m$。根据命题 1.4.1，遵循

$$D \leqslant \frac{I_m L_{\max}(1-u_m)}{r_m} + [\tau_m + (h-1)Dv_m]\,u_m$$

条件 $v < v^*$ 意味着 $1-(h-1)v_m u_m > 0$，因此

$$D \leqslant \frac{e_m + \tau_m u_m + \frac{I_m L_{\max}(1-u_m)}{r_m}}{1-(h-1)v_m u_m}$$

由于 $\tau_m \geqslant \frac{I_m L_{\max}}{r_m}$，上式右侧是 u_m 的递增函数，因此用 u 代替 u_m 可以得到

一个界限

$$D \leqslant \frac{e_m + \tau_m u_m + \dfrac{I_m L_{\max}(1-u)}{r_m}}{1-(h-1)v_m u} \leqslant D_2$$

其余证明遵循类似于定理 2.4.1 的证明。 □

也可以使用命题 1.4.1 得出改进的积压界限。正如定理 2.4.2 还有以下变体。

推论 2.4.2　如果 $v < v^*$ EF 的端到端延迟可变量界限为 hD'_2，其中

$$D'_2 \leqslant \min_m \left\{ \frac{e_m + \tau_m u_m + \dfrac{I_m L_{\max}(1-u)}{r_m}}{1-(h-1)v_m u_m} \right\}$$

讨论：如果没有关于峰值输入速率 C_l 的信息，则设置 $C_l = +\infty$，并且推论 2.4.2 给出的界限与定理 2.4.2 相同。对于 C_m 的有限值，延迟界限较小，如图 2.7 所示。该界限仅对较小的利用率因子有用。它在 $v > \dfrac{1}{h-1}$ 时激增，这并不意味着最坏情况下延迟确实会增长到无穷大 [40]。在某些情况下，网络可能是无界限的。在其他情况下（例如单向环）对于所有 $v < 1$ 总存在一个有限界限。第 6 章将讨论此问题并找到更好的界限，但会以对路由和速率添加更多的限制为代价。此类限制不适合区分服务框架。还要注意，对于前馈网络，$v < 1$ 存在有限的界限。但是，从某种意义上讲，需说明 $v < \dfrac{1}{h-1}$ 才是能够获得有限界限的最佳条件。

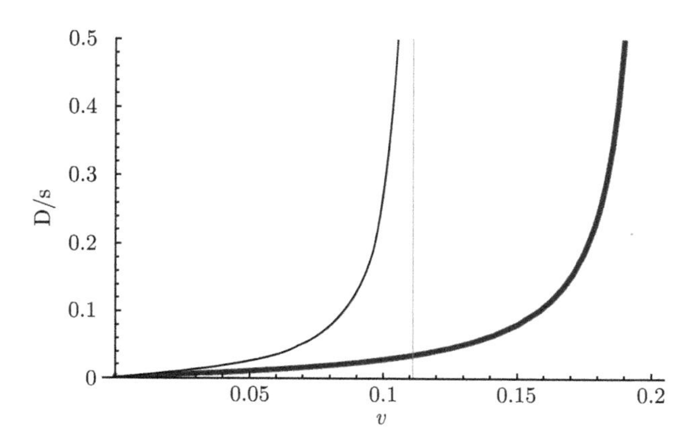

图 2.7　定理 2.4.1 中的界限

图 2.7 的说明： 图 2.7 展示了定理 2.4.1 中的界限 D（以秒为单位）与利用率因子 v 对于 $h=10$、$e=2\cdot\dfrac{1500B}{r_m}$ 的关系，对于所有流，$L_{\max}=1000$ bit、$\sigma_i=100$ Byte、$\rho_i=32$ kbit/s、$r_m=149.760$ Mbit/s、$C_m=+\infty$（细线）或者 $C_m=2r_m$（粗线）。

命题 2.4.1 在定理 2.4.1 的假设下，如果 $v>\dfrac{1}{h-1}$，则对于任意 $D'>0$，存在一个网络，其中最坏情况下的延迟至少为 D'[38,41]。

换句话说，排队时最坏情况下的延迟可以任意增大。因此，如果想超越定理 2.4.1 得到更紧的界限，则区分服务的任何界限都必须取决于网络的拓扑和规模，而不仅依赖于利用率因子和跳数。

证明： 构建一个网络族，对于其中的任何 D'，都可以展示一个示例，其中排队延迟至少为 D'。

构建的思想如下。所有流都是低优先级流。创建一个层次网络，在层次结构的第一层，选择一条流，对于与这条流的路由相交的其他流，恰好各有一个数据包与这条流的第一个数据包相遇，而这条流的下一个数据包没有遇到任何排队的情况。这将导致被选择流的前两个数据包在经过数跳后背靠背排列。然后构造层次结构的第二层，通过获取一条新的流，并确保该流的第一个数据包遇到与其路由相交的每条流的两个背靠背数据包。其中，所有这些流的两个背靠背数据包突发来自按层次结构第一层构建的足够数量的网络的输出。递归重复此过程足够的次数，对于任何选定的延迟值 D，都可以创建足够深的层次结构，以便某条流的第一个数据包的排队延迟大于 D（因为它遇到了上一次迭代中构造的每个其他流的足够大的背靠背突发数据包），而第二个数据包根本没有任何排队延迟。现在，我们详细描述如何构造这样的层次网络（实际上是网络族），以使任何链路的利用率因子不超过给定的因子 ν，并且流不超过 h 跳。

设想一个具有单个流类型和恒定速率链路的网络族，所有这些网络都具有相同的比特率 C。假定网络由无限快速的交换机组成，每条链路有一个输出缓冲。假设所有源均受漏桶约束，但以先进先出的聚合方式进行服务。在网络入口处实现漏桶约束；在那之后，所有流都将聚合。不失一般性地，假设传播延迟可以设置为 0，这是因为我们只关注排队延迟。为了简化，在此网络中，还假定所有数据包的长度都为 1 个单位长度。表明对于固定但任意的延迟预算 D，都可以建立该网络族，其中最坏情况下的排队延迟大于 D，而每条流最多穿越指定的跳数。

该网络族记为 $N(h,v,J)$，它具有 3 个参数：h（任何流的最大跳数）、v（利用率因子）和 J（递归深度）。关注 $h \geqslant 3$ 和 $\frac{1}{h-1} < v < 1$ 的情况，这意味着总能找到一些整数 k，使得

$$v > \frac{1}{h-1}\frac{kh+1}{kh-1} \tag{2.24}$$

网络族 $N(h,v,J)$ 的构建如图 2.8 和图 2.9 所示。它是相同的构建块的集合，以深度为 J 的树结构排列。每个构建块都有 1 个内部流量源（称为“传输流量”）、$kh(h-1)$ 个输入（称为“构建块输入”）、$kh(h-1)$ 个数据接收器、$h-1$ 个内部节点和 1 个输出。$h-1$ 个内部节点中的每个节点都从第 kh 个构建块输入中接收流量。此外，它还从前一个内部节点接收传输流量，除了第一个内部节点是由内部源提供的。穿过一个内部节点之后，来自构建块的输入的流量会在数据信宿中消逝。与之相反，除了最后一个内部节点馈入构建块形成输出之外，其他传输流量都馈入下一个内部节点（见图 2.8）。图 2.9 说明网络族具有完整的深度为 J 的树结构。按级别 $j=1,\cdots,J$ 组织构建块。级别为 j（$j \geqslant 2$）的

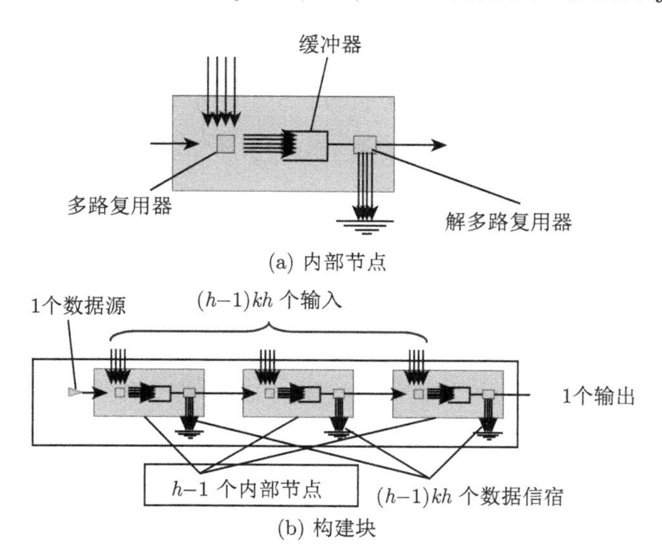

图 2.8　在网络示例中使用的内部节点和构建块

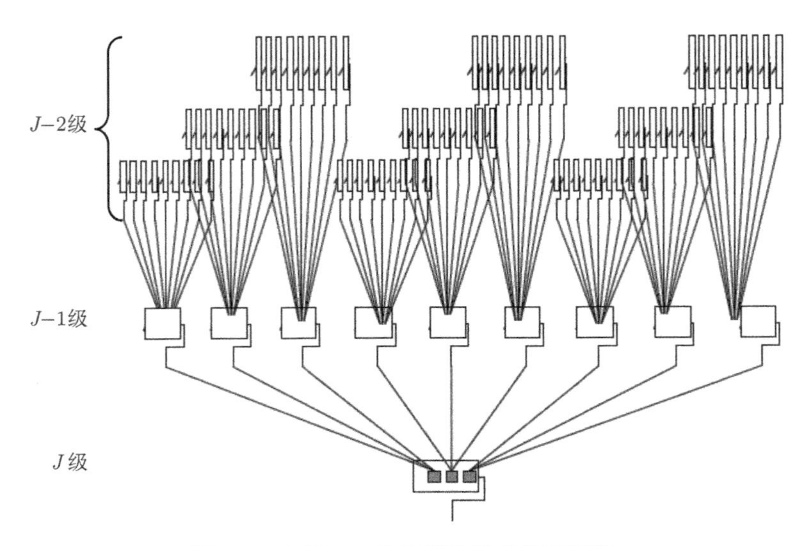

图 2.9　由图 2.8 的构建块组成的网络族

构建块的每个输入都由一个级别为 $j-1$ 的构建块的输出馈送。1 级构建块的输入是数据源。$j-1$ 级构建块的输出恰好馈入了 j 级构建块的输入。在 J 层上，正好有一个构建块。因此在 $J-1$ 层上有 $kh(h-1)$ 个构建块，在第 1 层上有 $(kh(h-1))^{J-1}$ 个构建块。所有数据源具有相同的速率 r（$r=\dfrac{vC}{kh+1}$）和突发容忍 b（$b=1$ 个数据包）。本节的其余部分将一个数据包的传输时间作为时间单位，所以 $C=1$。因此，任何源都能以每 θ（$\theta=\dfrac{kh+1}{v}$）个时间单位传输一个数据包。请注意，源 v 可能不会发送数据包，这实际上是造成较大延迟抖动的原因。每条链路上的利用率因子为 v，每条流使用 1 跳或 h 跳。

现在考虑以下情形。设想一些任意的 1 级构建块。在时刻 t_0，假设一个数据包已完全到达每个 1 级构建块的输入端，并在时刻 t_0+1，让一个数据包完全从每个 1 级构建块内的每个数据源产生（这是第一个传输数据包）。第一个传输数据包在第一个内部节点中延迟 $hk-1$ 个时间单位。在此数据包离开第一个队列之前的 1 个时间单位，让 1 个数据包完全到达第二个内部节点的每个输入。第一个传输数据包将再次延迟 $hk-1$ 个时间单位。如果沿构建块内的所有内部节点重复该场景，则会看到第一个传输数据包被延迟了 $(h-1)(hk-1)$ 个时间单位。现在从式 (2.24) 得 $\theta<(h-1)(hk-1)$。因此，数据源有可能在时刻

$(h-1)(hk-1)$ 发送第二个传输数据包。除了已经描述的发送之外，到目前为止提到的所有源都是空闲的。第二个传输数据包将赶上第一个传输数据包，因此任何 1 级构建块的输出都是 2 个背靠背数据包的突发。可以任意选择 t_0，因此具有一种机制可以生成 2 个数据包的突发。

接下来，能够迭代该场景并在 2 级处使用相同的构造。2 级数据源正好发送 3 个数据包，间隔为 θ。由于内部节点接收到来自两个 1 级数据包的 hk 突发，因此对 1 级开始时间的明智选择可以使第一个 2 级传输数据包在第一个内部节点中找到 $2hk-1$ 个数据包的队列。使用与 1 级相同的结构，对于该数据包，最终的总排队延迟为 $(h-1)(2hk-1) > 2(h-1)(hk-1) > 2\theta$。现在，此延迟大于 2θ，并且前 3 个 2 级传输数据包被同一组非传输数据包延迟。结果，第二个和第三个 2 级传输数据包最终将赶上第 1 个数据包，并且 2 级数据包的输出是 3 个数据包的突发。此过程很容易推广到 J 之前的所有级别。特别地是，J 级的第 1 个传输数据包的端到端延迟至少为 $J\theta$。由于所有源都会在一段时间后变为空闲状态，因此可以轻松创建最后一个 J 级传输数据包，令该数据包找到一个空网络，从而实现零排队延迟。

因此，在网络族 $N(h,v,J)$ 中有 2 个数据包：一个数据包的延迟大于 $J\theta$，另一个数据包的延迟为 0。这建立了排队延迟的界限，所以网络族 $N(h,v,J)$ 的延迟可变量必须至少与 $J\theta$ 一样大。 □

2.4.3 带阻尼器的聚合调度界限

以增加一些协议的复杂性为代价，可以在不丧失聚合调度功能的情况下改进先前的界限。使用阻尼器甚至可以完全避免界限激增。设想一个 EDF 调度器（例如 SCED 调度器），并假设在输出链路上发送的每个数据包都携带一个字段，该字段带有参数 d，该参数的值为截止期限与输出链路实际发送时刻之间的差值（参数 d 必须为非负数, 如果差值为负, 则将其置为 0）。在下一个下游节点上，阻尼器是一种规整器，它为数据包在 $[a+d-\Delta, a+d]$ 区间内选择一个合格时刻，其中 Δ 是该阻尼器的常量，a 是数据包在阻尼器所在节点的到达时刻。称 Δ 为“阻尼容限”（damper tolerance）。随后数据包被保存直到它的合格时刻[34,42]，如图 2.10 所示。另外，假设阻尼器以 FIFO 方式工作。这意味着连续数据包的合格时刻序列是广义递增的。

与调度器不同，阻尼器并不是孤立存在的。它与数据包路径上的下一个调度器关联。其作用是在为数据包选定的调度合格时刻之前，禁止调度数据包。在区分服务环境中的阻尼器如图 2.10 所示。

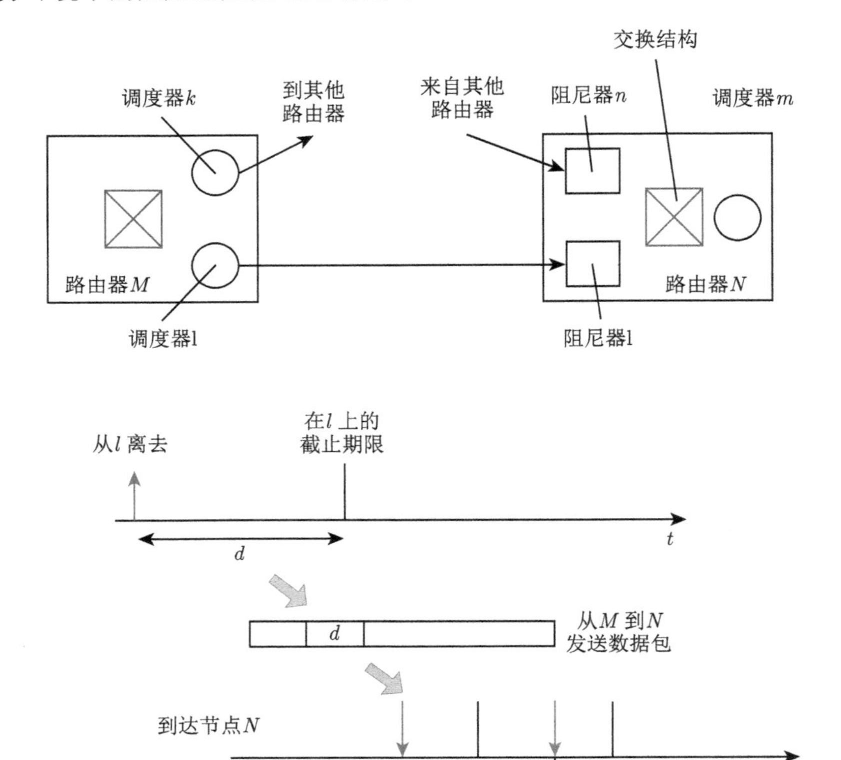

图 2.10 在区分服务环境中的阻尼器

图 2.10 的说明：假设此图显示的模型中的路由器由无限快速的交换结构和输出调度器组成。每个上游调度器都有一个逻辑阻尼器。阻尼器决定到达的数据包何时在节点中可见。

调度器 m 的工作过程如下。当有机会发送数据包时（例如在时刻 t），调度器在节点 N 的数据包的合格时刻大于等于 t 的情况下，选择节点 N 的所有数据包中截止期限最早的数据包，并将其发送出去。图 2.10 中所示的定时信息 d 被携带于数据包的头部，定时信息作为链路层头信息或作为 IP 层头信息逐跳进行扩展。在路径的末尾，假设目的端节点上没有阻尼器。

以下命题是显而易见的，但很重要，不用证明，直接给出。

命题 2.4.2　考虑调度器及其相关阻尼器的组合 S。如果所有数据包在其截止期限或截止期限之前由调度器服务，则 S 提供等于 Δ 的延迟可变量界限。

可以让 $\Delta = 0$，在这种情况下，所有数据包的延迟都是恒定的。然后，端到端延迟可变量界限使用调度器和阻尼器的组合在最后一个调度器中的延迟界限（在参考文献 [42] 中称之为“抖动 EDD”）。实际上出于两个原因，我们考虑 $\Delta > 0$。首先，假设可以绝对准确地写入字段 d 是不切实际的。其次，稍微放宽延迟可变量目标，可为低优先级流提供更好的性能 [34]。

阻尼器没有调度器那样复杂的可行性条件。只要有足够的缓冲，阻尼器总是可以工作的。

命题 2.4.3（阻尼器的缓冲需求）　如果所有数据包在其截止期限或在截止期限之前由调度器提供服务，则与之相关联的阻尼器的缓冲需求将受到调度器缓冲需求的限制。

证明： 称 $R(t)$ 为调度器的总输入，$R'(t)$ 为截止期限小于等于 t 的数据量。称 $R^*(t)$ 为阻尼器的输入，有 $R^*(t) \leqslant R(t)$。数据包在阻尼器中的停留时间不超过其在调度器中的截止期限，因此阻尼器的输出 $R_1(t)$ 满足 $R_1(t) \geqslant R'(t)$。调度器在时刻 t 的缓冲需求为 $R(t) - R'(t)$，在阻尼器中的缓冲需求为 $R^*(t) - R_1(t) \geqslant R(t) - R'(t)$。 □

定理 2.4.3（带阻尼器的延迟和积压界限）　采用与定理 2.4.1 中相同的假设，假设每个不是出口点的调度器 m 都与下一个下游节点中的阻尼器相关联，且阻尼容限为 Δ_m。令 Δ 为所有 Δ_m 的界限。

如果 $v \leqslant 1$ 则低优先级流的端到端延迟抖动界限为

$$D = e + (h-1)\Delta(1+v) + \tau v$$

任意调度器的排队延迟界限为

$$D_0 = e + v[\tau + (h-1)\Delta]$$

对于服务无丢包的低延迟流，调度器 m 所需的缓冲被限制为

$$B_{\text{req}} = r_m D_0$$

阻尼器 m 所需的缓冲界限与调度器 m 所需的缓冲界限相同。

证明：某个调度器输入与下一个调度器输入之间的延迟可变部分以 Δ 为界限。现在，检查数据包路径上的最后一个调度器，例如 m。流 $i \ni m$ 的源与调度器 m 之间的延迟是一个常数加上以 $(h-1)\Delta$ 为界限的可变部分。因此，到达调度器 m 的聚合低延迟流量的到达曲线为

$$\alpha_2(t) = vr_m[t + \tau + (h-1)\Delta]$$

通过应用定理 1.4.2，调度器 m 的延迟界限为

$$D_2 = E + uv[\tau + (h-1)\Delta]$$

端到端延迟可变量界限是 $(h-1)\Delta + D_2$，这就是所需的公式。

积压界限的推导与定理 2.4.1 中的推导相似。 □

阻尼器的优点是显而易见的：它不会出现性能界限急剧增长的情况，对于直到 1 的利用率因子的任意取值，它的界限都是有限的（如果 Δ 小，则界限很小，见图 2.11）。此外，在小于 1 的整个利用率因子范围内，界限都由 $h\Delta$ 决定。获得较小延迟可变量的关键是具有较小的阻尼容限 Δ。

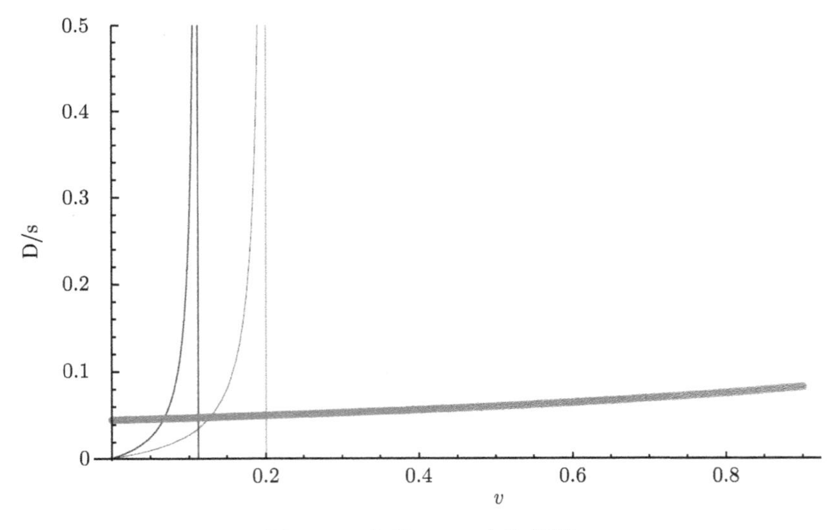

图 2.11 定理 2.4.3 中的界限

图 2.11 的说明：定理 2.4.3 中的界限 D（以秒为单位）使用与图 2.7 相同的参数，每个阻尼器的阻尼容限为 $\Delta = 5$ ms，$C_m = +\infty$（图中粗线所示）。为

了便于比较，图 2.11 中还显示了图 2.7 中的两条曲线。对于所有利用率因子小于 1 的情况，界限非常接近 $h\Delta = 0.05$ s。

阻尼器和最大服务曲线之间存在关系。考虑具有最小服务曲线 β 的调度器及其具有阻尼容限 Δ 的相关阻尼器的组合。在两者之间的链路上将固定延迟称为 p。从而易得，该组合提供了最大服务曲线 $\beta \otimes \delta_{p-\Delta}$ 和最小服务曲线 $\beta \otimes \delta_p$。因此，阻尼器可被视为实现最大服务曲线保证的一种方式。这在参考文献 [34] 中有详细探讨。

2.4.4　静态最早时间优先

张志力等学者提出了一种比阻尼器更为简单的替代方案，将其命名为静态最早时间优先（Static Earliest Time First，SETF）[43]。

假设：采用与定理 2.4.1 相同的假设，但具有以下不同之处。

当网络接入时，数据包会标记其到达时刻。在任何节点上，它们都按照时间戳顺序在一个节点的 EF 聚合内提供服务。因此，假设节点为 EF 聚合提供了 GR 保证，如式 (2.1) 或式 (2.3) 所定义的，但是数据包按照时间戳顺序编号（数据包在网络接入时的顺序，而不是在此节点上的顺序）。

定理 2.4.4　如果时间戳具有无限的精度，则对于所有 $v < 1$，EF 聚合的端到端延迟可变量将由下式限定

$$D = (e+\tau)\frac{1-(1-v)^h}{v(1-v)^{h-1}}$$

证明：该证明类似于定理 2.4.1 的证明。在 k（$k \leqslant h$）跳后的端到端延迟上，称 D_k 为最小界限（假设存在）。设想一个带有标签 n 的标记数据包，称 d_k 为其 k 跳延迟。

设想作为该数据包第 h 跳的节点 m，应用式 (2.3)，有一些标签 $k \leqslant n$，使得

$$d_n \leqslant e + a_k + \frac{l_k + \cdots + l_n}{r} \tag{2.25}$$

其中 a_j 和 d_j 是标记为 j 的数据包在节点 m 的到达时刻和离去时刻，l_j 为以比特为单位的数据包长度。现在，数据包 $k \sim n$ 必须在 $a_n - d_k$ 之前和在 $a_m - D_{h-1}$ 之后到达网络接入端。从而

$$l_k + \cdots + l_n \leqslant \alpha\left(a_n - a_m - d_k + D_{h-1}\right)$$

其中，α 是将要流经节点 m 的流量在网络接入端的到达曲线，有 $\alpha(t) \leqslant r_m(vt+\tau)$。根据式 (2.4)，标记的数据包延迟 $d_n - a_n$ 由下式限定

$$e + \sup_{t \geqslant 0}\left\{\frac{\alpha\left(t - d_k + D_{h-1}\right)}{r_m} - t\right\} = e + \tau + v\left(D_{h-1} - d_k\right)$$

因此

$$d_{k+1} \leqslant d_k + e + \tau + v\left(D_{h-1} - d_k\right)$$

d_k 可以作为 D_{h-1} 的函数来迭代求解上述不等式。然后取 $k = h-1$ 并假设标记的数据包是达到最坏情况下的 k 跳延迟的数据包，因此 $D_{h-1} = d_{h-1}$。这给出了 D_{h-1} 的不等式。最后，取 $k = h$，并根据需要获得端到端延迟界限。 □

注释：与定理 2.4.1 中的端到端界限不同，对于利用率因子 $v<1$ 的所有值，定理 2.4.4 给出的界限都是有限的。注意，对于较小的 v 值，这两个界限是等效的。

在这里假设每个数据包标记的到达时刻具有无限精度。在实践中，时间戳的记法具有有限精度。在这种情况下，张志力 [43] 发现了定理 2.4.1 和定理 2.4.4 之间的界限（在极限情况下，以零精度来看该界限恰好是定理 2.4.4)。

2.5 参考文献说明

定理 2.4.2 中 EF 的延迟界限最初是在参考文献 [38] 中提出的，但是忽略了 $L_{\max}$ 项。在参考文献 [39] 中可以找到解释 $L_{\max}$ 的公式。

在参考文献 [44] 中可以找到统计复用的界限。

2.6 习　　题

习题 2.1 设想一个速率为 R 和延迟为 v 的保证速率调度器，该调度器接收累积数据包长度为 L 的数据包流。（打包的）调度器输出被馈送至速率为 c（$c > R$）和传播延迟为 T 的恒定比特率通道。

1. 找到整个系统的最小服务曲线。

2. 假设数据包流受 (r, b) 约束，且 $b > l_{\max}$。找到端到端延迟和延迟可变量的界限。

习题 2.2 假设网络中的所有节点均为 GR 类型,其速率为 R,时延为 T。具有 T-SPEC $\alpha(t) = \min\{rt + b, M + pt\}$ 的流已在 H 个节点序列上以速率 R 进行预留，且 $p \geqslant R$。

假定没有进行重整形。当 $h=1,\cdots,H$ 时，沿着路径的第 h 个节点的缓冲需求是多少？

习题 2.3 假设网络中的所有节点均是速率为 R 和时延为 T 的 GR 节点，在此之前插入具有整形曲线 $\sigma=\gamma_{r,b}$ 的整形器。具有 T-SPEC $\alpha(t)=\min\{rt+b,M+pt\}$ 的流在 H 个此类节点序列上以速率 R 进行预留，其中 $p\geqslant R$。对于 $h=1,\cdots,H$，沿路径的第 h 个节点的缓冲需求是什么？

习题 2.4 假设网络中的所有节点都由一个整形器和一个 FIFO 多路复用器组成。假设流 I 具有 T-SPEC，$\alpha_i(t)=\min\{r_it+b_i,M+p_it\}$，则每个节点处的整形器对流 i 使用整形曲线 $\sigma_i=\gamma_{r_i,b_i}$。找到每个节点的可调度性条件。

习题 2.5 一个网络由两个串联的节点组成。存在类型 1 的 n_1 条流和类型 2 的 n_2 条流。类型为 i 的流具有到达曲线 $\alpha_i(t)=r_it+b_i$，$i=1,2$。所有流都经过节点 1，然后经过节点 2。每个节点由整形器和 EDF 调度器组成。在两个节点上，类型为 i 的流的整形曲线约为 σ_i，类型为 i 的流的延迟预算 d_i。类型为 i 的每条流都应具有以 D_i 为界限的端到端延迟。找到 d_1 和 d_2 的良态值。

1. 假设 $\sigma_i=\alpha_i$。d_1 和 d_2 满足端到端延迟界限的条件是什么？可调度的 (n_1,n_2) 的集合是什么？

2. 如果 $\sigma_i=\lambda_{r_i}$，则上述问题的答案是什么？

习题 2.6 考虑定理 2.3.3 中的调度器。寻找一种有效的算法来计算每个数据包的截止期限。

习题 2.7 对于流 i，考虑具有目标服务曲线的 SCED 调度器，目标服务曲线由下式给出

$$\beta_i=\gamma_{r_i,b_i}\otimes\delta_{d_i}$$

寻找一种有效的算法来计算每个数据包的截止期限。

提示：以漏桶来解释说明。

习题 2.8 考虑定理 2.4.1 中的延迟界限。采取与之相同的假设，但仍假设网络是前馈的。能够得到的更好的界限是什么？

第二部分

数 学 知 识

第3章 基本最小加演算和最大加演算

本章介绍从最小加代数得到的基本结论，这也是第 4 章所需要的。最大加代数是最小加代数的对偶，当“最小”被“最大”代替，下确界被上确界代替时，最大加代数具有与最小加代数类似的概念与结论。由于网络演算的基本结论使用最小加代数多于最大加代数，因此本章详细地介绍最小加演算的基础知识。在本章的末尾，简要讨论混合使用“求最大”（max）和“求最小”（min）算子时需要注意的事项。关于更详尽的最小加代数和最大加代数的处理方法由参考文献 [2] 给出，这里只集中精力讨论本书所需的基本结论。对于离散时间，后文中的许多结论可以在参考文献 [3] 中找到。

3.1 最小加演算

在常规的代数中，对于整数域 $\mathbf{Z}$ 或实数域 $\mathbf{R}$ 中的元素存在两种最常见的运算：加法和乘法。事实上，被赋予这两种运算的整数或实数集合验证了一些周知的公理。定义代数结构 $(\mathbf{Z}, +, \times)$ 为一种交换环（commutative ring），而 $(\mathbf{R}, +, \times)$ 为一种域（field）。这里考虑另外一种代数，其运算的变化如下：加法变成计算最小，乘法变成加法。之后我们将看到这种运算定义出另外一种代数结构，但首先回顾关于下确界和求最小的表达形式。

3.1.1 下确界和求最小

令 S 为 $\mathbf{R}$ 上的非空子集。如果存在一个数 M，对于所有 $s \in S$，都有 $s \geqslant M$，则 S 具有下界。完备性（completeness）公理表明每个 $\mathbf{R}$ 上的非空子集 S 的下界中具有一个最大的下界，将其称为 S 的下确界（infimum），记为 $\inf\{S\}$。例如对于闭区间 $[a, b]$ 和开区间 (a,b) 具有同样的下确界，即 a。现在，如果 S 中某个元素的值比其他元素都小，则这个元素被称为 S 的最小（minimum），并且被记为 $\min\{S\}$。注意，一个集合的最小并不一定总是存在。例如，(a, b) 没有最小值，因为 $a \notin (a, b)$。另一方面，如果某个集合 S 的最小存在，则它与集合的下确界相同。例如 $\min\{a,b\}=\inf\{a,b\}=a$。显而易见，每个 $\mathbf{R}$ 的有限的非空子集都具有一个最小。下文将经常采用符号 $\wedge$ 表示求下确界（或者，若下确界在集合中，也表示求最小）。

例如 $a \wedge b = \min\{a,b\}$。如果 S 为空，则习惯上采用 $\inf\{S\} = +\infty$。如果 f 是从 S 到 $\mathbf{R}$ 的函数，则记为 $f\ (S)$，它的值域为

$$f(S)=\{t|t = f(s), \text{对于某些 } s \in S\}$$

采用两种等价的记法表示这个集合的下确界

$$\inf\{f(s)\} = \inf_{s \in S}\{f(s)\}$$

另外，还将经常用到下面的定理。

定理 3.1.1（对于下确界的 Fubini 公式） 令 S 为 $\mathbf{R}$ 上的非空子集，且 f 是从 S 到 $\mathbf{R}$ 的函数。令 $\{S_n\}_{n\in\mathbf{N}}$ 是 S 中多个子集的集合，它们的并集为 S。则

$$\inf_{s\in S}\{f(s)\} = \inf_{n\in\mathbf{N}}\left\{\inf_{s\in S_n}\{f(s_n)\}\right\}$$

证明： 根据下确界的定义，对于任意的一些集合 S_n，

$$\inf\left\{\bigcup_n S_n\right\} = \inf_n\{\inf\{S_n\}\}$$

另一方面，由于 $\bigcup\limits_n S_n = S$，有

$$f\left(\bigcup_{n\in\mathbf{N}} S_n\right) = \bigcup_{n\in\mathbf{N}} f(S_n)$$

因此

$$\inf_{s\in S}\{f(s)\} = \inf\{f(s)\} = \inf\left\{f\left(\bigcup_{n\in\mathbf{N}} S_n\right)\right\}$$

$$= \inf\left\{\bigcup_{n\in\mathbf{N}} f(S_n)\right\} = \inf_{n\in\mathbf{N}}\{\inf\{f(S_n)\}\}$$

$$= \inf_{n\in\mathbf{N}}\left\{\inf_{s\in S_n}\{f(s)\}\right\}$$ □

3.1.2　双子代数

在传统代数中，通常使用代数结构 $(\mathbf{R},+,\times)$，即在实数集合上赋予两种常规的运算——加法和乘法。这样两种运算具有一系列属性（结合律、交换律和分配律等），使得 $(\mathbf{R},+,\times)$ 可作为一种交换域。正如上文中提到的，在最小加代数中，“加”运算计算下确界（或者如果最小值存在，为“求最小”），而“乘”运算是传统运算中的加法。在集合的元素中还将包括 $+\infty$，以使求最小的运算能够执行，因而代数结构变为 $(\mathbf{R}\cup\{+\infty\},\wedge,+)$。大部分用来定义“域”的公理也适用这种代数结构（但不是所有的都适用，这在下文中将看到）。例如，在传统代数（加和乘）中，存在“加”对于“乘”的分配律

$$(3+4)\times 5=(3\times 5)+(4\times 5)=15+20=35$$

将其转化为最小加代数为

$$(3\wedge 4)+5=(3+5)\wedge(4+5)=8\wedge 9=8$$

实际上，可以很容易验证“$\wedge$”和“$+$”满足下列属性。

- （**$\wedge$ 的封闭性**）对于所有 $a,b\in\mathbf{R}\cup\{+\infty\}$，$a\wedge b\in\mathbf{R}\cup\{+\infty\}$。
- （**$\wedge$ 的结合律**）对于所有 $a,b,c\in\mathbf{R}\cup\{+\infty\}$，$(a\wedge b)\wedge c=a\wedge(b\wedge c)$。
- （**存在对于$\wedge$ 的零元**）存在 $e=+\infty\in\mathbf{R}\cup\{+\infty\}$，使得对于所有 $a\in\mathbf{R}\cup\{+\infty\}$，有 $a\wedge e=a$ 成立。
- （**$\wedge$ 的幂等性**）对于所有 $a\in\mathbf{R}\cup\{+\infty\}$，$a\wedge a=a$。
- （**$\wedge$ 的交换律**）对于所有 $a,b\in\mathbf{R}\cup\{+\infty\}$，$a\wedge b=b\wedge a$。
- （**$+$ 的封闭性**）对于所有 $a,b\in\mathbf{R}\cup\{+\infty\}$，$a+b\in\mathbf{R}\cup\{+\infty\}$。
- （**$+$ 的结合律**）对于所有 $a,b,c\in\mathbf{R}\cup\{+\infty\}$，$(a+b)+c=a+(b+c)$。
- （**$\wedge$ 的零元对 $+$ 的吸收**）对于所有 $a\in\mathbf{R}\cup\{+\infty\}$，$a+e=e=e+a$。
- （**存在对于 $+$ 的幺元**）存在 u=0$\in\mathbf{R}\cup\{+\infty\}$，使得对于所有 $a\in\mathbf{R}\cup\{+\infty\}$，有 $a+u=a=u+a$ 恒成立。
- （**$+$ 对于$\wedge$ 的分配律**）对于所有 $a,b,c\in\mathbf{R}\cup\{+\infty\}$，$(a\wedge b)+c=(a+c)\wedge(b+c)=c+(a\wedge b)$。

满足上述所有公理的运算的集合被称为双子。更进一步地，因为“$+$”也满足交换律（对于所有 $a,b\in\mathbf{R}\cup\{+\infty\}$，$a+b=b+a$ 成立），所以 $(\mathbf{R}\cup\{+\infty\},\wedge,+)$ 是交换双子。这样，定义一个双子的所有公理与定义一个“环”（ring）的公理

是相同的，但有一个公理除外，即“+”的幂等性公理。在双子中，幂等性公理替换了“+”的抵消（cancellation）公理 [存在一个元素 $(-a)$“+”a，得到零元]。本章后面的内容还将介绍其他双子。

3.1.3 广义递增函数的类型

函数 f 为广义递增函数，当且仅当对于所有 $s \leqslant t$，有 $f(s) \leqslant f(t)$。以 $\mathcal{G}$ 表示非负广义递增序列或函数的集合，以 $\mathcal{F}$ 表示当 t<0 时 $f(t)$=0 的广义递增序列或函数的集合。参数 t 是连续或离散的：在参数 t 为离散的情况下，$f = \{f(t), t \in \mathbf{Z}\}$ 被称为序列而不是函数；在前一种情况下，按照惯例，认为函数 $f = \{f(t), t \in \mathbf{R}\}$ 是左连续的。$\mathcal{F}$ 和 $\mathcal{G}$ 函数或序列的值域为 $\mathbf{R}_+ = [0, +\infty]$。

将函数 f 和 g 的逐点求和记为 $f+g$（将求最小记为 $f \wedge g$）。

$$(f+g)(t) = f(t) + g(t)$$

$$(f \wedge g)(t) = f(t) \wedge g(t)$$

记法 $f \leqslant g$ 意味着对于所有 t，$f(t) \leqslant g(t)$[记法 $f = g$、$f \geqslant g$ 分别意味着 $f(t) = g(t)$、$f(t) \geqslant g(t)$]。

一些属于 $\mathcal{F}$ 并被特别关注的函数的定义如下。记法 $[x]^+$ 表示 $\max\{x,0\}$，$\lceil x \rceil$ 表示大于或等于 x 的最小整数。

定义 3.1.1（**峰值速率函数** λ_R）

$$\lambda_R(t) = \begin{cases} Rt, & t > 0 \\ 0, & t \leqslant 0 \end{cases}$$

对于 $R \geqslant 0$，称 R 为“速率”。

定义 3.1.2（**突发延迟函数** δ_T）

$$\delta_T(t) = \begin{cases} +\infty, & t > T \\ 0, & t \leqslant T \end{cases}$$

对于 $T \geqslant 0$，称 T 为“延迟”。

定义 3.1.3（**速率–时延函数** $\beta_{R,T}$）

$$\beta_{R,T}(t) = R[t-T]^+ = \begin{cases} R(t-T), & t > T \\ 0, & t \leqslant T \end{cases}$$

对于 $R \geqslant 0$ 和 $T \geqslant 0$，称 R 为“速率”，T 为“延迟”。

定义 3.1.4（仿射函数 $\gamma_{r,b}$）

$$\gamma_{r,b}(t) = \begin{cases} rt+b, & t > 0 \\ 0, & t \leqslant 0 \end{cases}$$

对于 $r \geqslant 0$ 和 $b \geqslant 0$，称 r 为“速率”，b 为“突发度”。

定义 3.1.5（阶跃函数 v_T）

$$v_T(t) = 1_{\{t>T\}} = \begin{cases} 1, & t > T \\ 0, & t \leqslant T \end{cases}$$

对于 $T > 0$。

定义 3.1.6（阶梯函数 $v_{T,\tau}$）

$$v_{T,\tau}(t) = \begin{cases} \left\lceil \dfrac{t+\tau}{T} \right\rceil, & t > 0 \\ 0, & T \leqslant 0 \end{cases}$$

对于 $T > 0$ 和 $0 \leqslant \tau \leqslant T$，称 T 为“间隔”，τ 为“容忍度”。

这些函数如图 3.1 所示。通过这些基本函数的组合，可以得到属于 $\mathcal{F}$ 的更具一般性的分段线性函数。例如，图 3.2 所示的两个函数是使用仿射函数和速率–时延函数中的 $\wedge$ 和 $+$ 写成的，其中 $r_1 > r_2 > \cdots > r_I$，$b_1 < b_2 < \cdots < b_I$：

$$f_1 = \gamma_{r_1,b_1} \wedge \gamma_{r_2,b_2} \wedge \cdots \wedge \gamma_{r_I,b_I} = \min_{1 \leqslant i \leqslant I}\{\gamma_{r_i,b_i}\} \tag{3.1}$$

$$f_2 = \lambda_R \wedge \{\beta_{R,2T} + RT\} \wedge \{\beta_{R,4T} + 2RT\} \wedge \cdots = \inf_{i \geqslant 0}\{\beta_{R,2iT} + iRT\} \tag{3.2}$$

在本书的后面，还将介绍其他函数，并且采用最小加卷积算子得到其他表达形式。

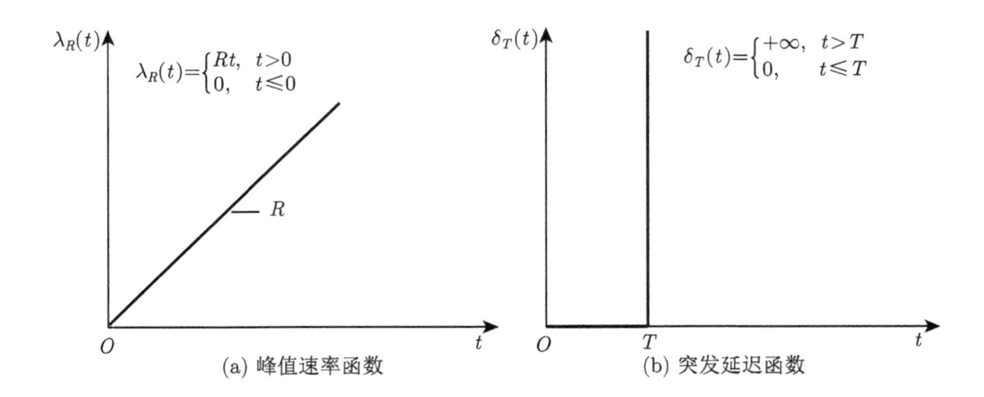

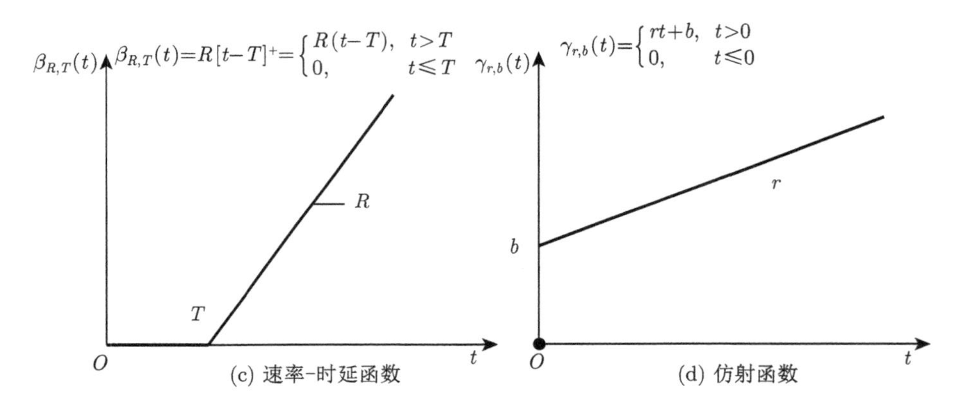

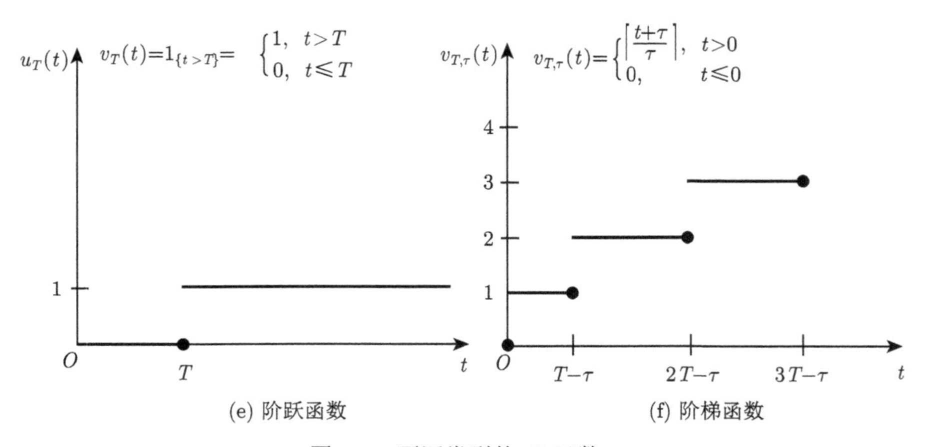

图 3.1　不同类型的 $\mathcal{F}$ 函数

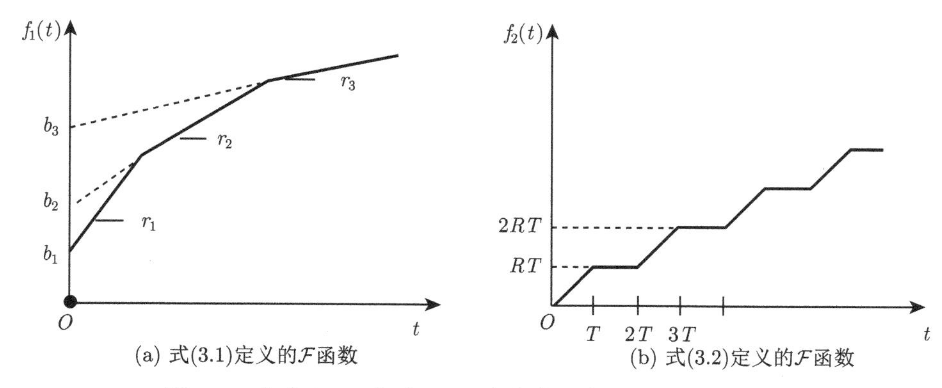

图 3.2　由式 (3.1) 和式 (3.2) 定义的两个分段线性 $\mathcal{F}$ 函数

3.1.4　广义递增函数的伪逆

众所周知，任意严格递增函数是左可逆（left-invertible）的。即如果对于任意的 $t_1 < t_2$，有 $f(t_1) < f(t_2)$，则存在一个函数 f^{-1}，使得对于所有 t，$f^{-1}(f(t)) = t$。这里考虑一些更一般的函数，如广义递增函数，可以看到伪逆函数能够被定义为如下形式。

定义 3.1.7（伪逆函数）　令 f 是 $\mathcal{F}$ 上的一个函数或序列。f 的伪逆函数如下

$$f^{-1}(x) = \inf\{t | f(t) \geqslant x\} \tag{3.3}$$

例如，容易计算出定义 3.1.1 至定义 3.1.4 给出的 4 种函数的伪逆

$$\lambda_R^{-1} = \lambda_{\frac{1}{R}}$$

$$\delta_T^{-1} = \delta_0 \wedge T$$

$$\beta_{R,T}^{-1} = \gamma_{\frac{1}{R},T}$$

$$\gamma_{r,b}^{-1} = \beta_{\frac{1}{r},b}$$

伪逆函数具有下列属性。

定理 3.1.2（伪逆函数的属性）　令 $f \in \mathcal{F}$，$x, t \geqslant 0$。

- **（封闭性）** $f^{-1} \in \mathcal{F}$ 且 $f^{-1}(0) = 0$。
- **（伪逆）**

$$f(t) \geqslant x \Rightarrow f^{-1}(x) \leqslant t \tag{3.4}$$

$$f^{-1}(x) < t \Rightarrow f(t) \geqslant x \tag{3.5}$$

- （等价定义）

$$f^{-1}(x) = \sup\{t|f(t) < x\} \tag{3.6}$$

证明：定义子集 $S_x = \{t|f(t) \geqslant x\} \subseteq \mathbf{R}_+$，则式 (3.3) 变成 $f^{-1}(x) = \inf\{S_x\}$。

封闭性：显然，根据式 (3.3)，对于 $x \leqslant 0$，有 $f^{-1}(x) = 0$[特别地，$f^{-1}(0) = 0$]。现在，令 $0 \leqslant x_1 < x_2$。那么对于 $S_{x_1} \supseteq S_{x_2}$，意味着 $\inf\{S_{x_1}\} \supseteq \inf\{S_{x_2}\}$，则 $f^{-1}(x_1) \leqslant f^{-1}(x_2)$。因此 f^{-1} 是广义递增的。

伪逆：首先假设 $f(t) \geqslant x$，那么对于 $t \in S_x$，t 大于 S_x 的下确界，而这个下确界就是 $f^{-1}(x)$，这样式 (3.4) 得证。接下来假设 $f^{-1}(x) < t$。那么对于 $t > \inf\{S_x\}$，意味着根据下确界的定义，有 $t \in \{S_x\}$。这进而导致 $f(t) \geqslant x$，式 (3.5) 得证。

等价定义：定义子集 $\tilde{S}_x = \{t|f(t) < x\} \subseteq \mathbf{R}_+$。对于 $t \in S_x$ 和 $\tilde{t} \in \tilde{S}_x$，由于 f 是广义递增的，那么有 $f(\tilde{t}) < f(t)$，这意味着 $\tilde{t} \leqslant t$。这对于任意 $t \in S_x$ 和 $\tilde{t} \in \tilde{S}_x$ 都是成立的，所以 $\sup\{\tilde{S}_x\} \leqslant \inf\{S_x\}$。又由于 $\tilde{S}_x \cup S_x = \mathbf{R}_+$，$\sup\{\tilde{S}_x\} < \inf\{S_x\}$ 不可能成立。所以

$$\sup\{\tilde{S}_x\} = \inf\{S_x\} = f^{-1}(x)$$

□

3.1.5 凹函数、凸函数与星形函数

因为凸函数和凹函数是最小加演算中一类重要的函数，所以回顾它们的一些属性是很有用的。

定义 3.1.8（$\mathbf{R}^n$ 的凸属性） 令 u 是满足 $0 \leqslant u \leqslant 1$ 的任意实数。

- 当且仅当对于所有的 $x, y \in S$，$ux + (1-u)y \in S$，子集 $S \subseteq \mathbf{R}^n$ 是凸的。
- 当且仅当对于所有 $x, y \in D$，$f(ux + (1-u)y) \leqslant uf(x) + (1-u)f(y)$，从子集 $D \subseteq \mathbf{R}^n$ 到 $\mathbf{R}$ 的函数 f 是凸的。
- 当且仅当 $-f$ 是凸的，从子集 $D \subseteq \mathbf{R}^n$ 到 $\mathbf{R}$ 的函数 f 是凹的。

例如，速率–时延函数 [见图 3.1(c)] 是凸的，由式 (3.1) 定义的分段线性函数 f_1 是凹的，由式 (3.2) 定义的分段线性函数 f_2 既不是凸的也不是凹的。

凸集合和凸函数具有很多便利的属性 [45]。以下有一些在本章中将要用到的属性，并且它们可以根据定义 3.1.8 直接得到。

- $\mathbf{R}$ 的凸子集是区间。
- 如果 S_1 和 S_2 是 $\mathbf{R}^n$ 上的两个凸子集，则两个子集的和 $S = S_1 + S_2 = \{s \in \mathbf{R}^n | s = s_1 + s_2, s_1 \in S_1, s_2 \in S_2\}$ 也是凸的。

- 从区间 $[a, b]$ 到 $\mathbf{R}$ 的函数 f 是凸的（凹的），当且仅当对于所有 $x, y \in[a, b]$ 和所有 $u \in[0, 1]$，$f(ux+(1-u)y) \leqslant$（$\geqslant$）$uf(x)+(1-u)f(y)$。
- 任意数量的凸（凹）函数的逐点最大（最小）是凸（凹）函数。
- 如果 S 是 $\mathbf{R}^{n+1}$ 上的凸子集，其中 $n \geqslant 1$，则定义从 $\mathbf{R}^n$ 到 $\mathbf{R}$ 的函数 $f(x)=\inf\{\mu \in \mathbf{R} \mid (x,\mu) \in S\}$ 是凸的。
- 如果 f 是从 $\mathbf{R}^n$ 到 $\mathbf{R}$ 的凸函数，则集合 S 被定义为 $S=\{(x,\mu) \in \mathbf{R}^{n+1} \mid f(x) \leqslant \mu\}$。该集合是凸的。这种集合被称为 f 的上境图（epigraph）。在 $n=1$ 的特殊情况下，它意味着，$\{a, f(a)\}$ 和 $\{b, f(b)\}$ 之间的线段在曲线 $y=f(x)$ 的上方。

这些属性的证明由参考文献 [45] 给出，并且可以容易地从定义 3.1.8 推导得到，甚至可以从简单的图形中推导得到。张正尚在参考文献 [3] 中引入了星形（star-shaped）函数，定义如下。

定义 3.1.9（星形函数）　函数 $f \in \mathcal{F}$ 为星形函数，当且仅当对于所有 $t>0$，$f(t)/t$ 是广义递减的。

星形函数具有如下属性。

定理 3.1.3（对星形函数求最小）　令 f、g 为两个星形函数，则 $h=f \wedge g$ 也是星形的。

证明： 对于某个 $t \geqslant 0$，若 $h(t)=f(t)$，则对于所有 $s>t$，$h(t)/t=f(t)/t \geqslant f(s)/s \geqslant h(s)/s$。当然，如果 $h(t)=g(t)$，对于同样的参数也可以得到同样的结论。所以，对于所有 $s>t$，有 $h(t)/t \geqslant h(s)/s$，表明 h 是星形的。　□

下一节将介绍星形函数的其他属性。这里以一类重要的星形函数作为本节的总结。

定理 3.1.4　凹函数是星形的。

证明： 令 f 是凹函数，则对于任意 $u \in [0,1]$ 和 $x,y \geqslant 0$，$f(ux+(1-u)y) \geqslant uf(x)+(1-u)f(y)$ 成立。另外，令 $x=t$、$y=0$ 且 $u=s/t$，其中 $0<s \leqslant t$。则上述不等式变为 $f(s) \geqslant (s/t)f(t)$，这表明 $f(t)/t$ 是 t 的递减函数。　□

3.1.6　最小加卷积

令 $f(t)$ 是一个实数值函数，其中对于 $t \leqslant 0$ 时，函数值为 0。如果 $t \in\mathbf{R}$，则该函数在常规代数 $(\mathbf{R}, +, \times)$ 下的积分为

$$\int_0^t f(s)\mathrm{d}s$$

对于 $t \in \mathbf{Z}$ 的序列 $f(t)$，上式变为

$$\sum_{s=0}^{t} f(s)$$

在最小加代数 $(\mathbf{R} \cup \{+\infty\}, \wedge, +)$ 下，其中“$\wedge$”类似于“加法”，“$+$”类似于“乘法”，因此函数 f 的积分变为

$$\inf_{s \in \mathbf{R}, 0 \leqslant s \leqslant t} \{f(s)\}$$

对于 $t \in \mathbf{Z}$ 的序列 $f(t)$，上式变为

$$\min_{s \in \mathbf{Z}, 0 \leqslant s \leqslant t} \{f(s)\}$$

通常采用一种更加简短的记法来表示上述的两个表达式，即

$$\inf_{0 \leqslant s \leqslant t} \{f(s)\}$$

至于 $s \in \mathbf{Z}$ 或是 $s \in \mathbf{R}$，取决于 f 的定义域。

在常规线性系统理论中一种关键的运算是两个函数之间的卷积，定义如下

$$(f \otimes g)(t) = \int_{-\infty}^{+\infty} f(t-s) g(s) \mathrm{d}s$$

对于 $t < 0$ 时函数值为 0 的两个函数，卷积的定义变为

$$(f \otimes g)(t) = \int_{0}^{+\infty} f(t-s) g(s) \mathrm{d}s$$

在最小加演算中，卷积运算是上述定义的自然的扩展。

定义 3.1.10（最小加卷积） 令 f 和 g 为 $\mathcal{F}$ 上的两个函数或序列，f 和 g 的最小加卷积如下

$$(f \otimes g)(t) = \inf_{0 \leqslant s \leqslant t} \{f(t-s) + g(s)\} \tag{3.7}$$

如果 $t<0$，则 $(f \otimes g)(t) = 0$。

例： 设想两个函数 $\gamma_{r,b}$ 和 $\beta_{R,T}$，有 $0<r<R$，计算它们的最小加卷积。首先当 $0 \leqslant t \leqslant T$ 时进行计算，即

$$(\gamma_{r,b} \otimes \beta_{R,T})(t) = \inf_{0 \leqslant s \leqslant t} \{\gamma_{r,b}(t-s) + R[s-T]^{+}\}$$

$$= \inf_{0\leqslant s\leqslant t}\{\gamma_{r,b}(t-s)+0\} = \gamma_{r,b}(0) = 0+0 = 0$$

当 $t > T$ 时，有

$$(\gamma_{r,b}\otimes\beta_{R,T})(t) = \inf_{0\leqslant s\leqslant t}\{\gamma_{r,b}(t-s)+R[s-T]^+\}$$

$$= \inf_{0\leqslant s\leqslant T}\{\gamma_{r,b}(t-s)+R[s-T]^+\} \wedge \inf_{T<s<t}\{\gamma_{r,b}(t-s)+R[s-T]^+\}$$

$$\wedge \inf_{s=t}\{\gamma_{r,b}(t-s)+R[s-T]^+\}$$

$$= \inf_{0\leqslant s\leqslant T}\{b+r(t-s)+0\} \wedge \inf_{T<s<t}\{b+r(t-s)+R(s-T)\} \wedge \{0+R(t-T)\}$$

$$=\{b+r(t-T)\} \wedge \left\{b+rt-RT+\inf_{T<s<t}\{(R-r)s\}\right\} \wedge \{R(t-T)\}$$

$$=\{b+r(t-T)\} \wedge \{b+r(t-T)\} \wedge \{R(t-T)\}$$

$$=\{b+r(t-T)\} \wedge \{R(t-T)\}$$

计算结果如图 3.3 所示。接下来介绍一些对最小加卷积计算有用的属性。

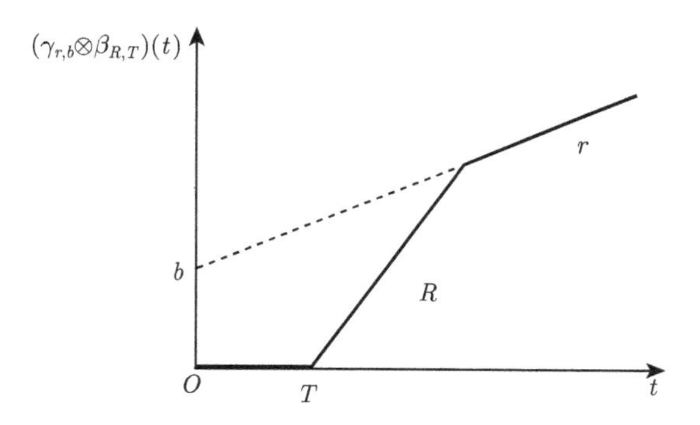

图 3.3　当 $0 < r < R$ 时的函数 $\gamma_{r,b}\otimes\beta_{R,T}$

定理 3.1.5（⊗ 的通用属性）　令 $f,g,h \in \mathcal{F}$。

- **规则 1（⊗ 的封闭性）**　$(f\otimes g)\in\mathcal{F}$。
- **规则 2（⊗ 的结合律）**　$(f\otimes g)\otimes h = f\otimes(g\otimes h)$。
- **规则 3（∧ 的零元对于 ⊗ 的吸收）**　属于 $\mathcal{F}$ 的零元是函数 ε，定义为对于所有 $t\geqslant 0$，$\varepsilon(t)=+\infty$，并且对于所有 $t<0$ 有 $\varepsilon(t)=0$，则 $f\otimes\varepsilon=\varepsilon$。
- **规则 4（⊗ 的幺元的存在性）**　由于 $f\otimes\delta_0 = f$，因此幺元为 δ_0。
- **规则 5（⊗ 的交换律）**　$f\otimes g = g\otimes f$。

- **规则 6（$\otimes$ 对于 $\wedge$ 的分配律）** $(f \wedge g) \otimes h = (f \otimes h) \wedge (g \otimes h)$。
- **规则 7（常数的加法）** 对于任意 $K \in \mathbf{R}_+$，$(f + K) \otimes g = (f \otimes g) + K$。

这些规则的证明很容易。这里只给出前两条规则的证明，其余的留给读者自行证明。

证明：（规则 1）因为 f 是广义递增的，对于所有 $0 \leqslant t_1 < t_2$ 以及所有 $s \in \mathbf{R}$，有

$$f(t_1 - s) + g(s) \leqslant f(t_2 - s) + g(s)$$

所以

$$\inf_{s \in \mathbf{R}}\{f(t_1 - s) + g(s)\} \leqslant \inf_{s \in \mathbf{R}}\{f(t_2 - s) + g(s)\}$$

并且因为当 $t < 0$ 时，$f(t) = g(t) = 0$，所以这个不等式等价于

$$\inf_{0 \leqslant s \leqslant t_1}\{f(t_1 - s) + g(s)\} \leqslant \inf_{0 \leqslant s \leqslant t_2}\{f(t_2 - s) + g(s)\}$$

这说明对于所有 $0 \leqslant t_1 < t_2$，$(f \otimes g)(t_1) \leqslant (f \otimes g)(t_2)$ 成立（规则 2）。

$$\begin{aligned}
((f \otimes g) \otimes h)(t) &= \inf_{0 \leqslant s \leqslant t}\left\{\inf_{0 \leqslant u \leqslant t-s}\{f(t - s - u) + g(u)\} + h(s)\right\} \\
&= \inf_{0 \leqslant s \leqslant t}\left\{\inf_{0 \leqslant u' \leqslant t}\{f(t - u') + g(u' - s) + h(s)\}\right\} \\
&= \inf_{0 \leqslant u' \leqslant t}\left\{\inf_{0 \leqslant s \leqslant u'}\{f(t - u') + g(u' - s) + h(s)\}\right\} \\
&= \inf_{0 \leqslant u' \leqslant t}\left\{f(t - u') + \inf_{0 \leqslant s \leqslant u'}\{g(u' - s) + h(s)\}\right\} \\
&= \inf_{0 \leqslant u' \leqslant t}\{f(t - u') + (g \otimes h)(u')\} \\
&= (f \otimes (g \otimes h))(t)
\end{aligned}$$

□

规则 1 到规则 6 在 $(\mathcal{F}, \wedge, \otimes)$ 上建立了一种交换双子的结构，规则 6 和规则 7 表明 $\otimes$ 是在 $(\mathbf{R}_+, \wedge, +)$ 上的一种线性运算。现在还要用两条附加的规则完善这些结论，这两条规则在凹函数或者凸函数的情况下是很有用的。

定理 3.1.6（对于凹/凸函数 $\otimes$ 的性质） 令 $f, g \in \mathcal{F}$。

- **规则 8（通过原点的函数）** 如果 $f(0) = g(0) = 0$，则 $f \otimes g \leqslant f \wedge g$。更进一步地，如果 f 和 g 是星形的，则 $f \otimes g = f \wedge g$。

- **规则 9（凸函数）**　如果 f 和 g 是凸的，则 $f \otimes g$ 是凸的。特别是如果 f 和 g 是凸的且为分段线性的，则 $f \otimes g$ 是通过将 f 和 g 的不同线性段以斜率增长的方式排序后，将首尾相连而得到的。

因为凹函数是星形的，所以下面的规则 8 也蕴涵着如果 f 和 g 是凹的，且 $f(0) = g(0) = 0$，则 $f \otimes g = f \wedge g$。

证明：（**规则 8**）因为 $f(0) = g(0) = 0$，所以

$$(f \otimes g)(t) = g(t) \wedge \inf_{0<s<t}\{f(t-s) + g(s)\} \wedge f(t) \leqslant f(t) \wedge g(t) \tag{3.8}$$

另外假设 f 和 g 是星形的，则对于任意 $t > 0$ 以及 $0 \leqslant s \leqslant t$，$f(t-s) \geqslant (1-s/t)f(t)$ 成立，且 $g(s) \geqslant (s/t)g(t)$，所以

$$f(t-s) + g(s) \geqslant f(t) + (s/t)(g(t) - f(t))$$

至此，因为 $0 \leqslant s/t \leqslant 1$，$f(t) + (s/t)(g(t) - f(t)) \geqslant f(t) \wedge g(t)$，所以对于所有 $0 \leqslant s \leqslant t$，有

$$f(t-s) + g(s) \geqslant f(t) \wedge g(t)$$

将此不等式与式 (3.8) 相组合，即可得到预期的结论。 □

（**规则 9**）该证明利用前文列出的凸集和凸函数的属性。f 和 g 的上境图为集合

$$S_1 = \{(s_1, \mu_1) \in \mathbf{R}^2 \mid f(s_1) \leqslant \mu_1\}$$

$$S_2 = \{(s_2, \mu_2) \in \mathbf{R}^2 \mid g(s_2) \leqslant \mu_2\}$$

因为 f 和 g 是凸的，所以它们的上境图也是凸的，并且两个子集的和 $S = S_1 + S_2$ 也是凸的，可以表示为

$$S = \{(t, \mu) \in \mathbf{R}^2 \mid \exists (s, \xi) \in [0, t] \times [0, \mu], f(t-s) \leqslant \mu - \xi, g(s) \leqslant \xi\}$$

因为 S 是凸的，所以函数 $h(t) = \inf\{\mu \in \mathbf{R} | (t, \mu) \in S\}$ 也是凸的。那么 h 能够被改写为

$$\begin{aligned} h(t) &= \inf\{\mu \in \mathbf{R} \mid \exists (s, \xi) \in [0, t] \times [0, \mu], f(t-s) \leqslant \mu - \xi, g(s) \leqslant \xi\} \\ &= \inf\{\mu \in \mathbf{R} \mid \exists s \in [0, t], f(t-s) + g(s) \leqslant \mu\} \\ &= \inf\{f(t-s) + g(s), s \in [0, t]\} \\ &= (f \otimes g)(t) \end{aligned}$$

这证明 $f \otimes g$ 是凸的。

如果 f 和 g 是分段线性的，则可以通过将 f 和 g 的不同线性段以斜率递增的排序方式首尾连接 [46] 得到 $f \otimes g$。能够构造集合 $S = S_1 + S_2$，该集合是 $f \otimes g$ 的上境图。

确切地说，令 h' 表示这种运算产生的函数，接下来证明 $h' = f \otimes g$。假设有取自 f 和 g 的 n 条线性段，并且按照斜率递增的顺序从 1 到 n 标记它们：$0 \leqslant r_1 \leqslant r_2 \leqslant \cdots \leqslant r_n$。图 3.4 展示出 n=5 的示例。对于 $1 \leqslant i \leqslant n$，令 T_i 表示第 i 段投影到水平坐标轴的长度，则第 i 段投影到垂直坐标轴的长度为 r_iT_i。以 S' 表示 h' 的上境图，S' 是凸的，并且以 $\partial S'$ 表示它的边界。

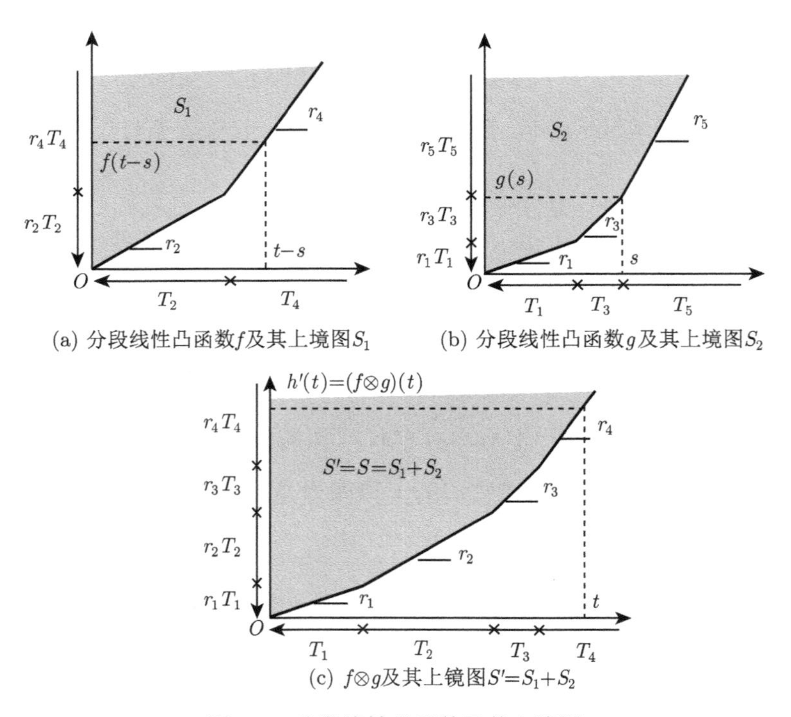

(a) 分段线性凸函数f及其上境图S_1

(b) 分段线性凸函数g及其上境图S_2

(c) $f\otimes g$及其上镜图$S'=S_1+S_2$

图 3.4　分段线性凸函数及其上境图

在边界 $\partial S'$ 上选取任意点 $(t, h'(t))$。后面将表明，这个点总是可以通过将 S_1 的边界 ∂S_1 上的某个点 $(t-s, f(t-s))$ 和 S_2 的边界 ∂S_2 上的某个点 $(s, f(s))$ 相加得到。令 k 为 $(t, h'(t))$ 所在的线性段的标号，并且不失一般性地假设该线

性段是 f 的一部分（$k \subseteq \partial S_1$）。能够将 $h'(t)$ 表示为

$$h'(t) = r_k \left(t - \sum_{i=1}^{k-1} T_i\right) + \sum_{i=1}^{k-1} r_i T_i \tag{3.9}$$

现在，令 s 是属于 g 且标号小于 k 的分段的水平投影长度之和，即

$$s = \sum_{i \subseteq \partial S_2, 1 \leqslant i \leqslant k-1} T_i$$

接下来能够计算得出

$$\begin{aligned} t - s &= t - \sum_{i=1}^{k-1} T_i + \sum_{i=1}^{k-1} T_i - \sum_{i \subseteq \partial S_2, 1 \leqslant i \leqslant k-1} T_i \\ &= t - \sum_{i=1}^{k-1} T_i + \sum_{i \subseteq \partial S_1, 1 \leqslant i \leqslant k-1} T_i \end{aligned}$$

并且

$$\begin{aligned} f(t-s) &= r_k \left(t - \sum_{i=1}^{k-1} T_i\right) + \sum_{i \subseteq \partial S_1, 1 \leqslant i \leqslant k-1} r_i T_i \\ g(s) &= \sum_{i \subseteq \partial S_2, 1 \leqslant i \leqslant k-1} r_i T_i \end{aligned}$$

由式 (3.9) 知，这两个等式的右侧相加等于 $h'(t)$，因此 $f(t-s)+g(s) = h'(t)$。这表明 $\partial S'$ 上的任意点都能够分开写成某个 ∂S_1 上的点和某个 ∂S_2 上的点之和，即 $\partial S' = \partial S_1 + \partial S_2$，这意味着 $S' = S_1 + S_2 = S$，因此 $h' = f \otimes g$。

□

最后一条规则很容易证明，该规则声明 $\otimes$ 是保序的。

定理 3.1.7（$\otimes$ 的保序性）　令 $f, g, f', g' \in \mathcal{F}$。

- **规则 10（保序性）**　如果 $f \leqslant g$ 且 $f' \leqslant g'$，则 $f \otimes f' \leqslant g \otimes g'$。

我们将用到以下定理。

定理 3.1.8　对于 $\mathcal{F}$ 中的 f 和 g，如果 g 还是连续的，则对于任意 t，存在一些 t_0，使得

$$(f \otimes g)(t) = f_l(t_0) + g(t - t_0) \tag{3.10}$$

其中，$f_l(t_0) = \sup_{s<t_0}\{f(s)\}$ 是 f 在 t_0 的左极限。如果 f 是左连续的，则 $f_l(t_0) = f(t_0)$。

证明：对于某个给定的 t，存在时刻的序列 $0 \leqslant s_n \leqslant t$，使得

$$\inf_{t_0 \leqslant t}\{f(t_0)+g(t-t_0)\}=\lim_{n\to\infty}(f(s_n)+g(t-s_n)) \tag{3.11}$$

因为 $0 \leqslant s_n < t$，所以能够抽取出一个收敛到某个 t_0 值的子序列。这里采用一种简短的记法 $\lim\limits_{n\to\infty} s_n = t_0$。如果 f 是连续的，则在式 (3.11) 中右边的部分等于 $f_l(t_0)+g(t-t_0)$，这表明该命题成立。否则若 f 在 t_0 是间断的，则定义 $\delta = f(t_0)-f_l(t_0)$。还能够再次抽取出一个使得 $s_n < t_0$ 的子序列。确切地说，这如果不成立，那么对于除了有限数量的标号 n 之外的所有标号，本应有 $s_n \geqslant t_0$ 成立。这样当 n 足够大时，应有 $f(s_n) \geqslant f_l(t_0)+\delta$。并且依据 g 的连续性，有

$$g(t-s_n) \geqslant g(t-t_0)-\frac{\delta}{2}$$

因此

$$f(s_n)+g(t-s_n) \geqslant f_l(t_0)+g(t-t_0)+\frac{\delta}{2}$$

接下来，由于

$$f_l(t_0)+g(t-t_0) \geqslant \inf_{s\leqslant t}\{f(s)+g(t-s)\}$$

因此

$$f(s_n)+g(t-s_n) \geqslant \inf_{s\leqslant t}\{f(s)+g(t-s)\}+\frac{\delta}{2}$$

这与式 (3.11) 矛盾。因此，对于足够大的 n，能够假设 $s_n \leqslant t_0$，从而有 $\lim\limits_{n\to\infty} f(s_n) = f_l(t_0)$。 □

最后，有时候将一个有些复杂的函数表示为一些简单函数的卷积是有用的。例如，速率–时延函数 $\beta_{R,T}$ 能够被表达为

$$\beta_{R,T} = \delta_T \otimes \lambda_R \tag{3.12}$$

3.1.7 次可加函数

另一类将在网络演算中体现出重要性的函数是次可加（sub-additive）函数，其定义如下。

定义 3.1.11（次可加函数） 令 f 是 $\mathcal{F}$ 域中的函数或序列，则 f 是次可加的，当且仅当对于所有 $s,t \geqslant 0$，$f(t+s) \leqslant f(t)+f(s)$。

注意，该定义等效于要求 $f \leqslant f \otimes f$ 成立。如果 $f(0)=0$，这等效于要求 $f \otimes f = f$ 成立。

在下文将看到，经过原点的凹函数是次可加的。式 (3.1) 给出的分段线性函数 f_1 是经过原点的凹函数，因此它是次可加的。

然而，次可加函数的集合大于凹函数的集合。由式 (3.2) 给出的函数 f_2 不是凹的，但可以验证 f_2 符合定义 3.1.11，因此它是次可加的。

与凹函数和凸函数不同，不总是能够显而易见地通过函数的图形快速和形象化地确定函数是否为次可加的。考虑两个函数 $\beta_{R,T}+K'$ 和 $\beta_{R,T}+K''$，分别以图 3.5(a) 和图 3.5(b) 表示。尽管两个函数的区别仅在于常数 K' 和 $K''(0<K''<RT<K'<+\infty)$，但可以看到 $\beta_{R,T}+K'$ 是次可加的，而 $\beta_{R,T}+K''$ 不是。对于第一个函数 $\beta_{R,T}+K'$，如果 $s+t\leqslant T$，则对于 $s,t\leqslant T$，有

$$\beta_{R,T}(s+t)+K'=K'<2K'=(\beta_{R,T}(s)+K')+(\beta_{R,T}(t)+K')$$

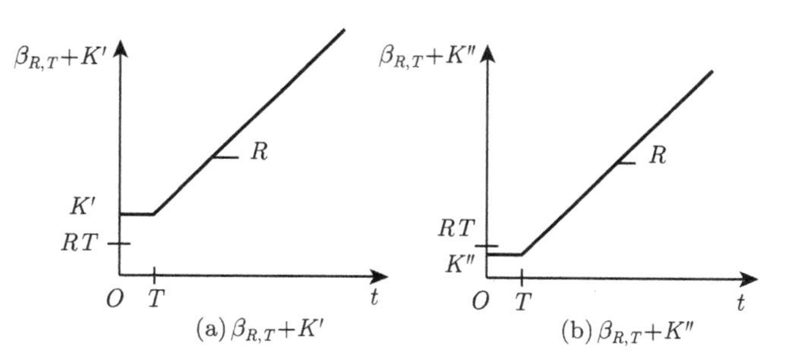

图 3.5　无法通过函数图形快速确定函数的次可加性

图 3.5 的说明： 函数 $\beta_{R,T}+K'$ 和 $\beta_{R,T}+K''$ 的唯一区别是常数值 $K''<RT<K'$。

另外，如果 $s+t>T$，则由于 $K'>RT$，有

$$\begin{aligned}\beta_{R,T}(s+t)+K'&=R(t+s-T)+K'<R(t+s-T)+K'+(K'-RT)\\&=(R(t-T)+K')+(R(s-T)+K')\\&\leqslant(\beta_{R,T}(t)+K')+(\beta_{R,T}(s)+K')\end{aligned}$$

这证明 $\beta_{R,T}+K'$ 是次可加的。接下来考虑 $\beta_{R,T}+K''$，选取 $s=T$ 和 $t>T$，则因为 $K''<RT$，有

$$\beta_{R,T}(t+s)+K''=\beta_{R,T}(t+T)+K''=Rt+K''$$

$$
\begin{aligned}
&= R(t-T) + RT + K'' \\
&> R(t-T) + K'' + K'' \\
&= (\beta_{R,T}(t) + K'') + (\beta_{R,T}(s) + K'')
\end{aligned}
$$

这证明 $\beta_{R,T} + K''$ 不是次可加的。

现在，列出次可加函数的一些属性。

定理 3.1.9（次可加函数的属性） 令 $f, g \in \mathcal{F}$，

- **（通过原点的星形函数）** 如果 f 是满足 $f(0)=0$ 的星形函数，则 f 是次可加的。
- **（次可加函数的和）** 如果 f 和 g 是次可加的，则 $f+g$ 也是次可加的。
- **（次可加函数的最小加卷积）** 如果 f 和 g 是次可加的，则 $f \otimes g$ 也是次可加的。

第一条属性还意味着经过原点的凹函数是次可加的。第二条属性的证明比较简单，读者可自行证明。这里证明其他两条属性。

证明：（经过原点的星形函数）令 $s, t \geqslant 0$。如果 $s=0$ 或 $t=0$，则显然 $f(s+t)=f(s)+f(t)$。下面设 $s>0$、$t>0$，由于 f 是星形的，因此有

$$
f(s) \geqslant \frac{s}{s+t} f(s+t)
$$

$$
f(t) \geqslant \frac{t}{s+t} f(s+t)
$$

相加得到 $f(s)+f(t) \geqslant f(s+t)$。

（次可加函数的最小加卷积）令 $s \geqslant 0$、$t \geqslant 0$，则

$$
\begin{aligned}
&(f \otimes g)(s) + (f \otimes g)(t) \\
&= \inf_{0 \leqslant u \leqslant s} \{f(s-u) + g(u)\} + \inf_{0 \leqslant v \leqslant t} \{f(t-v) + g(v)\} \\
&= \inf_{0 \leqslant u \leqslant s} \{\inf_{0 \leqslant v \leqslant t} \{f(s-u) + f(t-v) + g(u) + g(v)\}\} \\
&\geqslant \inf_{0 \leqslant u \leqslant s} \{\inf_{0 \leqslant v \leqslant t} \{f(s+t-(u+v)) + g(u+v)\}\} \\
&= \inf_{0 \leqslant u+v \leqslant s+t} \{f(s+t-(u+v)) + g(u+v)\} \\
&= (f \otimes g)(t+s)
\end{aligned}
$$

□

对任意数量的星形函数（凹函数）求最小，得到的仍然是星形函数（凹函数）。如果其中的一个函数经过原点，则该函数是一个次可加函数。如前所述，由式 (3.1) 给出的凹分段线性函数是次可加的。另外，对两个次可加函数求最小则通常不是次可加的。例如，对于速率–时延函数 $\beta_{R',T}$ 和另一个由式 (3.2) 给出的函数 f_2，当 $R'=2R/3$，且 R 和 T 的定义如式 (3.2) 时，这两个函数都是次可加的，但可以验证 $\beta_{R',T}\wedge f_2$ 不是次可加的。

定理 3.1.9 中的第一个属性告诉我们，所有星形函数都是次可加的。例如可以验证 $\beta_{R,T}+K'$ 是星形函数（但不是凹的），但 $\beta_{R,T}+K''$ 不是星形函数。读者可能还有疑惑，反过来，所有的次可加函数是不是都是星形的？答案是否定的。以式 (3.2) 给出的函数 f_2 为例，它是次可加的，但它不是星形的，因为 $f(2T)/2T=R/2<2R/3=f(3T)/3T$。

3.1.8　次可加闭包

给定一个函数 $f\in\mathcal{F}$，如果 $f(0)$=0，则 $f\geqslant f\otimes f\geqslant 0$。通过重复这种运算，可以得到一系列函数，每次运算后的结果小于或等于运算前的结果，并收敛于某个极限函数。可以看出，这个极限函数是小于或等于函数 f 的最大的次可加函数，并且在 t=0 时为 0，它被称为 f 的次可加闭包。正式的定义如下所示。

定义 3.1.12（次可加闭包）　令 f 为 $\mathcal{F}$ 上的函数或序列。令 $f^{(n)}$ 表示对 f 和其自身重复进行 $n-1$ 次卷积计算后得到的函数。习惯上，令 $f^{(0)}=\delta_0$，这样 $f^{(1)}=f$，$f^{(2)}=f\otimes f$，以此类推，则 f 的次可加闭包被记为 $\bar{f}$，定义为

$$\bar{f}=\delta_0\wedge f\wedge(f\otimes f)\wedge(f\otimes f\otimes f)\wedge\cdots=\inf_{n\geqslant 0}\left\{f^{(n)}\right\} \tag{3.13}$$

例：两个函数 $\beta_{R,T}+K'$ 和 $\beta_{R,T}+K''$ 分别如图 3.5(a) 和图 3.5(b) 所示，计算它们的次可加闭包。首先注意定理 3.1.5 的规则 7 和定理 3.1.6 的规则 9，对于任意 K>0，有

$$(\beta_{R,T}+K)\otimes(\beta_{R,T}+K)=(\beta_{R,T}\otimes\beta_{R,T})+2K=\beta_{R,2T}+2K$$

重复 n 次这种卷积运算，对于所有 $n\geqslant 1$ 的整数，得到

$$(\beta_{R,T}+K)^{(n)}=\beta_{R,nT}+nK$$

现在，如果 $K=K'>RT$，并且 $t\leqslant nT$，那么

$$\beta_{R,nT}+nK'=nK'>(n-1)RT+K'=R(nT-T)+K'$$

$$\geqslant R[t-T]^{+}+K'=\beta_{R,T}+K'$$

而如果 $t>nT$，那么

$$\beta_{R,nT}+nK'=R(t-nT)+nK'=R(t-T)+(n-1)(K'-RT)+K'$$
$$>R(t-T)+K'=\beta_{R,T}+K'$$

这样对于所有 $n\geqslant 1$，$(\beta_{R,T}+K')^{(n)}\geqslant\beta_{R,T}+K'$ 成立。因此根据式 (3.13)，得到

$$\overline{\beta_{R,T}+K'}=\delta_0\wedge\inf_{n\geqslant 1}\left\{(\beta_{R,T}+K')^{(n)}\right\}=\delta_0\wedge(\beta_{R,T}+K')$$

如图 3.6(a) 所示。另外，如果 $K=K''<RT$，那么当 $n=1$ 时，那么对于每个 $t>0$ 没有达到前面等式中的下确界。因此，此时次可加闭包被表示为

$$\overline{\beta_{R,T}+K''}=\delta_0\wedge\inf_{n\geqslant 1}\left\{(\beta_{R,T}+K'')^{(n)}\right\}=\delta_0\wedge\inf_{n\geqslant 1}\{(\beta_{R,nT}+nK'')\}$$

如图 3.6(b) 所示。

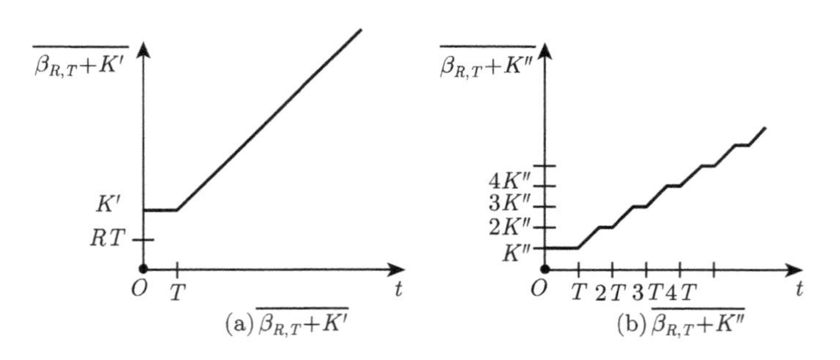

图 3.6 函数的次可加闭包的例子

图 3.6 的说明： 图 3.6 展示了当 $K''<RT<K'$ 时，函数 $\beta_{R,T}+K'$ 和 $\beta_{R,T}+K''$ 的次可加闭包。

在所有小于 f 并且在 t=0 时函数值为 0 的次可加函数中，存在一个其他所有函数的上界。该函数为 $\bar{f}$，由以下定理确定。

定理 3.1.10（次可加闭包） 令 f 为 $\mathcal{F}$ 上的函数或序列，并令 $\bar{f}$ 为它的次可加闭包。则 $\bar{f}\leqslant f$，$\bar{f}\in\mathcal{F}$ 并且 $\bar{f}$ 是次可加的。如果函数 $g\in\mathcal{F}$ 是次可加的，且满足 $g(0)=0$ 以及 $g\leqslant f$，则 $g\leqslant\bar{f}$。

证明： 根据定义 3.1.12，显然有 $\bar{f} \leqslant f$ 成立。通过重复 $n-1$ 次定理 3.1.5 的规则 1，得到对于所有 $n \geqslant 1$，有 $f^{(n)} \in \mathcal{F}$。由于 $f^{(0)} = \delta_0$ 也属于 $\mathcal{F}$，因此 $\bar{f} = \inf_{n\geqslant 0}\left\{f^{(n)}\right\} \in \mathcal{F}$。接下来证明 $\bar{f}$ 是次可加的。对于任意整数 $n, m \geqslant 0$，以及任意 $s, t \geqslant 0$，有

$$f^{(n+m)}(t+s) = \left(f^{(n)} \otimes g^{(m)}\right)(t+s) = \inf_{0\leqslant u\leqslant t+s}\left\{f^{(n)}(t+s-u) + f^{(m)}(u)\right\}$$
$$\leqslant f^{(n)}(t) + f^{(m)}(s)$$

那么

$$\begin{aligned}\bar{f}(t+s) &= \inf_{n+m\geqslant 0}\left\{f^{(n+m)}(t+s)\right\} = \inf_{n,m\geqslant 0}\left\{f^{(n+m)}(t+s)\right\} \\ &\leqslant \inf_{n,m\geqslant 0}\left\{f^{(n)}(t) + f^{(m)}(s)\right\} \\ &= \inf_{n\geqslant 0}\left\{f^{(n)}(t)\right\} + \inf_{m\geqslant 0}\left\{f^{(m)}(s)\right\} = \bar{f}(t) + \bar{f}(s)\end{aligned}$$

这表明 $\bar{f}$ 是次可加的。

接下来，假设 $g \in \mathcal{F}$ 是次可加的，$g(0) = 0$ 且 $g \leqslant f$。假设对于 $n \geqslant 1$，求证 $f^{(n)} \geqslant g$。显然，该式在 $n = 0$[因为 $g(0) = 0$ 意味着 $g \leqslant \delta_0 = f^{(0)}$] 和 $n = 1$ 时成立。现在，根据该假设和 g 的次可加性得到对于任意 $0 \leqslant s \leqslant t$，$f^{(n)}(t-s) + f(s) \geqslant g(t-s) + g(s) \geqslant g(t)$ 成立，从而 $f^{(n+1)}(t) \geqslant g(t)$。通过对 n 进行递归，对于所有 $n \geqslant 0$ 有 $f^{(n)} \geqslant g$，因此 $\bar{f} = \inf_{n\geqslant 0}\{f^{(n)}\} \geqslant g$。 □

推论 3.1.1（次可加函数的次可加闭包） 令 $f \in \mathcal{F}$，则以下 3 个命题是等价的：（1）$f(0) = 0$ 并且 f 是次可加的；（2）$f \otimes f = f$；（3）$\bar{f} = f$。

证明：（1）⇒（2）由定义 3.1.11 直接得到。（2）⇒（3）的证明如下，首先 $f \otimes f = f$ 意味着对于所有 $n \geqslant 1$，$f^{(n)} = f$；其次 $(f \otimes f)(0) = f(0) + f(0)$ 意味着 $f(0) = 0$；所以 $\bar{f} = \inf_{n\geqslant 0}\left\{f^{(n)}\right\} = \delta_0 \wedge f = f$。（3）⇒（1）由定理 3.1.10 得到。 □

对于函数的次可加闭包，以下的定理给出其他一些有用的属性。

定理 3.1.11（次可加闭包的其他属性） 令 $f \in \mathcal{F}$，有

- **（保序性）** 如果 $f \leqslant g$，则 $\bar{f} \leqslant \bar{g}$。
- **（求最小的次可加闭包）** $\overline{f \wedge g} = \bar{f} \otimes \bar{g}$。
- **（卷积的次可加闭包）** $\overline{f \otimes g} \geqslant \bar{f} \otimes \bar{g}$。如果 $f(0) = g(0) = 0$，则 $\overline{f \otimes g} = \bar{f} \otimes \bar{g}$。

证明：（保序性）假设对于 $n \geqslant 1$，已经有 $f^{(n)} \leqslant g^{(n)}$ 成立（显然，这对于 $n=0$ 和 $n=1$ 是成立的）。接下来采用定理 3.1.7，可得到

$$f^{(n+1)} = f^{(n)} \otimes f \leqslant g^{(n)} \otimes g = g^{(n+1)}$$

这表明通过对 n 进行递归，有 $\bar{f} \leqslant \bar{g}$ 成立。

（求最小的次可加闭包）容易发现，采用定理 3.1.5，有

$$(f \wedge g)^{(2)} = (f \otimes f) \wedge (f \otimes g) \wedge (g \otimes g)$$

假设已经证明对于某些 $n \geqslant 0$，$(f \wedge g)^{(n)}$ 的展开式为

$$\begin{aligned}(f \wedge g)^{(n)} &= f^{(n)} \wedge \left(f^{(n-1)} \otimes g\right) \wedge \left(f^{(n-2)} \otimes g^{(2)}\right) \wedge \cdots \wedge g^{(n)} \\ &= \inf_{0 \leqslant k \leqslant n} \left\{f^{(n-k)} \otimes g^{(k)}\right\}\end{aligned}$$

则

$$\begin{aligned}(f \wedge g)^{(n+1)} &= (f \wedge g) \otimes (f \wedge g)^{(n)} = \left\{f \otimes (f \wedge g)^{(n)}\right\} \wedge \left\{g \otimes (f \wedge g)^{(n)}\right\} \\ &= \inf_{0 \leqslant k \leqslant n} \left\{f^{(n+1-k)} \otimes g^{(k)}\right\} \wedge \inf_{0 \leqslant k \leqslant n} \left\{f^{(n-k)} \otimes g^{(k+1)}\right\} \\ &= \inf_{0 \leqslant k \leqslant n} \left\{f^{(n+1-k)} \otimes g^{(k)}\right\} \wedge \inf_{1 \leqslant k' \leqslant n+1} \left\{f^{\left(n+1-k'\right)} \otimes g^{\left(k'\right)}\right\} \\ &= \inf_{0 \leqslant k \leqslant n+1} \left\{f^{(n+1-k)} \otimes g^{(k)}\right\}\end{aligned}$$

这建立了对于所有 $n \geqslant 0$ 的递归。因此

$$\begin{aligned}\overline{f \wedge g} &= \inf_{n \geqslant 0} \left\{\inf_{0 \leqslant k \leqslant n} \left\{f^{(n-k)} \otimes g^{(k)}\right\}\right\} = \inf_{k \geqslant 0} \left\{\inf_{n \geqslant k} \left\{f^{(n-k)} \otimes g^{(k)}\right\}\right\} \\ &= \inf_{k \geqslant 0} \left\{\inf_{l \geqslant 0} \left\{f^{(l)} \otimes g^{(k)}\right\}\right\} = \inf_{k \geqslant 0} \left\{\inf_{l \geqslant 0} \left\{f^{(l)}\right\} \otimes g^{(k)}\right\} \\ &= \inf_{k \geqslant 0} \left\{\bar{f} \otimes g^{(k)}\right\} = \bar{f} \otimes \inf_{k \geqslant 0} \left\{g^{(k)}\right\} = \bar{f} \otimes \bar{g}\end{aligned}$$

（卷积的次可加闭包）使用与上面同样的递归参数，可以容易地得到 $(f \otimes g)^{(n)} = f^{(n)} \otimes g^{(n)}$，并且

$$\overline{f \otimes g} = \inf_{n \geqslant 0} \left\{(f \otimes g)^{(n)}\right\} = \inf_{n \geqslant 0} \left\{f^{(n)} \otimes g^{(n)}\right\}$$

$$\geqslant \inf_{n,m\geqslant 0}\left\{f^{(n)}\otimes g^{(m)}\right\}$$
$$=\left(\inf_{n\geqslant 0}\left\{f^{(n)}\right\}\right)\otimes\left(\inf_{m\geqslant 0}\left\{f^{(m)}\right\}\right)=\bar{f}\otimes\bar{g} \tag{3.14}$$

如果 $f(0)=g(0)=0$，则根据定理 3.1.6 的规则 8 得到 $f\otimes g\leqslant f\wedge g$，因此 $\overline{f\otimes g}\leqslant\overline{f\wedge g}$ 。上文恰好已经给出 $\overline{f\wedge g}\leqslant\bar{f}\otimes\bar{g}$，因此

$$\overline{f\otimes g}\leqslant\bar{f}\otimes\bar{g}$$

结合式 (3.14) 的结果，得到 $\overline{f\otimes g}=\bar{f}\otimes\bar{g}$。 □

接下来以一个例子作为本节的总结，该例子说明在取 t 为连续或离散值时可能会有差异。该例子计算如下函数的次可加闭包

$$f(t)=\begin{cases}t^2, & t>0\\ 0, & t\leqslant 0\end{cases}$$

首先假设 $t\in\mathbf{R}$，可以计算出

$$(f\otimes f)(t)=\inf_{0\leqslant s\leqslant t}\left\{(t-s)^2+s^2\right\}=(t/2)^2+(t/2)^2=t^2/2$$

其在 $s=t/2$ 达到下确界。通过重复执行 n 次这种运算，得到

$$f^{(n)}(t)=\inf_{0\leqslant s\leqslant t}\left\{(t-s)^2+\left(f^{(n-1)}\right)^2(s)\right\}$$
$$=\inf_{0\leqslant s\leqslant t}\left\{(t-s)^2+s^2/(n-1)\right\}=t^2/n$$

其在 $s=t/(1-1/n)$ 达到下确界，因此

$$\bar{f}(t)=\inf_{n\geqslant 0}\left\{t^2/n\right\}=\lim_{n\to\infty}t^2/n=0$$

所以，如果 $t\in\mathbf{R}$，该函数 f 的次可加闭包为

$$\bar{f}(t)=0$$

如图 3.7(a) 所示。

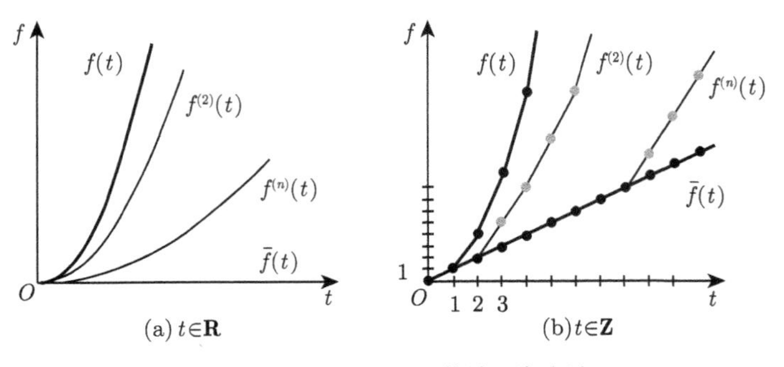

图 3.7　$f(t)=t\lambda_1(t)$ 的次可加闭包

现在，如果 $t\in\mathbf{Z}$，则序列 $f(t)$ 为凸的且为分段线性的。对于所有 $t=0,1,2,3,\cdots$，总是能够依次连接不同的点 $(t,\ t^2)$：得到的图形为斜率等于 $2t+1$ 的线段依次相连（特别地，第一段线段的斜率为 1），并且这些线段在水平坐标轴上的投影长度等于 1，如图 3.7(b) 所示。因此根据定理 3.1.6 的规则 9，将 f 的不同的线性段的长度加倍，将长度加倍后的线性段以斜率递增的方式排序并首尾相连。所得的序列的解析表达式为

$$(f\otimes f)(t)=\min_{0\leqslant s\leqslant t}\left\{(t-s)^2+s^2\right\}=\lceil t^2/2\rceil$$

序列 $f^{(2)}=f\otimes f$ 也是凸的且为分段线性的。注意，第一段线段的斜率为 1，但现在具有两倍的长度。如果重复 n 次这样的卷积，如图 3.7(b) 所示，那么结果将是一个凸的、分段线性的序列 $f^{(n)}(t)$，它的第一段线段的斜率为 1 且水平长度为 n

$$f^{(n)}(t)=t,\quad \text{如果 } 0\leqslant t\leqslant n$$

这样，通过使 $n\to+\infty$，得到序列 f 的次可加闭包，从而对于 $t\geqslant 0$，有 $\bar{f}(t)=t$。如果 $t\in\mathbf{Z}$，有

$$\bar{f}=\lambda_1$$

3.1.9　最小加解卷积

最小加卷积的对偶运算（它的明确含义在下文给出）是最小加解卷积。运算符 $\vee$ 代表 sup，或者代表 max（如果存在最大值），即 $a\vee b=\max\{a,b\}$。运算符 sup 和 max 之间的差异类似于第 3.1.1 节中的讨论。

定义 3.1.13（最小加解卷积）　令 f 和 g 是两个属于 $\mathcal{F}$ 的函数或序列。f 被 g 最小加解卷积的函数为

$$(f \oslash g)(t) = \sup_{u \geqslant 0}\{f(t+u) - g(u)\} \tag{3.15}$$

如果 $f(t)$ 和 $g(t)$ 的取值对于一些 t 是无穷大的，则式 (3.15) 没有意义。与最小加卷积不同，$(f \oslash g)(t)$ 在 $t \leqslant 0$ 时不一定为 0，因此该运算在 $\mathcal{F}$ 域中不封闭，如下面的示例所示。

例：再次考虑两个函数 $\gamma_{r,b}$ 和 $\beta_{R,T}$，有 $0<r<R$，计算 $\gamma_{r,b}$ 被 $\beta_{R,T}$ 最小加解卷积。有

$$\begin{aligned}
&\left(\gamma_{r,b} \oslash \beta_{R,T}\right)(t)\\
=&\sup_{u \geqslant 0}\left\{\gamma_{r,b}(t+u) - R[u-T]^{+}\right\}\\
=&\sup_{0 \leqslant u \leqslant T}\left\{\gamma_{r,b}(t+u) - R[u-T]^{+}\right\} \vee \sup_{u>T}\left\{\gamma_{r,b}(t+u) - R[u-T]^{+}\right\}\\
=&\sup_{0 \leqslant u \leqslant T}\{\gamma_{r,b}(t+u)\} \vee \sup_{u>T}\{\gamma_{r,b}(t+u) - Ru + RT\}\\
=&\{\gamma_{r,b}(t+T)\} \vee \sup_{u \geqslant T}\{\gamma_{r,b}(t+u) - Ru + RT\}
\end{aligned} \tag{3.16}$$

首先计算 $t \geqslant -T$ 时的表达式。则 $\gamma_{r,b}(t+T)=0$，式 (3.16) 变成

$$\begin{aligned}
&\left(\gamma_{r,b} \oslash \beta_{R,T}\right)(t)\\
=&0 \vee \sup_{T<u \leqslant t}\{\gamma_{r,b}(t+u) - Ru + RT\}\\
&\vee \sup_{u>-t}\{\gamma_{r,b}(t+u) - Ru + RT\}\\
=&0 \vee \sup_{T<u \leqslant -t}\{0 - Ru + RT\} \vee \sup_{u>t}\{b + r(t+u) - Ru + RT\}\\
=&0 \vee 0 \vee 0\{b + Rt + RT\} = [b + R(t+T)]^{+}
\end{aligned}$$

接下来计算当 $t \geqslant -T$ 时的 $\left(\gamma_{r,b} \oslash \beta_{R,T}\right)(t)$，式 (3.16) 变为

$$\left(\gamma_{r,b} \oslash \beta_{R,T}\right)(t) = \{b + r(t+T)\} \vee \sup_{u>T}\{b + r(t+u) - Ru + RT\}$$

$$= \{b + r(t+T)\} \vee \{b + r(t+T)\} = b + r(t+T)$$

计算的结果如图 3.8 所示。

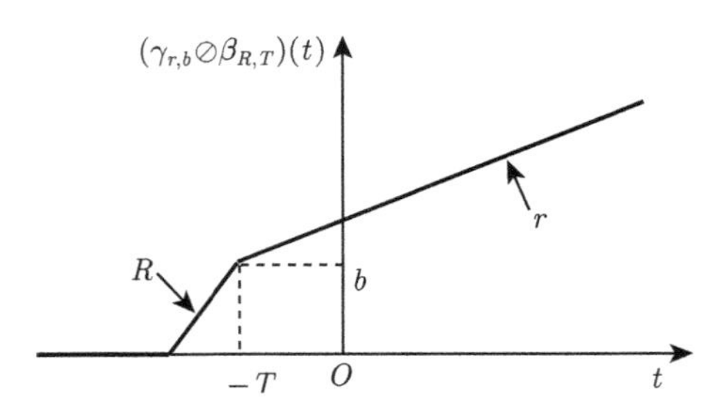

图 3.8　当 $0 < r < R$ 时的函数 $\gamma_{r,b} \oslash \beta_{R,T}$

这里声明 $\oslash$ 的一些属性（其他属性将在第 3.1.10 节给出）。

定理 3.1.12（$\oslash$ 的属性）　令 $f, g, h \in \mathcal{F}$，有

- **规则 11（$\oslash$ 的保序性）**　如果 $f \leqslant g$，则 $f \oslash h \leqslant g \oslash h$，且$h \oslash f \geqslant h \oslash g$。
- **规则 12（$\oslash$ 的合成）**　$(f \oslash g) \oslash h \leqslant f \oslash (g \otimes h)$。
- **规则 13（$\oslash$ 和 $\otimes$ 的合成）**　$(f \otimes g) \oslash h \leqslant f \otimes (g \oslash h)$。
- **规则 14（$\oslash$ 和 $\otimes$ 的对偶）**　当且仅当 $f \leqslant g \otimes h$，$f \oslash g \leqslant h$。
- **规则 15（自解卷积）**　$f \oslash f$ 为 $\mathcal{F}$ 域的次可加函数，则 $(f \oslash f)(0) = 0$。

证明：（规则 11）如果 $f \leqslant g$，则对于任意 $h \in \mathcal{F}$，有

$$(f \oslash h)(t) = \sup_{u \geqslant 0}\{f(t+u) - h(u)\} \leqslant \sup_{u \geqslant 0}\{g(t+u) - h(u)\} = (g \oslash h)(t)$$

$$(h \oslash f)(t) = \sup_{u \geqslant 0}\{h(t+u) - f(u)\} \leqslant \sup_{u \geqslant 0}\{h(t+u) - g(u)\} = (h \oslash g)(t)$$

（规则 12）推导如下

$$((f \oslash g) \oslash h)(t) = \sup_{u \geqslant 0}\{(f \oslash g)(t+u) - h(u)\}$$

$$= \sup_{u \geqslant 0}\left\{\sup_{v \geqslant 0}\{f(t+u+v) - g(v)\} - h(u)\right\}$$

$$= \sup_{u \geqslant 0}\left\{\sup_{v' \geqslant u}\{f(t+v') - g(v'-u)\} - h(u)\right\}$$

$$= \sup_{u \geqslant 0} \left\{ \sup_{v' \geqslant u} \{ f(t+v') - [g(v'-u) + h(u)] \} \right\}$$

$$= \sup_{v' \geqslant 0} \left\{ \sup_{0 \leqslant u \leqslant v'} \{ f(t+v') - [g(v'-u) + h(u)] \} \right\}$$

$$= \sup_{v' \geqslant 0} \left\{ f(t+v') - \inf_{0 \leqslant u \leqslant v'} \{ g(v'-u) \} + h(u) \right\}$$

$$= \sup_{v' \geqslant 0} \{ f(t+v') - (g \otimes h)(v') \} = (f \oslash (g \otimes h))(t)$$

（规则 13）推导如下

$$((f \otimes g) \oslash g)(t) = \sup_{u \geqslant 0} \{ (f \otimes g)(t+u) - g(u) \}$$

$$= \sup_{u \geqslant 0} \left\{ \inf_{0 \leqslant s \leqslant t+u} \{ f(t+u-s) + g(s) - g(u) \} \right\}$$

$$= \sup_{u \geqslant 0} \left\{ \inf_{-u \leqslant s' \leqslant t} \{ f(t-s') + g(s'+u) - g(u) \} \right\}$$

$$\leqslant \sup_{u \geqslant 0} \left\{ \inf_{0 \leqslant s' \leqslant t} \{ f(t-s') + g(s'+u) - g(u) \} \right\}$$

$$\leqslant \sup_{u \geqslant 0} \left\{ \inf_{0 \leqslant s' \leqslant t} \left\{ f(t-s') + \sup_{v \geqslant 0} \{ g(s'+v) - g(v) \} \right\} \right\}$$

$$= \inf_{0 \leqslant s' \leqslant t} \left\{ f(t-s') + \sup_{v \geqslant 0} \{ g(s'+v) - g(v) \} \right\}$$

$$= \inf_{0 \leqslant s' \leqslant t} \{ f(t-s') + (g \oslash g)(s') \} = (f \otimes (g \oslash g))(t)$$

（规则 14）首先假设对于所有 s，$(f \oslash g)(s) \leqslant h(s)$ 成立。对于任意 $s, v \geqslant 0$，有

$$f(s+v) - g(v) \leqslant \sup_{u \geqslant 0} \{ f(s+u) - g(u) \} = (f \oslash g)(s) \leqslant h(s)$$

或者等价地，有

$$f(s+v) \leqslant g(v) + h(s)$$

令 $t = s + v$，上述不等式能够被写为

$$f(t) \leqslant g(t-s) + h(s)$$

因为对于所有 $t \geqslant s \geqslant 0$，该不等式通过了验证；特别地，对于使这个不等式的右端取得下确界的 s 的值，该不等式也能通过验证。所以该不等式等价于，对于所有 $t \geqslant 0$，有

$$f(t) \leqslant \inf_{0 \leqslant s \leqslant t}\{g(t-s)+h(s)\} = (g \otimes h)(t)$$

接下来假设对所有 v，$f(v) \leqslant (g \otimes h)(v)$。选取任意 $t \in \mathbf{R}$，由于 $g, h \in \mathcal{F}$，因此有

$$f(v) \leqslant \inf_{0 \leqslant s \leqslant v}\{g(v-s)+h(s)\} = \inf_{s \in \mathbf{R}}\{g(v-s)+h(s)\} \leqslant g(t-v)+h(t)$$

令 $u = t - v$，上述不等式能够被写为

$$f(t+u) - g(u) \leqslant h(t)$$

由于该不等式对于所有 u 都成立，特别地，对于使这个不等式的左端取得上确界的 u 的值，该不等式也能成立。因此，该不等式等价于

$$\sup_{s \in \mathbf{R}}\{f(t+u) - g(u)\} \leqslant h(t)$$

现在如果 $u < 0, g(u) = 0$, 则 $\sup\limits_{u<0}\{f(t+u) - g(u)\} = f(t)$，且上述不等式与下式相同。对于所有 t，有

$$\sup_{u \geqslant 0}\{f(t+u) - g(u)\} \leqslant h(t)$$

（**规则 15**）直接可以验证 $(f \oslash f)(0) = 0$, 且 $f \oslash f$ 是广义递增的。

接下来有

$$\begin{aligned}
&(f \oslash f)(s) + (f \oslash f)(t) \\
=& \sup_{u \geqslant 0}\{f(t+u) - f(u)\} + \sup_{v \geqslant 0}\{f(s+v) - f(v)\} \\
=& \sup_{u \geqslant 0}\{f(t+u) - f(u)\} + \sup_{w \geqslant -t}\{f(s+t+w) - f(t+w)\} \\
\geqslant& \sup_{w \geqslant 0}\left\{\sup_{u \geqslant 0}\{f(t+u) - f(u) + f(s+t+w) - f(t+w)\}\right\} \\
\geqslant& \sup_{w \geqslant 0}\{f(t+u) - f(u) + f(s+t+w) - f(t+w)\}
\end{aligned}$$

$$=(f \oslash f)(s+t)$$ □

最后通过次可加函数的自解卷积的特殊属性对本节内容进行总结。

定理 3.1.13（次可加函数的自解卷积）　令 $f \in \mathcal{F}$，当且仅当 $f \oslash f = f$，$f(0)=0$ 且 f 是次可加的。

证明：（必要性证明）如果 f 是次可加的，则对于所有 $t, u \geqslant 0, f(t+u)-f(u) \leqslant f(t)$ 成立，所以对于所有 $t \geqslant 0$，有

$$(f \oslash f)(t)=\sup_{u \geqslant 0}\{f(t+u)-f(u)\} \leqslant f(t)$$

另外，如果 $f(0)=0$，则有

$$(f \oslash f)(t)=\sup_{u \geqslant 0}\{f(t+u)-f(u)\} \geqslant f(t)-f(0)=f(t)$$

结合上述两个等式，得到 $f \oslash f = f$。

（充分性证明）假设 $f \oslash f = f$，则有 $f(t)=(f \oslash f)(t) \geqslant f(t+u)-f(u)$ 成立，且对于任意 $t, u \geqslant 0$, 有 $f(t)=(f \oslash f)(t) \geqslant f(t+u)-f(u)$ 成立。这样 $f(t)+f(u) \geqslant f(t+u)$，说明 f 是次可加的。 □

3.1.10　以时间反转表达的最小加解卷积

对于具有有限生命周期的函数，最小加解卷积能够在时间反转域（time inverted domain）中以最小加卷积表达。对于函数 $g \in \mathcal{G}$，如果存在某些有限的 T_0 和 T，使得当 $t \leqslant T_0$ 时，$g(t)=0$，且当 $t \geqslant T$ 时，$g(t)=g(T)$，则它具有有限生命周期（finite lifetime）。令 $\hat{\mathcal{G}}$ 是 $\mathcal{G}$ 的子集，它包含具有有限生命周期的函数，对于函数 $g \in \hat{\mathcal{G}}$，采用 $g(+\infty)$ 作为 $\sup_{t \in \mathbf{R}}\{g(t)\}=\lim_{t \to +\infty} g(t)$ 的简写。

引理 3.1.1　令 $f \in \mathcal{F}$, 使得 $\lim_{t \to +\infty} f(t)=+\infty$。对于任意 $g \in \hat{\mathcal{G}}, g \oslash f$ 也属于 $\hat{\mathcal{G}}$, 且 $(g \oslash f)(+\infty)=g(+\infty)$ 。

证明：定义 $L=g(+\infty)$，并且令 T 为对于 $t \geqslant T$ 时使 $g(t)=L$ 的数值。$f(0) \geqslant 0$ 意味着 $g \oslash f \leqslant g(+\infty)=g(L)$。这样，当 $t \geqslant T$ 时，有

$$(g \oslash f)(t) \leqslant L \tag{3.17}$$

接下来，由于 $\lim_{t \to +\infty} f(t)=+\infty$，因此存在某些 $T_1>T$，使得对于所有

$t > T_1$，$f(t) \geqslant L$ 成立。令 $t > 2T_1$，如果 $u > T_1$，则 $f(u) \geqslant L$；反之，如果 $u \leqslant T_1$，则 $t-u \geqslant t-T_1 > T_1$，进而有 $g(t-u) \geqslant L$。因此，$f(u)+g(t-u) \geqslant L$ 在所有情况下均成立。因此，当 $t > 2T_1$ 时，有

$$(g \otimes f)(t) \geqslant L \tag{3.18}$$

结合式 (3.17) 和式 (3.18)，说明引理 3.1.1 成立。 □

定义 3.1.14（时间反转） 对于某个给定的 $T \in [0,+\infty)$，在 $\hat{\mathcal{G}}$ 中定义反转算子（inversion operator）$\varPhi_T$ 为

$$\varPhi_T(g)(t) = g(+\infty) - g(T-t)$$

从图形上看，“时间反转”可以通过以点 $\left(\dfrac{T}{2}, \dfrac{g(+\infty)}{2}\right)$ 为中心旋转 180° 得到。很容易验证 $\varPhi_T(g)$ 在 $\hat{\mathcal{G}}$ 中, 以及时间反转是对称的 ($\varPhi_T\left(\varPhi_T(g)\right) = g$),且总值（total value，即 $t \to +\infty$ 时函数的上确界）被保持 $[\varPhi_T(\varPhi_T(g))(+\infty) = g(+\infty)]$。最后, 对于任意的 α 和 T，当且仅当 α 为 $\varPhi_T(g)$ 的到达曲线, α 是 g 的到达曲线。

定理 3.1.14（以时间反转表示解卷积） 令 $g \in \hat{\mathcal{G}}$，并且令 T 使 $g(T) = g(+\infty)$，令 $f \in \mathcal{F}$ 使得 $\lim\limits_{t \to +\infty} f(t) = +\infty$，则

$$g \oslash f = \varPhi_T\left(\varPhi_T(g) \otimes f\right) \tag{3.19}$$

该定理表明，计算 $g \oslash f$ 时可以首先反转时间，然后计算 f 与经过时间反转的 g 之间的最小加卷积，最后再次反转时间。图 3.9 给出了一个图形化的示例。

证明：此证明在于计算式 (3.19) 的右边部分。令 $\hat{g} = \varPhi_T(g)$，根据时间反转的定义，有

$$\varPhi_T\left(\varPhi_T(g) \otimes f\right) = \varPhi_T(\hat{g} \otimes f) = (\hat{g} \otimes f)(+\infty) - (\hat{g} \otimes f)(T-t)$$

根据引理 3.1.1，以及时间反转对于总值的保持，有

$$(\hat{g} \otimes f)(+\infty) = \hat{g}(+\infty) = g(+\infty)$$

这样，式 (3.19) 的右边等于

$$g(+\infty) - (\hat{g} \otimes f)(T-t) = g(+\infty) - \inf_{u \geqslant 0}\{\hat{g}(T-t-u) + f(u)\}$$

再次根据时间反转的定义，有

$$g(+\infty) - \inf_{u \geqslant 0}\{g(T-t-u) + f(u)\} = \sup_{u \geqslant 0}\{g(t+u) - f(u)\}$$ □

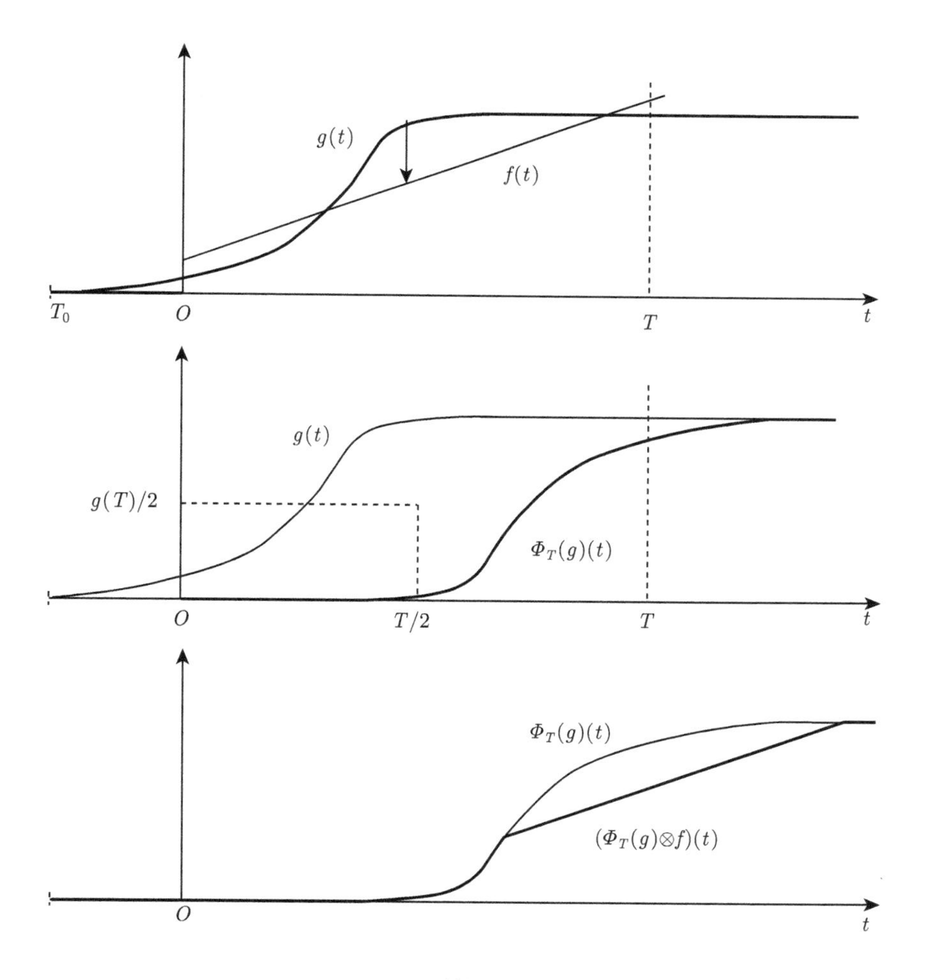

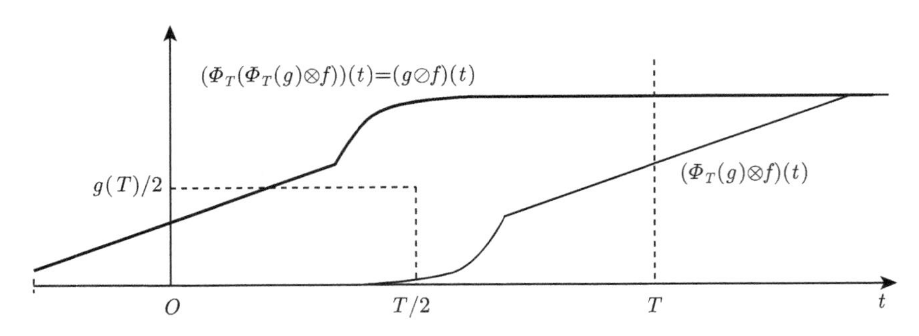

图 3.9　以时间反转表达的最小加解卷积的示例

图 3.9 的说明: 通过时间反转计算 $f=\gamma_{r,b}$ 的最小加解卷积 g。从上至下，分别为函数 f 和 g、函数 $\Phi_T(g)$ 、函数 $\Phi_T(g)\otimes f$ 以及函数 $\Phi_T\left(\Phi_T(g)\otimes f\right)=g\oslash f$。

3.1.11　水平偏差与垂直偏差

解卷积算子允许以比较简单的方式表达网络演算中两种非常重要的量，即属于 $\mathcal{F}$ 的函数 f 和 g 的曲线图形的最大的垂直偏差与水平偏差。这两种量的数学定义如下所示。

定义 3.1.15（垂直偏差与水平偏差）　令 f 和 g 是 $\mathcal{F}$ 上的两个函数或序列。垂直偏差 $v(f,g)$ 和水平偏差 $h(f,g)$ 的定义如下

$$v(f,g)=\sup_{t\geqslant 0}\{f(t)-g(t)\} \tag{3.20}$$

$$h(f,g)=\sup_{t\geqslant 0}\{\inf\{d\geqslant 0 \mid f(t)\leqslant g(t+d)\}\} \tag{3.21}$$

图 3.10 给出了这两种量的示例。

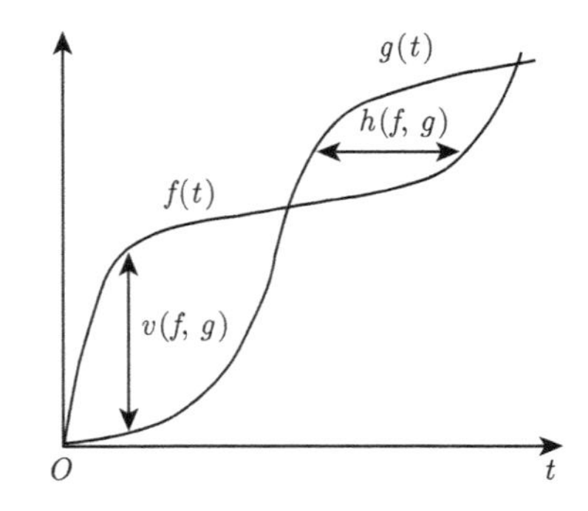

图 3.10　函数 f 和函数 g 之间的水平偏差和垂直偏差

注意，式 (3.20) 能够被改写为

$$v(f,g) = (f \oslash g)(0) \tag{3.22}$$

而式 (3.21) 的等价表示方法为：令 $d \geqslant 0$ 满足对于所有 $t \geqslant 0, f(t) \leqslant g(t+d)h(f,g)$ 成立，则 $h(f,g)$ 为 d 可能取值的最小值，因此能够被改写为

$$h(f,g) = \inf\{d \geqslant 0 \mid (f \oslash g)(-d) \leqslant 0\}$$

现在能够通过 g 的伪逆更容易地计算出水平偏差。确切地说，从定义 3.1.7 可以得出

$$\begin{aligned} g^{-1}(f(t)) &= \inf\{\Delta \mid g(\Delta) \geqslant f(t)\} \\ &= \inf\{d \geqslant 0 \mid g(t+d) \geqslant f(t)\} + t \end{aligned}$$

因此式 (3.21) 能够表示为

$$h(f,g) = \sup_{t \geqslant 0}\left\{g^{-1}(f(t)) - t\right\} = \left(g^{-1}(f) \oslash \lambda_1\right)(0) \tag{3.23}$$

因此，可以得到以下 f 和 g 之间的水平偏差的表达式

命题 3.1.1（水平偏差）

$$h(f,g) = \sup_{t \geqslant 0}\{g^{-1}(f(t)) - t)\}$$

3.2　最大加演算

如果将下确界（如果存在最小值，求最小）替换为上确界（如果存在最大值，求最大）能够得到类似的异构代数定义。该代数结构下的运算也具有类似前文讨论的最小加代数的若干属性。采用符号 $\vee$ 代表求上确界或求最大。特别地，能够说明 $(\mathbf{R} \cup \{-\infty\}, \vee, +)$ 也是一个双子，并且能够构造最大加卷积和解卷积，定义如下。

3.2.1　最大加卷积与解卷积

定义 3.2.1（最大加卷积）　令 f 和 g 为 $\mathcal{F}$ 上的两个函数或序列，f 和 g 的最大加卷积函数为

$$(f \bar{\otimes} g)(t) = \sup_{0 \leqslant s \leqslant t}\{f(t-s) + g(s)\} \tag{3.24}$$

如果 $t < 0, (f \bar{\otimes} g)(t) = 0$。

定义 3.2.2（最大加解卷积） 令 f 和 g 为 $\mathcal{F}$ 上的两个函数或序列。f 被 g 最大加解卷积的函数为

$$(f \bar{\oslash} g)(t) = \inf_{u \geqslant 0}\{f(t+u) - g(u)\} \tag{3.25}$$

3.2.2 在最大加代数中最小加解卷积的线性

实际上，最小加解卷积是在 $(\mathbf{R}_+, \vee, +)$ 中的一种线性算子。确切地说，可以容易地说明以下属性。

定理 3.2.1（最大加代数中 $\oslash$ 的线性） 令 $f, g, h \in \mathcal{F}$，有

- **规则 16（$\oslash$ 关于 $\vee$ 的分配律）** $(f \vee g) \oslash h = (f \oslash h) \vee (g \oslash h)$。
- **规则 17（常数的加法）** 对任意 $K \in \mathbf{R}_+, (f+K) \oslash g = (f \oslash g) + K$。

然而，最小加卷积不是 $(\mathbf{R}_+, \vee, +)$ 上的线性算子，因为通常情况下

$$(f \vee g) \otimes h \neq (f \otimes h) \vee (g \otimes h)$$

确切地说，对于某些 $R, T > 0$，取 $f = \beta_{3R,T}$、$g = \lambda_R$ 以及 $h = \lambda_{2R}$。根据规则 9，可以容易地计算（见图 3.11）得到

$$\begin{aligned}
f \otimes h &= \beta_{3R,T} \otimes \lambda_{2R} = \beta_{2R,T} \\
g \otimes h &= \lambda_R \otimes \lambda_{2R} = \lambda_R \\
(f \vee g) \otimes h &= (\beta_{3R,T} \vee \lambda_R) \otimes \lambda_{2R} \\
&= \beta_{2R,3T/4} \vee \lambda_R \\
&\neq \beta_{2R,T} \vee \lambda_R = (f \otimes h) \vee (g \otimes h)
\end{aligned}$$

相反地，可以看出最小加卷积是 $(\mathbf{R}_+, \wedge, +)$ 上的线性运算，并且很容易看出最小加解卷积在 $(\mathbf{R}_+, \wedge, +)$ 上不是线性运算。最后提一句，可以用 $\wedge$ 替换 $+$，并证明 $(\mathbf{R} \cup \{+\infty\} \cup \{-\infty\}, \vee, \wedge)$ 是双子。

说明：然而，如上所述，只要在计算中涉及 3 种运算，即 $\wedge$、$\vee$ 和 $+$，则必须在应用分配律时小心处理。

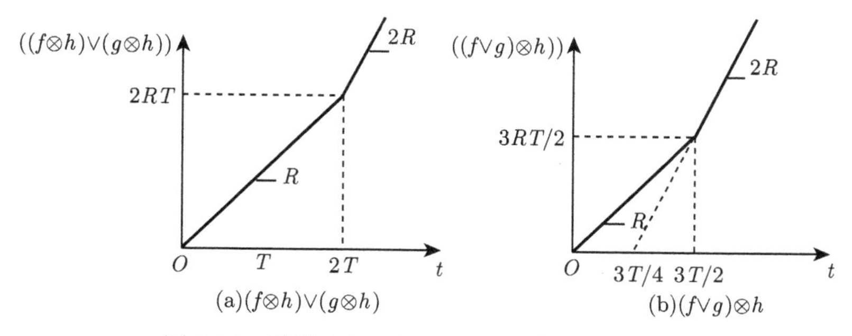

图 3.11　函数 $(f \otimes h) \vee (g \otimes h)$ 和 $(f \vee g) \otimes h$

图 3.11 的说明： 图中对于 $R, T > 0$, 有 $f = \beta_{3R,T}$、$g = \lambda_R$ 和 $h = \lambda_{2R}$。

3.3 习　　题

习题 3.1

1. 对于任意的函数 α, 计算 $\alpha \otimes \delta$。
2. 通过函数 δ 与函数 λ 表达速率–时延函数。

习题 3.2

1. 当 β_i 为速率–时延函数时，计算 $\otimes_i \beta_i$。
2. 对于 $\beta_1(t) = R[t-T]^+$ 以及 $\beta_2(t) = (rt+b)1_{\{t>0\}}$，计算 $\beta_1 \otimes \beta_2$。

习题 3.3

对于 min 算子，$\otimes$ 服从分配律吗?

第 4 章 最小加系统论和最大加系统论

在第 3 章中介绍了以最小加代数或最大加代数对函数和序列进行操作的基本运算，并且对卷积、解卷积和次可加闭包运算进行了细致的研究。这些数学基础概念是网络演算基础教程的基石。

本章将进一步介绍用于解决更高级的网络演算问题的理论工具，对这些问题的解答将在本书的后半部分展开论述。第 3 章的核心目标是介绍函数和序列可以执行哪些运算。本章将提升到算子层次，算子将一个输入函数（或序列）映射到一个输出函数（或序列）。最大加系统论在参考文献 [2] 中有详细的论述，本章将注意力集中于本书剩余部分所需用到的结论。就像第 3 章一样，本章将重点介绍最小加系统论，因为通过将“求最小”替换为“求最大”、将下确界替换为上确界，易于从最小加系统论的理论推演得到最大加系统论的理论。

4.1 最小加算子和最大加算子

4.1.1 矢量的记法

在此之前，只用到对 $\mathcal{F}$ 或 $\mathcal{G}$ 上标量（scalar）函数的标量运算。在本章中，将用到矢量和矩阵，它们以直接的方式使运算得以扩展。

令 J 为一个有限的正整数。对于矢量 $\vec{z}, \vec{z'} \in \mathbf{R}_+^J$，定义 $\vec{z} \wedge \vec{z'}$ 作为 $\vec{z}$ 和 $\vec{z'}$ 的坐标态最小（coordinate-wise minimum），对于“+”算子也有类似的定义。当 $1 \leqslant j \leqslant J$ 时，以 $\vec{z} \leqslant \vec{z'}$ 表示 $z_j \leqslant z'_j$。注意，这样定义的不等式关系并非全序（total order）关系，即不能保证总有 $\vec{z} \leqslant \vec{z'}$ 或 $\vec{z'} \leqslant \vec{z}$ 成立。对于一个常量 K，把 K 加到 $\vec{z}$ 的所有元素记为 $\vec{z} + K$。

将以 t 为参数的 J 维广义递增实值函数或序列的集合记为 $\mathcal{G}^J$，以 $t < 0$ 时为 0 的函数子集记为 $\mathcal{F}^J$。

对于序列或函数 $\vec{x}$，类似地，可以注意到对于所有 $t \geqslant 0$，存在 $(\vec{x} \wedge \vec{y})(t) = \vec{x}(t) \wedge \vec{y}(t)$ 和 $(\vec{x} + K)(t) = \vec{x}(t) + K$，并规定 $\vec{x} \leqslant \vec{y}$ 的含义为对于所有 t, 有

$\vec{x}(t) \leqslant \vec{y}(t)$。

对于矩阵 $\boldsymbol{A},\boldsymbol{B} \in \mathbf{R}_{+}^{J} \times \mathbf{R}_{+}^{J}$，定义 $\boldsymbol{A} \wedge \boldsymbol{B}$ 为 $\boldsymbol{A}$ 和 $\boldsymbol{B}$ 的元素态（entry-wise）最小。对于矢量 $\vec{z} \in \mathbf{R}^{+J}$，矢量 $\vec{z} \in \mathbf{R}^{+J}$ 与矩阵 $\boldsymbol{A}$ 的“乘法”（注意这是在最小加代数中，乘法是“+”运算）为

$$\boldsymbol{A} + \vec{z}$$

它的元素 C_i 是 $\min\limits_{1 \leqslant i \leqslant J} \{a_{ij} + z_j\}$ 。类似地，两个矩阵 $\boldsymbol{A}$ 和 $\boldsymbol{B}$ 的“积”表示为 $\boldsymbol{A} + \boldsymbol{B}$，它的元素 C_{ik} 是 $\min\limits_{1 \leqslant i \leqslant J} \{a_{ij} + b_{jk}\}$，对于 $i \geqslant 1$ 和 $k \leqslant J$。

当 $J = 2$ 时，这是一个矢量与矩阵“相乘”的例子

$$\begin{bmatrix} 5 & 3 \\ 1 & 3 \end{bmatrix} + \begin{bmatrix} 2 \\ 1 \end{bmatrix} = \begin{bmatrix} 4 \\ 3 \end{bmatrix}$$

以及一个矩阵与矩阵“相乘”的例子

$$\begin{bmatrix} 5 & 3 \\ 1 & 3 \end{bmatrix} + \begin{bmatrix} 2 & 4 \\ 1 & 0 \end{bmatrix} = \begin{bmatrix} 4 & 3 \\ 3 & 3 \end{bmatrix}$$

以 $\mathcal{F}^{J^2}$ 表示 $J \times J$ 矩阵的集合，它们的元素是 $\mathcal{F}$ 的函数或序列；$\mathcal{G}^{J^2}$ 集合也与之类似。

矩阵 $\boldsymbol{A} \in \mathcal{F}^{J^2}$ 被矢量 $\vec{z} \in \mathcal{F}^{J}$ 最小加卷积得到 $\mathcal{F}^{J}$ 集合中的矢量, 定义为

$$(\boldsymbol{A} \otimes \vec{z})(t) = \inf_{0 \leqslant s \leqslant t} \{\boldsymbol{A}(t-s) + \vec{z}(s)\}$$

并且该矢量的 J 个坐标值为（$i = 0, \cdots, J-1$）

$$\min_{0 \leqslant j \leqslant J} \{a_{ij} \otimes z_j\}(t) = \inf_{0 \leqslant s \leqslant t} \left\{ \min_{1 \leqslant j \leqslant J} \{a_{ij}(t-s) + z_j(s)\} \right\}$$

类似地，$\boldsymbol{A} \otimes \boldsymbol{B}$ 定义为

$$(\boldsymbol{A} \otimes \boldsymbol{B})(t) = \inf_{0 \leqslant s \leqslant t} \{\boldsymbol{A}(t-s) + \boldsymbol{B}(s)\}$$

对于 $1 \leqslant i$ 和 $k \leqslant J$, 其元素为 $\min\limits_{1 \leqslant j \leqslant J} \{a_{ij} \otimes b_{jk}\}$ 。

例如，存在

$$\begin{bmatrix} \lambda_r & +\infty \\ +\infty & \delta_T \end{bmatrix} \otimes \begin{bmatrix} \gamma_{r/2,b} \\ \delta_{2T} \end{bmatrix} = \begin{bmatrix} \lambda_r \wedge \gamma_{r/2,b} \\ \delta_{3T} \end{bmatrix}$$

以及 $\begin{bmatrix} \lambda_r & +\infty \\ +\infty & \delta_T \end{bmatrix} \otimes \begin{bmatrix} \gamma_{r/2,b} & \gamma_{r,b} \\ \delta_{2T} & \lambda_r \end{bmatrix} = \begin{bmatrix} \lambda_r \wedge \gamma_{r/2,b} & \lambda_r \\ \delta_{3T} & \beta_{r,T} \end{bmatrix}$。

最后，还需要扩展广义递增函数 $\mathcal{G}$ 的集合，以包含两个参数的非减函数。我们采用如下的定义（与参考文献 [3] 中的定义略有不同）。

定义 4.1.1（双变量广义递增函数） 将双变量函数（或序列）集合记为 $\hat{\mathcal{G}}$，若 $f \in \hat{\mathcal{G}}$，对于所有 $s' \leqslant s$ 和任意 $t \leqslant t'$，有

$$f(t,s) \leqslant f(t,s')$$
$$f(t,s) \leqslant f(t',s)$$

称这些函数为双变量广义递增函数。

在多维的情况下，以 $\hat{\mathcal{G}}^J$ 表示 $J \times J$ 矩阵的集合，其中的元素是双变量广义递增函数。矩阵 $\boldsymbol{A}(t) \in \mathcal{F}^{J^2}$ 是矩阵 $\boldsymbol{H}(t,s) \in \hat{\mathcal{G}}^J$ 的一种特殊情况，s 被设置为固定值。

4.1.2 算子

系统是一个算子 Π，从一个输入函数或序列 $\vec{x}$ 映射到一个输出函数或序列 $\vec{y} = \Pi(\vec{x})$。在本书中总是设定 $\vec{x}, \vec{y} \in \mathcal{G}^J$，其中，$J$ 是固定的有限正整数。这意味着每个 J 对应的坐标 $(x_j(t), y_j(t)), 1 \leqslant j \leqslant J$，都是 t 的广义递增函数（或序列）。

需要重点提到的是，最小加系统论采用了更加广义的算子，取 $\mathbf{R}^J$ 到 $\mathbf{R}^J$，其中输入或输出函数都不要求是广义递增的。这需要对本章建立的定义和属性作一些小改动，可参见参考文献 [2] 在更广义的设置下的理论描述。在本书中，为了避免新记法和定义带来的不必要的负担，决定对 $\mathcal{G}^J$ 到 $\mathcal{G}^J$ 的算子运用最小加系统论。

最常见的唯一可能输出不在 $\mathcal{F}^J$ 中的算子是解卷积，本书所需的所有其他算子将取 $\mathcal{F}^J$ 到 $\mathcal{F}^J$。

大多数时间里，输入和输出的维度是 $J = 1$，算子取 $\mathcal{F}$ 到 $\mathcal{F}$，将其称为标量算子。在这种情况下，将不标记输入和输出上的箭头，记法变成 $y = \Pi(X)$。

以 $\Pi_1 \leqslant \Pi_2$ 表示对于所有 $\vec{x}, \Pi_1(\vec{x}) \leqslant \Pi_2(\vec{x})$，接下来也表示对于所有 t，$\Pi_1(\vec{x})(t) \leqslant \Pi_2(\vec{x})(t)$。

对于算子 Π_s 的集合，在一些集合 S 中以 s 作为标号，称 $\inf\limits_{s\in S}\{\Pi_s\}$ 为算子，该算子的定义为 $\left[\inf\limits_{s\in S}\{\Pi_s\}\right](x(t)) = \inf\limits_{s\in S}\{\Pi_s(x(t))\}$。对于 $S=\{1,2\}$，记为 $\Pi_1 \wedge \Pi_2$。

另外，用"$\circ$"表示两个算子的合成，公式如下

$$(\Pi_1 \circ \Pi_2)(\vec{x}) = \Pi_1(\Pi_2(\vec{x}))$$

注意，要检验 $\inf\limits_{s\in S}\{\Pi_s\}$ 和 $\Pi_1 \circ \Pi_2$ 确实将 $\mathcal{G}^J$ 中的函数映射到 $\mathcal{G}^J$ 中的函数。

4.1.3　算子的类型

本书介绍几个标量算子的例子。前两个例子已经在第 3 章详细研究过，而第 3 个例子是在第 1.7 节引入的。事实上这些算子从 $\mathcal{G}^J$ 到 $\mathcal{G}^J$ 的映射符合第 3 章中的定义。

定义 4.1.2（最小加卷积 $\mathcal{C}_\sigma$）

$$\mathcal{C}_\sigma : \mathcal{F} \to \mathcal{F}$$

对于 $\sigma \in \mathcal{F}$，有

$$x(t) \to y(t) = \mathcal{C}_\sigma(x)(t) = (\sigma \otimes x)(t) = \inf_{0\leqslant s\leqslant t}\{\sigma(t-s)+x(s)\}$$

定义 4.1.3（最小加解卷积 $\mathcal{D}_\sigma$）

$$\mathcal{D}_\sigma : \mathcal{F} \to \mathcal{G}$$

对于 $\sigma \in \mathcal{F}$，有

$$x(t) \to y(t) = \mathcal{D}_\sigma(x)(t) = (\sigma \oslash x)(t) = \sup_{u\geqslant 0}\{x(t+u)-\sigma(s)\}$$

注意，最小加解卷积得到的输出不总是属于 $\mathcal{F}$。

定义 4.1.4（打包 $\mathcal{P}_L$）

$$\mathcal{P}_L : \mathcal{F} \to \mathcal{G}$$

对于某些广义递增序列 L（由定义 1.7.1 定义），有

$$x(t) \to y(t) = \mathcal{P}_L(x)(t) = P^L(x(t)) = \sup_{i \in \mathbf{N}} \left\{ L(i) 1_{\{L(i) \leqslant x(t)\}} \right\}$$

随后，还需要使用下面定义的算子，本章后续将会介绍这些算子的名称的含义。

定义 4.1.5（线性幂等算子 h_σ）

$$h_\sigma : \mathcal{F} \to \mathcal{F}$$

对于 $\sigma \in \mathcal{F}$，有

$$x(t) \to y(t) = h_\sigma(x)(t) = \inf_{0 \leqslant s \leqslant t} \{\sigma(t) - \sigma(s) + x(s)\}$$

将标量算子扩展到矢量算子是很直接的。例如，卷积的标量算子可扩展为如下矢量算子。

定义 4.1.6（矢量最小加卷积 $\mathcal{C}_{\boldsymbol{\Sigma}}$）

$$\mathcal{C}_{\boldsymbol{\Sigma}} : \mathcal{F}^J \to \mathcal{F}^J$$

对于 $\boldsymbol{\Sigma} \in \mathcal{F}^{J^2}$，有

$$\vec{x}(t) \to \vec{y}(t) = C_{\boldsymbol{\Sigma}}(\vec{x})(t) = (\boldsymbol{\Sigma} \otimes \vec{x})(t) = \inf_{0 \leqslant s \leqslant t} \{\boldsymbol{\Sigma}(t-s) + \vec{x}(s)\}$$

如果 $\boldsymbol{\Sigma}$ 的第 (i,j) 个元素是 σ_{ij}，这样 $\vec{y}(t)$ 的第 i 个分量写作

$$y_i(t) = \inf_{0 \leqslant s \leqslant t} \left\{ \min_{1 \leqslant j \leqslant J} \{\sigma_{ij}(t-s) + x_j(s)\} \right\}$$

最后，在矢量设定下引入平移算子（shift operator）。

定义 4.1.7（平移算子 $\mathcal{S}_T$）

$$\mathcal{S}_T : \mathcal{G}^J \to \mathcal{G}^J$$

对于 $T \in \mathbf{R}$，有

$$\vec{x}(t) \to \vec{y}(t) = \mathcal{S}_T(\vec{x})(t) = \vec{x}(t-T)$$

另外，以 $\mathcal{S}_0$ 表示单位算子，即 $\mathcal{S}_0(\vec{x}) = \vec{x}$。

4.1.4 上半连续和下半连续算子

现在研究最小加线性算子的属性。让我们从上半连续（upper-semi continuity）算子开始介绍。

定义 4.1.8（上半连续算子）　算子 Π 是上半连续算子的条件为，如果对于任意（有限或无限）函数或序列的集合 $\{\vec{x}_n\}, \vec{x}_n \in \mathcal{G}^J$，有

$$\Pi\left(\inf_n\{\vec{x}_n\}\right) = \inf_n\{\Pi(\vec{x}_n)\} \tag{4.1}$$

则能够检验 $\mathcal{C}_\sigma$、$\mathcal{C}_{\boldsymbol{\Sigma}}$、$h_\sigma$ 和 $\mathcal{S}_T$ 都是上半连续的。例如，对于 $\mathcal{C}_{\boldsymbol{\Sigma}}$，经过检验确实有

$$\begin{aligned}
\mathcal{C}_{\boldsymbol{\Sigma}}\left(\inf_n\{\vec{x}\}\right)(t) &= \inf_{0\leqslant s\leqslant t}\left\{\boldsymbol{\Sigma}(t-s)+\inf_n\{\vec{x}_n(s)\}\right\} = \inf_{0\leqslant s\leqslant t}\left\{\inf_n\{\boldsymbol{\Sigma}(t-s)+\vec{x}_n(s)\}\right\} \\
&= \inf_n\left\{\inf_{0\leqslant s\leqslant t}\{\boldsymbol{\Sigma}(t-s)+\vec{x}_n(s)\}\right\} = \inf_n\{\mathcal{C}_{\boldsymbol{\Sigma}}(\vec{x}_n)(t)\}
\end{aligned}$$

为了说明 $\mathcal{P}_L$ 是上半连续的，可以分两步来处理。令 $x^* = \inf_n\{x_n\}$。首先可知

$$\mathcal{P}_L\left(\inf_n\{x_n\}\right) = \mathcal{P}_L(x^*) \leqslant \inf_n\{\mathcal{P}_L(x_n)\}$$

因为对于任意 n，有 $x^* \leqslant x_n$，并且 P^L 是广义递增函数。首先，说明逆不等式也成立。先假设对于某些 m 存在 $x_m = x^*$，即求下确界实际就是求最小。则

$$\inf_n\{\mathcal{P}_L(x_n)\} \leqslant \mathcal{P}_L(x_m) = \mathcal{P}_L(x^*)$$

其次假设不存在整数 n 使得 $x_n = x^*$ 成立，对于任意 $\varepsilon > 0$，存在某个整数 m，使得 $0 < x_m - x^* < \varepsilon$。因此

$$\inf_n\{\mathcal{P}_L(x_n)\} \leqslant \mathcal{P}_L(x_m) \leqslant \mathcal{P}_L(x^*+\varepsilon)$$

因为上述不等式对于 $\varepsilon > 0$ 都成立, 并且因为 P^L 为右连续函数，所以这意味着

$$\inf_n\{\mathcal{P}_L(x_n)\} \leqslant \mathcal{P}_L(x^*) = \mathcal{P}_L\left(\inf_n\{x_n\}\right)$$

证毕。

另外，$\mathcal{D}_\sigma$ 不是上半连续的，因为它对于 inf 的应用将涉及 3 种运算，即 sup、inf 和 $+$。正如第 3 章末尾所示，这 3 种运算是不可变换次序的。

很容易证明如果 Π_1 和 Π_2 是上半连续的，则 $\Pi_1 \wedge \Pi_2$ 和 $\Pi_1 \circ \Pi_2$ 也是。

上半连续算子的对偶定义是下半连续算子，它的定义如下。

定义 4.1.9（下半连续算子） 算子 Π 是下半连续算子的条件为，如果对于任意（有限或无限）函数或序列的集合 $\{\vec{x}_n\}, \vec{x}_n \in \mathcal{G}^J$，有

$$\Pi\left(\sup_n \{\vec{x}_n\}\right) = \sup_n \{\Pi(\vec{x}_n)\} \tag{4.2}$$

则容易检验 $\mathcal{D}_\sigma$ 是下半连续的；这与其他算子不同，除了在其他算子中，$\mathcal{S}_T$ 也是下半连续的。

4.1.5 保序算子

定义 4.1.10（保序算子） 算子 Π 是保序算子（isotone operator）的条件为，$\vec{x}_1 \leqslant \vec{x}_2$ 总是蕴涵着 $\Pi(\vec{x}_1) \leqslant \Pi(\vec{x}_2)$。

所有上半连续算子都是保序的。确切地说，如果 $\vec{x}_1 \leqslant \vec{x}_2$，则 $\vec{x}_1 \wedge \vec{x}_2 = \vec{x}_1$ 并且 Π 是上半连续，即

$$\Pi(\vec{x}_1) = \Pi(\vec{x}_1 \wedge \vec{x}_2) = \Pi(\vec{x}_1) \wedge \Pi(\vec{x}_2) \leqslant \Pi(\vec{x}_2)$$

4.1.6 线性算子

在 $(\mathbf{R}, +, \times)$ 上的经典的系统论中，算子 Π 是线性算子（linear operator）的条件为，如果对于特定输入有特定输出，它对于输入线性组合的输出等于各自特定输出的线性组合。换句话说，Π 是线性的条件为，对于任意（有限或无限）的输入集合 $\{x_i\}$，且对于任意常量 $k \in \mathbf{R}$，有

$$\Pi\left(\sum_i x_i\right) = \sum_i \Pi(x_i)$$

并且对于任意的输入 x 和任意的常数 $k \in \mathbf{R}$，有

$$\Pi(k \cdot x) = k \cdot \Pi(x)$$

将其直接扩展到最小加系统论。上文提到的属性 $\Pi\left(\sum_i x_i\right) = \sum_i \Pi(x_i)$ 被替换为上半连续的，这样最小加线性算子被定义为具有定义 4.1.11 的属性的上半连续算子（“乘以”一个常数）。

定义 4.1.11（最小加线性算子） 算子 Π 是最小加线性算子（min-plus linear operator）的条件为，它是上半连续的，并且对于任意的 $\vec{x}_n \in \mathcal{G}^J$ 和任意的 $k \geqslant 0$，有

$$\Pi(\vec{x}+k)=\Pi(\vec{x})+k \tag{4.3}$$

则很容易检验 $\mathcal{C}_\sigma$、$\mathcal{C}_\Sigma$、h_σ 和 $\mathcal{S}_T$ 都是最小加线性的，而 $\mathcal{D}_\sigma$ 和 $\mathcal{P}_L$ 与之不同。$\mathcal{D}_\sigma$ 不是线性的是因为它不是上半连续的，而 $\mathcal{P}_L$ 不是线性的是因为它不服从式 (4.3)。

在经典的线性理论中，线性系统由它的冲激响应 $h(t,s)$ 表达，冲激响应被定义为当输入为狄拉克函数时系统的输出。这样，系统的输出能够被表达为

$$\Pi(x)(t)=\int_{-\infty}^{+\infty} h(t,s)x(s)\mathrm{d}s$$

该输出在最小加系统论中的直接扩展由最小加冲激响应定理 [2] 给出。为了在矢量的情况下证明这个定理，需要首先扩展在定义 3.1.2 中引入的突发延迟函数，以允许延迟为负值，即 $\delta_T(t)$ 中的 T 在 $\mathbf{R}$ 上取值，而

$$\delta_T(t)=\begin{cases}0, & t<T\\ +\infty, & t>T\end{cases}$$

另外，引入矩阵 $\boldsymbol{D}_T \in \mathcal{G}^J \times \mathcal{G}^J$。

定义 4.1.12（平移矩阵） 对于 $T \in \mathbf{R}$，平移矩阵（shift matrix）的定义为

$$\boldsymbol{D}_T(t)=\begin{pmatrix}\delta_T(t) & +\infty & +\infty & \cdots & +\infty\\ +\infty & \delta_T(t) & +\infty & \cdots & \vdots\\ +\infty & +\infty & \delta_T(t) & \ddots & \vdots\\ \vdots & \vdots & \vdots & \ddots & +\infty\\ +\infty & \cdots & \cdots & +\infty & \delta_T(t)\end{pmatrix}$$

定理 4.1.1（最小加冲激响应） 当且仅当存在唯一的矩阵 $\boldsymbol{H} \in \hat{\mathcal{G}}^J$（称之为冲激响应）时，算子 Π 是最小加线性算子，这样对于任意 $\vec{x} \in \mathcal{G}^J$ 以及任意 $t \in \mathbf{R}$，有

$$\Pi(\vec{x})(t)=\inf_{s\in\mathbf{R}}\{\boldsymbol{H}(t,s)+\vec{x}(s)\} \tag{4.4}$$

证明： 如果式 (4.4) 成立，可以直接得出算子 Π 是上半连续的，且式 (4.3) 得以证明，因此算子 Π 是最小加线性的。因为 $\boldsymbol{H} \in \hat{\mathcal{G}}^J$, 所以 Π 从 $\mathcal{G}^J$ 映射到 $\mathcal{G}^J$。

下面假设算子 Π 是最小加线性的，并且证明存在唯一的矩阵 $\boldsymbol{H}(t,s) \in \hat{\mathcal{G}}^J$，使式 (4.4) 成立。

一方面，对于任意 $s \geqslant t, \boldsymbol{D}_s(t) + \vec{x}(s) = \vec{x}(s)$。因为 $\vec{x} \in G^J$，所以有

$$\inf_{s \geqslant t} \{\boldsymbol{D}_s(t) + \vec{x}(s)\} = \inf_{s \geqslant t}\{\vec{x}(s)\} = \vec{x}$$

另一方面, 对于 $s < t, \boldsymbol{D}_s(t)$ 中所有的元素是无限的。因此有

$$\inf_{s \geqslant t} \{\boldsymbol{D}_s(t) + \vec{x}(s)\} = +\infty$$

将这两个式子结合起来，有

$$\vec{x}(t) = \inf_{s \in \mathbf{R}} \{\boldsymbol{D}_s(t) + \vec{x}(s)\}$$

或者，不用显式出现 t，有

$$\vec{x} = \inf_{s \in \mathbf{R}} \{\boldsymbol{D}_s + \vec{x}(s)\}$$

令 $\vec{d}_{s,j}$ 表示 $\boldsymbol{D}_s$ 的第 j 列，有

$$\vec{d}_{s,j} = \begin{bmatrix} +\infty \\ \vdots \\ +\infty \\ \delta_s \\ +\infty \\ \vdots \\ +\infty \end{bmatrix}$$

其中 δ_s 在这个矢量的第 j 个位置。重复利用算子 Π 的最小加线性，得到

$$\begin{aligned}\Pi(\vec{x}) &= \Pi\left(\inf_{s \in \mathbf{R}} \{\boldsymbol{D}_s + \vec{x}(s)\}\right) \\ &= \inf_{s \in \mathbf{R}} \{\Pi\left(\boldsymbol{D}_s + \vec{x}(s)\right)\}\end{aligned}$$

$$= \inf_{s\in\mathbf{R}}\left\{\Pi\left(\min_{1\leqslant j\leqslant J}\left\{\vec{d}_{s,j}+x_j(s)\right\}\right)\right\}$$
$$= \inf_{s\in\mathbf{R}}\left\{\min_{1\leqslant j\leqslant J}\left\{\Pi\left(\vec{d}_{s,j}+x_j(s)\right)\right\}\right\}$$
$$= \inf_{s\in\mathbf{R}}\left\{\min_{1\leqslant j\leqslant J}\left\{\Pi\left(\vec{d}_{s,j}\right)+x_j(s)\right\}\right\}$$

定义

$$\boldsymbol{H}(t,s)=\left[\vec{h}_1(t,s)\cdots\vec{h}_j(t,s)\cdots\vec{h}_J(t,s)\right] \tag{4.5}$$

其中

$$\vec{h}_j(t,s)=\Pi\left(\vec{d}_{s,j}\right)(t) \tag{4.6}$$

对于所有 $t\in\mathbf{R}$，得

$$\Pi(\vec{x})(t)=\inf_{s\in\mathbf{R}}\left\{\min_{s\in\mathbf{R}}\left\{\vec{h}_j(t,s)+x_j(s)\right\}\right\}=\inf_{s\in\mathbf{R}}\{\boldsymbol{H}(t,s)+\vec{x}(s)\}$$

另外，还必须检验 $\boldsymbol{H}\in G^J$ 。因为对于任意固定的 s，有 $\Pi\left(\vec{d}_{s,j}\right)\in G^J$；对于任意 $t\leqslant t'$，有

$$\vec{h}_j(t,s)=\Pi\left(\vec{d}_{s,j}\right)(t)\leqslant\Pi\left(\vec{d}_{s,j}\right)(t')=\vec{h}_j\left(t',s\right)$$

从而 $\boldsymbol{H}(t,s)\leqslant\boldsymbol{H}\left(t',s\right)$。如果 $s'\leqslant s$，容易检验 $\vec{d}_{s,j}\leqslant\vec{d}_{s',j}$。由于算子 Π 是保序的（因为它是线性且上半连续的），因此有

$$\vec{h}_j(t,s)=\Pi\left(\vec{d}_{s,j}\right)(t)\leqslant\Pi\left(\vec{d}_{s',j}\right)(t)=\vec{h}_j\left(t,s'\right)$$

并且对于任意的 $s\geqslant s'$，$\boldsymbol{H}(t,s)\leqslant\boldsymbol{H}\left(t,s'\right)$ 成立，这表明 $\boldsymbol{H}(t,s)\in\hat{\mathcal{G}}^J$。

为了证明唯一性，假设存在另一个矩阵 $\boldsymbol{H}'\in\hat{\mathcal{G}}^J$ 满足式 (4.4)，并且令 $\vec{h}'_j$ 表示该矩阵的第 j 列，对于任意 $u\in\mathbf{R}$ 和任意 $1\leqslant j\leqslant J$，取 $\vec{x}=\vec{d}_{u,j}$ 作为输入。从式 (4.6) 得到，对于 $t\in\mathbf{R}$，有

$$\vec{h}_j(t,u)=\Pi\left(\vec{d}_{u,j}\right)(t)=\inf_{s\in\mathbf{R}}\left\{\boldsymbol{H}'(t,s)+\vec{d}_{u,j}(s)\right\}$$
$$=\inf_{s\in\mathbf{R}}\left\{\vec{h}'_j(t,s)+\delta_u(s)\right\}=\inf_{s\leqslant u}\left\{\vec{h}'_j(t,s)\right\}=\vec{h}'_j(t,u)$$

所以 $\boldsymbol{H}' = \boldsymbol{H}$。 □

将冲激响应为 $\boldsymbol{H}$ 的通用最小加线性算子记为 $\mathcal{L}_{\boldsymbol{H}}$。换句话说，有

$$\mathcal{L}_{\boldsymbol{H}}(\vec{x})(t) = \inf_{s\in\mathbf{R}}\{\boldsymbol{H}(t,s) + \vec{x}(s)\}$$

能够计算出与 $\mathcal{C}_{\boldsymbol{\Sigma}}$ 有关的冲激响应为

$$\boldsymbol{H}(t,s) = \begin{cases} \boldsymbol{\Sigma}(t-s), & s \leqslant t \\ \boldsymbol{\Sigma}(0), & s > t \end{cases}$$

对于 h_σ，冲激响应为

$$\boldsymbol{H}(t,s) = \begin{cases} \sigma(t) - \sigma(s), & s \leqslant t \\ 0, & s > t \end{cases}$$

以及对于 $\mathcal{S}_T$，冲激响应为

$$\boldsymbol{H}(t,s) = \boldsymbol{D}_T(t-s)$$

事实上引入平移矩阵允许将平移算子写成最小加卷积的形式：如果 $T \geqslant 0$，$\mathcal{S}_T = \mathcal{C}_{\boldsymbol{D}_T}$。

现在计算两个最小加线性算子合成的冲激响应。

定理 4.1.2（最小加线性算子的合成） 令 $\mathcal{L}_{\boldsymbol{H}}$ 和 $\mathcal{L}_{\boldsymbol{H}'}$ 为两个最小加线性算子。则它们的合成 $\mathcal{L}_{\boldsymbol{H}} \circ \mathcal{L}_{\boldsymbol{H}'}$ 也是最小加线性的，并且该合成的冲激响应被记为 $\boldsymbol{H} \circ \boldsymbol{H}'$，由下式给出

$$\left(\boldsymbol{H} \circ \boldsymbol{H}'\right)(t,s) = \inf_{u\in\mathbf{R}}\left\{\boldsymbol{H}(t,u) + \boldsymbol{H}'(u,s)\right\}$$

证明： 合成 $\mathcal{L}_{\boldsymbol{H}} \circ \mathcal{L}_{\boldsymbol{H}'}$ 应用于一些 $\vec{x} \in G^J$，即

$$\begin{aligned}\mathcal{L}_{\boldsymbol{H}}\left(\mathcal{L}_{\boldsymbol{H}'}(\vec{x})\right)(t) &= \inf_u\left\{\boldsymbol{H}(t,u) + \inf_s\{\boldsymbol{H}'(u,s) + \vec{x}(s)\}\right\} \\ &= \inf_u\left\{\inf_s\left\{\boldsymbol{H}(t,u) + \boldsymbol{H}'(u,s) + \vec{x}(s)\right\}\right\} \\ &= \inf_s\left\{\inf_u\left\{\boldsymbol{H}(t,s) + \boldsymbol{H}'(u,s)\right\} + \vec{x}(s)\right\}\end{aligned}$$ □

因此能够写出

$$\mathcal{L}_{\boldsymbol{H}} \circ \mathcal{L}_{\boldsymbol{H}'} = \mathcal{L}_{\boldsymbol{H}\circ\boldsymbol{H}'}$$

类似地，容易说明

$$\mathcal{L}_{\boldsymbol{H}} \wedge \mathcal{L}_{\boldsymbol{H}'} = \mathcal{L}_{\boldsymbol{H} \wedge \boldsymbol{H}'}$$

最后，对最小加线性算子的对偶定义进行阐述。

定义 4.1.13（最大加线性算子） 算子 Π 是最大加线性算子（max-plus linear operater）的条件为，如果该算子是下半连续的，并且对于任意 $\vec{x}_n \in \mathcal{G}^J$ 和任意 $k \geqslant 0$，则有

$$\Pi(\vec{x}+k) = \Pi(\vec{x}) + k \tag{4.7}$$

最大加线性算子也能够被表示为它们的冲激响应。

定理 4.1.3（最大加冲激响应） 当且仅当存在唯一的矩阵 $\boldsymbol{H} \in \hat{\mathcal{G}}^J$（被称为冲激响应），算子 Π 是最大加线性算子，这样对于任意 $\vec{x} \in \mathcal{G}^J$ 和任意 $t \in \mathbf{R}$，有

$$\Pi(\vec{x})(t) = \sup_{s \in \mathbf{R}} \{\boldsymbol{H}(t,s) + \bar{x}(s)\} \tag{4.8}$$

很容易检验 $\mathcal{D}_\sigma$ 和 $\mathcal{S}_T$ 是最大加线性的, 而 $\mathcal{C}_\Sigma$、h_σ 和 $\mathcal{P}_L$ 与之不同。

例如，如果 $\boldsymbol{H}(t,s) = -\sigma(s-t)$ 具有式 (4.8) 的形式，$\mathcal{D}_\sigma(x)(t)$ 能够被写作

$$\mathcal{D}_\sigma(x)(t) = \sup_{u \geqslant 0}\{x(t+u) - \sigma(u)\} = \sup_{s \geqslant 0}\{x(s) - \sigma(s-t)\} = \sup_{s \in \mathbf{R}}\{x(s) - \sigma(s-t)\}$$

类似地, 如果 $\boldsymbol{H}(t,s) = -\boldsymbol{D}_{-T}(s-t)$ 具有式 (4.8) 的形式，$\mathcal{S}_T(x)(t)$ 能够被写作

$$\mathcal{S}_T(\vec{x})(t) = \vec{x}(t-T) = \sup_{s \in \mathbf{R}}\{\vec{x}(s) - \boldsymbol{D}_{-T}(s-t)\}$$

4.1.7　因果算子

如果系统在时刻 t 的输出只与时刻 t 之前的输入有关，则系统是因果性的。

定义 4.1.14（因果算子） 算子 Π 是因果算子的条件为，如果对于任意 t，所有 $s \leqslant t, \vec{x}_1(s) = \vec{x}_2(s)$ 总是包含着 $\Pi(\vec{x}_1)(t) = \Pi(\vec{x}_2)(t)$。

定理 4.1.4（最小加因果线性算子） 如果对于 $s > t$, 有 $\boldsymbol{H}(t,s) = \boldsymbol{H}(t,t)$，则带有冲激响应 $\boldsymbol{H}$ 的最小加线性系统是因果性的。

证明: 如果对于 $s > t$，有 $\boldsymbol{H}(t,s) = 0$，并且对于所有 $s \leqslant t$，有 $\vec{x}_1(s) = \vec{x}_2(s)$，因为 $\vec{x}_1, \vec{x}_2 \in \mathcal{G}^J$，所以

$$\mathcal{L}_{\boldsymbol{H}}(\vec{x}_1)(t) = \inf_{s \in \mathbf{R}}\{\boldsymbol{H}(t,s) + \vec{x}_1(s)\}$$

$$
\begin{aligned}
&= \inf_{s\leqslant t}\{\boldsymbol{H}(t,s)+\vec{x}_1(s)\}\wedge\inf_{s>t}\{\boldsymbol{H}(t,s)+\vec{x}_1(s)\}\\
&= \inf_{s\leqslant t}\{\boldsymbol{H}(t,s)+\vec{x}_1(s)\}\wedge\inf_{s>t}\{\boldsymbol{H}(t,t)+\vec{x}_1(s)\}\\
&= \inf_{s\leqslant t}\{\boldsymbol{H}(t,s)+\vec{x}_1(s)\}\\
&= \inf_{s\leqslant t}\{\boldsymbol{H}(t,s)+\vec{x}_2(s)\}\\
&= \inf_{s\leqslant t}\{\boldsymbol{H}(t,s)+\vec{x}_2(s)\}\wedge\inf_{s>t}\{\boldsymbol{H}(t,t)+\vec{x}_2(s)\}\\
&= \inf_{s\leqslant t}\{\boldsymbol{H}(t,s)+\vec{x}_2(s)\}\wedge\inf_{s>t}\{\boldsymbol{H}(t,s)+\vec{x}_2(s)\}\\
&= \inf_{s\in\mathbf{R}}\{\boldsymbol{H}(t,s)+\vec{x}_2(s)\}=\mathcal{L}_{\boldsymbol{H}}(\vec{x}_2)(t)
\end{aligned}
$$

$\mathcal{C}_\sigma$、$\mathcal{C}_{\boldsymbol{\Sigma}}$、$h_\sigma$ 和 $\mathcal{P}_L$ 是因果性的; 当且仅当 $T\geqslant 0$ 时, $\mathcal{S}_T$ 是因果性的。$\mathcal{D}_\sigma$ 是非因果性的。确切地说, 如果对于所有的 $s\leqslant t$, 有 $\vec{x}_1(s)=\vec{x}_2(s)$, 但对于所有 $s>t$, 有 $\vec{x}_1(s)\neq\vec{x}_2(s)$, 则

$$
\mathcal{D}_\sigma(\vec{x}_1)(t)=\sup_{u\geqslant 0}\{\vec{x}_1(t+u)-\sigma(u)\}\neq\sup_{u\geqslant 0}\{\vec{x}_2(t+u)-\sigma(u)\}=\mathcal{D}_\sigma(\vec{x}_2)(t)
$$

□

4.1.8 平移不变算子

系统是平移不变（shift-invariant）的，或者说是时不变（time-invariant）的，如果输入移动 T 个时间单位，则输出也移动 T 个时间单位。

定义 4.1.15（平移不变算子） 算子 Π 是平移不变算子的条件为，如果该算子与所有平移算子具有交换性。即对于所有 $\vec{x}\in\mathcal{G}$ 以及任意 $T\in\mathbf{R}$，有

$$
\Pi(\mathcal{S}_T(\vec{x}))=\mathcal{S}_T(\Pi(\vec{x}))
$$

定理 4.1.5（平移不变最小加线性算子） 令 $\mathcal{L}_{\boldsymbol{H}}$ 和 $\mathcal{L}_{\boldsymbol{H}'}$ 是两个平移不变最小加线性算子。

（1）当且仅当它的冲激响应 $\boldsymbol{H}(t,s)$ 仅依赖于时间差值 $t-s$，最小加线性算子 $\mathcal{L}_{\boldsymbol{H}}$ 是平移不变的。

（2）两个平移不变最小加线性算子 $\mathcal{L}_{\boldsymbol{H}}$ 和 $\mathcal{L}_{\boldsymbol{H}'}$ 交换，如果它们也是因果的，

则它们合成的冲激响应是

$$\left(\boldsymbol{H}\circ\boldsymbol{H}'\right)(t,s)=\inf_{0\leqslant u\leqslant t-s}\left\{\boldsymbol{H}(t-s-u)+\boldsymbol{H}'(u)\right\}=\left(\boldsymbol{H}\otimes\boldsymbol{H}'\right)(t-s)$$

证明：（1）令 $\vec{h}_j(t,s)$ 和 $\vec{d}_{s,j}(t)$ 分别表示 $\boldsymbol{H}(t,s)$ 的第 j 列和 $\boldsymbol{D}_s(t)$ 的第 j 列。注意 $\vec{d}_{s,j}(t)=\mathcal{S}_s\left(\vec{d}_{0,j}\right)(t)$，则由式 (4.6) 得到

$$\begin{aligned}\vec{h}_j(t,s)&=\Pi\left(\vec{d}_{s,j}\right)(t)=\Pi\left(\mathcal{S}_s\left(\vec{d}_{0,j}\right)\right)(t)=\mathcal{S}_s\left(\Pi\left(\vec{d}_{0,j}\right)\right)(t)\\&=\left(\Pi\left(\vec{d}_{0,j}\right)\right)(t-s)=\vec{h}_j(t-s,0)\end{aligned}$$

（2）根据定理 4.1.2，$\mathcal{L}_{\boldsymbol{H}}\circ\mathcal{L}_{\boldsymbol{H}'}$ 的冲激响应是

$$\left(\boldsymbol{H}\circ\boldsymbol{H}'\right)(t,s)=\inf_u\left\{\boldsymbol{H}(t-u)+\boldsymbol{H}'(u-s)\right\}=\inf_v\left\{\boldsymbol{H}(t-s-v)+\boldsymbol{H}'(v)\right\}$$

类似地，$\mathcal{L}_{\boldsymbol{H}'}\circ\mathcal{L}_{\boldsymbol{H}}$ 的冲激响应能够被写为

$$\left(\boldsymbol{H}'\circ\boldsymbol{H}\right)(t,s)=\inf_u\left\{\boldsymbol{H}'(t-u)+\boldsymbol{H}(u-s)\right\}=\inf_v\left\{\boldsymbol{H}(v)+\boldsymbol{H}'(t-s-v)\right\}$$

设置 $v=t-u$。两种冲激响应是相同的，这说明了两种算子的交换性。

如果两种算子是因果的，则它们的冲激响应对于 $t>s$ 是无限的，并且前面两种关系变为

$$\begin{aligned}\left(\boldsymbol{H}\circ\boldsymbol{H}'\right)(t,s)=\left(\boldsymbol{H}'\circ\boldsymbol{H}\right)(t,s)&=\inf_{0\leqslant v\leqslant t}\left\{\boldsymbol{H}(t-s-v)+\boldsymbol{H}'(v)\right\}\\&=\left(\boldsymbol{H}\otimes\boldsymbol{H}'\right)(t-s)\end{aligned}$$

□

这样，最小加卷积 $\mathcal{C}_{\boldsymbol{\Sigma}}$（包括 $\mathcal{C}_\sigma$ 和 $\mathcal{S}_T$）是平移不变的。事实上，根据定理 4.1.5，只有最小加线性、因果和平移不变的算子才是最小加卷积。这样，h_σ 不是平移不变的。

最小加解卷积是平移不变的, 因为

$$\begin{aligned}\mathcal{D}_\sigma\left(\mathcal{S}_T(x)\right)(t)&=\sup_{u\geqslant 0}\left\{\mathcal{S}_T(x)(t+u)-\sigma(u)\right\}=\sup_{u\geqslant 0}\{x(t+u-T)-\sigma(u)\}\\&=(x\oslash\sigma)(t-T)=\mathcal{D}_\sigma(x)(t-T)=\mathcal{S}_T\left(\mathcal{D}_\sigma\right)(x)(t)\end{aligned}$$

最后，可证明 $\mathcal{P}_L$ 不是平移不变的。

4.1.9 幂等算子

若一个算子与自身合成后得到的算子与原来的算子完全相同，则称它为幂等算子。

定义 4.1.16（幂等算子） 算子 Π 是幂等算子（idempotent operater）的条件为，它的自合成（self-composition）还是算子 Π。即

$$\Pi \circ \Pi = \Pi$$

能够简单地检验 h_σ 和 $\mathcal{P}_L$ 是幂等的。如果 σ 是次可加的, 且具有 $\sigma(0)=0$，则 $\mathcal{C}_\sigma \circ \mathcal{C}_\sigma = \mathcal{C}_\sigma$。这表明在这种情况下，$\mathcal{C}_\sigma$ 也是幂等的。同样的情况也适用于 $\mathcal{D}_\sigma$。

4.2 算子的闭包

通过重复地将一个最小加算子和它自身合成，得到这个算子的闭包。正式的定义如下。

定义 4.2.1（算子的次可加闭包） 令算子 Π 为 $\mathcal{G}^J \to \mathcal{G}^J$ 的最小加算子。将该算子与其自身合成 $n-1$ 次得到的算子记为 $\Pi^{(n)}$ 。为了方便, 令 $\Pi^{(0)} = \mathcal{S}_0 = \mathcal{C}_{D_0}$, 所以 $\Pi^{(1)} = \Pi, \Pi^{(2)} = \Pi \circ \Pi$, 以此类推。$\Pi$ 的次可加闭包记为 $\overline{\Pi}$, 定义为

$$\overline{\Pi} = \mathcal{S}_0 \wedge \Pi \wedge (\Pi \circ \Pi) \wedge (\Pi \circ \Pi \circ \Pi) \wedge \cdots = \inf_{n \geqslant 0} \left\{ \Pi^{(n)} \right\} \tag{4.9}$$

换言之

$$\overline{\Pi}(\vec{x}) = \vec{x} \wedge \Pi(\vec{x}) \wedge \Pi(\Pi(\vec{x})) \wedge \cdots$$

直接可以检验 $\overline{\Pi}$ 确实将 $\mathcal{G}^J$ 上的函数映射为 $\mathcal{G}^J$ 上的函数。

定理 4.2.1 提供一个最小加线性算子的次可加闭包的冲激响应。定理 4.2.1 直接来自对定理 4.1.2 的递归。

定理 4.2.1（线性算子的次可加闭包） $\overline{\mathcal{L}}_{\boldsymbol{H}}$ 的冲激响应是

$$\overline{\boldsymbol{H}}(t,s) = \inf_{n \in \mathbf{N}} \left\{ \inf_{u_n, \cdots, u_2, u_1} \left\{ \boldsymbol{H}(t,u_1) + \boldsymbol{H}(u_1,u_2) + \cdots + \boldsymbol{H}(u_n,s) \right\} \right\} \tag{4.10}$$

并且 $\overline{\mathcal{L}}_{\boldsymbol{H}} = \mathcal{L}_{\overline{\boldsymbol{H}}}$。

对于具有最小加线性、平移不变性和因果性的算子，式 (4.10) 变成

$$\overline{\boldsymbol{H}}(t-s) = \inf_{n \in \mathbf{N}} \left\{ \inf_{s \leqslant u_n \leqslant \cdots \leqslant u_2 \leqslant u_1 \leqslant t} \left\{ \boldsymbol{H}(t-u_1) + \boldsymbol{H}(u_1-u_2) + \cdots + \boldsymbol{H}(u_n-s) \right\} \right\}$$

$$= \inf_{n\in\mathbf{N}} \left\{ \inf_{0\leqslant v_n\leqslant\cdots v_2\leqslant v_1\leqslant t-s} \{\boldsymbol{H}(t-s-v_1)+\boldsymbol{H}(v_1-v_2)+\cdots+\boldsymbol{H}(v_n)\} \right\}$$
$$= \inf_{n\in\mathbf{N}} \left\{ \boldsymbol{H}^{(n)} \right\}(t-s) \tag{4.11}$$

其中 $\boldsymbol{H}^{(n)} = \boldsymbol{H}\otimes\boldsymbol{H}\otimes\cdots\otimes\boldsymbol{H}$ （n 次, $n\geqslant 1$）并且 $\boldsymbol{H}^{(0)} = \mathcal{S}_0$。

特别地，如果 $\boldsymbol{\Sigma}(t)$ 中的所有元素 $\sigma_{ij}(t)$ 都是次可加函数，可以发现

$$\overline{\mathcal{C}}_{\boldsymbol{\Sigma}} = \mathcal{C}_{\boldsymbol{\Sigma}}$$

在标量情况下，最小加卷积算子 $\mathcal{C}_\sigma$ 的闭包退化为对于 σ 的次可加闭包的最小加卷积，如下

$$\overline{\mathcal{C}}_\sigma = \mathcal{C}_{\bar{\sigma}}$$

如果 σ 是一个良态函数 [$\sigma(0)=0$ 的次可加函数]，则 $\overline{\mathcal{C}}_\sigma = \mathcal{C}_\sigma$。

幂等算子 h_σ 和 $\mathcal{P}_L$ 的次可加闭包也容易计算。确切地说，由于 $h_\sigma(x)\leqslant x$ 且 $\mathcal{P}_L(x)\leqslant x$，因此有

$$\overline{h}_\sigma = h_\sigma$$

和

$$\overline{\mathcal{P}}_L = \mathcal{P}_L$$

下列定理容易被证明。使用的记法 $\Pi \leqslant \Pi'$ 表示对于所有 $\vec{x}\in\mathcal{G}^J$，有 $\Pi(\vec{x})\leqslant\Pi'(\vec{x})$。

定理 4.2.2（保序算子的次可加闭包）　如果算子 Π 和算子 Π' 是两个保序算子，并且 $\Pi\leqslant\Pi'$，则 $\overline{\Pi}\leqslant\overline{\Pi}'$。

最后，通过计算两个算子之间求最小的闭包作为本节的总结。

定理 4.2.3（$\Pi_1\wedge\Pi_2$ 的次可加闭包）　令算子 Π_1、算子 Π_2 为 $\mathcal{G}^J\to\mathcal{G}^J$ 的两个保序算子。则

$$\overline{\Pi_1\wedge\Pi_2} = \overline{(\Pi_1\wedge\mathcal{S}_0)\circ(\Pi_2\wedge\mathcal{S}_0)} \tag{4.12}$$

证明：（1）因为 $\mathcal{S}_0$ 为单位算子

$$\Pi_1\wedge\Pi_2 = (\Pi_1\circ\mathcal{S}_0)\wedge(\mathcal{S}_0\circ\Pi_2)$$
$$\geqslant ((\Pi_1\wedge\mathcal{S}_0)\circ\mathcal{S}_0)\wedge(\mathcal{S}_0\circ(\Pi_2\wedge\mathcal{S}_0))$$

$$\geqslant ((\Pi_1 \wedge \mathcal{S}_0) \circ (\Pi_2 \wedge \mathcal{S}_0)) \wedge ((\Pi_1 \wedge \mathcal{S}_0) \circ (\Pi_2 \wedge \mathcal{S}_0))$$
$$= (\Pi_1 \wedge \mathcal{S}_0) \circ (\Pi_2 \wedge \mathcal{S}_0)$$

Π_1 和 Π_2 是保序的，$\Pi_1 \wedge \Pi_2$ 和 $(\Pi_1 \wedge \mathcal{S}_0) \circ (\Pi_2 \wedge \mathcal{S}_0)$ 也是这样的，所以由定理 4.2.2 得到

$$\overline{\Pi_1 \wedge \Pi_2} \geqslant \overline{(\Pi_1 \wedge \mathcal{S}_0) \circ (\Pi_2 \wedge \mathcal{S}_0)} \tag{4.13}$$

（2）组合考虑两个不等式，如下

$$\Pi_1 \wedge \mathcal{S}_0 \geqslant \Pi_1 \wedge \Pi_2 \wedge \mathcal{S}_0$$
$$\Pi_2 \wedge \mathcal{S}_0 \geqslant \Pi_1 \wedge \Pi_2 \wedge \mathcal{S}_0$$

得到

$$\overline{(\Pi_1 \wedge \mathcal{S}_0) \circ (\Pi_2 \wedge \mathcal{S}_0)} \geqslant \overline{(\Pi_1 \wedge \Pi_2 \wedge \mathcal{S}_0) \circ (\Pi_1 \wedge \Pi_2 \wedge \mathcal{S}_0)} \tag{4.14}$$

通过归纳法, 表明

$$((\Pi_1 \wedge \Pi_2) \wedge \mathcal{S}_0)^{(n)} = \min_{0 \leqslant k \leqslant n} \left\{ (\Pi_1 \wedge \Pi_2)^{(k)} \right\}$$

显然，这个断言在 $n = 0, 1$ 时成立。假设直到 $n \in \mathbf{N}$，它都成立，则

$$\begin{aligned}
&((\Pi_1 \wedge \Pi_2) \wedge \mathcal{S}_0)^{(n+1)} \\
&= ((\Pi_1 \wedge \Pi_2) \wedge \mathcal{S}_0) \circ ((\Pi_1 \wedge \Pi_2) \wedge \mathcal{S}_0)^{(n)} \\
&= ((\Pi_1 \wedge \Pi_2) \wedge \mathcal{S}_0) \circ \left(\min_{0 \leqslant k \leqslant n} \left\{ (\Pi_1 \wedge \Pi_2)^{(k)} \right\} \right) \\
&= \left((\Pi_1 \wedge \Pi_2) \circ \min_{0 \leqslant k \leqslant n} \left\{ (\Pi_1 \wedge \Pi_2)^{(k)} \right\} \right) \wedge \left(\mathcal{S}_0 \circ \min_{0 \leqslant k \leqslant n} \left\{ (\Pi_1 \wedge \Pi_2)^{(k)} \right\} \right) \\
&= \min_{1 \leqslant k \leqslant n+1} \left\{ (\Pi_1 \wedge \Pi_2)^{(k)} \right\} \wedge \min_{0 \leqslant k \leqslant n} \left\{ (\Pi_1 \wedge \Pi_2)^{(k)} \right\} \\
&= \min_{0 \leqslant k \leqslant n+1} \left\{ (\Pi_1 \wedge \Pi_2)^{(k)} \right\}
\end{aligned}$$

这样, 该断言对于所有 $n \in \mathbf{N}$ 都成立，并且

$$\begin{aligned}
(((\Pi_1 \wedge \Pi_2) \wedge \mathcal{S}_0) \circ ((\Pi_1 \wedge \Pi_2) \wedge \mathcal{S}_0))^{(n)} &= ((\Pi_1 \wedge \Pi_2) \wedge \mathcal{S}_0)^{(2n)} \\
&= \min_{0 \leqslant k \leqslant 2n} \left\{ (\Pi_1 \wedge \Pi_2)^{(k)} \right\}
\end{aligned}$$

所以

$$\overline{(\Pi_1 \wedge \Pi_2 \wedge \mathcal{S}_0) \circ (\Pi_1 \wedge \Pi_2 \wedge \mathcal{S}_0)} = \inf_{n \in \mathbf{N}} \left\{ \min_{0 \leqslant k \leqslant 2n} \left\{ (\Pi_1 \wedge \Pi_2)^{(k)} \right\} \right\}$$
$$= \inf_{k \in \mathbf{N}} \left\{ (\Pi_1 \wedge \Pi_2)^{(k)} \right\}$$
$$= \overline{\Pi_1 \wedge \Pi_2}$$

将这个结论与式 (4.13)、式 (4.14) 组合起来，可以得到式 (4.12)。 □

如果两个算子的其中之一是一个幂等算子，能够对前面的结论作一点简化。第 9 章将用到下面的推论。

推论 4.2.1（$\Pi_1 \wedge h_M$ 的次可加闭包） 令 Π_1 是 $\mathcal{F} \to \mathcal{F}$ 的保序算子，且 $M \in \mathcal{F}$。则

$$\overline{\Pi_1 \wedge h_M} = \overline{(h_M \wedge \Pi_1)} \circ h_M \tag{4.15}$$

证明： 由定理 4.2.3 得到

$$\overline{\Pi_1 \wedge h_M} = \overline{(\Pi_1 \wedge \mathcal{S}) \circ h_M} \tag{4.16}$$

因为 $h_M \leqslant \mathcal{S}_0$，式 (4.16) 的右边是在所有整数 n 下求下式的下确界

$$(\{\Pi_1 \wedge \mathcal{S}\} \circ h_M)^{(n)}$$

可以展开为

$$\{\Pi_1 \wedge \mathcal{S}\} \circ h_M \circ \{\Pi_1 \wedge \mathcal{S}\} \circ h_M \circ \cdots \circ \{\Pi_1 \wedge \mathcal{S}\} \circ h_M$$

因为

$$h_M \circ \{\Pi_1 \wedge \mathcal{S}\} \circ h_M = \{h_M \circ \Pi_1 \circ h_M\} \wedge h_M = (\{h_M \circ \Pi_1\} \wedge \mathcal{S}) \circ h_M$$
$$= \min_{0 \leqslant q \leqslant 1} \left\{ (h_M \circ \Pi_1)^{(q)} \right\} \circ h_M$$

所以前面的表达式等于

$$\min_{0 \leqslant q \leqslant n} \left\{ (h_M \circ \Pi_1)^{(q)} \right\} \circ h_M$$

能够将式 (4.16) 的右边改写为

$$\overline{(\Pi_1 \wedge \mathcal{S}) \circ h_M} = \inf_{n \in \mathbf{N}} \left\{ \min_{0 \leqslant q \leqslant n} \left\{ (h_M \circ \Pi_1)^{(q)} \right\} \circ h_M \right\}$$

$$= \inf_{g \in \mathbf{N}} \left\{ (h_M \circ \Pi_1)^{(q)} \right\} \circ h_M = \overline{(h_M \wedge \Pi_1)} \circ h_M$$

这样，式 (4.15) 成立。 □

次可加闭包的对偶是超可加闭包（super-additive closure），定义如下。

定义 4.2.2（算子的超可加闭包） 令算子 Π 为 $\mathcal{G}^J \to \mathcal{G}^J$ 的算子。算子 Π 的超可加闭包被记为 $\underline{\Pi}$，定义为

$$\underline{\Pi} = \mathcal{S}_0 \vee \Pi \vee (\Pi \circ \Pi) \vee (\Pi \circ \Pi \circ \Pi) \vee \cdots = \sup_{n \geqslant 0} \left\{ \Pi^{(n)} \right\} \tag{4.17}$$

4.3 不动点方程（空间方法）

4.3.1 主要理论

对于另一种解决网络演算重要问题的工具，它与常规系统论中的常微分方程有一些相似之处。

对常微分方程的解读如下：令算子 Π 为从 $\mathbf{R}^J$ 到 $\mathbf{R}^J$ 的一个算子，并且令 $\vec{a} \in \mathbf{R}^J$，则微分方程的解 $\vec{x}(t)$ 满足

$$\frac{\mathrm{d}\vec{x}}{\mathrm{d}t}(t) = \Pi(\vec{x})(t) \tag{4.18}$$

且带有初始条件

$$\vec{x}(0) = \vec{a} \tag{4.19}$$

在研究网络演算不动点方程的情况下，算子 Π 取 $\mathcal{G}^J \to \mathcal{G}^J$ 的算子，并且 $\vec{a} \in \mathcal{G}^J$。现在的问题是找到最大的函数 $\vec{x}(t) \in \mathcal{G}^J$，它验证了递归的不等式

$$\vec{x}(t) \leqslant \Pi(\vec{x})(t) \tag{4.20}$$

以及初始条件

$$\vec{x}(t) \leqslant \vec{a}(t) \tag{4.21}$$

然而，网络演算的不动点方程与常规系统论中的微分方程的差别非常显著：首先，我们给出的是不等式而不是等式；其次，与式 (4.18) 不同，式 (4.20) 没有描述 $\vec{x}(t)$ 的轨迹从一个不动点 $\vec{a}$ 开始随着时间 t 的演进，而是描述从一个固定的、给定的函数 $\vec{a}(t) \in \mathcal{G}^J$ 开始在 $\vec{x}(t)$ 的整条轨迹上持续地进行 Π 的迭代。

在弱的、技术性的且几乎总是会被满足的假设的情况下，下面的定理提供这个问题的解。

定理 4.3.1（空间方法） 令算子 Π 为取 $\mathcal{G}^J \to \mathcal{G}^J$ 的上半连续算子。对于任意固定的函数 $\vec{a} \in \mathcal{G}^J$，下面这个问题

$$\vec{x} \leqslant \vec{a} \wedge \Pi(\vec{x}) \tag{4.22}$$

具有一个在 $\mathcal{G}^J$ 上的最大解，由 $\vec{x}^* = \overline{\Pi}(\vec{a})$ 给出。

参考文献 [2] 给出了这个定理的证明，但需要假设一些先决条件。这里给出一种直接的证明方法，不需要这些先决条件，这种直接的证明方法基于不动点参数。应用这个定理被称为使用“空间方法”（space method），因为迭代的变量不是时刻 t（如下文描述的“时间方法”），而是整个序列 $\vec{x}$ 本身。因此，该定理不论 $t \in \mathbf{Z}$ 还是 $t \in \mathbf{R}$，都可以无差别地进行应用。

证明：（1）首先证明 $\overline{\Pi}(\vec{a})$ 是式 (4.22) 的解。考虑减序列 $\{\vec{x}_n\}$ 的定义为

$$\begin{aligned} \vec{x}_0 &= \vec{a} \\ \vec{x}_{n+1} &= \vec{x}_n \wedge \Pi\left(\vec{x}_n\right), \qquad n \geqslant 0 \end{aligned}$$

可以检验出

$$\vec{x}^* = \inf_{n \geqslant 0}\left\{\vec{x}_n\right\}$$

是式 (4.22) 的解。因为 $\vec{x}^* \leqslant \vec{x}_0 = \vec{a}$ 并且 Π 是上半连续的，所以

$$\Pi\left(\vec{x}^*\right) = \Pi\left(\inf_{n \geqslant 0}\left\{\vec{x}_n\right\}\right) = \inf_{n \geqslant 0}\left\{\Pi\left(\vec{x}_n\right)\right\} \geqslant \inf_{n \geqslant 0}\left\{\vec{x}_{n+1}\right\} \geqslant \inf_{n \geqslant 0}\left\{\vec{x}_n\right\} = \vec{x}^*$$

现在，容易检查 $\vec{x}_n = \inf\limits_{0 \leqslant m \leqslant n}\left\{\Pi^{(m)}(\vec{a})\right\}$，所以

$$\vec{x}^* = \inf_{n \geqslant 0}\left\{\vec{x}_n\right\} = \inf_{n \geqslant 0}\left\{\inf_{0 \leqslant m \leqslant n}\left\{\Pi^{(m)}(\vec{a})\right\}\right\} = \inf_{n \geqslant 0}\left\{\Pi^{(m)}(\vec{a})\right\} = \Pi(\vec{a})$$

这也说明 $\vec{x}^* \in \mathcal{G}^J$。

（2）令 $\vec{x}$ 是式 (4.22) 的解，则 $\vec{x} \leqslant \vec{a}$。由于算子 Π 是保序的，因此 $\Pi(\vec{x}) \leqslant \Pi(\vec{a})$。由式 (4.22) 可知，$\vec{x} \leqslant \Pi(\vec{x})$，所以 $\vec{x} \leqslant \Pi(\vec{a})$ 。假设对于一些 $n \geqslant 1$，我们已经展示了 $\vec{x} \leqslant \Pi^{(n-1)}(\vec{a})$。由于 $\vec{x} \leqslant \Pi(\vec{x})$，并且算子 Π 是保序的，解得 $\vec{x} \leqslant \Pi^{(n)}(\vec{a})$。所以 $\vec{x} \leqslant \inf\limits_{n \geqslant 0}\left\{\Pi^{(n)}(\vec{a})\right\} = \overline{\Pi}(\vec{a})$，这说明 $\vec{x}^* = \overline{\Pi}(\vec{a})$ 是最大解。□

类似地，在最大加代数方面具有如下的定理。

定理 4.3.2（对偶空间方法） 令算子 Π 为取 $\mathcal{G}^J \to \mathcal{G}^J$ 的下半连续算子。对于任意固定的函数 $\vec{a} \in \mathcal{G}^J$，下面这个问题

$$\vec{x} \geqslant \vec{a} \vee \Pi(\vec{x}) \tag{4.23}$$

具有一个在 $\mathcal{G}^J$ 上的最小解，由 $\vec{x}^* = \underline{\Pi}(\vec{a})$ 给出。

4.3.2 应用的例子

现在将空间方法定理应用于 5 个特定的例子。首先回顾第 1.5.2 节贪婪整形器的输入输出特性，以及第 1.3.2 节末尾描述的可变容量节点。接下来把它们应用于两种流控窗口（具有固定长度的窗口）问题。最后，回顾第 1.7.4 节的变长数据包贪婪整形器。

贪婪整形器的输入/输出特性

已知贪婪整形器是这样一种系统，如果输入的比特违背约束 σ，贪婪整形器将延迟发送并将该比特放入缓冲区，否则它会尽可能快地将该比特输出。如果 R 是输入流，输出流 $x \in \mathcal{F}$ 就是满足式 (1.13) 的最大的函数，能够将其重写为

$$x \leqslant R \wedge \mathcal{C}_\sigma(x)$$

这样，得到 $R^* = \overline{\mathcal{C}}_\sigma(x) = \mathcal{C}_{\bar{\sigma}}(x) = \bar{\sigma} \otimes x$。如果 σ 是一个良态函数，就可以重新得到定理 1.5.1 的主要结论。

可变容量节点的输入/输出特性

在第 1.3.2 节末尾介绍了可变容量节点，其中可变容量由一个累积函数 $M(t)$ 建模，$M(t)$ 是流在时刻 0 到时刻 t 之间的可用容量的总和。如果 $m(t)$ 是流在时刻 t 可用的瞬时容量，则 $M(t)$ 是这个函数的原函数。换句话说，如果 $t \in \mathbf{R}$，则

$$M(t) = \int_0^t m(s)\mathrm{d}s \tag{4.24}$$

并且，如果 $t \in \mathbf{Z}$，则积分被替代成在 s 上的求和。如果 R 是输入流，并且 x 是可变容量节点的输出流，则可变容量约束要求对于所有 $0 \leqslant s \leqslant t$，有

$$x(t) - x(s) \leqslant M(t) - M(s)$$

可以使用幂等算子 h_M 将它重写为

$$x \leqslant h_M(x) \tag{4.25}$$

因为系统是因果性的，所以

$$x \leqslant R \tag{4.26}$$

因此，可变容量节点的输出是式 (4.25) 和式 (4.26) 的最大解。即

$$R^*(t) = \bar{h}_M(R)(t) = h_M(R)(t) = \inf_{0 \leqslant s \leqslant t}\{M(t) - M(s) + R(s)\}$$

正如我们在前文中已经看到的那样，幂等算子的次可加闭包是该算子本身。

例 1——静态窗口流控

现在我们设想一个反馈网络的例子。这个例子由参考文献 [47] 和参考文献 [48, 49] 独立给出。一条数据流 $a(t)$ 通过窗口流控制器馈入网络，网络提供服务曲线 β。窗口流控制器要求总积压小于或等于 W（窗口宽度），从而限制了获准进入网络的数据量，其中 $W > 0$ 是固定值（见图 4.1）。

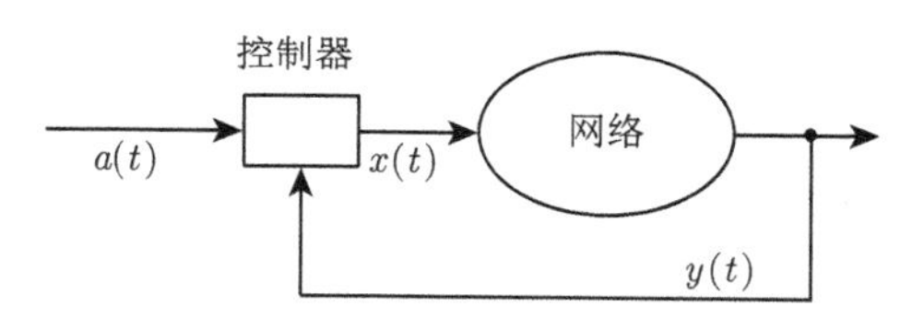

图 4.1　静态窗口流控 [47,48]

称 $x(t)$ 为获准进入网络的流，$y(t)$ 为输出。控制器的定义意味着 $x(t)$ 是下式的最大解

$$\begin{cases} x(t) \leqslant a(t) \\ x(t) \leqslant y(t) + W \end{cases} \tag{4.27}$$

构成映射 $\Pi : x \to y = \Pi(x)$ 的算子 Π 的具体定义是未知的，但假设算子 Π 是保序的，并且令 $y(t) \geqslant (\beta \otimes x)(t)$，该算子可被改写为

$$\Pi(x) \geqslant \mathcal{C}_\beta(x) \tag{4.28}$$

还可将式 (4.27) 改写为

$$x \leqslant a \wedge \{\Pi(x) + W\} \tag{4.29}$$

并直接利用定理 4.3.1 推导出最大的解为

$$x = \overline{(\Pi + W)}(a)$$

因为算子 Π 是保序的，所以 $\Pi + W$ 也是保序的。这样，依据式 (4.28) 并应用定理 4.2.2，因此得到

$$x = \overline{(\Pi + W)}(a) \geqslant \overline{(\mathcal{C}_\beta + W)}(a) \tag{4.30}$$

由定理 4.2.1 可得

$$\overline{(\mathcal{C}_\beta + W)}(a) = \overline{\mathcal{C}}_{\beta+W}(a) = \mathcal{C}_{\overline{\beta+W}}(a) = \overline{(\beta + W)} \otimes a$$

将这些关系与式 (4.30) 联立，有

$$y \geqslant \beta \otimes x \geqslant \beta \otimes (\overline{(\beta + W)} \otimes a) = (\beta \otimes \overline{(\beta + W)})(a)$$

这说明图 4.1 所示的完整的闭环系统提供给流的服务曲线为 [47]

$$\beta_{\text{wfc1}} = \beta \otimes \overline{(\beta + W)} \tag{4.31}$$

例如，如果 $\beta = \beta_{R,T}$，则闭环系统的服务曲线如图 4.2 所示。当 $RT \leqslant W$ 时，窗口并不对开环系统提供的服务保证增加任何限制，这种情况下 $\beta_{\text{wfc1}} = \beta$。如果 $RT > W$，则闭环服务曲线小于开环服务曲线。

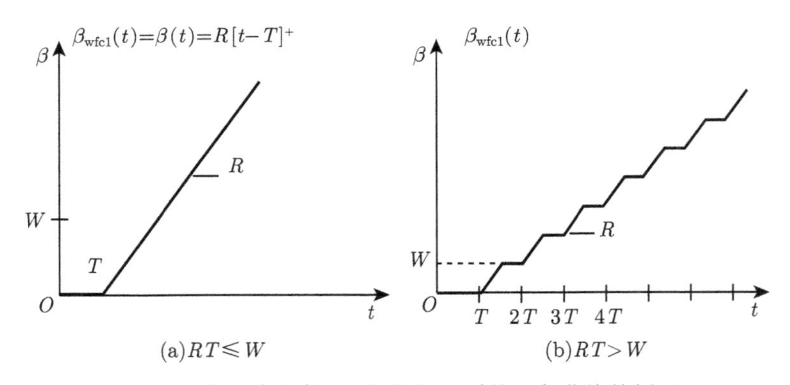

图 4.2　带有静态窗口流控的闭环系统服务曲线的例子

图 4.2 的说明： 带有静态窗口流控的闭环系统服务曲线为 β_{wfc1}。当开环系统服务曲线为 $\beta_{R,T}$ 时，则 $RT \leqslant W$ 时的曲线见图 4.2(a)，$RT > W$ 时的曲线见图 4.2(b)。

例 2——存在背景流量的静态窗口流控

将静态窗口流控模型扩展到考虑存在背景流量的情况，对于给定的时刻 t，如果 $t \in \mathbf{R}$，约束输入流量的速率为 $\mathrm{d}x/\mathrm{d}t$，如果 $t \in \mathbf{Z}$，速率为 $x(t)-x(t-1)$，约束输入流量的速率使之小于给定的速率 $m(t)$。令 $M(t)$ 表示前面提到的速率函数的原函数，见式 (4.24)，则对于 x 的速率约束变成式 (4.25)。设函数 $M(t)$ 为未知，假设存在一些函数 $\gamma \in \mathcal{F}$，使得

$$M(t)-M(s) \geqslant \gamma(t-s)$$

对于任意 $0 \leqslant s \leqslant t$，可将上式改写为

$$h_M \geqslant \mathcal{C}_\gamma \tag{4.32}$$

式 (4.32) 在参考文献 [19] 中被用于推导为输入流 x 的完整系统所提供的服务曲线，现在将应用定理 4.3.1 进行计算，得到服务曲线。

带有附加的约束式 (4.32)，必须计算下式的最大解

$$x \leqslant a \wedge \{\Pi(x)+W\} \wedge h_M(x) \tag{4.33}$$

其中

$$x = \overline{(\{\Pi+W\} \wedge h_M)}(a) \tag{4.34}$$

如同前文介绍过的，我们不知道算子 Π 的具体定义，但设定它是保序的，且有 $\Pi \geqslant C_\beta$。另外，由式 (4.32) 还已知 $h_M \geqslant C_\gamma$。第一种方法通过时不变线性算子计算式 (4.34) 中的下界得到 y 的服务曲线，正如本章中早已证明的，这些算子具有交换性，可得到

$$\{\Pi+W\} \wedge h_M \geqslant \{\mathcal{C}_\beta+W\} \wedge \mathcal{C}_\gamma = \mathcal{C}_{\{\beta+W\}\wedge\gamma}$$

因此，式 (4.34) 变为

$$x \geqslant \overline{\mathcal{C}}_{\{\beta+W\}\wedge\gamma}(a) = \mathcal{C}_{\{\beta+W\}\wedge\gamma}(a) = \overline{(\{\beta+W\}\wedge\gamma)} \otimes a$$

由定理 3.1.11 可知，有

$$\overline{\{\beta+W\}\wedge\gamma} = \overline{(\beta+W)} \otimes \bar{\gamma}$$

所以

$$y \geqslant \beta \otimes x \geqslant (\beta \otimes \overline{(\beta + W)} \otimes \bar{\gamma}) \otimes a$$

这样，流 a 的服务曲线为

$$\beta \otimes \overline{(\beta + W)} \otimes \bar{\gamma} \tag{4.35}$$

遗憾的是，这条服务曲线可能是无用的。例如，如果对于 $T > 0$，在 $0 \leqslant t \leqslant T$ 时有 $\gamma(t) = 0$, 则对于所有 $t \geqslant 0$，有 $\bar{\gamma}(t) = 0$, 所以服务曲线为 0。

在式 (4.34) 的右边的次可加闭包的计算中，通过推论 4.2.1 应用幂等属性之后，通过时不变线性算子 $\mathcal{C}_\gamma$ 改造 h_M 的下界，得到一种更好的界限。确切地说，这条推论允许将式 (4.34) 替换为

$$x = \left(\overline{(h_M \circ (\Pi + W))} \circ h_M\right)(a)$$

现在能够通过 $\mathcal{C}_\gamma$ 界定 h_M 的下限，得到

$$\begin{aligned}
\overline{(h_M \circ (\Pi + W))} \circ h_M &\geqslant \overline{(\mathcal{C}_\gamma \circ \mathcal{C}_{\beta+W})} \circ \mathcal{C}_\gamma \\
&= \overline{\mathcal{C}}_{\gamma\otimes(\beta+W)} \circ \mathcal{C}_\gamma \\
&= \mathcal{C}_{\overline{\beta\otimes\gamma+W}} \circ \mathcal{C}_\gamma \\
&= \mathcal{C}_{\gamma\otimes\overline{(\beta\otimes\gamma+W)}}
\end{aligned}$$

这样就得到了比第一种方法更好的服务曲线，其中直接用 $\mathcal{C}_\gamma$ 替代了 h_M。

$$\beta_{\text{wfc2}} = \beta \otimes \gamma \otimes \overline{(\beta \otimes \gamma + W)} \tag{4.36}$$

这比式 (4.35) 的服务曲线好。

例如，如果 $\beta = \beta_{R,T}$ 并且 $\gamma = \beta_{R',T'}$，且有 $R > R'$ 和 $W < R'(T + T')$，则闭环系统的服务曲线如图 4.3 所示。

打包贪婪整形器

本章的最后一个例子是第 1.7.4 节介绍过的打包贪婪整形器。需要计算下面问题的最大解：

$$x \leqslant R \wedge \mathcal{P}_L(x) \wedge \mathcal{C}_\sigma(x)$$

其中 R 是输入流，σ 是一个良态函数，并且 L 为一个给定的累积数据包长度序列。能够应用定理 4.3.1 和定理 4.2.2 得到

$$x = \overline{\mathcal{P}_L \wedge \mathcal{C}_\sigma}(R) = \overline{\mathcal{P}_L \circ \mathcal{C}_\sigma}(R)$$

这是定理 1.7.4 的精确的结果。

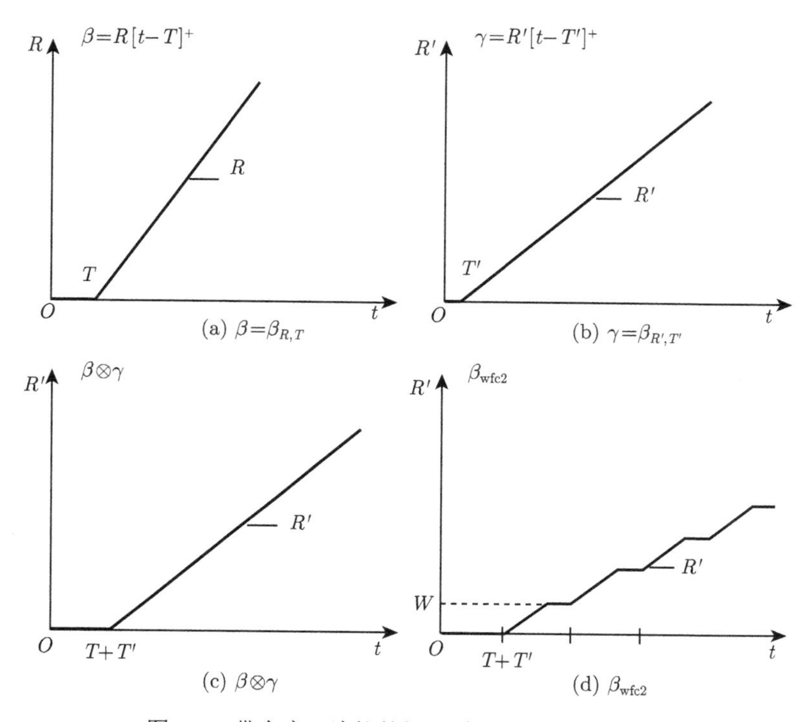

图 4.3　带有窗口流控的闭环系统服务曲线的例子

图 4.3 的说明： 带有窗口流控的闭环系统服务曲线 β_{wfc2}[见图 4.3(d)]，当开环系统服务曲线为 $\beta = \beta_{R,T}$[见图 4.3(a)]，以及 $\gamma = \beta_{R',T'}$[见图 4.3(b)] 时，具有 $R > R'$ 和 $W < R'(T + T')$。

4.4　不动点方程（时间方法）

以定理 4.3.1 的另一个版本作为本章的总结，只在离散时间的设置下应用该定理。该定理通过在时刻 t 上迭代而不是在完全的轨迹 $\vec{a}(t)$ 上迭代来应用算子 Π，以计算式 (4.22) 中 $\vec{x} = \overline{\Pi}(\vec{a})$ 的最大解。我们称这种方法为“时间方法”（同样参见参考文献 [3]）。它在比空间方法更强的假设情况下是有效的，因为它要求算子 Π 是最小加线性的。

定理 4.4.1 令 $\Pi = \mathcal{L}_{\boldsymbol{H}}$ 为取 $\mathcal{F}^J \to \mathcal{F}^J$ 的最小加线性算子，具有冲激响应 $\boldsymbol{H} \in \tilde{\mathcal{F}}^J$。对于任意固定的函数 $\vec{a} \in \mathcal{F}^J$，下面这个问题

$$\vec{x} \leqslant \vec{a} \wedge \mathcal{L}_{\boldsymbol{H}}(\vec{x}) \tag{4.37}$$

具有一个最大解，由下式给出

$$\vec{x}^*(0) = \vec{a}(0)$$
$$\vec{x}^*(t) = \vec{a}(t) \wedge \inf_{0 \leqslant u \leqslant t-1} \{\boldsymbol{H}(t,u) + \vec{x}^*(u)\}$$

证明: 注意最大解的存在性由定理 4.3.1 给出。定义由该定理递归得到的 $\vec{x}^*$。因为 $\boldsymbol{H} \in \tilde{\mathcal{F}}^J$，所以很容易用归纳法得出 $\vec{x}^*$ 是式 (4.37) 所述问题的解。相反地，对于任意的解 $\vec{x}$，有 $\vec{x}(0) \leqslant a(0) = \vec{x}^*(0)$，并且如果对于所有 $0 \leqslant u \leqslant t-1$，有 $\vec{x}(u) \leqslant \vec{x}^*(u)$，接下来使 $\vec{x}(t) \leqslant \vec{x}^*(t)$，表明 $\vec{x}^*$ 是最大解。 □

4.5 小　结

本章介绍了最小加算子和最大加算子，讨论了它们的属性，用表 4.1 进行总结。本章的核心结论是定理 4.3.1，它将应用在下文的讨论中，使我们能够计算涉及某个上半连续算子迭代应用的不等式集合的最大解。

表 4.1　一些常用算子属性的总结

算子	是否具有下列属性							
	上半连续	下半连续	保存	最小加线性	最大加线性	因果	平移不变	幂等
$\mathcal{C}_\sigma$	是	否	是	是	否	是	是	否②
$\mathcal{D}_\sigma$	否	是	是	否	是	否	是	否②
$\mathcal{S}_T$	是	是	是	是	是	是①	是	否③
h_σ	是	否	是	是	否	是	否	是
$\mathcal{P}_l$	是	否	是	否	否	是	否	是

注：① 如果 $T \geqslant 0$；② 除非 σ 是一个良态函数；③ 除非 $T = 0$。

第三部分

网络演算进阶

第 5 章 最优多媒体平滑

本章在提供基于预留服务的网络上应用网络演算平滑多媒体数据，例如对于最小服务曲线已知的 ATM 服务或 RSVP/IP 服务。一种方法是在编码器输出端操纵量化级别形成视频流，这被称为速率控制 [50]；另一种方法是利用编码器输出级之后的平滑器来平滑视频流 [51−53]。本章将讨论第二种方法。

已有大量的平滑算法被提出，用以优化不同的性能指标，例如峰值带宽需求、传输速率的可变性、速率变化的次数以及客户端缓冲区容量等 [54]。通过网络演算，可以在给定最大峰值速率甚至更复杂的平滑曲线（如 VBR 平滑曲线）的情况下，计算最小客户端缓冲区大小；还可以在给定客户端缓冲区大小的情况下，计算所需的最小峰值速率。我们发现达到这些界限所必须实现的调度算法并不唯一，并将确定完整的视频传输调度设置，这些调度方法使资源的使用最小化并达到最优的性能界限。

5.1 问题设定

存储在视频服务器硬盘上的视频流通过网络直接传输到视频客户端，如图 5.1 所示。视频服务器为发送端，在发送端，平滑器读取已编码的视频流 $R(t)$，

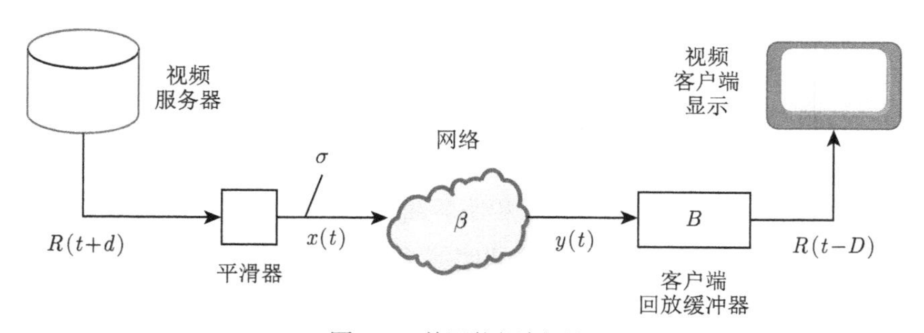

图 5.1 单网络视频平滑

并发送必须符合到达曲线 σ 的视频流 $x(t)$。由于视频流已预录制并存储在视频服务器中，因此平滑器可以在调度之前预取（prefetch）并发送一些数据，其中到达曲线 σ 为良态函数，即满足次可加性且 $\sigma(0)=0$。实际情况中最简单且最常见的平滑曲线是常速率曲线，或等效的峰值速率约束曲线，对于 $r>0$，有 $\sigma=\lambda_r$。

以传输开始时刻为时间起点，则 $t\leqslant 0$ 时 $x(t)=0$。

在接收端（即视频客户端），视频流 R 将在 D 个时间单位后回放，D 为回放延迟（playback delay）；因此，解码缓冲器 B（即客户端回放缓冲器）的输出必须为 $R(t-D)$。

网络为视频流 $x(t)$ 提供了有保证的服务。如果 $y(t)$ 为输出流，则通常无法表示为 x 的函数。然而，假设该服务保证能够用服务曲线 β 表示。例如，第 1 章中 IETF 假设 RSVP 路由器提供速率–时延服务曲线 β，即 $\beta_{L,C}(t)=C[t-L]^+=\max\{0,C(t-L)\}$。另外的例子是对流量完全不可见的空网络（null network）。尽管该网络会引入固定延迟，但不会对流引入任何抖动和速率限制，因为固定延迟总是能够被单独考虑，所以在本章中忽略固定延迟。空网络提供的服务曲线为 $\beta(t)=\delta_0(t)$。

为了简化数学运算，假设编码缓冲区的大小足以容纳完整的数据流。另外，接收器（解码）缓冲区是非常稀缺的资源，具有有限的大小 B。

由于流已经被预录制并且存储在视频服务器中，因此允许平滑器在调度之前预取并发送一些数据。假设平滑器能够超前 d 个时间单位得到数据。该超前延迟（look-ahead delay）的取值范围为 0（在最严格的情况下，无法预取）到完整流的长度（假设长度以时间单位表示）。超前延迟和回放延迟之和记为总延迟（total delay）T，有 $T=D+d$。

第 5.2 节提供了这些约束的数学描述。

第 5.3 节至第 5.5 节将应用定理 4.3.1 解决以下问题。

1. 在第 5.3 节首先计算回放延迟 D、超前延迟 d 和客户端缓冲区 B 的最低要求，以保证在给定平滑曲线 σ 和服务曲线 β 的条件下的无损传输。

2. 第 5.4 节提供平滑器的所有调度策略，以第 5.3 节计算得到的参数进行设置达成传输，并将这种结果调度称为“最优平滑”。

3. 第 5.5 节针对 CBR 情况（$\sigma=\lambda_r$），给定速率 r 和速率–时延服务曲线 $\beta=\beta_{L,C}$，推导无损平滑所需回放延迟 D 最小值的闭式表达式、总延迟

$T = D + d$，以及客户端缓冲区 B 最小值的闭式表达式。并解决其对偶问题，即给定超前延迟 d、回放延迟 D 和客户端缓冲区 B，计算传输视频的最小速率 r。

第 5.6 节比较最优平滑与贪婪整形。第 5.7 节比较最优平滑与分离延迟均衡（separate delay equalization）。针对骨干网和接入网所允许的中间缓存（caching）的情况，第 5.8 节重新求解上述问题 1 和问题 2。

5.2　无损平滑约束

本节通过形式化约束完整地定义了图 5.1 所示的平滑问题。

- **流约束**：如前文所述，时间起点的选择满足对任意流 $x \in \mathcal{F}$，任意 $t \leqslant 0$，有 $x(t) = 0$，等价于

$$x(t) \leqslant \delta_0(t) \tag{5.1}$$

- **平滑约束**：流 x 受到达曲线 $\sigma(\cdot)$ 约束，即对任意 $t \geqslant 0$，有

$$x(t) \leqslant (x \otimes \sigma)(t) = C_\sigma(x)(t) \tag{5.2}$$

- **回放延迟约束**（回放缓冲区无下溢）：数据在 D 个时间单位后以速率 $R(t-D)$ 从回放缓冲区被读取，这蕴涵着 $y(t) \geqslant R(t-D)$。但 y 的表达式无法以 x 的函数形式确切地表示；且仅知道网络保证服务曲线 β，即 $y(t) \geqslant (x \otimes \beta)(t)$，故输出流最低至 $(x \otimes \beta)(t)$。此时，可以替换前面不等式中的 y 得到 $(x \otimes \beta)(t) \geqslant R(t-D)$。利用定理 3.1.12 中的规则 14，对于任意 $t \geqslant 0$，该约束条件可写作

$$x(t) \geqslant (R \oslash \beta)(t-D) = \mathcal{D}_\beta(R)(t-D) \tag{5.3}$$

- **回放缓冲约束**（回放缓冲区无上溢）：由于回放缓冲区的容量被限制为 B，因此为避免缓冲区上溢，对任意 $t \geqslant 0$，必须恒有 $y(t) - R(t-D) \leqslant B$。与回放延迟约束的情况类似，此时仍然无法知道 y 的确切值。但网络是因果系统，所以 y 的上界为 x，而不会高于 x。这样对于所有 $t \geqslant 0$，该约束条件为

$$x(t) \leqslant R(t-D) + B \tag{5.4}$$

- **超前延迟约束**：设编码器最多从服务器中预取 d 个时间单位的数据，则有

$$x(t) \leqslant R(t+d) \tag{5.5}$$

5.3 延迟与回放缓冲区最低要求

式 (5.1)～式 (5.5) 可以被重新写为如下两个不等式

$$x(t) \leqslant \delta_0(t) \wedge R(t+d) \wedge \{R(t-D)+B\} \wedge C_\sigma(x)(t) \tag{5.6}$$

$$x(t) \geqslant (R \oslash \beta)(t-D) \tag{5.7}$$

当且仅当式 (5.6) 和式 (5.7) 同时得到满足时，平滑问题存在解 x。这等价于对于所有 t，要求式 (5.6) 的最大解恒大于式 (5.7) 的最小解。

首先计算式 (5.6) 的最大解。式 (5.6) 的形式为

$$x(t) \leqslant a \wedge C_\sigma(x)(t) \tag{5.8}$$

其中

$$a = \delta_0(t) \wedge R(t+d) \wedge \{R(t-D)+B\} \tag{5.9}$$

可以应用定理 4.3.1 计算式 (5.8) 的唯一最大解，因为 σ 是良态函数，所以 $x_{\max} = C_\sigma(a) = \sigma \otimes a$。将 a 用式 (5.9) 中的表达式替换，式 (5.6) 的最大解为

$$x_{\max} = \sigma(t) \wedge \{(\sigma \otimes R)(t+d)\} \wedge \{(\sigma \otimes R)(t-D)+B\} \tag{5.10}$$

得益于下面的定理，现在能够计算回放延迟 D、总延迟 T 和回放缓冲区 B 的最小值，以保证平滑问题的解存在。因此，超前延迟 d 要达到回放延迟 D 的最小值的要求是 $d = T - D$。

定理 5.3.1（最优平滑要求） 为保证一条良态曲线 σ 通过服务曲线为 β 的网络的时候被无损平滑，D、T 和 B 的最小值为

$$D_{\min} = h(R, (\beta \otimes \sigma)) = \inf\{t \geqslant 0 : R \oslash (\beta \otimes \sigma)(-t) \leqslant 0\} \tag{5.11}$$

$$\begin{aligned} T_{\min} &= h((R \oslash R), (\beta \otimes \sigma)) \\ &= \inf\{t \geqslant 0 : ((R \oslash R) \oslash (\beta \otimes \sigma))(-t) \leqslant 0\} \end{aligned} \tag{5.12}$$

$$B_{\min} = v((R \oslash R), (\beta \otimes \sigma)) = (R \oslash R) \oslash (\beta \otimes \sigma)(0) \tag{5.13}$$

其中 h 和 v 分别表示定义 3.1.15 中的水平距离和垂直距离。

证明： 当且仅当式 (5.6) 的最大解在所有时刻大于或等于式 (5.7) 等号右边的情况下，式 (5.6) 和式 (5.7) 才能有解。这等价于对所有 $t \in \mathbf{R}$ 有

$$(R \oslash \beta)(t-D) - \sigma(t) \leqslant 0$$

$$(R \oslash \beta)(t-D) - (\sigma \otimes R)(t+d) \leqslant 0$$

$$(R \oslash \beta)(t-D) - (\sigma \otimes R)(t-D) \leqslant B$$

利用反卷积算子及其属性，这 3 个不等式能够被改写为

$$(R \oslash (\beta \otimes \sigma))(-D) \leqslant 0$$

$$((R \oslash R) \oslash (\beta \otimes \sigma))(-T) \leqslant 0$$

$$((R \oslash R) \oslash (\beta \otimes \sigma))(0) \leqslant B$$

满足这 3 个不等式时，D、T 和 B 的最小值分别由式 (5.11)、式 (5.12) 和式 (5.13) 给出。因此，这 3 个不等式是确保平滑问题的解存在的充要条件。 □

5.4　最优平滑策略

当 D、T 和 B 取定理 5.3.1 得到的最小值时，其中 $T = D + d$，最优平滑策略为无损平滑问题的解 $x(t)$。第 5.3 节表明至少存在一个无损平滑问题的最优解，如式 (5.10) 所示。但正如本节下面介绍的那样，解并不是唯一的。

5.4.1　最大解

求解式 (5.10) 的最大解仅要求在时刻 t 到时刻 $t + d_{\min}$ 的间隔内，求 R 的历史取值和未来取值中的下确界，其中 $d_{\min} = T_{\min} - D_{\min}$。当然，需要知道流量的迹线 $R(t)$ 才能确定 $D_{\min}$、$d_{\min}$ 和 $B_{\min}$ 的范围。一旦得到这些值，不需要完整流就可以计算网络的平滑输入。

5.4.2　最小解

为了计算最小解，对第 5.2 节无损平滑约束条件的表达式略微进行改写。根据定理 3.1.12 的规则 14，平滑约束不等式 (5.2) 为

$$x(t) \geqslant (x \oslash \sigma)(t) = \mathcal{D}_{\sigma}(x)(t) \tag{5.14}$$

使用这种等价方法，将式 (5.6) 和式 (5.7) 的约束条件集合不等式，替换为如下的等价不等式

$$x(t) \leqslant \delta_0(t) \wedge R(t+d) \wedge \{R(t-D) + B\} \tag{5.15}$$

$$x(t) \geqslant (R \oslash \beta)(t-D) \vee \mathcal{D}_\sigma(x)(t) \tag{5.16}$$

因为 σ 是良态函数，所以可应用定理 4.3.2 计算式 (5.16) 的最小解 $x_{\min} = \mathcal{D}_\sigma(b) = b \oslash \sigma$，其中 $b(t) = (R \oslash \beta)(t-D)$。代入 b 的表达式，可得最小解为

$$x_{\min} = (R \oslash (\beta \otimes \sigma))(t-D) \tag{5.17}$$

并计算 d、D 和 B 的约束条件，使它们满足式 (5.15)；可以得到与式 (5.11)、式 (5.12) 和式 (5.13) 完全相同的 $D_{\min}$、$T_{\min}$ 和 $B_{\min}$。

确实可以由式 (5.11)、式 (5.12) 和式 (5.13) 得到 $D_{\min}$、$T_{\min}$ 和 $B_{\min}$ 的值，但仍然需要在时刻 t 对直到迹线终点的所有值求上确界，这与式 (5.10) 求最大解是相反的。然而，根据第 3.1.10 节，最小加解卷积可以在时间反转域中以最小加卷积表示。由于预录制的流的持续时间通常是已知的，因此计算最小加解卷积的复杂性能够被降低到与计算卷积时的复杂性相同。

5.4.3 最优解集

对于相同的回放延迟、超前延迟和客户端缓冲区容量的最小值，任何 $x \in \mathcal{F}$，满足 $x_{\min} \leqslant x \leqslant x_{\max}$ 且 $x \leqslant x \otimes \sigma$ 的函数 x 都是无损平滑问题的解。这构成所有解的集合。我们能够在这些解中选择某个特解，以便进一步最小化其他度量指标，例如参考文献 [54] 讨论的速率变化量或速率可变性的问题。

考虑 CBR 平滑曲线 $\sigma(t) = \lambda_r(t)$ 和服务曲线 $\beta(t) = \delta_0(t)$，针对合成迹线 $R(t)$ 分别给出了式 (5.10) 的最大解 [见图 5.2(a)] 和式 (5.17) 的最小解 [见图 5.2(b)]。

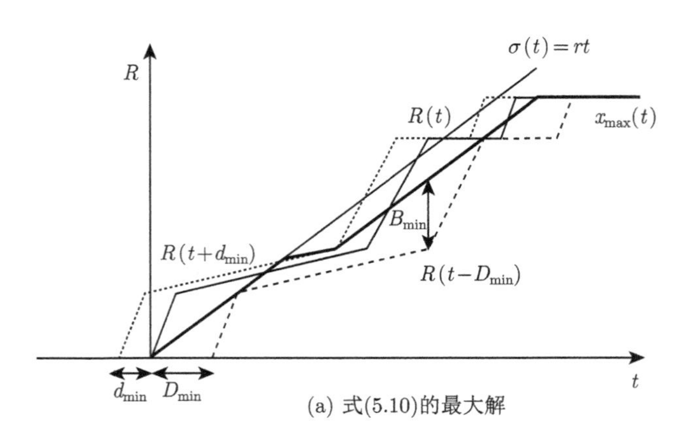

(a) 式(5.10)的最大解

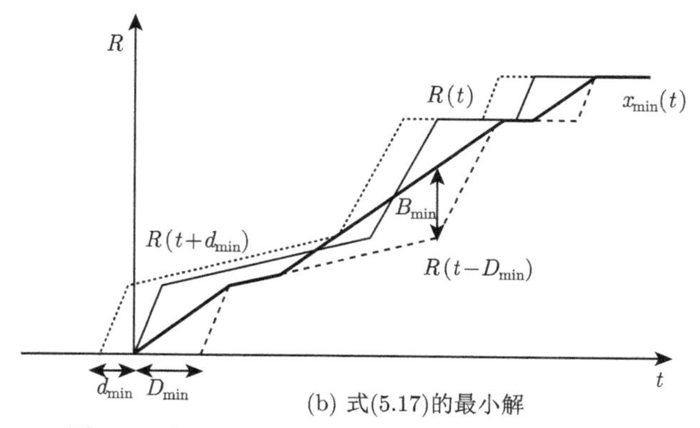

(b) 式(5.17)的最小解

图 5.2　空网络 CBR 平滑问题的最大解和最小解

图 5.2 的说明：图 5.2(a) 中的粗线表示空网络 CBR 平滑问题的最大解，图 5.2(b) 中的粗线表示最小解。

对于图 1.7(a) 中 MPEG 迹线 $R(t)$ 所示的每 40 ms 到达的数据包数量（每个数据包的长度为 416 Byte，MPEG-2 编码的视频数据），图 5.3 展示了相同的平滑解。图 5.4 展示了对相同的 MPEG 迹线进行 VBR 平滑的例子。该平滑曲线源于 T-SPEC 域，给定 $\sigma = \gamma_{P,M} \wedge \gamma_{r,b}$，其中 M 是最大的数据包长度（这里 $M = 416$ Byte），P 是峰值速率，r 是可持续速率，b 是突发容限。这里粗略给定 $P = 560$ KB/s、$r = 330$ KB/s，且 $b = 140$ KB。服务曲线是速率–时延服务曲线 $\beta_{L,C}$，其中 $L = 1$ s，$r = 378$ KB/s。这两条迹线具有相同的包络，因此最小缓冲区要求相同，均为 928 KB。但是第二条迹线突发较晚，因此最小回放延迟更小，有 $D_1 = 2.81$ s，$D_2 = 2.05$ s。

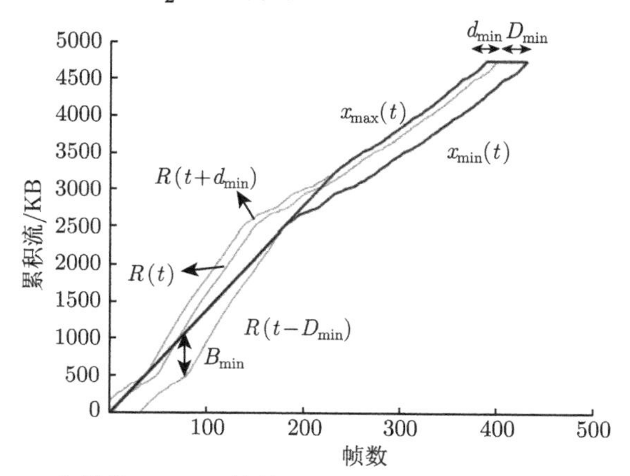

图 5.3　空网络 MPEG 迹线 CBR 平滑问题的最大解和最小解

图 5.3 的说明： 粗线表示空网络 MPEG 迹线 CBR 平滑问题的最大解和最小解；设每 40 ms 生成 1 帧数据。

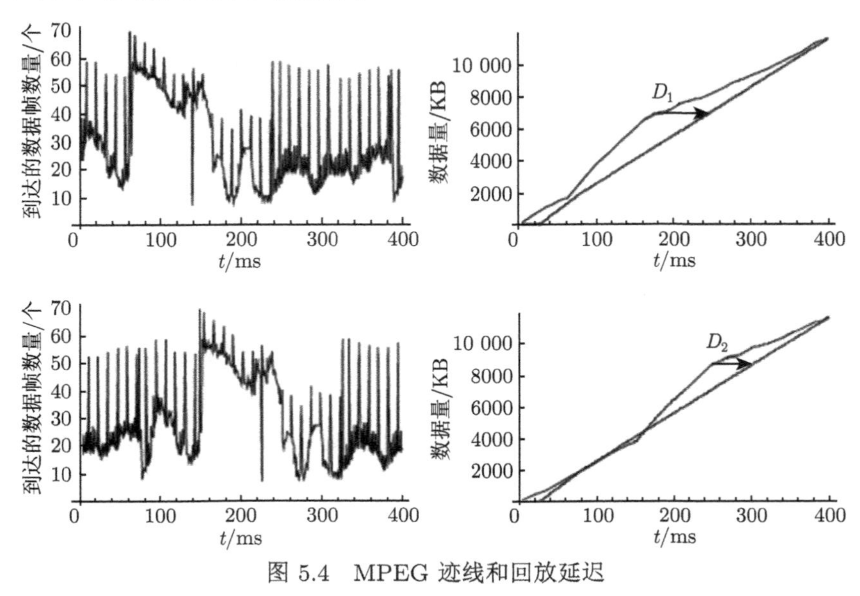

图 5.4　MPEG 迹线和回放延迟

图 5.4 的说明： 左侧是具有相同到达曲线的两条 MPEG 迹线，右侧的累积流量 $R(t)$ 和函数 $\sigma \otimes \beta$ 的水平偏差表示相应的回放延迟 D_1 和 D_2。

5.5　最优恒定速率平滑

本节分别在具备恒定速率（CBR）平滑曲线 $\sigma(t) = \lambda_r(t) = rt$（$t \geqslant 0$）和速率–时延服务曲线 $\beta(t) = \beta_{L,C}(t) = C[t-L]^+$ 的情况下再次计算上述值，这里设 $r < C$。并且，对于 $r \geqslant C$ 的比较平常的情况，也可进行类似的求解。速率–时延函数可以分解为纯延迟函数和函数最小加卷积的形式，即 $\beta_{L,C} = \delta_L \otimes \lambda_C$。我们将用到下面的引理。

引理 5.5.1　如果 $f \in \mathcal{F}$，则

$$h\left(f, \beta_{L,C}\right) = L + \frac{1}{C}\left(f \oslash \lambda_C\right)(0) \tag{5.18}$$

证明： 因为 $t \leqslant 0$ 时 $f(t) = 0$，且 $\beta_{L,C} = \delta_L \otimes \lambda_C$，所以对任意 $t \geqslant 0$，有

$$\left(f \oslash \beta_{L,C}\right)(-t) = \sup_{u \geqslant 0}\left\{f(u-t) - \left(\delta_L \otimes \lambda_C\right)(u)\right\}$$

$$
\begin{aligned}
&= \sup_{u \geqslant 0}\{f(u-t)-\lambda_C(u-L)\}\\
&= \sup_{v \geqslant -t}\{f(v)-\lambda_C(v+t-L)\}\\
&= \sup_{v \geqslant 0}\{f(v)-\lambda_C(v+t-L)\}\\
&= \sup_{v \geqslant 0}\{f(v)-\lambda_C(v)\}-C(t-L)\\
&= (f \oslash \lambda_C)(0)-Ct+CL
\end{aligned}
$$

该式左侧为非正时，t 的最小值由式 (5.18) 给出。□

特别地，在 CBR 情况下，式 (5.11)、式 (5.12) 和式 (5.13) 的优化值如下。

定理 5.5.1（CBR 最优平滑的要求） 如果 $\sigma=\lambda_r$、$\beta=\beta_{L,C}$ 且 $r<C$，则 D、T 和 B 的最小值有

$$D_{\min}=L+\frac{1}{r}(R \oslash \lambda_r)(0) \tag{5.19}$$

$$T_{\min}=L+\frac{1}{r}((R \oslash R) \oslash \lambda_r)(0) \tag{5.20}$$

$$B_{\min}=((R \oslash R) \oslash \lambda_r)(L) \leqslant rT_{\min} \tag{5.21}$$

证明： 为了得到式 (5.19) 和式 (5.20)，注意 R 和 $R \oslash R \in \mathcal{F}$。由于 $r<C$，因此

$$\beta \otimes \sigma=\beta_{L,C} \otimes \lambda_r=\delta_L \otimes \lambda_C \otimes \lambda_r=\delta_L \otimes \lambda_r=\beta_{L,r}$$

这样，对于 $f=R$ 和 $f=R \oslash R$，分别应用引理 5.5.1 得到式 (5.21)，从式 (5.13) 推导如下

$$
\begin{aligned}
((R \oslash R) \oslash (\beta \otimes \sigma))(0) &= ((R \oslash R) \oslash (\delta_L \otimes \lambda_r))(0)\\
&= \sup_{u \geqslant 0}\{(R \oslash R)(u)-\lambda_r(u-L)\}\\
&= ((R \oslash R) \oslash \lambda_r)(L)\\
&= \sup_{u \geqslant L}\{(R \oslash R)(u)-\lambda_r(u-L)\}\\
&= \sup_{u \geqslant L}\{(R \oslash R)(u)-\lambda_r(u)\}+rL\\
&\leqslant \sup_{u \geqslant 0}\{(R \oslash R)(u)-\lambda_r(u)\}+rL
\end{aligned}
$$

$$= ((R \oslash R) \oslash \lambda_r)(0) + rL = rT_{\min} \qquad \square$$

给定平滑速率 $r < C$ 和速率–时延服务曲线 $\beta_{L,C}$，该定理可计算出最小回放延迟 $D_{\min}$、最小回放缓冲区 $B_{\min}$ 和最小超前延迟 $d_{\min} = T_{\min} - D_{\min}$。还可以解决其对偶问题，即给定回放延迟 D、超前延迟 d、客户端缓冲区 B 和速率–时延服务曲线 $\beta_{L,C}$，计算网络预留最小速率 $r_{\min}$。

定理 5.5.2（CBR 最优平滑速率） 如果 $\sigma = \lambda_r$、$\beta = \beta_{L,C}$ 且 $r < C$，给定 $D \geqslant L$、d 和 $B \geqslant (R \oslash R)(L)$，则 r 的最小值为

$$r_{\min} = \sup_{t>0}\left\{\frac{R(t)}{t+D-L}\right\} \vee \sup_{t>0}\left\{\frac{(R \oslash R)(t)}{t+D+d-L}\right\}$$

$$\vee \sup_{t>0}\left\{\frac{(R \oslash R)(t+L)-B}{t}\right\} \tag{5.22}$$

证明：根据式 (5.19)，如果 $D < L$ 则无解。如果 $D \geqslant L$，根据式 (5.19)，对于任意 $t > 0$，速率 r 必须满足

$$D \geqslant L + \frac{1}{r}(R(t) - rt)$$

等价地，有 $r \geqslant R(t)/(t+D-L)$。这种等价的表示方式对于所有 $t > 0$ 成立，必须有 $r \geqslant \sup_{t \geqslant 0}\{R(t)/(t+D-L)\}$。对于式 (5.20) 和式 (5.21)，采用同样的方法讨论，即可获得最小速率，如式 (5.22) 所示。 $\square$

对于 $L = 0$ 且 $r < C$ 的特殊情况，网络对流量完全透明，可被看作空网络，即能够用 $\delta_0(t)$ 替代 $\beta(t)$。式 (5.19)、式 (5.20) 和式 (5.21) 分别为

$$D_{\min} = \frac{1}{r}(R \oslash \lambda_r)(0) \tag{5.23}$$

$$T_{\min} = \frac{1}{r}((R \oslash R) \oslash \lambda_r)(0) \tag{5.24}$$

$$B_{\min} = ((R \oslash R) \oslash \lambda_r)(0) = rT_{\min} \tag{5.25}$$

在真实视频迹线上计算这些值很有趣。本节以图 1.7(a) 的第一条迹线为例进行说明。根据式 (5.25)，$B_{\min}$ 直接正比于 $T_{\min}$，因此仅在图 5.5 中给出 $D_{\min}$ 和 $d_{\min} = T_{\min} - D_{\min}$ 相对 CBR 平滑速率 r 变化的曲线。可以定性地将速率划分为如下 3 种。

(1) 极低速率：回放延迟非常大，且超前（look ahead）预取也无法降低回放延迟。

(2) 中间速率：由于超前预取数据，因此回放延迟可以保持在很小的范围内。

(3) 高于流峰值速率的较高速率：不需要任何预取和回放。

这 3 种速率可以在每条 MPEG 迹线中找到 [55]，并且速率由迹线中出现较大突发流量位置的变化率决定。如果该位置出现得足够晚，超前预取数据对将回放延迟控制在较小的范围内很有帮助。

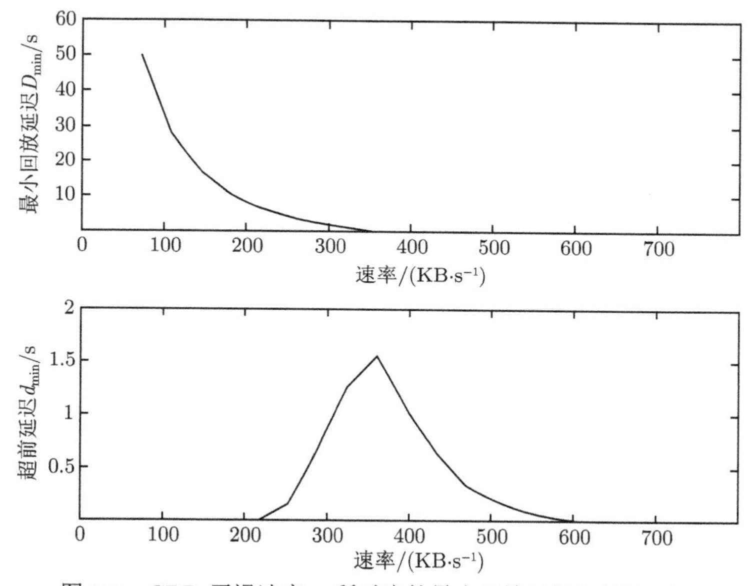

图 5.5　CBR 平滑速率 r 所对应的最小回放延迟和超前延迟

图 5.5 的说明： 在图 1.7(a) 所示的 MPEG-2 视频迹线中，CBR 平滑速率 r 所对应的最小回放延迟 $D_{\min}$ 和相应的超前延迟 $d_{\min}$。

5.6　最优平滑与贪婪整形

一个有趣的问题是，第 5.4 节调度策略下的 D 和 B，与第 1.5 节所创建的被称为贪婪整形器的比较简单的调度情形相比，谁更小？由于 σ 是良态函数，因此贪婪整形器的解可写作

$$x_{\text{shaper}}(t) = (\sigma \otimes R)(t) \tag{5.26}$$

作为平滑问题的解，它必须满足第 5.2 节列出的所有约束条件，其中式 (5.1)、式 (5.2) 和式 (5.5) 已经得到满足。强制要求满足式 (5.3) 等价于对于所有 $t \in \mathbf{R}$，要求下式成立

$$(R \oslash \beta)(t-D) \leqslant (\sigma \otimes R)(t)$$

该式也可被改写为

$$((R \oslash R) \oslash (\beta \otimes \sigma))(-D) \leqslant 0 \tag{5.27}$$

对于最优平滑算法，上式意味着使用贪婪整形器进行平滑时所需的最小回放延迟等于使用最优平滑器进行平滑时的最小总延迟 $T_{\min}$，最小总延迟是回放延迟与超前延迟之和。可以这样理解：最优平滑器减少播放延迟的唯一优势在于其具有超前查看和发送数据的能力。在实时视频传输等无法超前预取的情况下 $d=0$，此时贪婪整形器和最优平滑器的播放延迟相同。式 (5.4) 强制要求对于所有的 $t \in \mathbf{R}$，使下式成立

$$(\sigma \otimes R)(t) \leqslant R(t-D)+B$$

该式也可被改写为

$$((R \otimes \sigma) \oplus R)(D) \leqslant B \tag{5.28}$$

此时，用贪婪整形器代替最优平滑器对回放延迟和缓冲区的最低要求由定理 5.6.1 给出。

定理 5.6.1（贪婪整形要求） 如果 σ 是良态函数，那么使用贪婪整形器对流 R 进行无损平滑时，D 和 B 的最小值分别为

$$D_{\text{shaper}} = T_{\min} = h((R \oslash R), (\beta \otimes \sigma)) \tag{5.29}$$

$$B_{\text{shaper}} = ((R \otimes \sigma) \oslash R)\left(D_{\text{shper}}\right) \in \left[B_{\min}, \sigma\left(D_{\text{shaper}}\right)\right] \tag{5.30}$$

证明：D_{shaper} 和 B_{shaper} 的表达式由式 (5.27) 和式 (5.28) 直接得到。此处唯一需要证明的是 $B_{\text{shaper}} \leqslant \sigma(D_{\text{shaper}})$，这通过在求下确界的运算中于 inf 下方选取 $s=u$ 证明。

$$\begin{aligned} B_{\text{shaper}} &= (R \oslash (R \otimes \sigma))\left(D_{\text{shaper}}\right) \\ &= \sup_{u \geqslant 0}\left\{\inf_{0 \leqslant s \leqslant u+D_{\text{shaper}}}\left\{R(s)+\sigma\left(u+D_{\text{shaper}}-s\right)\right\}-R(u)\right\} \end{aligned}$$

$$\leqslant \sup_{u \geqslant 0} \{R(u) + \sigma(u + D_{\text{shaper}} - u) - R(u)\}$$

$$= \sigma(D_{\text{shaper}}) \qquad \square$$

因此，虽然贪婪整形器在无法超前预取时确实得到最小的回放延迟，但在一般情况下，回放缓冲区不是最小的。图 5.6 显示在整形曲线是漏桶仿射曲线 $\sigma = \gamma_{r,b}$、超前延迟 $d = 0$（无法超前预取）且为空网络（$\beta = \delta_0$）的情况下，最优平滑器 [见图 5.6(a)] 的最大解 $x_{\max}$ 以及贪婪整形器的解 x_{shaper}[见图 5.6(b)]。在这种情况下，解得的回放延迟是相同的，但回放缓冲区不同。

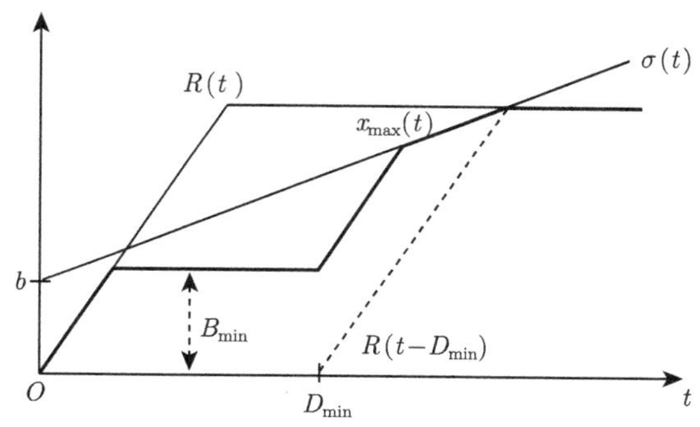

(a) 带有回放缓冲需求的最优平滑器的解

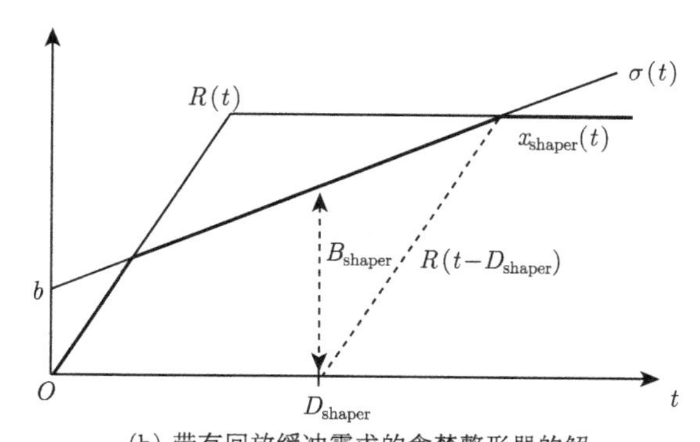

(b) 带有回放缓冲需求的贪婪整形器的解

图 5.6　最优平滑器的解与贪婪整形器的解

图 5.6 的说明：粗线表示空网络、无超前预取且漏桶仿射曲线为 $\sigma = \gamma_{r,b}$ 时平滑问题的最优解和贪婪整形器的解。

对于图 1.7(a) 所示的 MPEG-2 视频迹线，图 5.7 展示了另一个例子。这里最优平滑器的解是最小解 $x_{\min}$。

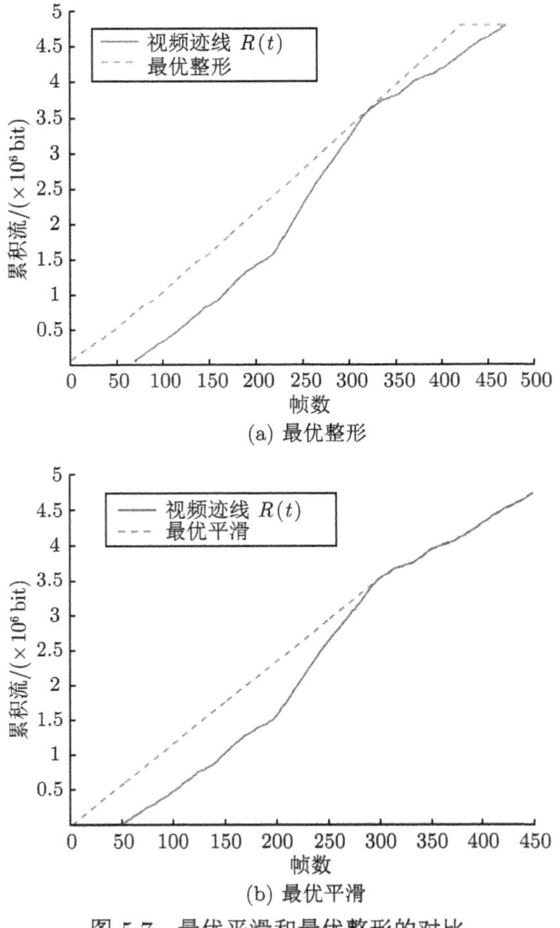

(a) 最优整形

(b) 最优平滑

图 5.7 最优平滑和最优整形的对比

图 5.7 的说明： 对于图 1.7(a) 所示的 MPEG-2 视频迹线，给出了最优平滑与最优整形的比较。该例子对应于一个空网络和一条平滑曲线 $\sigma = \gamma_{P,M} \wedge \gamma_{r,b}$，其中 $M = 416$ B，$P = 600$ kbit/s，$r = 300$ kbit/s，$b = 80$ KB。图 5.7 展示了最优整形的输出和原始信号，以及最优平滑器的输出与视频迹线，输出的平移量为所需的回放延迟。在图 5.7 中，最优整形 [见图 5.7(a)] 的回放延迟为 2.76 s，最优平滑 [见图 5.7(b)] 的回放延迟为 1.92 s。

然而，存在如下的情况，即在恒定速率平滑曲线（$\sigma = \lambda_r$）和空网络（$\beta = \delta_0$）的情况下，贪婪整形器确实可使回放缓冲区最小化。在这种情况下，式 (5.25)

变成

$$B_{\min} = rT_{\min} = rD_{\text{shaper}} = \sigma\left(D_{\text{shaper}}\right)$$

并且 $B_{\text{shaper}} = B_{\min}$。如果无法超前预取，且网络对于流是透明的，则贪婪整形是一种最优的 CBR 平滑策略。

5.7　与延迟均衡的比较

实现解码器的一种常用方法是在回放缓冲区预取补偿引起波动之前，先在延迟均衡缓冲区中延迟到达的数据，以消除网络引起的延迟抖动，图 5.8 展示了这样一种系统。如果合理地配置了延迟均衡缓冲区，则它与具有保证服务的网络的组合将会构成一个具有固定延迟的网络，即可等效于空网络。与图 5.1 的原始场景相比，现在有两个单独的缓冲区，分别用于延迟均衡和预取补偿。本节将讨论这种分离的处理方法对最小回放延迟 $D_{\min}$ 的影响。

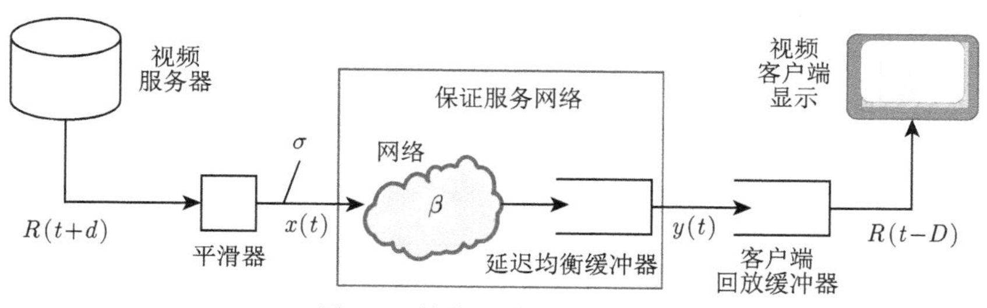

图 5.8　接收端延迟均衡系统

延迟均衡缓冲器通过赋予数据的首位一个初始延迟 D_{eq} 实现延迟操作，该初始延迟等于通过网络的最坏情况下的延迟。假设网络提供速率–时延服务曲线 $\beta_{L,C}$。由于流 x 受限于到达曲线 σ，且 σ 是良态函数，因此由定理 1.4.4 可知最坏情况下的延迟为

$$D_{\text{eq}} = h\left(\sigma, \beta_{L,C}\right)$$

回放缓冲器预取补偿引起波动，该波动导致的部分回放延迟被标记为 D_{pf}，该延迟可通过将式 (5.11) 中的 β 替换为 δ_0 获得，有

$$D_{\text{pf}} = h\left(R, \delta_0 \otimes \sigma\right) = h(R, \sigma)$$

通常情况下，这两个延迟之和大于式 (5.11) 给出的最优回放延迟（不采用延迟均衡和预取补偿之间相互分离的方式）。$D_{\min}$ 由式 (5.11) 给出，有

$$D_{\min} = h\left(R, \beta_{L,C} \otimes \sigma\right)$$

考虑图 5.9 中的例子，其中 $\sigma = \gamma_{r,b}$ 且 $r < C$。只要已知

$$\begin{aligned}\beta_{L.C} \otimes \sigma &= \delta_L \otimes \lambda_C \otimes \gamma_{r,b} = \delta_L \otimes \left(\lambda_C \otimes \gamma_{r,b}\right) \\ &= \left(\delta_L \otimes \lambda_C\right) \wedge \left(\delta_L \otimes \gamma_{r,b}\right) = \beta_{L,C} \wedge \left(\delta_L \otimes \gamma_{r,b}\right)\end{aligned}$$

便可以容易地计算出 $D_{\min}$、D_{eq} 和 D_{pf} 3 种延迟。

显然，存在 $D_{\min} < D_{\text{eq}} + D_{\text{pf}}$，因此分离延迟均衡确实会带来更大的整体回放延迟。实际上，仔细观察图 5.9（或计算出结果），可以发现在一个单独的缓冲区内实现延迟均衡和预取补偿时，（最优）平滑流仅突发一次，这也是第 1.4.3 节“突发一次性”准则的另一个实例。

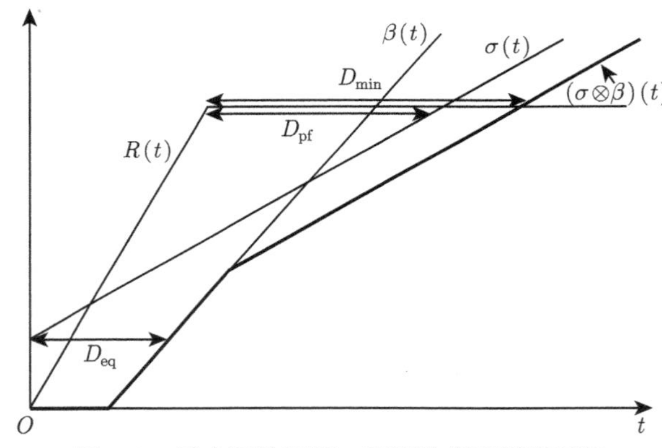

图 5.9　最小回放延迟、延迟均衡和预取延迟

图 5.9 的说明：对于一条速率–时延服务曲线 $\beta_{L,C}$ 和一条仿射平滑曲线 $\sigma = \gamma_{r,b}$，延迟参数最小回放延迟 $D_{\min}$、延迟均衡 D_{eq} 和预取延迟 D_{pf} 如图所示。

但是，必须重申对于恒定速率平滑的一种例外情况。当 $\sigma = \lambda_r$ 且 $r < C$ 时，D_{pf} 和 $D_{\min}$ 分别由式 (5.23) 和式 (5.19) 给出，有

$$D_{\text{eq}} = h(\lambda_r, \beta_{L,C}) = L$$

$$D_{\text{pf}} = \frac{1}{r}(R \oslash \lambda_r)(0)$$

$$D_{\min} = L + \frac{1}{r}(R \oslash \lambda_r)(0)$$

此时 $D_{\min} = D_{\text{eq}} + D_{\text{pf}}$，所以可以说在 CBR 情况下，分离延迟均衡能实现最优回放延迟。

5.8 跨越两个网络的无损平滑

现在讨论更复杂的情况，即视频服务器和视频客户端通过两个网络分隔，如图 5.10 所示：第一个是骨干网络，提供服务曲线 β_1；第二个是本地接入网络，提供服务曲线 β_2。这种场景可以模拟通常在本地网络前端（head-end）进行的智能、动态缓存。本书将在第 5.8.1 节计算 D、d、B 以及中间存储节点缓存 X 的要求，第 5.8.2 节说明考虑恒定速率整形曲线和速率–时延服务曲线时，在中间节点实施特定的平滑策略替代 FIFO 调度，可以降低客户端缓冲区 B 容量的要求。

此时，需要针对两条流展开计算。第一条流 $x_1(t)$ 是骨干网络的输入流，第二条流 $x_2(t)$ 是本地接入网络的输入流，如图 5.10 所示。对这两条流的约束条件如下。

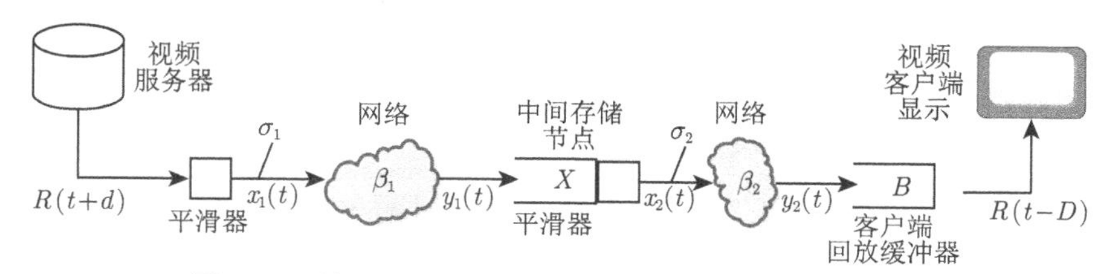

图 5.10 使用本地缓存节点时穿越两个网络的视频平滑

- **因果流**$x_1(t)$：与单网络情况下的流约束［式 (5.1)］相同，将 $x(t)$ 替换为 $x_1(t)$，有

$$x_1(t) \leqslant \delta_0(t) \tag{5.31}$$

- **平滑约束**：流 $x_1(t)$ 和流 $x_2(t)$ 分别受到达曲线 σ_1 和 σ_2 约束，有

$$x_1(t) \leqslant (x_1 \otimes \sigma_1)(t) \tag{5.32}$$

$$x_2(t) \leqslant (x_2 \otimes \sigma_2)(t) \tag{5.33}$$

- **无回放和中间服务器缓冲区下溢**：数据在 D 个时间单位后以速率 $R(t-D)$ 从回放缓冲区中被读取，则有 $y_2(t) \geqslant R(t-D)$。与此类似，数据以速

率 $x_2(t)$ 从中间服务器被读取，则有 $y_1(t) \geqslant x_2(t)$。由于不知道网络输出流 y_1 和 y_2 的表达式，仅知道网络服务曲线 β_1 和 β_2，因此可用 $x_1 \otimes \beta_1$ 替代 y_1，用 $x_2 \otimes \beta_2$ 替代 y_2。此时，该约束条件可写作对任意 $t \geqslant 0$ 有

$$x_2(t) \leqslant (x_1 \otimes \beta_1)(t) \tag{5.34}$$

$$x_2(t) \geqslant (R \oslash \beta_2)(t-D) \tag{5.35}$$

- **无回放和中间服务器缓冲区上溢：** 由于回放缓冲区和缓存缓冲区分别具有有限大小的 B 和 X，因此为避免缓冲区上溢，对任意 $t \geqslant 0$ 必须恒有 $y_1(t) - x_1(t) \leqslant X$ 且 $y_2(t) - R(t-D) \leqslant B$。与下溢约束相同，我们不知道网络输出流 y_1 和 y_2 的表达式，但知道它们分别受限于 $x_1(t)$ 和 $x_2(t)$。此时，该约束条件可写为对任意 $t \geqslant 0$ 有

$$x_1(t) \leqslant x_2(t) + X \tag{5.36}$$

$$x_2(t) \leqslant R(t-D) + B \tag{5.37}$$

- **超前延迟约束：** 与单网络情况下的超前延迟约束［式 (5.5)］相同，将 $x(t)$ 替换为 $x_1(t)$，有

$$x_1(t) \leqslant R(t+d) \tag{5.38}$$

5.8.1 两个网络的延迟和缓冲区最低要求

使用与第 5.3 节相同的方法来解决本节计算两个网络中延迟和缓冲区最低要求的问题，但需要注意，此时系统 J 的维度是 2，而不是 1。式 (5.31)～式 (5.38) 可改写为以下 3 个不等式

$$x_1(t) \leqslant \delta_0(t) \wedge R(t+d) \wedge (\sigma_1 \otimes x_1)(t) \wedge (x_2(t) + X) \tag{5.39}$$

$$x_2(t) \leqslant \{R(t-D) + B\} \wedge (\beta_1 \otimes x_1)(t) \wedge (\sigma_2 \otimes x_2)(t) \tag{5.40}$$

$$x_2(t) \geqslant (R \oslash \beta_2)(t-D) \tag{5.41}$$

以 T 表示矩阵的转置，引入如下记法

$$\vec{x}(t) = \begin{bmatrix} x_1(t) & x_2(t) \end{bmatrix}^{\mathrm{T}}$$

$$\vec{a}(t) = [\delta_0(t) \wedge R(t+d) \quad R(t-D) + B]^{\mathrm{T}}$$

$$\vec{b}(t) = \left[\begin{array}{cc} 0 & (R \oslash \beta_2)(t-D) \end{array} \right]^{\mathrm{T}}$$

$$\boldsymbol{\Sigma}(t) = \left[\begin{array}{cc} \sigma_1(t) & \delta_0(t) + X \\ \beta_1(t) & \sigma_2(t) \end{array} \right]$$

采用这些记法，式 (5.39)、式 (5.40) 和式 (5.41) 能够被改写为

$$\vec{x} \leqslant \vec{a} \wedge (\boldsymbol{\Sigma} \otimes \vec{x}) \tag{5.42}$$

$$\vec{x} \geqslant \vec{b} \tag{5.43}$$

依照与第 5.3 节相同的方法，首先计算式 (5.42) 的最大解，然后推导对 D、T（进而对 d）、X 和 B 的约束以确保该解存在。可再次应用定理 4.3.1，只不过这次是二维的情况，以便获得式 (5.42) 的最大解的显式的方程式。得到

$$\vec{x}_{\max} = \overline{C}_{\boldsymbol{\Sigma}}(\vec{a}) = (\overline{\boldsymbol{\Sigma}} \otimes \vec{a}) \tag{5.44}$$

其中，$\overline{\boldsymbol{\Sigma}}$ 是 $\boldsymbol{\Sigma}$ 的次可加闭包。根据第 4.2 节，有

$$\overline{\boldsymbol{\Sigma}} = \inf_{n \in \mathbf{N}} \left\{ \boldsymbol{\Sigma}^{(n)} \right\} \tag{5.45}$$

其中，$\boldsymbol{\Sigma}^{(0)} = D_0$ 且 $\boldsymbol{\Sigma}^{(n)}$ 表示 $\boldsymbol{\Sigma}$ 的 n 阶自卷积。虽然将式 (5.45) 应用于矩阵 $\boldsymbol{\Sigma}$ 会很直接，但是这会导致跳过一些推导。为更详细地说明，记为

$$\begin{aligned} \alpha &= \sigma_1 \otimes \sigma_2 \otimes \inf_{n \in \mathbf{N}} \left\{ \beta_1^{(n+1)} + nX \right\} \\ &= \sigma_1 \otimes \sigma_2 \otimes \beta_1 \otimes \overline{\beta_1 + X} \end{aligned} \tag{5.46}$$

可以发现

$$\overline{\boldsymbol{\Sigma}} = \left[\begin{array}{cc} \sigma_1 \wedge (\alpha + X) & (\sigma_1 \otimes \sigma_2 + X) \wedge (\alpha + 2X) \\ \alpha & \sigma_2 \wedge (\alpha + X) \end{array} \right]$$

此时，式 (5.42) 最大解的两个分量为

$$\begin{aligned} x_{1,\max} = \sigma_1(t) &\wedge \{\alpha(t) + X\} \wedge (\sigma_1 \otimes R)(t+d) \wedge \{(\alpha \otimes R)(t+d) + X\} \\ &\wedge \{(\sigma_1 \otimes \sigma_2 \otimes R)(t-D) + B + X\} \\ &\wedge \{(\alpha \otimes R)(t-D) + B + 2X\} \end{aligned} \tag{5.47}$$

$$
\begin{aligned}
x_{2,\max} = \alpha(t) \wedge (\alpha \otimes R)(t+d) \wedge \{(\sigma_2 \otimes R)(t-D) + B\} \\
\wedge \{(\alpha \otimes R)(t-D) + B + X\}
\end{aligned}
\tag{5.48}
$$

此外，使用另一种在计算上更简单的方法也可以得到式 (5.47) 和式 (5.48)，采用这种方法应首先求得式 (5.40) 的最大解，并将其表示为 x_1 的函数，然后用该最大解替代式 (5.39) 中 x_2。

至此，我们能够表达对于 X、B、D 和 d 的约束，以确保要求式 (5.48) 大于式 (5.41) 的解存在。该结果在下面的定理中阐明，其证明与定理 5.3.1 的证明类似。

定理 5.8.1 设想两个网络分别提供服务曲线 β_1 和 β_2，且遵循次可加曲线 σ_1 和 σ_2 对流进行无损平滑，当且仅当在 D、T、X 和 B 满足如下不等式的情况下，存在解，其中 α 由式 (5.46) 定义

$$
(R \oslash (\alpha \otimes \beta_2))(-D) \leqslant 0 \tag{5.49}
$$

$$
((R \oslash R) \oslash (\alpha \otimes \beta_2))(-T) \leqslant 0 \tag{5.50}
$$

$$
((R \oslash R) \oslash (\sigma_2 \otimes \beta_2))(0) \leqslant B \tag{5.51}
$$

$$
((R \oslash R) \oslash (\alpha \otimes \beta_2))(0) \leqslant B + X \tag{5.52}
$$

5.8.2 跨越两个网络的最优恒定速率平滑

本节在两个恒定速率平滑曲线 $\sigma_1 = \lambda_{r_1}$ 和 $\sigma_2 = \lambda_{r_2}$ 的情况下计算定理 5.8.1 的值。假设每个网络都提供速率–时延服务曲线 $\beta_i = \beta_{L_i,C_i}, i = 1,2$ 且 $r_i \leqslant C_i$。在这种情况下，D、T 和 B 的最优值取决于 X 的值，如定理 5.8.2 所示。

定理 5.8.2 令 $r = r_1 \wedge r_2$，根据 X 有以下 3 种情况。

(1) 如果 $X \geqslant rL_1$，则 $D_{\min}$、$T_{\min}$ 和 $B_{\min}$ 由下式给出

$$
D_{\min} = L_1 + L_2 + \frac{1}{r}(R \oslash \lambda_r)(0) \tag{5.53}
$$

$$
T_{\min} = L_1 + L_2 + \frac{1}{r}((R \oslash R) \oslash \lambda_r)(0) \tag{5.54}
$$

$$
\begin{aligned}
B_{\min} = ((R \oslash R) \oslash \lambda_{r_2})(L_2) \vee \{((R \oslash R) \oslash \lambda_r)(L_1 + L_2) - X\} \\
\leqslant ((R \oslash R) \oslash \lambda_r)(L_2)
\end{aligned}
\tag{5.55}
$$

(2) 如果 $0 < X < rL_1$，则 $D_{\min}$、$T_{\min}$ 和 $B_{\min}$ 的界限由下列式子决定

$$\frac{X}{r} + L_2 + \frac{L_1}{X}\left(R \oslash \lambda_{\frac{X}{L_1}}\right)(0) \leqslant D_{\min} \leqslant L_1 + L_2 + \frac{L_1}{X}\left(R \oslash \lambda_{\frac{X}{L_1}}\right)(0) \quad (5.56)$$

$$\frac{X}{r} + L_2 + \frac{L_1}{X}\left((R \oslash R) \oslash \lambda_{\frac{X}{L_1}}\right)(0) \leqslant T_{\min} \leqslant L_1 + L_2 + \frac{L_1}{X}\left((R \oslash R) \oslash \lambda_{\frac{X}{L_1}}\right)(0) \quad (5.57)$$

$$\left((R \oslash R) \oslash \lambda_{\frac{X}{L_1}}\right)(L_1 + L_2) - r_2 L_1 \leqslant B_{\min} \leqslant \left((R \oslash R) \oslash \lambda_{\frac{X}{L_1}}\right)(L_2) \quad (5.58)$$

(3) 令 K 为流的持续时间。如果 $X = 0 < rL_1$，则 $D_{\min} = K$。

证明：很容易验证 $\delta_{L_1}^{(n+1)} = \delta_{(n+1)L_1}$ 且 $\lambda_{C_1}^{(n+1)} = \lambda_{C_1}$。因为 $\beta_1 = \beta_{L_1,C_1} = \delta_{L_1} \otimes \lambda_{C_1}$，且 $r = r_1 \wedge r_2 \leqslant C_1$，式 (5.46) 变为

$$\begin{aligned}\alpha &= \lambda_r \otimes \inf_{n \in \mathbf{N}} \left\{\delta_{(n+1)L_1} \otimes \lambda_{C_1} + nX\right\} \\ &= \delta_{L_1} \otimes \inf_{n \in \mathbf{N}} \left\{\delta_{nL_1} \otimes \lambda_r + nX\right\}\end{aligned} \quad (5.59)$$

(1) 如果 $X \geqslant rL_1$，则对于 $t \geqslant rL_1$，有

$$(\delta_{nL_1} \otimes \lambda_r)(t) + nX = \lambda_r(t - nL_1) + nX = rt + n(X - rL_1) \geqslant rt = \lambda_r(t)$$

而对于 $0 \leqslant t < rL_1$，有

$$(\delta_{nL_1} \otimes \lambda_r)(t) + nX = \lambda_r(t - nL_1) + nX = nX \geqslant nrL_1 \geqslant rt = \lambda_r(t)$$

因此，对于 $t \geqslant 0$，有 $\alpha \geqslant (\delta_{L_1} \otimes \lambda_r)(t)$。另外，在式 (5.59) 取下确界的运算中令 $n = 0$，解得 $\alpha \leqslant \delta_{L_1} \otimes \lambda_r$。结合这两个不等式，得到

$$\alpha = \delta_{L_1} \otimes \lambda_r$$

并且因此有

$$\alpha \otimes \beta = \delta_{L_1} \otimes \lambda_r \otimes \delta_{L_2} \otimes \lambda_{r_2} = \delta_{L_1+L_2} \otimes \lambda_r = \beta_{L_1+L_2,r} \quad (5.60)$$

将上面最后的一个关系式代入式 (5.49)～式 (5.52) 中，并应用引理 5.5.1，可建立式 (5.53) 和式 (5.54)，以及式 (5.55) 中的等式部分。注意 $r_2 \geqslant r$，由式 (5.55) 中的不等式部分可得

$$((R \oslash R) \oslash \lambda_r)(L_1 + L_2) - X = \sup_{u \geqslant 0}\{(R \oslash R)(u + L_1 + L_2\} - ru\} - X$$

$$= \sup_{v \geqslant L_1} \{(R \oslash R)(v + L_2) - r(v - L_1)\} - X$$

$$= \sup_{v \geqslant 0} \{(R \oslash R)(v + L_2) - rv)\} + (rL_1 - X)$$

$$= ((R \oslash R) \oslash \lambda_r)(L_2)$$

(2) 如果 $0 < X < rL_1$，则 α 的计算不再通过一条速率–时延服务曲线，而是通过两条速率–时延服务曲线限制其上下界限，即 $\beta_{L_1, \frac{X}{L_1}} \leqslant \alpha \leqslant \beta_{\frac{X}{r}, \frac{X}{L_1}}$。因此，式 (5.60) 可替换为

$$\delta_{L_1+L_2} \otimes \lambda_{\frac{X}{L_1}} \leqslant \alpha \otimes \beta_2 \leqslant \delta_{\frac{X}{r}+L_2} \otimes \lambda_{\frac{X}{L_1}}$$

将引理 5.5.1 分别用于限制速率–时延服务曲线 $\beta_{L_1, \frac{X}{L_1}}$ 和 $\beta_{\frac{X}{r}, \frac{X}{L_1}}$，可以获得式 (5.56)～式 (5.58) 的上下界限。

(3) 如果 $X = 0$ 且 $rL_1 > 0$，则通过式 (5.59) 可以得到对于所有 $t \geqslant 0$，$\alpha(t) = 0$ 成立。在这种情况下，式 (5.49) 变为 $\sup_{u \geqslant 0}\{R(u - D)\} \leqslant 0$。当且仅当 D 等于流量的持续时间时，该式才可能成立。 □

当 X 取以下两个特殊值的时候，检验这些结论是有趣的。

第一种情况是 $X = +\infty$。如果中间服务器是一个输出为 $x_2(t) = (\sigma_2 \otimes y_1)(t)$ 的贪婪整形器，则可以应用定理 5.5.1，并考虑 $\sigma_2 = \lambda_r$ 且 $\beta = \beta_1 \otimes \sigma_2 \otimes \beta_2 = \delta_{L_1+L_2} \otimes \lambda_{r_2} = \beta_{L_1+L_2, r_2}$。此时 D 和 T 仍可通过式 (5.33) 和式 (5.34) 获得，但 $B = ((R \oslash R) \oslash \lambda_r)(L_1 + L_2)$，大于式 (5.55) 的结果。所以使用式 (5.48) 的缓存调度代替贪婪整形，可以减小回放缓冲区的大小，但不能减少延迟。中间存储节点的缓冲区 X 不必是无限的，X 能够被限制到 rL_1。

第二种情况是 $X = 0$。此时任取速率 $r > 0$，如果 $L_1 > 0$，则回放延迟为流量的长度，这使得流量无法在实际中运行。但是考虑 $L_1 = L_2 = 0$（在两个空网络的情况下），$X = rL_1 = 0$ 成为中间存储节点缓冲区分配的最优解。在参考文献 [51] 的引理 5.3 中使用另一种方法证明了这一点。不过可以看到，当 $L_1 > 0$ 时，这种情况不再存在。

5.9 参考文献说明

参考文献 [56] 首次将网络演算用在对超前延迟的值进行没有限制的最优平滑，并证明了式 (5.17) 给出的最小解是最优平滑策略。参考文献 [55] 计算了最

小超前延迟和最大解。应用网络演算可以复现采用其他方法获得的结果，例如参考文献 [51] 提出的对于两个空网络中间节点缓冲区的最优分配。

通过计算优化调度的完整集合、考虑非空网络，以及使用比恒定速率服务曲线更加复杂的整形曲线 σ，网络演算允许扩展一些结果。例如，在资源预留协议中，可以根据消息中用于预留设定的 T-SPEC 域推导 σ，给出 $\sigma = \gamma_{P,M} \wedge \gamma_{r,b}$，其中 M 是数据包最大长度，P 是峰值速率，r 是持续速率，b 是突发容限，这正如第 1.4.3 节所示。

参考文献 [56] 计算了最优 T-SPEC 域。更准确地说，该参考文献解决了下面的问题。根据 IntServ 模型的设定，每个节点提供形式为 $\beta_{L,C}$ 的服务曲线，L、C 分别表示延迟和速率，且延迟参数 L 依赖速率 C 并遵循 $L = \dfrac{C_0}{\rho} + D_0$。其中，常数 C_0 和 D_0 取决于网络中流采取的路由方式。目标节点选择其所允许的网络延迟 D_{net}。特定服务曲线 $\beta_{L,C}$ 的选择，或者可以说速率参数 C 的选择是在预留阶段确定的，因此无法事先确切地知晓其结果。参考文献 [56] 提出算法计算 $\sigma = \gamma_{P,M} \wedge \gamma_{r,b}$ 和 D_{net} 的可能解，可使随后进行的预留能够确保回放延迟不超过给定值 D。

第6章 聚合调度

6.1 概　　述

在很多情况下会自然而然地出现聚合调度。我们仅关注区分服务框架（见第 2.4 节），以及带有光交换矩阵和 FIFO 输出的高速交换开关。聚合多路复用的最新研究成果并不是很多。在本章中，我们将对研究成果进行全景式叙述，其中含有大量的新内容。

在第一阶段（见第 6.2 节），我们评估经过聚合多路复用之后的到达曲线是如何变换的。当聚合多路复用节点是具有 FIFO 调度的服务曲线元件，或是保证速率节点（见第 2.1.3 节），或是具有严格服务曲线属性的服务曲线元件时，我们给出一系列的研究成果。这个阶段提供了很多能够在实际中应用的简单和显式的界限。

在第二阶段（见第 6.3 节），我们考虑使用聚合多路复用的全局网络（参见下文中的设定），如果给定网络输入的约束，能否得到一些积压和延迟的界限？这个问题的答案是复杂的。张正尚 [57] 首先推导出带有聚合调度的网络延迟界限。对于一族给定的网络，我们提到一种利用率因子的值——关键负载因子（critical load factor）v_{cri}，在低于它的情况下延迟和积压存在有限的界限，在高于它的情况下存在不稳定的网络，即网络的积压无限增长。对于带有聚合多路复用的前馈网络，容易表明在本章第 6.2 节的一种迭代应用中 $v_{cri}=1$。然而，很多网络不是前馈的，上述结论在一般情况下并不成立。但确实存在与直觉相反的可能，安德鲁斯 [58] 给出了一些 $v_{cri}<1$ 的 FIFO 网络的例子。而且，本章第 6.2 节的迭代应用如果带有时间停止参数（time-stopping argument），则 v_{cri} 的界限会降低（$v_{cri}<1$）。

在第三阶段（见第 6.4 节），我们给出一些可以说明更多问题的案例。回顾定理 2.4.1 的结论，即对于具有 FIFO 调度的服务曲线单元或是 GR 节点的通用网络，存在 $v_{\mathrm{cri}} \geqslant \dfrac{1}{h-1}$，其中 h 是任意流所能遇到的跳数上限。在第 6.4.1 节中，我们展示无向环总是存在 $v_{\mathrm{cri}}=1$，以至于这可能被认为是出乎意料的事情——环并不是非前馈拓扑的典型结构。实际上，在非常一般性的假设下，即环上的节点是服务曲线元件时，可以任意选取链路速率的值，且只要满足服务曲线的属性，可以任意选取调度策略（甚至可以选择非 FIFO 的调度策略），这个结论是成立的。据我们所知，我们并没有真正理解为什么环总是稳定的，而为什么其他拓扑可能不稳定。最后，第 6.4.2 节提到一个特殊的案例，它最初是由克兰塔克 (Chlamtac)、法拉戈 (Faragó)、张和富马加利 (Fumagalli)[59] 发现的，并由张 [60]、勒布戴克 (Le Boudec) 和赫布特恩 [61] 完善，该案例展示出对于一个具有固定长度数据包 FIFO 节点的同构网络，在所有源节点施加强力的速率限制，其效果是得到简单且闭合形式的界限。

6.2 经过聚合调度的到达曲线的变换

在共用节点中考虑被聚合服务的一些流量。不失一般性地，我们只考虑两条流的情况。在聚合服务中，数据包接受一些非特定的仲裁策略服务。在下文中，我们考虑 3 种附加的假设。

6.2.1 在严格服务曲线元件中的聚合多路复用

严格服务曲线的属性由定义 1.3.2 给出。它用于一些孤立的调度器，但不用于带有延迟元件的复杂节点。

定理 6.2.1（盲多路复用） 设想一个节点为两条流（流 1 和流 2）提供服务，在两条流之间有一些未知的仲裁策略服务。假设为了两条流量的聚合，节点保证一条严格服务曲线 β。假设流 2 为 α_2-平滑，定义 $\beta_1(t)=[\beta(t)-\alpha_2(t)]^+$。如果 β_1 是广义递增的，则它是流 1 的服务曲线。

证明： 该证明是命题 1.3.4 的直接扩展。 □

我们已经见到第 1.3.2 节的例子：如果 $\beta(t)=Ct$（恒定速率服务器或通用处理器共享节点），并且 $\alpha_2=\gamma_{r,b}$（漏桶约束），则对于流 1 的服务曲线是速率–时延服务曲线，速率为 $C-r$，时延为 $\dfrac{b}{C-r}$。注意，定理 6.2.1 中的界限实际上是对可抢占式优先级调度器而言的，其中流 1 具有低优先级。结果是，如果我们没有关于系统的其他信息，则这就是我们能够找到的唯一界限。完备起见，我们给出如下推论。

推论 6.2.1（不可抢占式优先级节点） 设想一个节点为两条流 H 和 L 提供服务，给定流 H 具有不可抢占式高优先级的性质；假设为了两条流的聚合，节点保证一条严格服务曲线 β；高优先级流由服务曲线 $\beta_H(t)=\left[\beta(t)-l_{\max}^L\right]^+$ 保证，其中 $l_{\max}^L$ 是低优先级流的最大数据包长度。如果高优先级流是 α_H-平滑的，则定义 $\beta_L(t)=[\beta(t)-\alpha_H(t)]^+$。如果 β_L 是广义递增的，则它是低优先级流的服务曲线。

证明： 推论的第一部分是定理 6.2.1 的直接结果，第二部分由命题 1.3.4 的证明同理得到。 □

如果到达曲线是仿射的，则定理 6.2.1 的推论表明由于多路复用造成突发度增加。

推论 6.2.2（盲多路复用造成的突发度增加） 设想一个节点以聚合模式为两条流提供服务。假设聚合流由严格服务曲线 $\beta_{R,T}$ 保证。假设流 i 还受到参数为 (ρ_i,σ_i) 的漏桶约束。如果 $\rho_1+\rho_2\leqslant R$，则流 1 的输出受到带有参数 (ρ_1,b_1^*) 的漏桶约束，具有

$$b_1^*=\sigma_1+\rho_1 T+\rho_1\frac{\sigma_2+\rho_2 T}{R-\rho_2}$$

注意, 即使没有多路复用，也会出现包含 $\rho_1 T$ 项的突发度增加；后面一项 $\rho_1\frac{\sigma_2+\rho_2 T}{R-\rho_2}$ 由流 2 的多路复用造成。还应注意，如果进一步假设节点是 FIFO 的，则会得到一个更好的界限（见第 6.2.2 节）。

证明： 由定理 6.2.1 知，流 1 由服务曲线 $\beta_{R',T'}$ 保证，其中 $R'=R-\rho_2$，$T'=T+\frac{\sigma_2+T\rho_2}{R-\rho_2}$。该结论是定理 1.4.3 的直接应用。 □

服务曲线的属性必须是严格的吗？ 如果放松服务曲线的属性是严格的假设，则上述结论不再成立。可以构造反例如下。所有的数据包具有相同的长度，为 1 个数据单位，并且输入流的峰值速率等于 1。流 1 在时刻 0 发送一个数据包，然后停止。节点总是延迟发送这个数据包。显而易见，对于 $t\geqslant 0$，存在

$$R_1(t)=\min\{t,1\},\quad \text{且}\ R_1'(t)=0$$

从时刻 $t=1$ 开始，流 2 在每个时间单位发送 1 个数据包，它的输出是持续的数据包流。从时刻 1 开始，每个时间单位输出 1 个数据包，这样

$$R_2(t) = [t-1]^+, \quad 且\ R'_2(t) = R_2(t)$$

则对于 $t \geqslant 0$，聚合的流为

$$R(t) = t, \quad 且\ R'(t) = [t-1]^+$$

换句话说，节点为聚合流提供服务曲线 δ_1。明显地，定理 6.2.1 不适用于流 1；如果适用，流 1 将接收到服务，服务曲线为 $[\delta_1 - \lambda_1]^+ = \delta_1$，这与它接收到的服务为 0 是矛盾的。受到第 1.4.4 节的启发，可以这样解释这个例子：如果服务曲线属性是严格的，则能够限制忙周期持续时间的长度，这将对低优先级流量给出最小服务保证。在本例中我们没有得到这种限制。在第 6.2.2 节中，我们将发现如果假设采用 FIFO 调度，则确实具有服务曲线保证。

6.2.2　在 FIFO 服务曲线元件中的聚合多路复用

现在放松对服务曲线属性的要求。假设对于聚合流，节点保证一条最小服务曲线，且具有附加的设定，即它以到达节点的次序操作数据包。对于一些简单的情况，可以找到一些显式闭合形式的界限。

命题 6.2.1（FIFO 最小服务曲线 [34]）　设想对两条流（流 1 和流 2）以 FIFO 次序服务的无损的节点。设数据包是瞬时到达的。假设对于两条流的聚合，节点保证一条最小服务曲线 β。设流 2 是 α_2-平滑的，则定义一族函数

$$\beta_\theta^1(t) = [\beta(t) - \alpha_2(t-\theta)]^+ \cdot 1_{\{t>\theta\}}$$

称 $R_1(t)$ 和 $R'_1(t)$ 为流 1 的输入和输出，则对于任意 $\theta \geqslant 0$，存在

$$R'_1 \geqslant R_1 \otimes \beta_\theta^1 \tag{6.1}$$

如果 β_θ^1 是广义递增的，则流 1 由服务曲线 β_θ^1 保证。

上述设定中“数据包是瞬时到达”的含义是，要么是在一个流体模型系统中（每个数据包是 1 bit 或是一个信元），要么是在以 FIFO 次序操作之前，该节点的输入已经被封装成数据包。

证明：我们给出连续时间下的证明，并假设流函数是左连续的。主要目的是对式 (6.1) 进行证明，称 R_i 是流 i 的输入，$R = R_1 + R_2$。并且类似地，R'_i 和 R' 是输出流；固定任意参数 θ 和时刻 t，定义

$$u = \sup\{v : R(v) \leqslant R'(t)\}$$

注意 $u \leqslant t$ 并且

$$R(u) \leqslant R'(t) \text{ 且 } R_{\mathrm{r}}(u) \geqslant R'(t) \tag{6.2}$$

其中，$R_{\mathrm{r}}(u) = \inf_{v>u}\{R(v)\}$ 是 R 在 u 处从右边趋近的极限。

（情况 1）考虑 $u = t$ 的情况。遵循式 (6.2)，并由 $R' \leqslant R$ 得到 $R_1'(t) = R_1(t)$。这样对于任意 θ，有 $R_1'(t) = R_1(t) + \beta_\theta^1(0)$，其中在该情况下表明 $R_1'(t) \geqslant (R_1 \otimes \beta_\theta^1)(t)$。

（情况 2）假设 $u < t$，要求

$$R_1(u) \leqslant R_1'(t) \tag{6.3}$$

确切地说，如果这不成立，即 $R_1(u) > R_1'(t)$，则从式 (6.2) 的第 1 部分得到 $R_2(u) < R_2'(t)$。这样，流 2 中的一些比特在时刻 u 之后到达并且在时刻 t 离去，然而直到时刻 u 到达时，流 1 中的所有比特在时刻 t 还没有离去。这与节点为 FIFO 的假设矛盾，也与数据包是瞬时到达的假设矛盾。

同样地，要求

$$(R_2)_{\mathrm{r}}(u) \geqslant R_2'(t) \tag{6.4}$$

否则 $x := R_2'(t) - (R_2)_{\mathrm{r}}(u) > 0$，并且存在一些 $v_0 \in (u, t]$，使得对于任意 $v \in (u, v_0]$，具有 $R_2(v) < R_2'(t) - \frac{x}{2}$。从式 (6.2) 中，能够找到一些 $v_1 \in (u, v_0]$，使得如果 $v \in (u, v_1]$，则 $R_1(v) + R_2(v) \geqslant R'(t) - \frac{x}{4}$。这接下来使得

$$R_1(v) \geqslant R_1'(t) + \frac{x}{4}$$

这样，我们能够找到一些 v，具有 $R_1(v) > R_1'(t)$，而 $R_2(v) < R_2'(t)$，这与 FIFO 的假设矛盾。

取时刻 s，使得 $R'(t) \geqslant R(s) + \beta(t-s)$，有 $R(s) \leqslant R'(t)$，则 $s \leqslant u$。

（情况 2a）设 $u < t - \theta$，这样也有 $t - s > \theta$。从式 (6.4) 中，可以推导出

$$R_1'(t) \geqslant R_1(s) + \beta(t-s) + R_2(s) - R_2'(t) \geqslant R_1(s) + \beta(t-s) + R_2(s) - (R_2)_{\mathrm{r}}(u)$$

现在存在一些 $\varepsilon > 0$，使得 $u + \varepsilon \leqslant t - \theta$，这样 $(R_2)_{\mathrm{r}}(u) \leqslant R_2(t-\theta)$，并且

$$R_1'(t) \geqslant R_1(s) + \beta(t-s) - \alpha_2(t-s-\theta)$$

接下来由式 (6.3) 得到

$$R_1'(t) \geqslant R_1(s)$$

其表明

$$R_1'(t) \geqslant R_1(s) + \beta_\theta^1(t-s)$$

（情况 2b）设 $u \geqslant t-\theta$。由式 (6.3) 知，有

$$R_1'(t) \geqslant R_1(u) = R_1(u) + \beta_\theta^1(t-u)$$

□

我们不能从命题 6.2.1 得出 $\inf\limits_{\theta}\{\beta_\theta^1\}$ 是服务曲线的结论。然而，可以归纳出一些关于输出的结论。

命题 6.2.2（FIFO 输出的界限）　设想为两条流（流 1 和流 2）以 FIFO 次序提供服务的无损节点。假设数据包的到达是瞬时的，对于两条流的聚合，节点保证一条最小服务曲线 β，流 2 是 α_2-平滑的。定义如同命题 6.2.1 中的函数族。则流 1 的输出是 α_1^*-平滑的，具有

$$\alpha_1^*(t) = \inf_{\theta \geqslant 0}\left\{\alpha_1 \oslash \beta_\theta^1\right\}(t)$$

证明：首先观察到，即使 β 不是广义递增的，网络演算输出界限也成立。这样，由命题 6.2.1 能够得出结论：$\alpha_1 \oslash \beta_\theta^1$ 是对流 1 输出的到达曲线。这对于任意 θ 都是成立的。 □

能够利用这个最新的命题得到下列具有实际意义的定理。

定理 6.2.2（一般情况下由于经过 FIFO 引起突发度的增加）　考虑为两条流（流 1 和流 2）以 FIFO 次序提供服务的节点。设流 1 受一个速率为 ρ_1 且突发度为 σ_1 的漏桶约束，流 2 由一条次可加到达曲线 α_2 约束。假设对于两条流的聚合，节点保证一条速率–时延服务曲线 $\beta_{R,T}$，则称 $\rho_2 = \inf\limits_{t>0}\left\{\dfrac{1}{t}\alpha_2(t)\right\}$ 为流 2 的最大可持续速率。

如果 $\rho_1 + \rho_2 < R$，则在输出端，流 1 受速率为 ρ_1 且突发度为 b_1^* 的漏桶约束，其中

$$b_1^* = \sigma_1 + \rho_1\left(T + \frac{\hat{B}}{R}\right)$$

且

$$\hat{B} = \sup_{t \geqslant 0}\left\{\alpha_2(t) + \rho_1 t - Rt\right\}$$

该界限是一种最坏情况下的界限。

证明：（步骤 1）如命题 6.2.1 所示定义 β_θ^1，定义 $B_2 = \sup_{t \geqslant 0} \{\alpha_2(t) - Rt\}$，这样 B_2 就是时延 T 为 0 时所需的缓冲量。首先说明如下，如果 $\theta \geqslant \frac{B_2}{R} + T$，则对于 $t \geqslant \theta$，有

$$\beta_\theta^1(t) = Rt - RT - \alpha_2(t - \theta) \tag{6.5}$$

为了证明这一点，将式 (6.5) 的等号右边记为 $\phi(t)$，即对于 $t \geqslant \theta$，定义 $\phi(t) = Rt - RT - \alpha_2(t - \theta)$，则有

$$\inf_{t > \theta}\{\phi(t)\} = \inf_{v > 0}\{Rv - \alpha_2(v) - RT + R\theta\}$$

由 B_2 的定义知，有

$$\inf_{t > \theta}\{\phi(t)\} = -B_2 + R\theta - RT$$

如果 $\theta \geqslant \frac{B_2}{R} + T$，则对于所有 $t > \theta$，有 $\phi(t) \geqslant 0$。剩余的证明由 β_θ^1 的定义得到。

（步骤 2）取 $\theta = \frac{\hat{B}}{R} + T$，利用命题 6.2.1 的情况 2[参见式 (6.3)]，由下式给出在流 1 的输出端的到达曲线

$$\alpha_1^* = \lambda_{\rho_1, \sigma_1} \oslash \beta_\theta^1$$

现在计算 α_1^*。首先需要注意由 $\theta = \frac{\hat{B}}{R} + T$ 使得 $\theta \geqslant \frac{B_2}{R} + T$，显然 $\hat{B} \geqslant B_2$，并且因此对于 $t \geqslant \theta$，存在 $\beta_\theta^1(t) = Rt - RT - \alpha_2(t - \theta)$。对于 $t > 0$，α_1^* 定义如下

$$\alpha_1^*(t) = \sup_{s \geqslant 0}\left\{\rho_1 t + \sigma_1 + \rho_1 s - \beta_\theta^1(s)\right\} = \rho_1 t + \sigma_1 + \sup_{s \geqslant 0}\left\{\rho_1 s - \beta_\theta^1(s)\right\}$$

定义 $\psi(s) := \rho_1 s - \beta_\theta^1(s)$。显然

$$\sup_{s \in [0, \theta]}\{\psi(s)\} = \rho_1 \theta$$

现在由步骤 1，可以得到

$$\sup_{s > \theta}\{\psi(s)\} = \sup_{s > \theta}\{\rho_1 s - Rs + RT + \alpha_2(s - \theta)\}$$

$$= \sup_{v>0} \{\rho_1 v - Rv + \alpha_2(v)\} + (\rho_1 - R)\,\theta + RT$$

由 $\hat{B}$ 的定义，前者等于

$$\sup_{s>\theta}\{\psi(s)\} = \hat{B} + (\rho_1 - R)\,\theta + RT = \rho_1\theta$$

这展示了定理中的突发度界限。

（步骤 3）上述过程表明这个界限是可以达到的。存在一个时刻 $\hat{\theta}$，使得 $\hat{B} = (\alpha_2)_{\mathrm{r}}(\hat{\theta}) - (R - \rho_1)\,\hat{\theta}$。定义流 2 直到时刻 $\hat{\theta}$ 是贪婪的，并且从此刻停止，即

$$\begin{cases} R_2(t) = \alpha_2(t), & t \leqslant \hat{\theta} \\ R_2(t) = (R_2)_{\mathrm{r}}(\hat{\theta}), & t > \hat{\theta} \end{cases}$$

因为 α_2 是次可加的，所以流 2 是 α_2-平滑的。定义流 1 为

$$\begin{cases} R_1(t) = \rho_1 t, & t \leqslant \hat{\theta} \\ R_1(t) = \rho_1 t + \sigma_1, & t > \hat{\theta} \end{cases}$$

按照要求，流 1 为 $\lambda_{\rho_1,\sigma_1}$-平滑的。设服务器在时刻 0 将所有的比特延迟 T，接着在时刻 T 之后以恒定速率 R 服务，直到时刻 $\hat{\theta}+\theta$，它变得无限快。这样服务器满足所要求的服务曲线属性。刚好在时刻 $\hat{\theta}$ 之后的积压精确地等于 $\hat{B} + RT$。这样，所有刚好在时刻 $\hat{\theta}$ 之后到达的流 2 的比特被延迟 $\dfrac{\hat{B}}{R} + T = \theta$。在时间段 $(\hat{\theta}+\theta, \hat{\theta}+\theta+t]$ 中，流 1 的输出由时间段 $(\hat{\theta}, \hat{\theta}+t]$ 之间已经到达的比特构成，这样对于 t 的任意取值，这些比特的数量为 $\rho_1 t + b_1^*$。 □

下面的推论是上述定理的直接结果。

推论 6.2.3（由于经过 FIFO 引起突发度的增加）　设想为两条流（流 1 和流 2）以 FIFO 次序提供服务的节点。设流 i 受速率为 ρ_i 且突发度为 σ_i 的漏桶约束。假设对于两条流的聚合，节点保证一条速率–时延服务曲线 $\beta_{R,T}$。如果 $\rho_1 + \rho_2 < R$，则流 1 等同于具有一条速率–时延函数的服务曲线，其中速率为 $R - \rho_2$、时延为 $T + \dfrac{\sigma_2}{R}$。并且在输出端，流 1 受速率为 ρ_1 且突发度为 b_1^* 的漏桶约束，其中

$$b_1^* = \sigma_1 + \rho_1\left(T + \frac{\sigma_2}{R}\right)$$

注意，该界限比推论 6.2.2 中采纳的界限好（但假设略有不同）。确切地说，在那种情况下，应该得到速率–时延服务曲线，该曲线具有同样的速率 $R-\rho_2$，但具有更大的时延 $T+\dfrac{\sigma_2+\rho_2 T}{R-\rho_2}$，而不是这里的 $T+\dfrac{\sigma_2}{R}$。这里的改善源于 FIFO 设定。

6.2.3 在保证速率节点中的聚合多路复用

现在假设节点属于保证速率类型（参见第 2.1.3 节）。带有速率–时延服务曲线的 FIFO 服务曲线元件满足这个假设，但反之则不成立（定理 2.1.3）。

定理 6.2.3 设想以某种聚合方式为两条流（流 1 和流 2）提供服务的节点。不指定流之间的仲裁方法，但速率为 R 且时延为 T 的 GR 节点为聚合流提供服务。设流 1 受速率为 ρ_1 且突发度为 σ_1 的漏桶约束，流 2 由一条次可加到达曲线 α_2 约束，称 $\rho_2=\inf\limits_{t>0}\left\{\dfrac{1}{t}\alpha_2(t)\right\}$ 为流 2 的最大可持续速率。

如果 $\rho_1+\rho_2<R$，则在输出端，流 1 受速率为 ρ_1 且突发度为 b_1^* 的漏桶约束，其中

$$b_1^*=\sigma_1+\rho_1(T+\hat{D})$$

并且

$$\hat{D}=\sup_{t>0}\left\{\frac{\alpha_2(t)+\rho_1 t+\sigma_1}{R}-t\right\}$$

证明： 由定理 2.1.4 知，任意数据包的延迟由 $\hat{D}+T$ 限定。这样，在流 1 输出端的到达曲线是 $\alpha_1(t+\hat{D})$。 □

推论 6.2.4 考虑以某种聚合方式为两条流（流 1 和流 2）提供服务的节点。不指定流之间的仲裁方法，但速率为 R 且时延为 T 的 GR 节点为聚合流提供服务。设流 i 受速率为 ρ_i 且突发度为 σ_i 的漏桶约束，如果 $\rho_1+\rho_2<R$，则在输出端，流 1 受速率为 ρ_1 且突发度为 b_1^* 的漏桶约束，其中

$$b_1^*=\sigma_1+\rho_1\left(T+\frac{\sigma_1+\sigma_2}{R}\right)$$

可以看出，本节中的界限比推论 6.2.3 略差（但这里的假设更加具有一般性）。

6.3 带有聚合调度的网络的稳定性和性能界限

6.3.1 稳定性问题

本节介绍下面的全局性问题：给定带有聚合调度的网络，以及在输入端的到达曲线约束（如在概述中的定义），是否能够找到良好的延迟和积压界限？换句话说，什么时候网络对于聚合调度是稳定的？（积压保持有界）。直到今天，在很多情况下，这个问题还是开放性的。在本章中，我们将做出如下的假设。

假设与表示法如下。

- 考虑网络带有固定数量 I 的流，各条流遵循规定的路径。路径的集合被称为网络的拓扑。网络节点被建模为播放缓冲器的集合。除了在播放缓冲器上，在其他网络元件上不发生冲突。每个播放缓冲器与一条无向链路关联，并馈入该链路。
- 在输入端，流 i 受到一个漏桶的约束，该漏桶的速率为 ρ_i 且突发度为 σ_i。
- 在网络中，众多流被网络作为一个聚合；在聚合中，数据包根据一些非特定的仲裁策略获得服务。假设节点都是这样的，以至于所有流的聚合在节点 m 接受的服务曲线等同于速率为 r_m、时延为 e_m 的速率–时延服务曲线。但这并不意味着节点是尽力工作的。需要注意，除非特别规定，通常并不要求这条服务曲线的属性是严格（strict）的。在本章的一些部分，将对做出的附加假设加以说明。e_m 中列入存在于节点 m 上的链路时延，也列入由节点 m 的调度器造成的延迟。
- 用 $i \ni m$ 表示节点 m 在流 i 的路由中。对于任意节点 m，定义 $\rho^{(m)} = \sum\limits_{i \ni m} \rho_i$。链路 m 的利用率因子为 $\dfrac{\rho^{(m)}}{r_m}$，并且网络的负载因子为 $v = \max\limits_m \left\{ \dfrac{\rho^{(m)}}{r_m} \right\}$。
- 馈入节点 m 的链路的比特率是 $C_m < +\infty$，且 $C_m \geqslant r_m$。

在下面定义的语境下，称"网络" $\mathcal{N}$ 是满足上述假设的系统，其中除了 ρ_i、σ_i、r_m 和 e_m 之外，参数是固定的。

定义 6.3.1（关键负载因子） 对于网络 $\mathcal{N}$，称 v_{cri} 为关键负载因子，如果

(1) 对于所有 ρ_i、σ_i、r_m、e_m 的取值，当 $v < v_{\text{cri}}$ 时，$\mathcal{N}$ 是稳定的。

(2) 存在 ρ_i、σ_i、r_m、e_m 的取值，当 $v > v_{\text{cri}}$ 时，$\mathcal{N}$ 是不稳定的。

对于给定的网络 $\mathcal{N}$，能够容易地检验 v_{cri} 是唯一的。

还可以容易地看出，对于所有良态定义的网络，关键负载因子不大于 1。然而，安德鲁斯 [58] 给出了一个 $v_{\text{cri}} < 1$ 的 FIFO 网络的例子。寻找关键负载因子，对于具有恒定速率服务的 FIFO 网络中的简单情况，看起来仍是开放性的。哈耶克 [62] 表明，在这种简单情况下，问题能够退化为如下场景：每个源 i 在时刻 0 立即发出突发度为 σ_i 的流量，随后以受限的速率 ρ_i 发送。

在本节剩余部分和第 6.4 节中，将对于一些经过妥善定义的子类型，给出更低的 v_{cri} 界限。

前馈网络 在无向链路的图中没有环路，即为前馈网络。前馈网络的例子有用于路由器或多处理机内部的互联网络。对于严格服务曲线元件或 GR 节点构成的前馈网络，$v_{\text{cri}} = 1$。这是采用第 6.2 节中给出的突发度增加界限（burstiness increase bound）从网络接入点开始反复地推导得出的。确切地说，因为在拓扑中没有环路，所以推导过程停止并且所有输入流量具有有限的突发度。

关键负载因子的下界 对于 GR 节点的网络（或 FIFO 服务曲线元件），它直接由定理 2.4.1 得到，存在 $v_{\text{cri}} \geqslant \dfrac{1}{h-1}$，其中 h 是任意流的最大跳数。如果利用峰值速率 C_m 的数值（定理 2.4.2），可以找到一个略微好一些的界限。

6.3.2 时间停止方法

对于由严格服务曲线或 GR 节点构成的非前馈网络，采用时间停止方法能够找到 v_{cri} 的下界（以及积压或延迟的界限）。该方法由克鲁兹在参考文献 [63] 中连同积压或延迟的界限一起引入。本节采用一个特殊的例子（见图 6.1）展示这种方法。所有的节点是恒定速率服务器，在流之间具有非特殊化的仲裁策略。这样，在这个例子中，所有的节点都是严格服务曲线元件，都具有 $\beta_m = \lambda_{C_m}$ 形式的服务曲线。

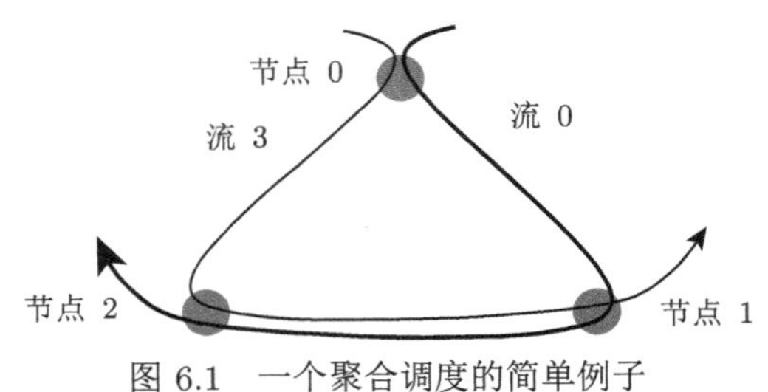

图 6.1 一个聚合调度的简单例子

图 6.1 的说明： 图 6.1 是一个聚合调度的简单例子，用于展示这种求得界限的方法。存在 3 个节点，其编号为 0、1、2，并且有 6 条流，编号从 0 到 5（图

中未完全标出）。对于 $i=0,1,2$，流 i 的路径为 i、$(i+1)\text{mod}3$ 和 $(i+2)\text{mod}3$，并且流 $i+3$ 的路径为 i、$(i+2)\text{mod}3$ 和 $(i+1)\text{mod}3$。对所有的流具有相同的新的到达曲线，给定为 $\alpha_i=\gamma_{\rho,\sigma}$。所有的节点都是恒定速率的，以速率 C 尽力服务。在所有的节点上利用率因子都为 $\dfrac{6\rho}{C}$。

时间停止方法有两个步骤。第一步，假设对于所有的流量都存在有限突发度界限，采用第 6.2 节的内容，可以得到一些计算这些界限的公式。第二步，使用这些公式表明，在一些条件下存在有限的界限。

(1) 界限的不等式 对于任意的流 i 和任意 $m\in i$ 的节点，定义 σ_i^m 为最大积压，这样这条流应该以速率为 ρ_i 的常速率生成流量。为了方便，新的输入被认为从一个编号为 -1 的虚拟节点输出。在本步骤中，假设对于所有 i 和 $m\in i$，σ_i^m 是有限的。

应用推论 6.2.2，可以发现对于所有 i 和 $m\in i$，具有

$$\begin{cases}\sigma_i^0\leqslant\sigma_i\\[2ex]\sigma_i^m=\sigma_i^{\text{pred}_i(m)}+\rho_i\dfrac{\sum\limits_{j\ni m,j\neq i}\sigma_j^{\text{pred}_j(m)}}{C-\sum\limits_{j\ni m,j\neq i}\rho_j}\end{cases}\tag{6.6}$$

其中，$\text{pred}_i(m)$ 是节点 m 的前驱。如果 m 是流量 i 路径上的第 1 个节点，则出于方便，令 $\text{pred}_i(m)=-1$，且 $\sigma_i^{-1}=\sigma_i$。

现在对于所有的 $m\in i$ 的 (i,m)，将 σ_i^m 记为矢量 $\vec{x}$。对于一些合理的 n，为 1 列 n 行的矢量，将式 (6.6) 改写成

$$\vec{x}\leqslant\boldsymbol{A}\vec{x}+\vec{a}\tag{6.7}$$

其中 $\boldsymbol{A}$ 是 $n\times n$ 维的非负矩阵；$\vec{a}$ 为非负矢量，只依赖于已知的数值 σ_i。当矩阵 $\boldsymbol{A}$ 的谱半径小于 1 的假设成立时，当前的方法成立。即在这种情况下，幂级数 $\boldsymbol{I}+\boldsymbol{A}+\boldsymbol{A}^2+\boldsymbol{A}^3+\cdots$ 收敛，并且等于 $(\boldsymbol{I}-\boldsymbol{A})^{-1}$，其中 $\boldsymbol{I}$ 是单位矩阵。因为 $\boldsymbol{A}$ 是非负的，所以 $(\boldsymbol{I}-\boldsymbol{A})^{-1}$ 也是非负的，这样能够以 $(\boldsymbol{I}-\boldsymbol{A})^{-1}$ 左乘式 (6.7)，得到

$$\vec{x}\leqslant(\boldsymbol{I}-\boldsymbol{A})^{-1}\vec{a}\tag{6.8}$$

这就是所需的结果，因为 $\vec{x}$ 描述在所有节点上所有流的突发度。从这里，我们能够得到延迟和积压的界限。

在这个网络的例子中，采用这个步骤。由对称性可知，只有两个未知数 x 和 y，将其定义为在一跳和两跳后的突发度，即

$$\begin{cases} x = b_0^0 = b_1^1 = b_2^2 = b_3^0 = b_4^2 = b_5^1 \\ y = b_0^1 = b_1^2 = b_2^0 = b_3^2 = b_4^1 = b_5^0 \end{cases}$$

式 (6.6) 变成

$$\begin{cases} x \leqslant \sigma + \dfrac{\rho}{C-5\rho}(\sigma + 2x + 2y) \\ y \leqslant x + \dfrac{\rho}{C-5\rho}(2\sigma + x + 2y) \end{cases}$$

定义 $\eta = \dfrac{\rho}{C-5\rho}$；假设利用率因子小于 1，则 $0 \leqslant \eta < 1$。能够将式 (6.7) 写成

$$\vec{x} = \begin{pmatrix} x \\ y \end{pmatrix}, \quad \boldsymbol{A} = \begin{pmatrix} 2\eta & 2\eta \\ 1+\eta & 2\eta \end{pmatrix}, \quad \vec{a} = \begin{pmatrix} \sigma(1+\eta) \\ 2\sigma\eta \end{pmatrix}$$

通过线性代数的一些知识，或者通过符号计算软件，得到

$$(\boldsymbol{I}-\boldsymbol{A})^{-1} = \begin{pmatrix} \dfrac{1-2\eta}{1-6\eta+2\eta^2} & \dfrac{2\eta}{1-6\eta+2\eta^2} \\ \dfrac{1+\eta}{1-6\eta+2\eta^2} & \dfrac{1-2\eta}{1-6\eta+2\eta^2} \end{pmatrix}$$

如果 $\eta < \dfrac{1}{2}(3-\sqrt{7}) \approx 0.177$，则 $(\boldsymbol{I}-\boldsymbol{A})^{-1}$ 是正的。这是 $\boldsymbol{A}$ 的谱半径小于 1 的条件。对于利用率因子 $v = \dfrac{6\rho}{C}$ 的相应条件是

$$v < 2 \times \frac{8-\sqrt{7}}{19} \approx 0.564 \tag{6.9}$$

这样，对于这个特定的例子，如果式 (6.9) 成立，并且突发度项 x 和 y 是有限的，则它们的界限由式 (6.8) 限制，其中 $(\boldsymbol{I}-\boldsymbol{A})^{-1}$ 和 $\vec{a}$ 由前面给出。

(2) 时间停止 现在证明如果 $\boldsymbol{A}$ 的谱半径小于 1，则存在有限的界限。对于任意时刻 $\tau > 0$，考虑虚拟系统由原网络组成，其中所有源都在时刻 τ 停止。对于这个原网络，总的比特数是有限的，这样我们能够采用第 (1) 步的结论，并且突发度由式 (6.8) 限制。因为式 (6.8) 的右边是关于 τ 独立的，所以令 τ 趋近 $+\infty$ 则出现下面的命题。

命题 6.3.1 采用本节中的记法，如果 $\boldsymbol{A}$ 的谱半径小于 1，则突发度 b_i^m 被式 (6.8) 中相应的项所限制。

回到图 6.1 中的例子，我们发现，如果利用率因子 v 小于 0.564，则突发度项 x 和 y 由下式限制

$$\begin{cases} x \leqslant 2\sigma\dfrac{18-33v+16v^2}{36-96v+57v^2} \\ y \leqslant 2\sigma\dfrac{18-18v+v^2}{36-96v+57v^2} \end{cases}$$

在 3 个节点之中的任意一个节点，聚合流是 $\gamma_{6\rho,b}$-平滑的，其中 $b=2(\sigma+x+y)$。这样，延迟的界限为（见图 6.2）

$$d=\frac{b}{C}=2\times\frac{\sigma}{C}\frac{108-198v+91v^2}{36-96v+57v^2}$$

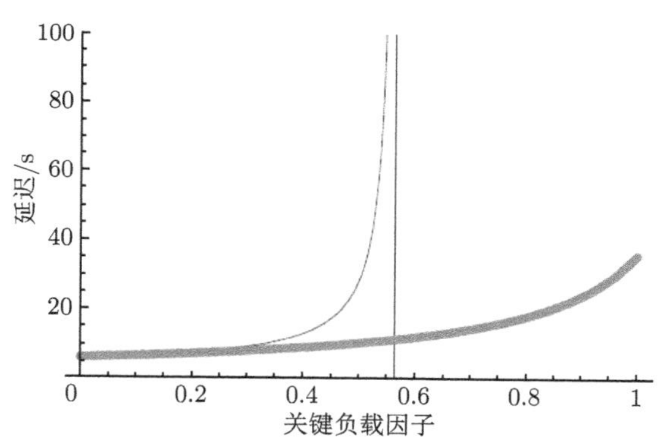

图 6.2 延迟的界限 d 作为利用率因子的函数

图 6.2 的说明： 对于图 6.1 所示的网络，在任意节点上用这里提出的方法得到的延迟界限 d 如细线所示。该图表示 d 由 $\dfrac{\sigma}{C}$ 归一化（记为 $\dfrac{dC}{\sigma}$），并绘出利用率因子的函数。粗线表示每条流量在每个输出端被重整形得到的延迟界限。

本例的关键负载因子 对于此例中的网络，我们施加约束要求所有的 ρ_i 相等，可以发现 $v_{\text{cri}} \geqslant v_0 \approx 0.564$，$v_0$ 远小于 1。这是否意味着当 $v_0 \leqslant v_{\text{cri}} < 1$ 时，不存在有限的界限？这个问题的答案现在并不明确。

首先，如果表达更多的到达约束，则本方法找到的 v_0 能够得以改进。考虑到例子的特殊性，我们并没有利用以下事实，即作为输入流量的分数比例部分，

从另一个节点到节点 i 的流量必须是 λ_C-平滑的。如果利用这一事实，将得到更好的界限。其次，如果我们知道节点具有附加的属性，例如节点是 FIFO 的，则或许能够找到更好的界限。然而，尽管如此，看起来 v_{cri} 的值仍是未知的。

聚合调度的代价 再次考虑图 6.1 所示的例子，但现在假设每条流在每个输出端口被重整形。这对于区分服务是不可能的，因为除了接入节点，其他节点没有逐流（per-flow）信息。然而，我们使用这个例子作为基准，以表明为聚合调度付出的代价。

带着这个假设，每条流在每个节点具有相同的到达曲线。这样，利用定理 6.2.1，我们能在每个节点计算流 1 的服务曲线 β_1（并且对于任意流也是这样）。可以发现 β_1 是速率–时延函数，其速率为 $C-5\rho$、时延为 $\dfrac{5\sigma}{C-5\rho}$。这样，任意节点（包括重整形器）上的流的延迟界限，对于 $\rho \leqslant \dfrac{C}{6}$，有 $h(\alpha_1, \alpha_1 \otimes \beta_1) = h(\alpha_1, \beta_1) = \dfrac{6C}{C-5\rho}$。图 6.2 展示了这种延迟界限，并与不使用重整形器条件下的延迟界限进行了对比。正如我们已经知道的，带有逐流信息能够对于任意利用率因子小于 1 的情况保证延迟界限。然而，我们还注意到对于相对小的利用率因子，这些界限非常接近。

6.4 稳定性结果和显式界限

本节将对两种特殊的情况给出增强的结果。第一种情况针对聚合服务的无向环（包含任意类型，不必是 FIFO 或严格服务曲线），对于所有的无向环，$v_{\text{cri}} = 1$。第二种针对任意拓扑，但带有网络类型的限制：数据包具有固定长度，并且所有的链路具有相同的比特率。

6.4.1 环是稳定的

在多个恒定速率服务器构成环形网络的情况下，最初由参考文献 [64] 提出的这种情况是稳定的结论。所有服务器具有相同的速率，可以给出一个更加通用但简单的形式。

假设与表示法 采用与第 6.3 节开始部分相同的假设，并且附加地设定网络拓扑是无向环。

- 网络是具有 m 个节点的无向环，标记为 $1, \cdots, M$。使用记号 $m \oplus k = (m+k-1) \bmod M + 1$ 和 $m \ominus k = (m-k-1) \bmod M + 1$ 表示，这样

在环上节点 m 的后继节点表示为 $m \oplus 1$，它的前驱节点表示为 $m \ominus 1$。

- 流 i 的路由是 $(0, i.\text{first}, i.\text{first} \oplus 1, \cdots, i.\text{first} \oplus (h_i - 1))$，其中 0 代表流 i 的源的虚拟节点，$i.\text{first}$ 是流 i 的第 1 跳，并且 h_i 是流 i 的跳数。在它的最后一跳，流 i 离开网络。假设某条流不回卷，记为 $h_i \leqslant M$。如果 $h_i = M$，则这样的流会环绕整个环，并从它进入的节点离开。
- 令 $b_m = e_m r_m$，并令 $b = \sum\limits_m b_m$ 反映环的总时延。
- 对于任意节点 m，令 $\sigma^{(m)} = \sum\limits_{i \ni m} \sigma_i$。令 $\sigma_{\max} = \max\limits_{m=1}^{M}\{\sigma^{(m)}\}$，并且 $\sigma = \sum\limits_i \sigma_i$。注意 $\sigma_{\max} \leqslant \sigma \leqslant M\sigma_{\max}$。
- 定义 $\eta = \min\limits_m\{r_m - \rho^{(m)}\}$。
- 令 $\rho_0^{(m)} = \sum\limits_{i.\text{first}=m} \rho_i$ 并且 $\mu = \max\limits_{m=0}^{M}\{C_m - r_m + \rho^{(m)}\}^+$。$\mu$ 反映发送链路的峰值速率 C_m 加上新加入源的速率 $\rho^{(m)}$，再减去作为微流的聚合保证的速率 r_m。对于取值大的 μ，预期得到更高的界限。

定理 6.4.1　如果 $\eta > 0$（如果利用率因子小于 1），则在无向环上任意节点的积压由下式限制

$$M\frac{\mu}{\eta}(M\sigma_{\max} + b) + \sigma + b$$

证明： 本证明依赖于繁忙时段链的概念，并结合第 6.3.2 节的时间停止方法。

对于某个节点 m 和某条流 i，定义 $R_i^m(t)$ 为节点 m 输出端流 i 的数据累积量。对于 $m = 0$，$R_i^0(t)$ 定义的是输入函数。还定义

$$x_m(t) = \sum_{i \ni m}\left(R_i^0(t) - R_i^m(t)\right) \tag{6.10}$$

这样，$x_m(t)$ 是时刻 t 在网络中存在且将在大于 t 的某些时刻通过节点 m 的数据的总数。

我们还定义了在节点 m 的累积量

$$q_m(t) = \sum_{i \ni m, i.\text{first} \neq m} R_i^{m \ominus 1}(t) + \sum_{i.\text{first}=m} R_i^0(t) - \sum_{i \ni m} R_i^m(t)$$

显然，目前对于所有时刻 t 和节点 m，有

$$q_m(t) \leqslant x_m(t) \tag{6.11}$$

并且

$$x_m(t) \leqslant \sum_{n=1}^{M} q_n(t) \tag{6.12}$$

(1) 假设存在某个有限的界限 X。考虑在某个时刻 t 和某个节点 m 得到该界限：$x_m(t) = X$。固定 m 并且对所有节点 n 采用引理 6.4.1。时刻 s_n 在该引理中被称为 s。因为 $x_n(s_n) \leqslant X$，所以它服从该引理中的第一个公式

$$(t - s_n)\,\eta \leqslant M\sigma_{\max} + b \tag{6.13}$$

将此式结合该引理中的第二个公式，得到

$$q_n(t) \leqslant \mu\frac{M\sigma_{\max} + b}{\eta} + b_n + \sigma_0^{(m)}$$

现在采用式 (6.12)，并且注意 $\sum\limits_{n=1}^{M} \sigma_0^{(n)} = \sigma$，根据此式推导出

$$X \leqslant M\frac{\mu}{\eta}\left(M\sigma_{\max} + b\right) + \sigma + b \tag{6.14}$$

(2) 采用如第 6.3.2 节中的相同推理，我们发现式 (6.14) 总是成立的。再随着式 (6.11) 证明该定理成立。 □

引理 6.4.1 对于任意节点 m、n（可以允许 $m = n$），并且对于任意时刻 t 存在一些时刻 s，使得

$$\begin{cases} x_m(t) \leqslant x_n(s) - (t-s)\eta + M\sigma_{\max} + b \\ q_n(t) \leqslant (t-s)\mu + b_n + \sigma_0^{(n)} \end{cases}$$

其中，$\sigma_0^{(n)} = \sum\limits_{i,\text{first}=n} \sigma_i$。

证明：在节点 m 定义服务曲线的属性，存在 s_1 使得

$$\sum_{i\ni m} R_i^m(t) \geqslant \sum_{i\ni m, i.\text{first}\neq m} R_i^{m\ominus 1}(s_1) + \sum_{i.\text{first}=m} R_i^0(s_1) + r_m(t - s_1) - b_m$$

其中，能够改写为

$$\sum_{i\ni m} R_i^m(t) \geqslant -A + \sum_{i\ni m} R_i^0(s_1) + r_m(t - s_1) - b_m$$

其中

$$A=\sum_{i\ni m,i.\text{first}\neq m}\left(R_i^0\left(s_1\right)-R_i^{m-1}\left(s_1\right)\right)$$

现有条件 $i\ni m,i.\text{first}\neq m$ 意味着流 i 通过节点 $m-1$，记为 $i\ni(m-1)$。更进一步地，在构成 A 的求和式中的每个元素都是非负的，则

$$A\leqslant\sum_{i\ni(m-1)}\left(R_i^0\left(s_1\right)-R_i^{m-1}\left(s_1\right)\right)=x_{m\ominus 1}\left(s_1\right)$$

则

$$\sum_{i\ni m}R_i^m(t)\geqslant -x_{m\ominus 1}\left(s_1\right)+\sum_{i\ni m}R_i^0\left(s_1\right)+r_m\left(t-s_1\right)-b_m \tag{6.15}$$

现在将此式与式 (6.10) 中 $x_m(t)$ 的定义结合起来，得到

$$x_m(t)\leqslant x_{m\ominus 1}\left(s_1\right)+\sum_{i\ni m}\left(R_i^0(t)-R_i^0\left(s_1\right)\right)-r_m\left(t-s_1\right)+b_m$$

将到达曲线的属性应用于求和中所有的微流 i，可以推导出

$$x_m(t)\leqslant x_{m\ominus 1}\left(s_1\right)-\left(r_m-\rho^{(m)}\right)\left(t-s_1\right)+\sigma^{(m)}+b_m$$

并且，由 η 和 $\sigma_{\max}$ 的定义有 $r_m-\rho^{(m)}\geqslant\eta$ 且 $\sigma^{(m)}\leqslant\sigma_{\max}$，因此得到

$$x_m(t)\leqslant x_{m\ominus 1}\left(s_1\right)-\left(t-s_1\right)\eta+\sigma_{\max}+b_m$$

对节点 $m\ominus 1$ 和时刻 s_1 采用同样的推理方式，并且如此迭代，直到从节点 m 回退到节点 n。这样，建立一条由时刻构成的序列 $s_0=t$, s_1, s_2, $\cdots$, s_j, $\cdots$, s_k，则

$$x_{m\ominus j}\left(s_1\right)\leqslant x_{m\ominus(j+1)}\left(s_{j+1}\right)-\left(t-s_{j+1}\right)\eta+\sigma_{\max}+b_{m\ominus j} \tag{6.16}$$

直到达到 $m\ominus k=n$。如果 $n=m$，则经过一次完整的回退循环再次回到同一个节点，并且 $k=M$。在所有的情况下，有 $k\leqslant M$。通过对式 (6.16) 从 $j=0$ 到 $k-1$ 求和，证明出引理公式的第一部分。

现在证明引理的公式第二部分。通过对节点 n 和时刻 s_{k-1} 应用服务曲线属性，得到 $s=s_k$。对节点 n 和时刻 t 应用服务曲线属性。因为 $t\geqslant s_{k-1}$，从命题 1.3.2 得知，能够找到一些 $s'\geqslant s$，使得

$$\sum_{i\ni n}R_i^n(t)\geqslant\sum_{i\ni n,i.\text{first}\neq n}R_i^{n-1}\left(s'\right)+\sum_{i.\text{first}=n}R_i^0\left(s'\right)+r_n\left(t-s'\right)-b_n$$

这样

$$q_n(t) \leqslant \sum_{i\ni n, i.\text{first}\neq n} \left(R_i^{n\ominus 1}(t) - R_i^{n\ominus 1}(s')\right) + \sum_{i.\text{first}=n} \left(R_i^0(t) - R_i^0(s')\right) - r_n(t-s') + b_n$$
$$\leqslant \left(C_n - r_n + \rho_0^{(n)}\right)(t-s') + b_n + \sigma_0^{(n)} \leqslant (t-s')\mu + b_n + \sigma_0^{(n)}$$

随着 $s \leqslant s'$，引理中公式的第二部分得到证明。 □

说明：一种较简单但是较弱的界限为

$$M\frac{\mu}{\eta}(M\sigma + b) + \sigma + b$$

或

$$M\frac{\mu}{\eta}(M\sigma_{\max} + b) + M\sigma_{\max} + b \tag{6.17}$$

参考文献 [64] 中的特殊情况 在所有节点具有速率等于 1 的恒定速率服务器（$C_m = r_m = 1$，并且 b_m 是链路 m 的时延）的假设下，参考文献 [64] 中给出下面的界限

$$B_1 = \frac{Mb + M^2\sigma_{\max}}{\eta} + b \tag{6.18}$$

在这种情况下，具有 $\mu \leqslant 1-\eta$。通过采用式 (6.17)，得到的界限为

$$B_2 = \frac{M\mu b + [M^2\mu + M\eta]\,\sigma_{\max}}{\eta} + b$$

当

$$\mu \leqslant 1-\eta \tag{6.19}$$

并且 $0 < \eta \leqslant 1$，$M \leqslant M^2$，存在 $B_2 < B_1$，也就是说本节提出的界限比参考文献 [64] 中的界限好。如果式 (6.19) 中取等号（也就是说，如果存在一个节点不对传输的流量进行接收），当 $\eta \to 0$ 时两种界限是等价的。

6.4.2 带有强源端速率条件的同构 ATM 网络的显式界限

当分析一个全局网络的时候，我们能够采用与第 2.4 节中相同的方法，使用第 6.2.2 节中给出的界限。然而，正如参考文献 [40] 提出的结论，这样获得的界

限不是最优的。确切地说，即使对于 FIFO 环，这种方法也无法在所有利用率因子小于 1 的情况下找到有限的界限（尽管从第 6.4.1 节得知存在有限的界限）。

在本节中，我们在定理 6.4.2 中展示的部分结果优于第 6.2.2 节中的逐节点界限。这些结果出自参考文献 [59-61]。

本节提出的 ATM 网络与第 6.3 节中 ATM 网络的定义不同，列举如下。

- 每条链路具有一个源节点和一个终端节点。如果链路 e 的源节点是链路 f 的目的节点，则称链路 f 入射（incident）链路 e。通常一条链路具有几条入射链路。
- 所有的数据包具有相同的长度（被称为“信元”）。所有的到达和离去在整数时刻发生（同步模型）。所有的链路具有相同的比特率，均为每时间单位 1 个信元。对于 1 个信元的服务时间是 1 个时间单位。每条链路的传播时间是固定的，且为整数。
- 所有的链路采用 FIFO。

命题 6.4.1 对于带有上述假设的网络，若信元 c 的入射链路为 i 且到达节点为 e，该网络的延迟受到繁忙时段在入射链路 $j(j \neq i)$ 上传输，并在 c 之前离去的信元的数目限制。

证明： 称 $R'(t)$[或 $R_j(t)$、$R(t)$] 为输出流（或链路 j 的输入到达、总输入流），称 d 为链路 i 在时刻 t 带有标签信元的延迟。设带有标签的数据包离去的时刻为 t，称 A_j 为直到时刻 t 时链路 j 到达的信元数目，并令 $A = \sum_j A_j$。有

$$d = A - R'(t) \leqslant A - R(s) - (t - s)$$

其中 s 是 t 所在的繁忙时段之前的最后时刻（该繁忙时段的开始时刻）。前面的式子能够被改写为

$$d \leqslant \sum_{j \neq i} [A_j - R_j(s)] + [A_i - R_i(s)] - (t - s)$$

现在所有链路速率都等于 1，这样 $A_i - R_i(s) \leqslant t - s$，且有

$$d \leqslant \sum_{j \neq i} [A_j - R_j(s)]$$

□

“干扰单元”定义为集合 $e, \{j, k\}$，其中 e 是链路，$\{j, k\}$ 是两条不同的流的集合，而集合中两条流的路径均经过链路 e，并且通过两条不同的入射链路到

达链路 e（见图 6.3）。流 j 的路由干扰数（Route Interference Number，RIN）是包含 j 的干扰单元的数量。这样，它是占有一段共同的子路径的其他流的数量。在同一条给定的路径上，如果一些流占有多条不同的子路径，则要重复计数。RIN 用于定义一个充分条件，在此条件下可以证明得到一个强界限。

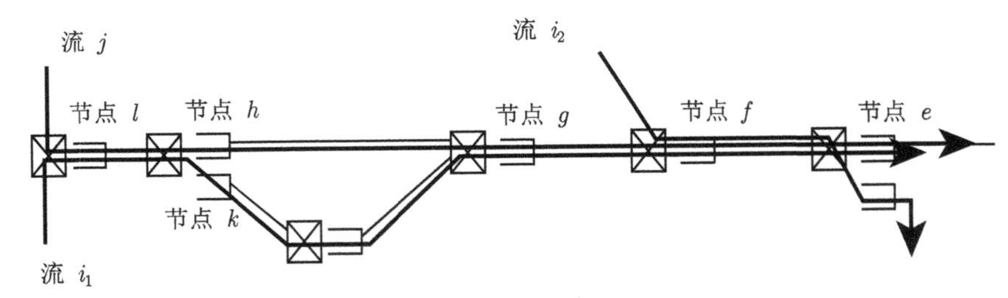

图 6.3　网络模型和干扰单元的定义

图 6.3 的说明：流 j 和流 i_2 在节点 f 处有一个干扰单元。流 j 和流 i_1 在节点 l 和节点 g 处各有一个干扰单元。

定义 6.4.1（源速率条件）　流 j 的新到达曲线约束（在网络边界）是阶梯函数 $v_{R+1,R+1}$，其中 R 是流 j 的 RIN。

源速率条件等效于宣称在任意 RIN+1 的时间间隔内一条流最多产生 1 个信元。

定理 6.4.2　如果源速率条件对于所有的信源都成立，则：

1. 在任意节点的积压被限制在 $N - \max_i\{N_i\}$ 以下，其中 N_i 是通过输入链路 i 进入该节点的流的数量，且有 $N = \sum_i N_i$；

2. 对于给定的流，端到端排队延迟受到它的 RIN 的限制；

3. 在任意繁忙时段，每条流最多提供一个信元。

其中第 3 项的证明涉及链式繁忙时段的复杂分析，与定理 6.4.1 的证明类似，证明过程将在第 7 章给出。第 3 项给出系统中所发生情况的直观解释：源速率条件使得信源在信元之间留有足够的空隙，所以在某种意义下同一条流的两个信元不会互相干扰。这种现象的精确含义将在证明中给出。第 1 项和第 2 项由第 3 项利用经典的网络演算方法导出（示意图如图 6.6 所示）。

证明定理 6.4.2：为了简化，将信元流的路径称为“信元路径”。类似地，使用“c 的干扰单元”表示 c 的流的干扰单元。将繁忙时段定义为给定流在给定节点上积压总是为正的时间间隔。现在引入一个定义（超级链）作为本证明的核心。首先，介绍下面的定义。

定义 6.4.2（延迟链 [59]）　对于两个信元 c 和 d，存在链路 e，如果 c 和 d 在 e 的同一个繁忙时段且 c 先于 d 离开 e，则记为 $c \preccurlyeq_e d$。

图 6.4 展示了上面的定义。

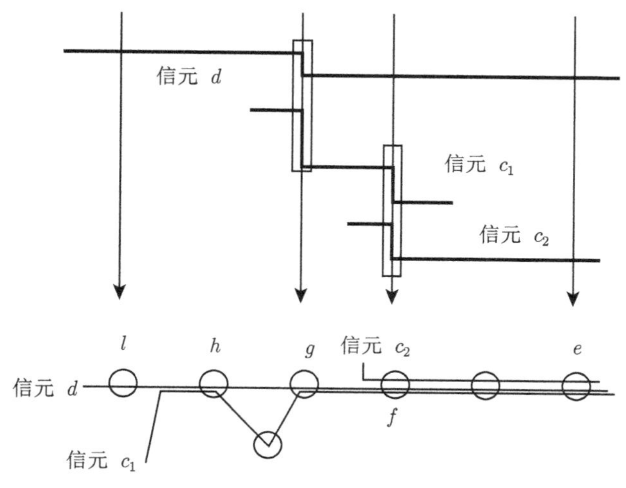

图 6.4　时间–空间图

图 6.4 的说明： 时间–空间图用以表明 $d \preccurlyeq_g c_1$ 和 $c_1 \preccurlyeq_f c_2$ 的定义。时间轴是向下的。矩形框中的部分表示繁忙时段。

定义 6.4.3（超级链 [59]）　设想一个信元的序列 $\underline{c} = (c_0, \cdots, c_i, \cdots, c_k)$ 以及一个节点的序列 $\underline{f} = (f_1, \cdots, f_k)$，如果满足下面的条件，则称 $(\underline{c}, \underline{f})$ 为一条超级链（super-chain）。

- $f_1, \cdots, f_k$ 全在信元 c_0 的路径 P 上（但不必是连贯的）。
- 对于 c_i（i 从 1 到 k），$c_{i-1} \preccurlyeq_{f_i} c_i$。
- 从 f_i 到 f_{i+1}，信元 c_i 的路径是 P 的子路径。

称从节点 f_1 扩张到节点 f_k 的信元 c_0 的子路径为这条超级链的路径。

定义 6.4.4（与超级链发生干扰的段）　对于一条给定的超级链，“段”（segment）以二元组 (d, p) 表示，其中 P 是超级链路径的子路径，d 是以 P 作为子路径的信元，并且 P 最大化（P 作为 d 和这条超级链共有的子路径，无法再扩张）。如果存在一些 i 在 P 上使 $d \preccurlyeq_{f_i} c_i$，则称段 (d, P) 与超级链 $(\underline{c}, \underline{f})$ 发生干扰。

引理 6.4.2　令 $(\underline{c}, \underline{f})$ 为一条超级链。令 s_0 为信元 c_0 在链路 f_1 上的到达

时刻，且令 s'_k 为信元 c_k 在链路 f_k 上的离去时刻，则 $s'_k - s_0 \leqslant R_{1,k} + T_{1,k}$，其中 $R_{1,k}$ 是与 $(\underline{c}, \underline{f})$ 发生干扰的段的总数，并且 $T_{1,k}$ 为这条超级链的路径上传输与传播的总时间。

证明： 首先对于这条超级链上的节点 f_j，令 s_{j-1}（t_j）为信元 c_{j-1}（c_j）在该节点上的到达时刻。令 t'_{j-1}（s'_j）为信元 c_{j-1}（c_j）的离去时刻（见图 6.5）。令 v_j 是 t_j 所在繁忙时段的最后一个时隙。根据假设，$v_j + 1 \leqslant s_{j-1}$。另定义 $\mathcal{B}_j$（$\mathcal{B}_j^0$）作为段 (d, P) 的集合，其中 d 是在时刻 v_j 之后在这条超级链路径中的一条链路上（在这条超级链的路径上）入射到达该节点的信元，并且它不会晚于信元 c_j 到达；P 是对于 d 和含有 f_i 的超级链的最大化共有子路径。另外定义 $\mathcal{A}_j^0$ 为在 c_{j-1} 之后离去的 $\mathcal{B}_j^0$ 上的段的子集。令 B_j（B_j^0，A_j^0）为 $\mathcal{B}_j$（$\mathcal{B}_j^0$，$\mathcal{A}_j^0$）中元素的数量，如图 6.5 所示。

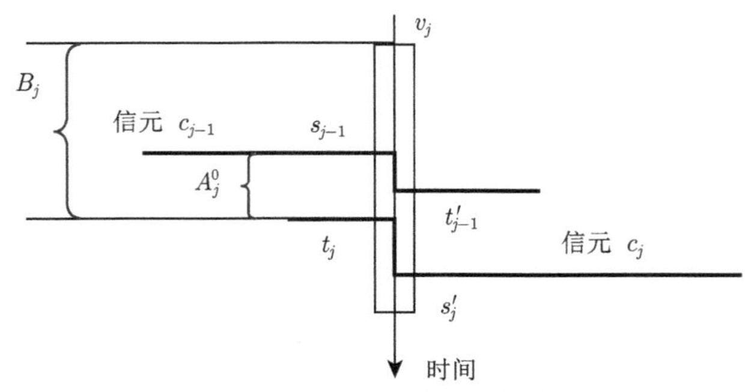

图 6.5 引理 6.4.2 证明中用到的表示方法

因为所有入射链路的速率为 1，则有

$$B_j^0 - A_j^0 \leqslant s_{j-1} - v_j$$

同时，因为节点的速率为 1，则有

$$s'_j - v_j = B_j + B_j^0$$

结合上面两个式子，推导出

$$s'_j - s_{j-1} = B_j + B_j^0 - (s_{j-1} - v_j) \leqslant B_j + A_j^0 \tag{6.20}$$

从 j 等于 1 到 k 迭代应用式 (6.20)，得到

$$s'_k - s_0 \leqslant \sum_{j=1}^{k} \left(B_j + A_j^0\right) + T_{1,k}$$

接下来证明在 $\{\mathcal{B}_j, \mathcal{A}_j^0, j=1,\cdots,k\}$ 中所有的集合都是两两不相交的。首先，如果 $(d,P) \in \mathcal{B}_j$，则 f_j 是 P 中的第一个节点，这样 (d,P) 不属于 $j \neq j'$ 的其他 $\mathcal{B}_j'$，$\mathcal{B}_j$ 是两两不相交的。其次，假设 $(d,P) \in \mathcal{B}_j$ 且 $(d,P) \in \mathcal{A}_{j'}^0$，显然由它们的定义知，对于固定的 j，$\mathcal{B}_{j'}$ 和 $\mathcal{A}_j^0$ 是不相交的，则 $j \neq j'$。因为 f_j 是 P 中的第一个节点，并且 j' 在 P 上，以至于 $j < j'$。现在 d 在 c_j 之前离开 f_j，并且在 $c_{j'-1}$ 之后离开 $f_{j'}$，这与 FIFO 的假设矛盾，则 $\mathcal{B}_{j'}$ 和 $\mathcal{A}_j^0$ 是两两不相交的。同理，说明对于 $j < j'$，$(d,P) \in \mathcal{A}_j \cap \mathcal{A}_{j'}$ 是不可能的。

根据定义，在 $\mathcal{B}_j$ 或 $\mathcal{A}_j^0$ 中的每个段都是干扰段，则

$$\sum_{j=1}^{k}\left(B_j + A_j^0\right) \leqslant R_{1,k}$$ □

命题 6.4.2　假设源速率条件得到满足，令 $(\underline{c}, \underline{f})$ 为一个超级链，则:

1. 对于 c_0 的每个干扰单元，最多只有一个信元受到超级链的干扰；
2. c_k 与 c_0 不属于同一条流。

证明：定义超级链的时刻 t 为在最后一个节点 f_k 的最后一个信元 c_k 的离开时刻。在超级链的时刻 t 使用归纳论证的方法。

如果 $t=1$，则命题为真，因为任意流在一个时隙中，在一条链路上最多只有一个信元。假设该命题对于超级链的任意不大于 $t-1$ 的时刻成立，接下来分析在超级链的时刻 t 的情况。

首先，将一个干扰单元关联到任意一个与子链（sub-chain）发生干扰的段 (d,P)，关联方法如下。d 和 c_0 的路径可以具有共同的几条不连续的子路径，而 P 是其中之一。称 f 是 P 的第一个节点。对于 d 关联的干扰单元 $\{f,\{j_0,j\}\}$，其中 j_0（j）是 c_0（d）的流。

接下来证明这个映射是单射的。设另一个段 $(d',P') \neq (d,P)$，且它与同一个干扰单元 $\{f,\{j_0,j\}\}$ 关联。不失一般性地，能够设定 d 先于 d' 发出，d 和 d' 属于同一条流 j。这样，因为 P 和 P' 是最大化的，所以必然有 $P=P'$。根据假设，在 P 上的某个节点具有超级链的干扰。令 f_l 是在超级链上且在 P 上的节点，这样 $d \preccurlyeq_{f_l} c_l$。如果 d' 在 c_l 之前离开节点 f_l，则 $d \preccurlyeq_{f_l} d'$；并且这样 $((d,d'),(f_l))$ 是一个超级链。因为 d' 是一个干扰信元，必要地，它必须在 t 之前离开节点 f_l，这样该命题对于超级链 $((d,d'),(f_l))$ 为真，这与命题中的第 2 项矛盾。这样 d' 必须在 c_l 之后离开节点 f_l。但是存在一些其他的标号 $m \leqslant k$ 使得 $d \preccurlyeq_{f_m} c_m$，这样 d' 在 c_m 之前离开节点 f_m。定义 l' 为最小的标号，有 $l < l' \leqslant m$，这样 d'

在 $c_{l'-l}$ 之后且在 $c_{l'}$ 之前离开节点 $f_{l'}$，则 $((d, c_l, \cdots, c_{l'-l}, d'), (f_l, \cdots, f_{l'}))$ 是一条时刻不大于 $t-1$ 的超级链，这又与命题中的第 2 项矛盾。这样，对于所有的情况都会导出矛盾，所以该映射是单射，且对于超级链命题中的第 1 项成立。

其次，考虑信元 c_0 的最大排队延迟的界限，称 u_0 为它的发出时刻，P_0 是 c_0 的子路径——从 c_0 的源端直到节点 f_1（但不包含 f_1），并且 T 是 c_0 所在流传输与传播的总时间。这样在 P_0 上的传输与传播时间为 $T-T_{l,k}$。依据命题 6.4.1，在子路径 P_0 上某个节点 f 上的排队延迟 c_0 的界限受到 $d \preccurlyeq_f c_0$ 信元的影响，这些信元的到达不经过属于 P_0 的链路。与前文中的论证同理，在 f 上每个 c_0 的干扰单元最多只有一个这样的信元 d。定义 R 为 P_1 上 c_0 的流的干扰单元的数量。这样有

$$s_0 \leqslant u_0 + R + T - T_{1,k} \tag{6.21}$$

类似地，由引理 6.4.2 知，有

$$s_k' \leqslant s_0 + R_{1,k} + T_{1,k}$$

称 R' 是在超级链的路径上 c_0 所在的流的干扰单元数量。由之前的证明有 $R_{1,k} \leqslant R'$，这样

$$s_k' \leqslant s_0 + R' + T_{1,k}$$

结合式 (6.21)，给出

$$s_k' \leqslant u_0 + R + R' + T \tag{6.22}$$

现在根据源端条件，如果 c_k 属于 c_0 所在的流，则它的发出时刻 u' 必须满足

$$u' \geqslant u_0 + R + R' + 1$$

并且这样，有

$$s_k' \geqslant u_0 + R + R' + 1 + T$$

这与式 (6.22) 矛盾。这表明命题的第 2 项对于超级链一定成立。 □

证明定理 6.4.2： 由命题 6.4.2 知，定理 6.4.2 的第 3 项成立。因为如果在同一繁忙时段存在同一条流上的两个信元 d 和 d'，则 $((d, d'), (e))$ 应该是一条超级链。

现在证明在定理 6.4.2 中如何从第 3 项导出第 1 项和第 2 项，称 $\alpha_i^*(t)$ 是在某个繁忙时段的 t 个时间单位中曾经在入射链路 i 到达的信元的最大可能数量。由于 λ_i 是节点 e 的服务曲线，因此在节点 e 的积压界限由下式给出

$$B \leqslant \sup_{t \geqslant 0} \left\{ \sum_{i=1}^{I} \alpha_i^*(t) - t \right\}$$

现在根据第 3 项有 $\alpha_i^* \leqslant N_i$，则

$$\alpha_i^* \leqslant \alpha_i(t) := \min\{N_i, t\}$$

则

$$B \leqslant \sup_{t \geqslant 0} \left\{ \sum_{i=1}^{I} \alpha_i(t) - t \right\}$$

对 N_i 重新排序，定义为 $N_{(1)} \leqslant N_{(2)} \leqslant \cdots \leqslant N_{(I)}$。函数 $\sum\limits_i \alpha_i(t) - t$ 是连续的，除了 N_i 在所有点可导（见图 6.6）。导数在 $N_{(I)}$（等于 $\max\limits_{1 \leqslant i \leqslant I}\{N_i\}$）处改变符号，这样在 $N_{(I)}$ 处积压取最大值并且该值为 $N - N_{(I)}$，这表明第 1 项成立。由第 1 项知，节点上的延迟由在这个节点上流的干扰单元的数量限定。这表明第 2 项成立。 □

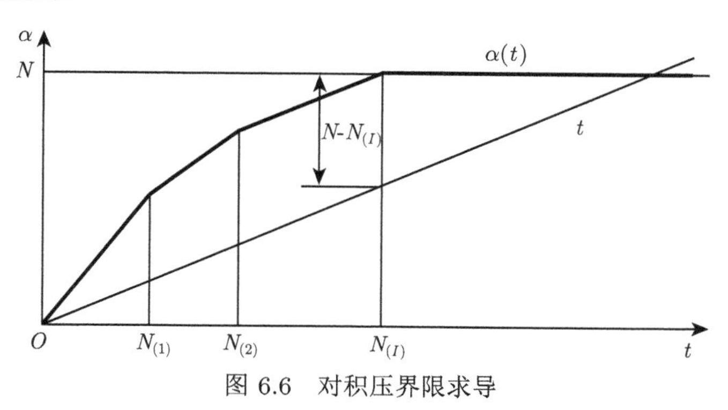

图 6.6　对积压界限求导

6.5　参考文献说明

在参考文献 [61] 中给出了一个比定理 6.4.2 更强一些的性质。设想一条给定的链路 e 和一个子集 A，该子集由 m 条使用这条链路的连接组成。令 n 为路

由干扰的下限，在子集 A 中，任意一条连接在这条链路之后，任意一条连接都会遇到这些干扰，进而在持续时间为 $m+n$ 的任意时间段上，离开链路 e 且属于子集 A 的信元的数量由 m 限制。

由定理 6.4.2 的第 1 项知，对于流 j，一种更好的排队延迟界限为

$$\delta(j)=\sum_{\{e|e\in j\}}\left\{\min_{\{i|1\leqslant i\leqslant I(e)\}}\{N(e)-N_i(e)\}\right\}$$

其中 $I(e)$ 是到节点 e 的入射链路的数量，$N_i(e)$ 是在链路 i 上进入节点 e 的流的数量，并且 $N=\sum\limits_{i=1}^{I(e)}N_i(e)$。换句话说，对于沿着某条流路径上的所有节点上的所有流，它们的路由干扰单元的最小数量之和是端到端排队延迟的界限。对于非对称的案例，这小于流的 RIN。

6.6 习　　题

习题 6.1 设想一个与第 6.4.1 节相同但采用线形网络代替环形网络的假设。这样对于 $m=1,\cdots,M-1$，节点 m 馈入节点 $m+1$；节点 1 只接收新流量，而所有流量从节点 M 离开网络。设所有服务曲线都是严格的，请找到对于 $v\leqslant 1$ 有限的界限，并与定理 6.4.1 对比。

习题 6.2 在与定理 6.4.2 相同的假设条件下，说明繁忙时段的持续时间由 N 限制。

习题 6.3 考虑图 6.1 的例子，采用第 6.3.2 节的方法，但假设从另一个节点起始的节点 i 的输入流量部分必须以 λ_c 为到达曲线，则所得到的界限所对应的利用率因子的上界是多少？

习题 6.4 对于命题 2.4.1 的 v_{cri}，能够总结出哪些结论？

第 7 章 自适应保证与数据包尺度速率保证

7.1 概　　述

在第 1 章中定义了许多服务曲线的概念：最小服务曲线、最大服务曲线和严格服务曲线。本章进一步定义一些概念，通过这些概念能够更方便地获得 GPS 的属性。

第 7.2 节具有启发意义，这一节分析了服务曲线或是不匹配 GPS 的 GR 节点的一些特性。接着我们提供数据包尺度速率保证（Packet Scale Rate Guarantee，PSRG）的理论框架，这是比 GR 节点更加复杂的节点抽象，更能捕捉到 GPS 的一些属性。PSRG 与 GR 的主要区别是当缓冲器的容量已知的时候有可能从延迟中提取出信息——这些信息是不可能从服务曲线或保证速率中提取的。这对于互联网中的低延迟服务是很重要的。PSRG 被用在定义互联网加速转发服务中。

就像 GR 是服务曲线最小加概念的最大加关联，PSRG 也是自适应服务曲线（adaptive serve curve）的最大加关联。这些内容最早在冲野（Okino）的博士论文 [65]，以及阿格拉沃尔、克鲁兹、冲野和拉詹的论文 [66] 中提出。本章将解释两者之间的联系，并给出对于 PSRG 节点级联的实践性应用。

在区分服务的语境下，一条流是许多属于同一个服务等级的微流的聚合。这种聚合可能通过不同的端口进入某个路由器，并可能在路由器内跟随不同的路径。它跟随的路径通常上不是设定为每条流都是 FIFO 的。这也是为什么 PSRG（如同 GR）的定义不包含 FIFO 属性的假设。

在本章中，除非有特殊说明，否则假设流函数都是左连续的。

7.2 服务曲线的局限性和 GR 节点抽象

在第 1.3 节引进的服务曲线的定义是诸如 GPS 节点及其实现的抽象，对于保证延迟的节点也是如此。这种抽象在许多情况下都被使用，对它的描述贯穿本书。然而，它不总是充分的。

首先，这种抽象没有在任意的时间间隔上提供保证。设想一个节点为某条流 $R(t)$ 提供服务曲线 λ_C，假设对于 $t>0$ 有 $R(t)=B$，所以这条流在时刻 0 有一个非常大的突发，并且接着就停止了。一种可能的输出如图 7.1 所示。一种完美的可能是在时间间隔 $\left(0,\dfrac{B-\varepsilon}{C}\right]$ 没有输出，尽管这样会有很大的积压。这是由于服务器在某些时间段给出更高而不是最小所需的服务，服务属性允许服务器在此之后“懒惰”一下。

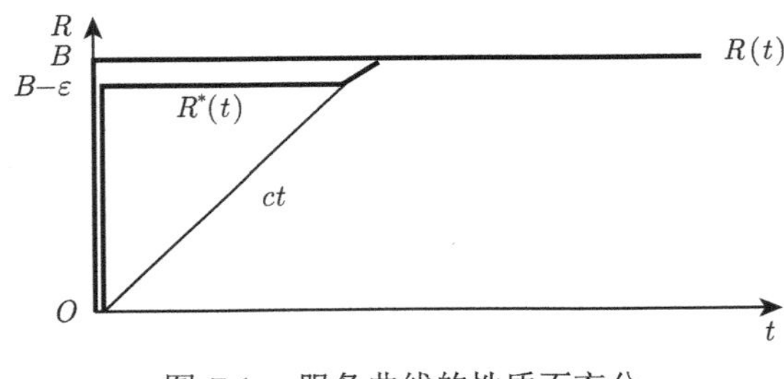

图 7.1　服务曲线的性质不充分

其次，存在这样的情况：给定能够在节点中测得的积压量，我们希望据此推导延迟的界限。这用于在聚合调度的 FIFO 系统中求得界限。在第 6 章，给定在时刻 t 的积压为 Q，将这一属性用于速率为 C 的固定延迟服务器，在时刻 t 出现的最后 1 bit 将在时刻 $\dfrac{Q}{C}$ 之前离开系统。如果换一种假设，设服务器具有一条服务曲线 λ_C，则不能得到这样的结论。考虑图 7.1 所示的例子，在时刻 $t>0$ 时，积压 ε 可以任意小，但可能导致延迟 $\dfrac{B-\varepsilon}{C}-t$ 任意大。

同样的局限性适用于保证速率节点的概念。确切地说，图 7.1 中的例子对于 GR 节点来说会“非常好”。这里的主要问题是，对于一个 GR 节点（例如一个服务曲线元件）为数据包提供的服务可能早于所需。

一种可能的调整是使用严格服务曲线，它的定义见定义 1.3.2。确切地说，根据第 7.3 节的内容（能够很容易地独立地表明），如果一个 FIFO 节点提供一条严格服务曲线 β，则在时刻 t 的延迟被限制为 $\beta^{-1}(Q(t))$，其中 $Q(t)$ 是在时刻 t 的积压，β^{-1} 是 β 的伪逆（定义 3.1.7）。

我们知道 GPS 节点为一条流提供与 λ_R 形式相同的严格服务曲线。然而，不能用一条严格服务曲线对延迟节点进行建模。设想输入为 $R(t) = \varepsilon t$ 的节点，它将所有比特延迟一个时间常量 d。若 $s \geqslant d$，任意时间间隔 $[s,t]$ 在一个繁忙时段之内，这样如果节点为这条流提供一条严格服务曲线 β，则应该有 $\beta(t-s) = \varepsilon(t-s)$，$\varepsilon$ 能够任意小。这样看来，严格服务曲线对一个具有固定延迟的节点没有太大的意义。

7.3 数据包尺度速率保证

7.3.1 数据包尺度速率保证的定义

第 2.1.3 节引进了保证速率调度器的定义，它是速率–时延服务曲线的实际应用。考虑某个节点，数据包在时刻 $a_1 \geqslant 0, a_2, \cdots$ 到达，并在时刻 $d_1, d_2, \cdots$ 离去。一个保证速率调度器的速率为 r，时延为 e，要求 $d_i \leqslant f'_i + e$，其中 f'_i 由 $f'_0 = 0$ 迭代定义，并且

$$f'_i = \max\left\{a_i, f'_{i-1}\right\} + \frac{l_i}{r}$$

其中 l_i 是第 i 个数据包的长度。

数据包尺度速率保证与保证速率调度器类似，但它避免了在第 7.2 节中讨论的服务曲线概念的局限性。至此，不论什么时候数据包碰巧被提前服务，我们都愿意缩短截止期限 f'_i。解决方法为在前面的等式中用 $\min\{f'_i, d_i\}$ 替代 f'_{i-1}。这给出了下面的定义。

定义 7.3.1（数据包尺度速率保证） 设想为一条流提供服务的节点，流中的数据包编号为 $i = 1, 2, \cdots$。称 a_i、d_i、l_i 分别为以到达次序排序的第 i 个数据包的到达时刻、离去时刻和以比特为单位的数据包长度。设 $a_1 \geqslant 0$，如果离去时刻满足下面的不等式，则称该节点为该流提供一个速率为 r 和时延为 e 的数据包尺度速率保证。

$$d_i \leqslant f_i + e$$

其中 f_i 的定义为

$$\begin{cases} f_0 = d_0 = 0, & i = 0 \\ f_i = \max\{a_i, \min\{d_{i-1}, f_{i-1}\}\} + \dfrac{l_i}{r}, & i \geqslant 1 \end{cases} \tag{7.1}$$

图 7.2 和图 7.3 展示了对于这个定义的示意。

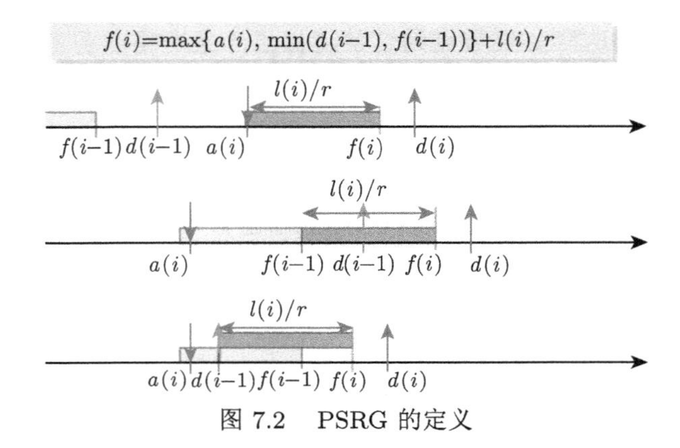

图 7.2　PSRG 的定义

PSRG

f(i)=max{a(i), min(d(i−1), f(i−1))}+l(i)/r

l(i)/r

a(i) d(i−1) f(i−1) f(i) d(i)

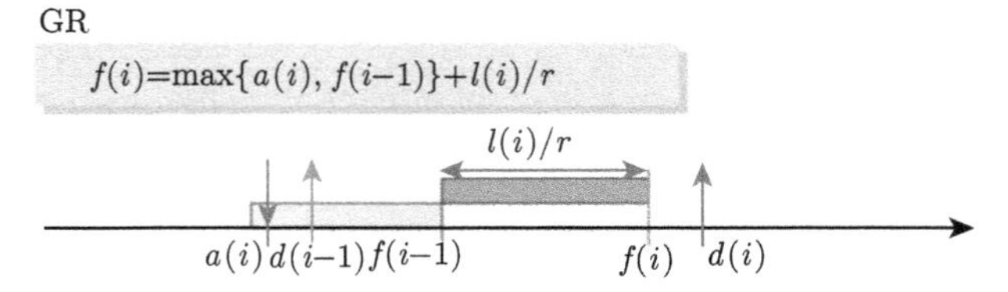

图 7.3　当数据包 $i-1$ 在 f_n 之前离开，PSRG 与 GR 的不同

定理 7.3.1　速率为 r，时延为 e 的 PSRG 节点是 $GR(r, e)$

证明： 这直接由 PSRG 的定义得出。 □

注释： 它得出 PSRG 节点享有 GR 节点的所有属性。

- 具有到达曲线的输入流量的延迟界限能够由定理 2.1.4 得到。
- PSRG 节点具有速率–时延服务曲线的属性（定理 2.1.3），能够被用于分析缓冲容量。

现在来介绍数据包尺度速率保证的一个性质，即数据包尺度速率保证不包含虚拟完成时刻（virtual finish time）f_n。这一属性是本章许多结论的基础。我们从对于数据包尺度速率保证的递归定义的展开开始讲解。

引理 7.3.1（PSRG 的“最小–最大”展开） 设想 3 个任意的非负数字的序列 $(a_n)_{n\geqslant 1}$、$(d_n)_{n\geqslant 0}$ 和 $(m_n)_{n\geqslant 1}$，有 $d_0=0$ 。定义序列 $(f_n)_{n\geqslant 0}$ 为

$$\begin{cases} f_0=0, & n=0 \\ f_n=\max\left\{a_n,\min\left\{d_{n-1},f_{n-1}\right\}\right\}+m_n, & n\geqslant 1 \end{cases}$$

还定义

$$\begin{cases} A_j^n=a_j+m_j+\cdots+m_n, & 1\leqslant j\leqslant n \\ D_j^n=d_j+m_{j+1}+\cdots+m_n, & 0\leqslant j\leqslant n-1 \end{cases}$$

对于所有 $n\geqslant 1$，有

$$\begin{aligned} f_n=\min\quad\{\quad & \max\left\{A_n^n,A_{n-1}^n,\cdots,A_1^n\right\}, \\ & \max\left\{A_n^n,A_{n-1}^n,\cdots,A_2^n,D_1^n\right\}, \\ & \vdots \\ & \max\left\{A_n^n,A_{n-1}^n,\cdots,A_{j+1}^n,D_j^n\right\}, \\ & \vdots \\ & \max\left\{A_n^n,A_{n-1}^n,D_{n-2}^n\right\}, \\ & \max\left\{A_n^n,D_{n-1}^n\right\} \\ \} & \end{aligned}$$

证明很长，因此在第 7.7 节中详细介绍，该证明基于最小–最大代数（min-max algebra）。

注释：引理 7.3.1 中的展开可通过如下方式解释。第一项 $\max\{A_n^n,A_{n-1}^n,\cdots,A_1^n\}$ 与保证速率始终的迭代有关（见定理 2.1.2）。下面的各项依靠 d_j 的值，起到消除 f_n 的作用。

现在将前面的引理应用于数据包尺度速率保证，并得到不带有虚拟完成时刻 f_n 所需的性质。

定理 7.3.2 设想一个根据数据包到达的次序编号为 $1,2,\cdots$ 的系统。称 a_n、d_n 为数据包 n 的到达和离去时刻，l_n 是数据包 n 的长度。为了方便定义，令 $d_0=0$。速率为 r，时延为 e 的数据包尺度速率保证等价于对于所有 n 和 $0\leqslant j\leqslant n-1$，下列表达式中的一个成立

$$d_n\leqslant e+d_j+\frac{l_{j+1}+\cdots+l_n}{r} \tag{7.2}$$

或者存在一些 $k\in\{j+1,\cdots,n\}$ 使得

$$d_n\leqslant e+a_k+\frac{l_k+\cdots+l_n}{r} \tag{7.3}$$

该定理的证明也将在第 7.7 节中给出，它是引理 7.3.1 的直接应用。

注释 1： 参考文献 [67] 给出的 EF 的原始定义是基于非形式化的直觉定义，即考虑在所有时间尺度下 EF 聚合得到的速率等于 r，这个非形式化的定义被 PSRG 所代替。定理 7.3.2 构成了到原始的非形式化定义的联系：在所有时间尺度的速率保证意味着式 (7.2) 或式 (7.3) 必须成立。对于一个简单的调度器，式 (7.2) 意味着 d_j、d_n 在同一个积压时段；式 (7.3) 描绘了除此之外的情况，这里 a_k 才是积压时段开始的时刻。但需要注意，这里没有假设 PSRG 节点是简单调度器，正如前文提到的，PSRG 节点可能是任意复杂的、非尽力工作的节点。抽象的 PSRG 定义的优点是避免使用积压时段，积压时段对于合成节点是没有意义的 [36,68]。

注释 2： 在定理 2.1.2 中给出了一个对于 GR 节点的类似的结论。在简单调度器的情况下比较两种节点是有益的，在简单调度器中能够根据积压时段进行解释。为了使二者的比较更加简单，设时延为 0。对于这种简单的调度器，PSRG 意味着在任意积压时段，调度其保证的速率至少等于 r。反之，同样也是对于这种简单调度器，在原先为空闲的系统有数据包到达的情况下，GR 意味着积压时段 (在排队论中，被称为忙时段) 起始于这种情况下第一个数据包的到达时刻，平均服务速率至少为 r。GR 节点允许调度器为某些数据包提供的服务速率大于 r，并且利用这个特性对其他数据包提供的服务速率小于 r，只要整体的平均速率至少为 r 即可。PSRG 不允许这种行为。

我们感兴趣的一种特殊情况是 $e=0$。

定义 7.3.2　称时延 $e=0$ 的 PSRG 节点是速率为 r 的最小速率服务器（minimum rate server）。对于最小速率服务器，有

$$\begin{cases} d_0 = 0, \\ d_i \leqslant \max\{a_i, d_{i-1}\} + \dfrac{l_i}{r}, \quad i \geqslant 1 \end{cases} \tag{7.4}$$

粗略地说，最小速率服务器保证在任意繁忙时段，瞬时输出速率至少为 r。速率为 C 和权值为 w_i 的 GPS 节点是流 i 的最小速率服务器，该节点的速率为 $r_i = \dfrac{w_i C}{\sum\limits_j w_j}$。

7.3.2　数据包尺度速率保证的实际实现

本节介绍提供数据包尺度速率保证的不同调度器。更多的调度器能够使用前文中的级联理论得到。

一种简单但重要的调度器是优先级调度器。

命题 7.3.1　设想一个不可抢占式的优先级调度器，其中所有数据包共享一个单独的、输出速率为 C 的 FIFO 队列。高优先级流接受一个速率为 C、时延为 $e=\dfrac{l_{\max}}{C}$ 的数据包尺度速率保证，其中 $l_{\max}$ 是所有低优先级数据包中最大的数据包长度。

证明： 由命题 1.3.7，高优先级流接受严格服务曲线 $\beta_{r,C}$ 的服务。　□

我们已经在第 2.1.3 节中介绍过调度器是从 GPS 导出的模型，并且对调度器的行为以速率–时延服务曲线进行建模。为了对这种调度器给出 PSRG，我们需要更多的定义。

定义 7.3.3（对于速率 r，调度器的 PSRG 准确性）　设想一个调度器 S，并称 d_i 为第 i 个离去时刻。对于速率 r，称 PSRG 的准确性 (accuracy) 为 (e_1, e_2)。如果存在一个速率为 r 的最小速率服务器，且离去时刻为 g_i，则对于所有的 i，有

$$g_i - e_1 \leqslant d_i \leqslant g_i + e_2 \tag{7.5}$$

作为与假想的服务于同样数据流的 GPS 参考模型调度器的比较，对这个定义进行解释。e_2 决定最大的逐跳延迟界限，而 e_1 对于调度器输出端的时延抖动有影响。例如，如参考文献 [69] 所示，最坏情况下的公平加权公平排队 (Worst-case Fair Weighted Fair Queuing，$\mathrm{WF^2Q}$) 满足 $e_1(\mathrm{WF^2Q}) = \dfrac{l_{\max}}{r}$，

$e_2\left(\mathrm{WF^2Q}\right) = \dfrac{l_{\max}}{C}$，其中 $l_{\max}$ 是最大的数据包长度，C 是总输出速率。反之，对于参考文献 [21] 提出的 PGPS，$e_2(\mathrm{PGPS}) = e_2\left(\mathrm{WF^2Q}\right)$，而 $e_1(\mathrm{PGPS})$ 与调度器中队列的数目呈线性关系。这说明，尽管 WF^{2}Q 和 PGPS 具有同样的延迟界限，但是 PGPS 可能导致具有大幅度突发的离去模式。

定理 7.3.3 如果调度器满足式 (7.5)，则它提供速率为 r 和时延为 $e = e_1 + e_2$ 的数据包尺度速率保证。

证明见第 7.7 节。

7.3.3 由积压得到延迟

数据包尺度速率保证定义的主要特性是它允许由积压限制延迟的界限。对于一个 FIFO 节点，能够从定理 7.4.3 和定理 7.4.5 得到结果。但是重要的是有或没有 FIFO 假设，界限都是一样的。

定理 7.3.4 设想以速率为 r 和时延为 e 提供数据包尺度速率保证的节点，不必一定是 FIFO 的。称 Q 为时刻 t 的积压。在时刻 t，系统内的所有数据包将不晚于时刻 $t + \dfrac{Q}{r} + e$ 离开系统。

证明见第 7.7 节。

应用于区分服务：设想如第 2.4.1 节所述的具有多个节点的网络提供 EF 服务。假设节点 m 是速率为 r_m、时延为 e_m 的 PSRG 节点，在节点 m 中，缓冲器容量受 B_m 限制，在节点 m 的延迟界限直接服从下式

$$D = \frac{B_m}{r_m} + e_m$$

对比定理 2.4.1 的界限，这个界限对于所有的利用率等级都有效，并且独立于流量负载。图 7.4 展示了一个数值计算的例子。

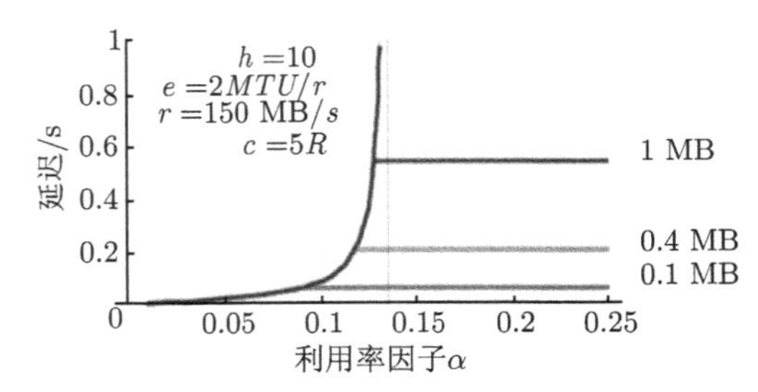

图 7.4　对于利用率因子 α 的端到端界限

图 7.4 的说明：对于利用率因子 α 的端到端界限，分别低于无限长度的缓冲器 (左边的曲线) 以及缓冲器容量为 1 MB(上方)、0.4 MB(中间) 与 0.1 MB(下方)。这里有 $h = 10$、$e_m = 2\dfrac{1500\ \text{B}}{r_m}$、$\sigma_i = 100\ \text{B}$，并且对于所有流 $\rho_i = 32\ \text{kbit/s}$，$r_m = 149.760\ \text{Mbit/s}(\approx 150\ \text{Mbit/s})$。

然而，限制为一个小的缓冲容量可能导致一些丢包。如果附带地设定在网络边缘的流量是由稳态、独立的流构成的 [44]，则损失概率能够被计算出来。

7.4　自适应保证

7.4.1　自适应保证的定义

受到 PSRG 的启发，我们想到引入一种更强的服务曲线概念，称为自适应保证，它能够更好地描述 GPS 的属性 [65,66]，并帮助发现 PSRG 的级联属性。在给出公式之前，我们用 3 个例子说明研究的动机。

例 1：设想一个提供严格服务曲线 β 的节点，在一些任意选定的固定的时刻 s 与 $t(s < t)$，β 是连续的。如果 $[s,t]$ 在一个繁忙时段之内，必须有

$$R^*(t) \geqslant R^*(s) + \beta(t-s)$$

否则，称 u 为时刻 t 所在的繁忙时段的开始点，有

$$R^*(t) \geqslant R(u) + \beta(t-u)$$

这样在所有情况下，有

$$R^*(t) \geqslant (R^*(s) + \beta(t-s)) \wedge \inf_{u\in[s,t]}\{R(u) + \beta(t-u)\} \tag{7.6}$$

例 2：设想某个节点保证虚拟延迟小于等于 d。如果 $t - s \leqslant d$，则通常有

$$R^*(t) \geqslant R^*(s) + \delta_d(t-s)$$

并且如果 $t - s > d$，虚拟延迟属性意味着

$$R^*(t) \geqslant R(t-d) = \inf_{u\in[s,t]}\{R(u) + \delta_d(t-u)\}$$

这样，令 $\beta = \delta_d$，与式 (7.6) 具有同样的关系。

例 3：设想具有整形函数 σ 的贪婪整形器（设其为一个良态函数），则

$$R^*(t)=\inf_{u\leqslant t}\{R(u)+\sigma(t-u)\}$$

对于 $u<s$ 和 $u\geqslant s$，将 inf 运算分成两项，给出

$$R^*(t)=\inf_{u<s}\{R(u)+\sigma(t-u)\}\wedge\inf_{u\in[s,t]}\{R(u)+\sigma(t-u)\} \tag{7.7}$$

定义 $\tilde{\sigma}:=\sigma\bar{\oslash}\sigma$，即

$$\tilde{\sigma}=\inf_{t}\{\sigma(t+u)-\sigma(u)\} \tag{7.8}$$

例如，对于分段线性凹到达曲线（漏桶的合取），$\sigma(t)=\min_i\{r_iu+b_i\}$，有 $\tilde{\sigma}(u)=\min_i\{r_iu\}$。回到式 (7.7)，有

$$\sigma(t-u)\geqslant\sigma(s-u)+\widetilde{\sigma}(t-s)$$

最终

$$R^*(t)\geqslant(R^*(s)+\widetilde{\sigma}(t-s))\wedge\inf_{u\in[s,t]}\{R(u)+\sigma(t-u)\} \tag{7.9}$$

可以看出这 3 个例子适用于一个共同的模型。

定义 7.4.1（自适应服务曲线） 令 $\widetilde{\beta}$、β 在 $\mathcal{F}$ 中。设想一个系统 S 和一条穿过 S 的流，其具有输入和输出函数 R 和 R^*。称 S 提供自适应保证 $(\widetilde{\beta},\beta)$ 的条件是，如果对于任意 $s\leqslant t$，下式成立

$$R^*(t)\geqslant\left(R^*(s)+\widetilde{\beta}(t-s)\right)\wedge\inf_{u\in[s,t]}\{R(u)+\beta(t-u)\}$$

如果 $\widetilde{\beta}=\beta$，则称节点提供自适应保证 β。

下面的命题总结了上面讨论的例子。

命题 7.4.1

- 如果 S 为流提供严格服务曲线 β，则它也提供自适应保证 β。
- 如果 S 保证虚拟延迟界限 d，则它也提供自适应保证 δ_d。
- 具有整形曲线 σ 的贪婪整形器，其中 σ 是一个良态函数，提供自适应保证 $(\widetilde{\sigma},\sigma)$, $\widetilde{\sigma}$ 的定义见式 (7.8)。

类似于参考文献 [65]，使用记法 $R \to (\widetilde{\beta}, \beta) \to R^*$，表示定义 7.4.1 成立。如果 $\widetilde{\beta} = \beta$，写成 $R \to (\beta) \to R^*$。

假设 R 是左连续且 β 是连续的。根据定理 3.1.8，自适应保证等价于宣称对于任意 $s \leqslant t$，有

$$R^*(t) - R^*(s) \geqslant \tilde{\beta}(t-s)$$

或

$$R^*(t) \geqslant R(u) + \beta(t-u)$$

其中，$u \in [s, t]$ 。

7.4.2　自适应保证的属性

定理 7.4.1　令 $R \to (\widetilde{\beta}, \beta) \to R^*$。如果 $\widetilde{\beta} \leqslant \beta$，则 β 是流的最小服务曲线。

证明： 采用定义 7.4.1 并令 $s = 0$，使用已知条件 $\widetilde{\beta} \leqslant \beta$ 可证。□

定理 7.4.2（级联）　如果 $R \to \left(\widetilde{\beta}_1, \beta_1\right) \to R_1$ 和 $R_1 \to \left(\widetilde{\beta}_2, \beta_2\right) \to R^*$，则 $R \to (\widetilde{\beta}, \beta) \to R^*$ 具有

$$\widetilde{\beta} = \left(\widetilde{\beta}_1 \otimes \beta_2\right) \wedge \widetilde{\beta}_2$$

和

$$\beta = \beta_1 \otimes \beta_2$$

证明见第 7.7 节。

推论 7.4.1　如果对于 $i = 1$ 到 $n, R_{i-1} \to \left(\widetilde{\beta}_i, \beta_i\right) \to R_i$，则 $R_0 \to (\widetilde{\beta}, \beta) \to R_n$ 具有

$$\widetilde{\beta} = \left(\widetilde{\beta}_1 \otimes \beta_2 \otimes \cdots \otimes \beta_n\right) \wedge \left(\widetilde{\beta}_2 \otimes \beta_3 \otimes \cdots \otimes \beta_n\right) \wedge \cdots \wedge \left(\widetilde{\beta}_{n-1} \otimes \beta_n\right) \wedge \widetilde{\beta}_n$$

和

$$\beta = \beta_1 \otimes \cdots \otimes \beta_n$$

证明： 迭代利用定理 7.4.2，并采用定理 3.1.5 的规则 6。□

定理 7.4.3（由积压得到延迟）　如果 $R \to (\widetilde{\beta}, \beta) \to R^*$，则在时刻 t 的虚拟延迟被限制于 $\widetilde{\beta}^{-1}(Q(t))$，其中 $Q(t)$ 是在时刻 t 的积压，$\widetilde{\beta}^{-1}$ 是 $\widetilde{\beta}$ 的伪逆（参见定义 3.1.7）。

证明见第 7.7 节。注意，如果节点是 FIFO 的，则时刻 t 的虚拟延迟是在时刻 t 到达的比特的真实延迟。

设想一个 L-打包输入为 R 和逐比特输出为 R^* 的系统（逐比特系统，bit-by-bit system），接着一个 L-打包元件构成最终的打包输出 R'。将从 R 映射到 R' 的系统称为组合系统 (combined system)。假设这两种系统都是 FIFO 和无损的。回顾定理 1.7.1，可以知道这个组合系统中每个数据包（per-packet）的延迟等于逐比特系统中的最大虚拟延迟。

定理 7.4.4（打包器和自适应保证） 如果逐比特系统为流提供自适应保证 $(\widetilde{\beta}, \beta)$，则组合系统对这条流提供自适应保证 $\left(\widetilde{\beta}', \beta'\right)$，有

$$\widetilde{\beta}'(t) = \left[\widetilde{\beta}(t) - l_{\max}\right]^+$$

和

$$\beta'(t) = [\beta(t) - l_{\max}]^+$$

其中 $l_{\max}$ 是这条流中最大的数据包长度。

证明见第 7.7 节。

7.4.3 PSRG 和自适应服务曲线

现在将数据包尺度速率保证与一种自适应保证联系起来。我们无法期望得到一种确切的等价，因为除了描述数据包的离去或到达，数据包尺度速率保证无法指定在某个时刻对比特进行了什么操作。然而，打包器允许我们建立一种等价关系。

定理 7.4.5（与自适应保证等价） 设想 L-打包输入为 R 和输出为 R^* 的节点 S。

(1) 如果 $R \to (\beta) \to R^*$，则其中 $\beta = \beta_{r,e}$ 是速率为 r 和时延为 e 的速率–时延函数；并且如果 S 是 FIFO 的，则 S 提供给流速率为 r 和时延为 e 的数据包尺度速率保证。

(2) 习惯上，如果 S 提供给流速率为 r 和时延为 e 的数据包尺度速率保证，并且如果 R^* 是 L-打包的，则 S 是一个提供自适应保证 $\beta_{r,e}$ 的节点 S' 与 L-打包器的级联。如果 S 是 FIFO 的，则 S' 也是 FIFO 的。

该证明很长，将在第 7.7 节给出。注意，数据包尺度速率保证不强制要求节点是 FIFO 的；可能在一些情况下 $d_i < d_{i-1}$ 。然而定理的第 1 项要求这种 FIFO 假设，为了构造在 R 上的条件，R^* 被转换为关于延迟的条件。

7.5 PSRG 节点的级联

7.5.1 FIFO PSRG 节点的级联

FIFO 系统具有一个较简单的级联结果。

定理 7.5.1 设想 FIFO 系统的级联，系统编号为 1 到 n 。对于 $i>1$，系统 $i-1$ 的输出是系统 i 的输入。设系统 i 提供速率为 r_i 和时延为 e_i 的数据包尺度速率保证。整个系统提供的数据包尺度速率保证的速率 $r=\min_{i=1,\cdots,n}\{r_i\}$ ，时延 $e=\sum_{i=1,\cdots,n} e_i+\sum_{i=1,\cdots,n-1}\frac{L_{\max}}{r_i}$。

证明： 由定理 7.4.5 第 2 项，能够将系统 i 分解为 S_i、P_i 级联，其中 S_i 提供自适应保证 β_{r_i,e_i}，P_i 是打包器。

称 S 为级联

$$S_1, P_1, S_2, P_2, \cdots, S_{n-1}, P_{n-1}, S_n$$

由定理 7.4.5 第 2 项可知，S 是 FIFO 的。由定理 7.4.4 可知，S 提供自适应保证 $\beta_{r,e}$ 。由定理 7.4.5 第 1 项可知，S 还提供速率为 r 和时延为 e 的数据包尺度速率保证。现在 P_n 并不影响每个数据包最后 1 bit 的完成时刻。 □

合成节点： 我们详细分析一个特别的例子，它在实践中常用于对路由器的建模。设想一个合成节点，它包含两个元件：可变延迟元件和 FIFO 组件。前者使数据包在一定的范围 $[\delta_{\max}-\delta,\delta_{\max}]$ 延迟。后者是 FIFO 元件，为合成节点的输入提供速率为 r 和时延为 e 的数据包尺度速率保证。如果已知可变延迟元件也是 FIFO 的，则具有简单的结论。先给出下面的引理，该引理本身有一些有趣的地方。

引理 7.5.1（作为 PSRG 的可变延迟） 设想节点已知保证延迟小于等于 $\delta_{\max}$ 。节点可以不必是 FIFO 的。记 $l_{\min}$ 为最小的数据包长度。对于任意 $r>0$，提供数据包尺度速率保证的节点的延迟为 $e=\left[\delta_{\max}-\frac{l_{\min}}{r}\right]^+$，速率为 r 。

证明： 按照本章的标准的记法，意味着对于 $n\geqslant 1$，有 $d_n\leqslant a_n+\delta_{\max}$。由式 (7.1) 定义 f_n，有 $f_n\geqslant a_n+\frac{l_n}{r}\geqslant a_n+\frac{l_{\min}}{r}$，这样 $d_n-f_n\leqslant\delta_{\max}-\frac{l_{\min}}{r}\leqslant\left[\delta_{\max}-\frac{l_{\min}}{r}\right]^+$。 □

现在利用已知的 FIFO 元件级联的结论，对可变延迟元件为 FIFO 的情况进行求解。

定理 7.5.2（带有 FIFO 的可变延迟元件的合成节点） 设想两个节点的级联。一个节点使数据包的延迟小于等于 $\delta_{\max}$ 。另一个节点对于它自身的输入提供速率为 r 和时延为 e 的数据包尺度速率保证。两个节点都是 FIFO 的。两个节点以任意的顺序级联，提供速率为 r 和时延为 $e' = e + \delta_{\max}$ 的数据包尺度速率保证。

证明： 将定理 7.4.2 与引理 7.5.1 联立，对于任意的 $r' \geqslant r$，组合节点提供速率为 r 和时延为 $e(r') = e + \delta_{\max} + \dfrac{l_{\max} - l_{\min}}{r'}$ 的数据包尺度速率保证。根据式 (7.1) 对所有的 n 定义 f_n。设想一些任意选定但固定的 n，有 $d_n - f_n \leqslant e(r')$，并且对于任意 $r' \geqslant r$ 均成立。令 $r' \to +\infty$ 并得到 $d_n - f_n \leqslant \inf\limits_{r' \geqslant r}\{e(r')\} = e + \delta_{\max}$，这与要求相同。 □

7.5.2 非 FIFO PSRG 节点的级联

通常我们很少谈及非 FIFO PSRG 节点。详细地分析一下第 7.5.1 节描述的合成节点，但在本节中设定延迟元件是非 FIFO 的。这在实践中也是经常出现的情况。这个结果对路由器建模非常有意义，而且也是为了展示定理 7.5.1 的结论在这里并不成立。

为了得出结论，我们需要为输入流量指定一条到达曲线。这是因为在非 FIFO 的可变延迟元件中，一些数据包可能抢占另一些数据包（见图 7.5）；到达曲线使这种情况得到限制。

定理 7.5.3（具有非 FIFO 的可变延迟元件的合作节点） 设想两个节点的级联。第一个节点使数据包的延迟在 $[\delta_{\max} - \delta, \delta_{\max}]$。第二个节点是 FIFO 的，对它的输入提供速率为 r 和时延为 e 的数据包尺度速率保证。第一个节点并没有被设定为是 FIFO 的，到达第二个节点的数据包不是按照到达第一个节点的顺序。设新的输入被一条连续的到达曲线 $\alpha(\cdot)$ 约束。以这种顺序级联的两个节点满足数据包尺度速率保证，其速率为 r，时延为

$$e' = e + \delta_{\max} + \min\left\{\sup_{t \geqslant 0}\left\{\frac{\alpha(t+\delta) - l_{\min}}{r} - t\right\}, \sup_{0 \leqslant t \leqslant \delta}\left\{\frac{\alpha(t) + \alpha(\delta) - 2l_{\min}}{r} - t\right\}\right\} \tag{7.10}$$

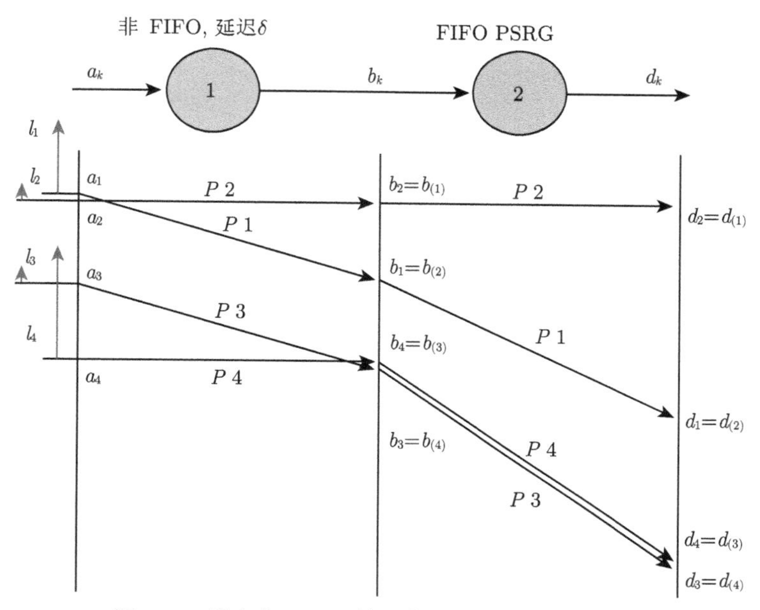

图 7.5　具有非 FIFO 的可变延迟元件的合成节点

图 7.5 的说明：具有非 FIFO 的可变延迟元件的合成节点。数据包 n 在时刻 a_n 到达第一个元件，在时刻 b_n 到达第二个元件，并且在时刻 d_n 离开系统。因为第一个元件不是 FIFO 的，所以可能发生后到达的数据包超过先到达的数据包；(k) 是到达第二个元件的第 k 个数据包的编号。

证明很长，在第 7.7 节给出。

图 7.6 至图 7.8 展示当到达曲线包含峰值和均值约束的情况下的数值应用。

特殊情况：对于 $\alpha(t)=\rho t+\sigma$，在定理 7.5.3 中直接计算上确界，如果 $\rho\leqslant r$，则 $e'=e+\delta_{\max}+\dfrac{\rho\delta+\sigma-l_{\min}}{r}$；否则 $e'=e+\delta_{\max}-\delta+2\dfrac{\rho\delta+\sigma-l_{\min}}{r}$。

合成节点的时延在 $\rho=r$ 时有一个不连续点，纵坐标等于 σ/r。它可能看上去与考虑 $\rho>r$ 的情况不相关。然而，PSRG 给出从积压界限得到的延迟：可能存在这样的情况，对于聚合输入的唯一可用的信息是可持续速率 ρ 的界限，有 $\rho>r$ 。在这种情况下，可能存在其他的机制（例如窗口流控 [19]）防止缓冲区溢出。这里，能够限制定理 7.5.3 中 e' 的界限是有用的。

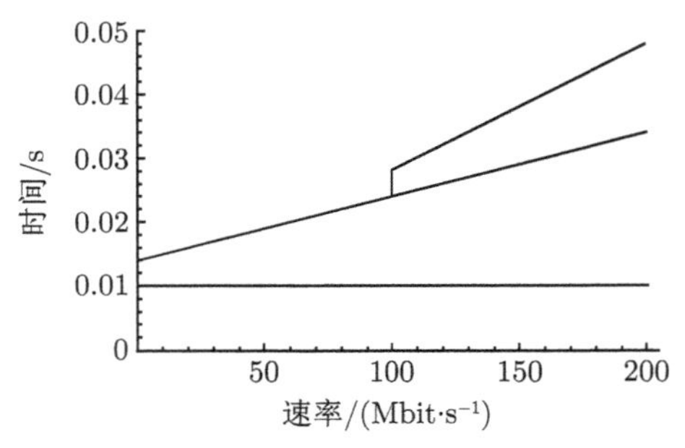

图 7.6　定理 7.5.3 和定理 2.1.7 的数值应用

图 7.6 的说明：定理 7.5.3 和定理 2.1.7 的数值应用。表明对于合成节点，有附加的时延 $e'-e$，由一个可变延迟元件构成 ($\delta=\delta_{\max}=0.01$ s)，后面接一个速率为 $r=100$ Mbit/s 和时延为 e 的 PSRG 或 GR 组件。新流量的到达曲线为 $\rho t+\sigma$，$\sigma=50$ KB 。对于 $l_{\min}=0$，该图说明 $e'-e$ 是 ρ 的函数。最上面的线：延迟元件是非 FIFO 的，第二个元件是 PSRG 节点 (定理 7.5.3)；中间的线：延迟元件是非 FIFO 的，第二个元件是 GR 节点 (定理 2.17)；最下面的直线：延迟元件是 FIFO 的，第二个元件两种情况都一样 (定理 7.5.2 和定理 7.5.3)。最上面的线和中间的线在 $\rho\leqslant r$ 时是重合的。

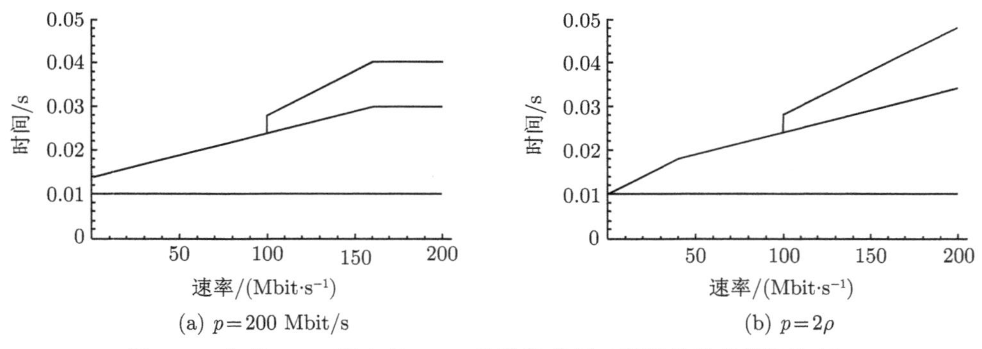

(a) $p=200$ Mbit/s　　(b) $p=2\rho$

图 7.7　定理 7.5.3 和定理 2.1.7 的数值应用（新流量具有峰值约束）

图 7.7 的说明：与图 7. 6 的情况相同，但新流量具有峰值约束。新流量的到达曲线为 $\min\{pt+MTU,\rho t+\sigma\}$，其中 $MTU=500$ Byte, $p=200$ Mbit/s [见图 (a)]，或者 $p=2\rho$ [见图 (b)]。

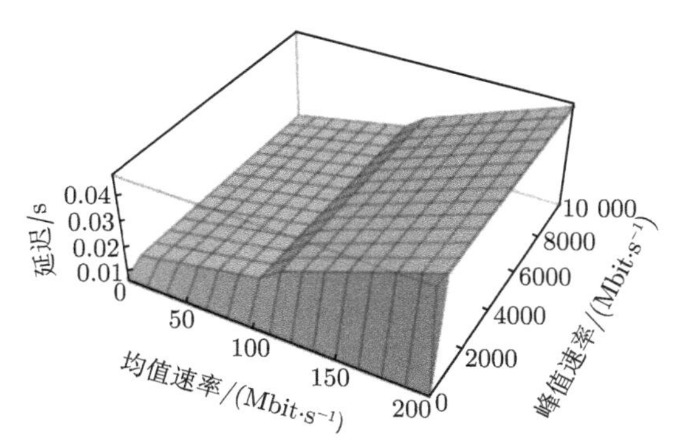

图 7.8　时延增加作为峰值和均值速率的函数

图 7.8 的说明： 图中参数与图 7.7 中的相同。

注释 1： 现在证明为什么需要定理 7.5.3。换句话说，如果对于可变延迟组件放松 FIFO 假设，则定理 7.5.2 不再成立。直观地，这是因为一个被标注标签的数据包 (如图 7.5 所示的 $P3$) 可能在下一级网络元件上被随后到达但又超过它的数据包延迟（如图 7.5 所示的 $P4$)，但超过了被标注标签的数据包。而且，服务速率可能看上去被可变延迟元件上具有长的延迟的数据包减小（如图 7.5 所示的 $P1$)。正式地，可以有如下命题。

命题 7.5.1（紧性）　当到达曲线具有形式 $\alpha(t)=\rho t+\sigma$ 并且 $l_{\max}\geqslant 2l_{\min}$，在定理 7.5.3 中的界限是紧的。

证明见第 7.7 节。

该命题表明：非 FIFO PSRG 节点的级联不遵循 FIFO 节点的规则，这些规则的证明可以回顾定理 7.5.2 。注意，如果条件 $l_{\max}\geqslant 2l_{\min}$ 得不到满足，则定理 7.5.3 中的界限距离紧致边界的容忍度可达 $2l_{\min}/r$ 。

注释 2： 在关于时延的式 (7.10) 中，有一个对两项表达式求最小的运算。在 $\alpha(t)=\rho t+\sigma$ 的情况下，对于 $\rho\leqslant r$，边界等于它的前面一项 $\sup\limits_{t\geqslant 0}\left\{\dfrac{\alpha(t+\delta)-l_{\min}}{r}-t\right\}$，否则等于后面一项 $\sup\limits_{0\leqslant t\leqslant\delta}\left\{\dfrac{\alpha(t)+\alpha(\delta)-2l_{\min}}{r}-t\right\}$。然而，对于一般的 α，不存在这种简化的情况。

注释 3： 如果 α 不连续（这样会在一些值上有跳变），则可以看到定理 7.5.3

仍然成立，只是式 (7.10) 被替换为

$$e' = e + \delta_{\max} + \min\left\{\sup_{t\geqslant 0}\left\{\frac{\alpha(t+\delta)}{r} - t\right\}, \sup_{0\leqslant t\leqslant\delta}\left\{\frac{\alpha_0(t)+\alpha_0(\delta)}{r} - t\right\}\right\}$$

其中 $\alpha_0(u) = \min\{\alpha(u+) - l_{\min}, \alpha(u)\}$ 。

7.6 GR 和 PSRG 的比较

首先，我们知道 PSRG 节点就是在相同参数条件下的 GR。这能够用于对由到达曲线约束的输入流量求得延迟和积压界限。然而，将定理 2.1.1 与定理 7.3.3 对比，PSRG 的性质比 GR 的性质具有更大的时延 e，所以最好不要分离地使用这两种性质：GR 用于求延迟和积压界限，PSRG 用于求“由积压得到延迟”（delay-from-backlog）的界限。

其次，我们已经展示了 GR 不存在定理 7.3.4 给出的“由积压得到延迟”。

最后，对于 PSRG 存在与定理 2.1.7 类似的级联结论。对于合成节点，当总输入速率 ρ 小于调度器速率 r 时，时延增长的值 e' 对于 PSRG 和 GR 是相同的。然而，由 PSRG 表达的保证强于由 GR 表达的保证。这样，在这种情况下，来自 PSRG 的更强的保证并不需要额外的开销。

7.7 证　　明

7.7.1 引理 7.3.1 的证明

为了简化记法，我们在这个证明的局部使用以下便捷的约定：首先 $\vee$ 的优先次序大于 $\wedge$；其次，将 $A\vee B$ 记为 AB。这样，只在这个证明中，表达式

$$AB \wedge CD$$

意味着

$$(A\vee B)\wedge(C\vee D)$$

进行这种约定的原因是，它简化了 $\vee$ 对于 $\wedge$ 的分配律的写法 [2]。这里有

$$A(B\wedge C) = AB \wedge AC$$

我们的约定是典型的“最小–最大”代数，其中“min”担负了加法的作用，“max”担负了乘法的作用。利用这种便捷的约定，证明变得比较简单、不冗长，成为一种演算。在证明的剩余部分，考虑固定的 n，可省略角标“^{n}”。

对于 $0 \leqslant j \leqslant n-1$，定义

$$F_j = f_j + m_{j+1} + \cdots + m_n$$

并且，令 $F_n = f_n$，还令 $D_0 = d_0 + m_1 + \cdots + m_n = m_1 + \cdots + m_n$ 。

首先注意，对于所有 $j \geqslant 1$，有

$$f_j = (a_j + m_j) \vee [(f_{j-1} + m_j) \wedge (d_{j-1} + m_j)]$$

则通过在这个等式的右边加上 $m_{j+1} + \cdots + m_n$，发现

$$F_j = A_j \vee (F_{j-1} \wedge D_{j-1})$$

或者，采用我们的约定

$$F_j = A_j\,(F_{j-1} \wedge D_{j-1})$$

并且用分配律，有

$$F_j = A_j F_{j-1} \wedge A_j D_{j-1} \tag{7.11}$$

现在，通过以下在 $j = n-1, \cdots, 0$ 条件下的归纳法，有

$$\begin{aligned} f_n = & A_n A_{n-1} \cdots A_{j+1} F_j \\ & \wedge A_n A_{n-1} \cdots A_{j+1} D_j \\ & \wedge \cdots \\ & \wedge A_n A_{n-1} \cdots A_{k+1} D_k \\ & \wedge \cdots \\ & \wedge A_n A_{n-1} D_{n-2} \\ & \wedge A_n D_{n-1} \end{aligned} \tag{7.12}$$

其中 k 的范围是从 j 到 $n-1$ 。对于 $j = n-1$，由式 (7.11) 得到的属性被应用于 $j = n$ 。现在假设式 (7.12) 对于一些 $j \in \{1, \cdots, n-1\}$ 成立。由式 (7.11)，

有

$$A_nA_{n-1}\cdots A_{j+1}F_j = A_nA_{n-1}\cdots A_{j+1}\left(A_jF_{j-1}\wedge A_jD_{j-1}\right)$$

这样，

$$A_nA_{n-1}\cdots A_{j+1}F_j =$$

$$A_nA_{n-1}\cdots A_{j+1}A_jF_{j-1}\wedge A_nA_{n-1}\cdots A_{j+1}A_jD_{j-1}$$

其中，联系了式 (7.12) 对于 j 的情况，上式表达了对于 $j-1$ 的属性。

其中，这是将 j 与式 (7.12) 联立，上式给出对于 $j-1$ 的属性，结合式 (7.12) 给出 j 的属性。

现在对于 $j=0$ 采用式 (7.12)，并得到

$$f_n = A_nA_{n-1}\cdots A_1F_0\wedge A_nA_{n-1}\cdots A_1D_0\wedge\cdots\wedge A_nA_{n-1}D_{n-2}\wedge A_nD_{n-1}$$

首先注意 $F_0=D_0$，所以能够消除以上等式的右边的第一项；随后，由 $a_1\geqslant 0$ 有 $D_0\leqslant A_1$，这样

$$A_nA_{n-1}\cdots A_1D_0 = A_nA_{n-1}\cdots A_1$$

最后

$$f_n = A_nA_{n-1}\cdots A_1\wedge A_nA_{n-1}\cdots A_2D_1\wedge\cdots\wedge A_nA_{n-1}D_{n-2}\wedge A_nD_{n-1}$$

这恰好与要求证明的方程相同。

7.7.2 定理 7.3.2 的证明

首先，假设数据包尺度速率保证成立。采用引理 7.3.1 且 $m_n=\dfrac{l_n}{r}$。接下来对于 $1\leqslant j\leqslant n-1$，有

$$f_n\leqslant\max\left\{A_n^n, A_{n-1}^n,\cdots,A_{j+1}^n, D_j^n\right\}$$

这样 f_n 就被上面的等式右边求最大运算 $\max\{A_n^n, A_{n-1}^n,\cdots,A_{j+1}^n, D_j^n\}$ 的其中一项限制。如果是其中的最后一项 D_j^n，有

$$f_n\leqslant D_j^n = d_j+\frac{l_{j+1}+\cdots+l_n}{r}$$

现在 $d_n \leqslant f_n + e$，说明式 (7.2) 成立。否则，存在一些 $k \in \{j+1, \cdots, n\}$ 使得

$$f_n \leqslant A_k^n = a_k + \frac{l_k + \cdots + l_n}{r}$$

这说明式 (7.3) 成立。对于 $j = 0$，引理 7.3.1 蕴涵着

$$f_n \leqslant \max\left\{A_n^n, A_{n-1}^n, \cdots, A_1^n\right\}$$

并且余下的部分也是类似的。

其次，反过来设式 (7.2) 和式 (7.3) 成立。考虑一些固定的 n，如引理 7.3.1 中定义 A_j^n D_j^n 和 F_j^n，且有 $m_n = \dfrac{l_n}{r}$。对于 $1 \leqslant j \leqslant n-1$，有

$$d_n - e \leqslant \max\left\{A_n^n, A_{n-1}^n, \cdots, A_{j+1}^n, D_j^n\right\}$$

并且对于 $j = 0$，有

$$d_n - e \leqslant \max\left\{A_n^n, A_{n-1}^n, \cdots, A_1^n\right\}$$

这样 $d_n - e$ 由上面两个等式右端所有项中的最小取值决定。由引理 7.3.1，$d_n - e$ 精确地等于 f_n。

7.7.3 定理 7.3.3 的证明

先证明对于所有 $i \geqslant 0$，有

$$f_i \geqslant g_i - e_1 \tag{7.13}$$

其中 f_i 由式 (7.1) 定义。确切地说，如果式 (7.13) 成立，则由式 (7.5)，有

$$d_i \leqslant g_i + e_2 \leqslant f_i + e_1 + e_2$$

这意味着调度器提供速率为 r 和时延为 $e = e_1 + e_2$ 的数据包尺度速率保证。现在用归纳法证明式 (7.13) 。一般地，式 (7.13) 在 $i = 0$ 成立。

现在设式 (7.13) 在 $i-1$ 成立，即

$$f_{i-1} \geqslant g_{i-1} - e_1$$

由假设，式 (7.5) 成立

$$d_{i-1} \geqslant g_{i-1} - e_1$$

这样

$$\min\{f_{i-1}, d_{i-1}\} \geqslant g_{i-1} - e_1 \tag{7.14}$$

将这个式子与式 (7.1) 联立，得到

$$f_i \geqslant g_{i-1} - e_1 + \frac{L(i)}{R} \tag{7.15}$$

还是由式 (7.1)，有

$$\begin{aligned} f_i &\geqslant a_i + \frac{l_i}{r} \\ &\geqslant a_i - e_1 + \frac{l_i}{r} \end{aligned} \tag{7.16}$$

现在由式 (7.4)，有

$$g_i \leqslant \max\{a_i, g_{i-1}\} + \frac{l_i}{r} \tag{7.17}$$

将式 (7.15)、式 (7.16) 和式 (7.17) 联立，给出

$$f_i \geqslant g_i - e_1$$

□

7.7.4 定理 7.3.4 的证明

设想一个在时刻 t 出现的固定的数据包 n，称 a_j（d_j）是数据包 j 的到达时刻（离去时刻）。这样 $a_n \leqslant t \leqslant d_n$ 。令 $\mathcal{B}$ 是系统中在时刻 t 出现的数据包的编号，换句话说

$$\mathcal{B} = \{k \geqslant 1 \mid a_k \leqslant t \leqslant d_k\}$$

在时刻 t 的积压是 $Q = \sum_{i \in \mathcal{B}} l_i$ 。缺少 FIFO 假设意味着 $\mathcal{B}$ 不必是连续整数的集合。然而，定义 j 作为最小的数据包编号，$[j, n]$ 包含在 $\mathcal{B}$ 中。因为 $n \in \mathcal{B}$，所以存在这样的一个 j 。如果 $j \geqslant 2$，则 $j-1$ 不在 $\mathcal{B}$ 中，并且 $a_{j-1} \leqslant a_n \leqslant t$，则必然

$$d_{j-1} < t \tag{7.18}$$

如果 $j=1$，则式 (7.18) 也在 $d_0=0$ 的约定下成立。现在应用数据包尺度速率保证的性质（以定理 7.3.2 的形式表达）到 n 和 $j-1$ 。下列两个不等式之一必将成立

$$d_n \leqslant e + d_{j-1} + \frac{l_j + \cdots + l_n}{r} \tag{7.19}$$

或者存在 $k \geqslant j, k \leqslant n$，有

$$d_n \leqslant e + a_k + \frac{l_k + \cdots + l_n}{r} \tag{7.20}$$

假设式 (7.19) 成立。因为 $[j,n] \subset \mathcal{B}$，有 $Q_n \geqslant l_j + \cdots + l_n$ 。由式 (7.18) 和式 (7.19) 得出

$$d_n \leqslant e + t + \frac{Q}{r}$$

这表明了在这种情况下的结论。否则，采用式 (7.20)，有 $Q \geqslant l_k + \cdots + l_n$ 且 $a_k \leqslant t$，这样

$$d_n \leqslant e + t + \frac{Q}{r}$$

7.7.5　定理 7.4.2 的证明

考虑任意选取但固定的一些时刻 $s \leqslant t$，令 $u \in [s,t]$ 。有

$$R_1(u) \geqslant \left[R_1(s) + \tilde{\beta}(u-s)\right] \wedge \inf_{v \in [s,u]} \{R(v) + \beta_1(u-v)\}$$

这样

$$\begin{aligned} R_1(u) + \beta_2(t-u) \geqslant & \left[R_1(s) + \widetilde{\beta}(u-s) + \beta_2(t-u)\right] \\ & \wedge \inf_{v \in [s,u]} \{R(v) + \beta_1(u-v) + \beta_2(t-u)\} \end{aligned}$$

并且

$$\begin{aligned} \inf_{u \in [s,t]} \{R_1(u) + \beta_2(t-u)\} \geqslant & \inf_{u \in [s,t]} \left\{R_1(s) + \widetilde{\beta}(u-s) + \beta_2(t-u)\right\} \\ & \wedge \inf_{u \in [s,t], v \in [s,t]} \{R(v) + \beta_1(u-v) + \beta_2(t-u)\} \end{aligned}$$

在重新安排求下确界的次序后，发现

$$\inf_{u\in[s,t]}\{R_1(u)+\beta_2(t-u)\}\geqslant\left(R_1(s)+\inf_{u\in[s,t]}\left\{\widetilde{\beta}(u-s)+\beta_2(t-u)\right\}\right)$$
$$\wedge\inf_{v\in[s,t]}\left\{R(v)+\inf_{u\in[v,t]}\{\beta_1(u-v)+\beta_2(t-u)\}\right\}$$

能够被重写为

$$\inf_{u\in[s,t]}\{R_1(u)+\beta_2(t-u)\}\geqslant\left(R_1(s)+\left(\widetilde{\beta}_1\otimes\beta_2\right)(t-s)\right)$$
$$\wedge\inf_{v\in[s,t]}\{R(v)+\beta(t-v)\}$$

现在根据假设，有

$$R^*(t)\geqslant\left(R^*(s)+\widetilde{\beta}_2(t-s)\right)\wedge\inf_{u\in[s,t]}\{R(u)+\beta_2(t-u)\}$$

联立两个式子，给出

$$R^*(t)\geqslant\left(R^*(s)+\widetilde{\beta}_2(t-s)\right)\wedge\left(R_1(s)+\left(\widetilde{\beta}_1\otimes\beta_2\right)(t-s)\right)\wedge\inf_{v\in[s,t]}\{R(v)+\beta(t-v)\}$$

现有 $R_1(s)\geqslant R^*(s)$，则

$$R^*(t)\geqslant\left(R^*(s)+\widetilde{\beta}_2(t-s)\right)\wedge\left(R^*(s)+(\widetilde{\beta}_1\otimes\beta_2)(t-s)\right)\wedge\inf_{v\in[s,t]}[R(v)+\beta(t-v)]$$

□

7.7.6 定理 7.4.3 的证明

对于一些 $\tau\geqslant 0$，如果时刻 t 的虚拟延迟大于 $t+\tau$，则必须有

$$R^*(t+\tau)<R(t)\tag{7.21}$$

根据假设，有

$$R^*(t+\tau)\geqslant\left(R^*(t)+\widetilde{\beta}(\tau)\right)\wedge\inf_{u\in[t,t+\tau]}\{R(u)+\beta(t+\tau-u)\}\tag{7.22}$$

现在对于 $u\in[t,t+\tau]$，

$$R(u)+\beta(t+\tau-u)\geqslant R(t)+\beta(0)\geqslant R^*(t+\tau)$$

这样式 (7.22) 包含如下条件

$$R^*(t+\tau) \geqslant R^*(t)+\widetilde{\beta}(\tau)$$

与式 (7.21) 联立，可得

$$Q(t)=R(t)-R^*(t) \geqslant \widetilde{\beta}(\tau)$$

这样虚拟延迟被 $\sup\{\tau : \widetilde{\beta}(\tau) > Q(t)\}$ 限制，它等于 $\widetilde{\beta}^{-1}(Q(t))$ 。 □

7.7.7　定理 7.4.4 的证明

令 $s \leqslant t$。根据假设，有

$$R^*(t) \geqslant \left(R^*(s)+\widetilde{\beta}(t-s)\right) \wedge \inf_{u \in [s,t]}\{R(u)+\beta(t-u)\}$$

这里给出的证明仅适用于上面方程中的 “inf” 等效于求最小的情况。扩展到一般情况的证明留给读者完成。设定对于一些 $u_0 \in [s,t]$，有

$$\inf_{u \in [s,t]}\{R(u)+\beta(t-u)\}=R\left(u_0\right)+\beta\left(t-u_0\right)$$

可得

$$R^*(t)-R^*(s) \geqslant \widetilde{\beta}(t-s)$$

或

$$R^*(t) \geqslant R\left(u_0\right)+\beta\left(t-u_0\right)$$

考虑前一种情况，有 $R'(t) \geqslant R^*(t)-l_{\max}$ 且 $R'(s) \leqslant R^*(s)$，这样

$$R'(t) \geqslant R^*(t)-l_{\max} \geqslant R'(s)+\widetilde{\beta}(t-s)-l_{\max}$$

现在，显然地，$R'(t) \geqslant R'(s)$，则最终

$$R'(t) \geqslant R'(s)+\max\left\{0, \widetilde{\beta}(t-s)-l_{\max}\right\}=R'(t)+\widetilde{\beta}'(t-s)$$

现在考虑后一种情况。类似的推理表明

$$R'(t) \geqslant R(u_0) + \beta(t - u_0) - l_{\max}$$

但是还有

$$R^*(t) \geqslant R(u_0)$$

现在，输入是 L-打包器。这样，有

$$R'(t) = P^L(R^*(t)) \geqslant P^L(R(u_0)) = R(u_0)$$

从上式得到结论 $R'(t) \geqslant R(u_0) + \beta'(t - u_0)$ 。

联合考虑两种情况，得到需要的自适应保证。 □

7.7.8 定理 7.4.5 的证明

定理的第 1 项在引理 7.3.1 中的数据包尺度速率保证的“最小–最大”代数扩展中使用。定理的第 2 项依靠将其简化为最小速率服务器。

使用与定义 7.3.1 中相同的记法。$L(i) = \sum_{j=1}^{i} l_j$ 是累积数据包长度。

第 1 项的证明：用式 (7.1) 定义时刻 f_k 的序列。现在考虑一些任意选取但固定的数据包标号 n，令 $n \geqslant 1$ 。依据 FIFO 假设，充分表明

$$R^*(t) \geqslant L(n) \tag{7.23}$$

具有 $t = f_n + e$。依据引理 7.3.1，存在一些标号 $1 \leqslant j \leqslant n$，使得

$$f_n = \left(s + \frac{L(n) - L(j-1)}{r}\right) \vee \max_{k=j+1}^{i}\left\{a_k + \frac{L(n) - L(k-1)}{r}\right\} \tag{7.24}$$

其中

$$s = a_j \vee d_{j-1}$$

并且具有约定 $d_0 = 0$ 。

现在将自适应保证的定义应用于时间区间 $[s, t]$

$$R^*(t) \geqslant A \wedge B$$

具有

$$A=R^*(s)+r[t-s-e]^+,\quad B=\inf_{u\in[s,t]}\{B(u)\}$$

其中

$$B(u)=\big(R(u)+r[t-u-e]^+\big)$$

首先，因为 $s\geqslant d_{j-1}$，所以有 $R^*(s)\geqslant L(j-1)$ 。由式 (7.24)，有 $f_n\geqslant s+\dfrac{L(n)-L(j-1)}{r}$，这样 $t\geqslant s+\dfrac{L(n)-L(j-1)}{r}+e$ 。接下来有

$$t-s-e\geqslant\frac{L(n)-L(j-1)}{r}$$

并且有 $A\geqslant L(n)$ 。

其次，也有 $B\geqslant L(n)$ 。考虑一些 $u\in[s,t]$ 。如果 $u\geqslant a_n$，则 $R(u)\geqslant L(n)$，这样 $B(u)\geqslant L(n)$ 。如果 $u<a_n$，因为 $s\geqslant a_j$，接下来对于一些 $k\in\{j+1,\cdots,n\}$，有 $a_{k-1}\leqslant u<a_k$，并且 $R(u)=L(k-1)$ 。由式 (7.24) 可得

$$f_n\geqslant a_k+\frac{L(n)-L(k-1)}{r}$$

这样

$$t-u-e\geqslant\frac{L(n)-L(k-1)}{r}$$

同样的情况下，有 $B(u)\geqslant L(n)$ 。这样，证明 $B\geqslant L(n)$ 。

联合考虑两种情况，表明 $R^*(t)\geqslant L(n)$，正如所求。

第 2 项的证明：采用简化的方法构造一个最小速率服务器，如下所述。令对于 $i\geqslant 0$ 有 $d_i'=\min\{d_i,f_i\}$ 。由式 (7.1)，有

$$a_i\leqslant d_i'\leqslant\max\{a_i,d_{i-1}'\}+\frac{l_i}{r}\tag{7.25}$$

并且

$$d_i'\leqslant d_i\leqslant d_i'+e\tag{7.26}$$

证明的思路是将 d_i' 解释为数据包 i 从一个虚拟最小速率服务器输出的时刻。

构造一个虚拟节点 $\mathcal{R}$，其输入就是原始输入 $R(t)$ 。输出 $\psi_i(t)$ 为直到时刻 t 输出的数据包 i 的比特数，定义为

$$
\begin{aligned}
&\text{如果}\ \ t > d_i',\ \text{则}\ \psi_i(t) = L(i);\\
&\text{如果}\ \ a_i < t \leqslant d_i',\ \text{则}\ \psi_i(t) = \left[L(i) - r\left(d_i' - t\right)\right]^+;\\
&\text{否则}\ \ \psi_i(t) = 0\text{。}
\end{aligned}
$$

所以 $\mathcal{R}$ 的总输出为 $R_1(t) = \sum_{i\geqslant 1} \psi_i(t)$ 。

这样，数据包 i 的开始时刻是 $\max\left\{\alpha_i, d_i' - \dfrac{l_i}{r}\right\}$；并且结束时刻是 d_i'，这样 $\mathcal{R}$ 满足因果性（但不必是 FIFO 的，尽管原始的系统应是 FIFO 的）。现在表明在任意繁忙时段，$\mathcal{R}$ 具有的输出速率至少等于 r 。

令 t 在繁忙时段内。现在考虑在繁忙时段内存在一些时刻 t，必然存在一些 i 使得 $a_i \leqslant t \leqslant d_i'$ 。令 i 是满足这些条件的下角标中最小的一个，如果 $a_i > d_{i-1}'$，则根据式 (7.25), 有 $d_i' - t \leqslant \dfrac{l_i}{r}$；并且 $\psi_r'(t) = r$, 其中 ψ_r' 是 ψ_i 的向右趋近的导数。这样在时刻 t 该服务速率至少为 r 。

否则，$a_i < d_{i-1}'$ 。必要地（因为以 a_i 的增序对数据包编号——这里并不是 FIFO 假设）有 $a_{i-1} \leqslant a_i$。因为 i 是使 $a_i \leqslant t \leqslant d_i'$ 成立的最小的下角标，所以必须有 $t \geqslant d_{i-1}'$ 。但接下来 $d_i' - t \leqslant \dfrac{l_i}{r}$，并且在时刻 t 该服务速率至少为 r。这样，虚拟节点 $\mathcal{R}$ 提供严格服务曲线 λ_r，并且

$$
R \rightarrow (\lambda_r) \rightarrow R_1 \tag{7.27}
$$

现在定义节点 $\mathcal{D}$。令 $\delta(i) = d_i - d_i'$，使得 $0 \leqslant \delta(i) \leqslant E$。$\mathcal{D}$ 的输入是 $\mathcal{R}$ 的输出，输出如下：令数据包 i 的比特在时刻 t 到达，有 $t \leqslant d_i' \leqslant d_i$ 。这个比特是在时刻 $t' = \max\{\min\{d_{i-1}, d_i\}, t + \delta_i\}$ 的输出。这样，数据包 i 的所有比特在 $\mathcal{D}$ 中最多被延迟 $\delta(i)$，并且如果 $d_{i-1} < d_i$，它们在时刻 d_i 之后离去。接下来有数据包 i 的最后 1 bit 在时刻 d_i 离开 $\mathcal{D}$ 。还因为 $t' \geqslant t$，所以 $\mathcal{D}$ 满足因果性。最后，如果原始系统是 FIFO 的，则 $d_{i-1} < d_i$，数据包 i 的所有比特在 d_{i-1} 之后离去，并且 $\mathcal{R}$ 和 $\mathcal{D}$ 的级联是 FIFO 的。注意，尽管原始的系统是 FIFO 的，$\mathcal{R}$ 不必一定是 FIFO 的。

$\mathcal{D}$ 的聚合输出是

$$R_2(t) \geqslant \sum_{i \geqslant 1} \psi_i(t - \delta(i)) \geqslant R_1(t - e)$$

这样 $\mathcal{D}$ 的虚拟延迟被限制于 e，并且

$$R_1 \to (\delta_e) \to R_2 \tag{7.28}$$

现在将 $\mathcal{D}$ 的输出插入一个 L-打包器。因为数据包 i 的最后 1 bit 在时刻 d_i 离开 $\mathcal{D}$，所以最终的输出是 R^*。现在由式 (7.27)、式 (7.28) 和定理 7.4.2 有

$$R \to (\lambda_r \otimes \delta_e) \to R_2$$

□

7.7.9　定理 7.5.3 的证明

首先引进一些记法（见图 7.5）。称对于新输入的到达时刻 $a_n \geqslant 0$，数据包以到达的次序编号，所以 $0 \leqslant a_1 \leqslant a_2 \leqslant \cdots$。令 l_n 是数据包 n 的长度。称 b_n 是数据包 n 在第二个元件的到达时刻；并没有假设 b_n 是对于 n 单调的，但对于所有的 n，有

$$a_n \leqslant b_n \leqslant a_n + \delta \tag{7.29}$$

也称 d_n 是数据包 n 离开第二个元件的离去时刻。根据约定，$a_0 = d_0 = 0$。接下来定义

$$e_1 = e + \delta_{\max} + \sup_{t \geqslant 0} \left\{ \frac{\alpha(t+\delta) - l_{\min}}{r} - t \right\}$$

并且

$$e_2 = e + \delta_{\max} + \sup_{0 \leqslant t \leqslant \delta} \left\{ \frac{\alpha(t) + \alpha(\delta) - l_{\min}}{r} - t \right\}$$

所以 $e' = \min\{e_1, e_2\}$。这充分表明组合节点分别满足数据包尺度速率保证，其速率为 r，时延分别为 e_1 和 e_2。为了探究原因，由式 (7.1) 定义 f_n。如果对于所有 n，有 $d_n - f_n \leqslant e_1$ 和 $d_n - f_n \leqslant e_2$，则 $d_n - f_n \leqslant e'$。

定理 7.5.3 的证明分为两个部分，其中，第 2 部分又分为 A、B 两段，相应地在各段中列举不同的情况。此外，证明中还需要使用一个引理。即引理 7.7.1。

引理 7.7.1　对于 $t, u \geqslant 0$ 且 $0 \leqslant v \leqslant t$，如果在时刻 t 存在一个到达事件，则 $A(t, t+u] \leqslant \alpha(u) - l_{\min}$，并且 $A(t-v, t] \leqslant \alpha(v) - l_{\min}$。

证明：首先注意 $A(t,t+u] \leqslant \inf_{\varepsilon>0} \{A(t-\varepsilon,t+u]\} \leqslant \inf_{\varepsilon>0}\{\alpha(u+\varepsilon)\} = \alpha(u)$，其中由于 α 是连续的，后面的等式 $\inf_{\varepsilon>0}\{\alpha(u+\varepsilon)\} = \alpha(u)$ 成立。其次，令 l 为在时刻 t 到达的一个数据包的长度，则 $A(t,t+u]+l \leqslant A[t,t+u] \leqslant \alpha(u)$；这样 $A(t,t+u] \leqslant \alpha(u)-l \leqslant \alpha(u)-l_{\min}$ 。使用同样的推理，可以表明引理中第二个不等式成立。 □

下面分部分和阶段对定理 7.5.3 进行证明。

证明的第 1 部分：证明组合节点满足速率为 r 和时延为 e_1 的数据包尺度速率保证。第二个元件的到达曲线是 $\alpha_2(t)=\alpha(t+\delta)$ 。由定理 2.1.4, $d_n \leqslant b_n + D_2$，具有

$$d_n \leqslant b_n + e + \sup_{t\geqslant 0}\left\{\frac{\alpha(t+\delta)}{r} - t\right\}$$

由式 (7.29) 得

$$d_n - a_n \leqslant e + \delta_{\max} + \sup_{t\geqslant 0}\left\{\frac{\alpha(t+\delta)}{r} - t\right\}$$

现在应用引理 7.5.1 终结这部分证明。

证明的第 2 部分：证明组合节点满足速率为 r 和时延为 e_2 的数据包尺度速率保证。

令 $\delta_{\min} = \delta_{\max} - \delta$ 是延迟固定不变的部分。因为能够在数据包到达后通过观测它们的 $\delta_{\min}$ 来消除这种固定不变的延迟，最后再将 $\delta_{\min}$ 加到整体延迟中，所以证明的时候取 $\delta_{\min} = 0$。

证明的第 2 部分 A 段：在这部分假设两个到达时刻不能为同一时刻，在第 2 部分 B 段中，将说明如何放宽这个假设。

对于时间区间 $(s,t]$ （$[s,t]$），定义 $A(s,t]$ 为在时间区间 $(s,t]$（$[s,t]$）中新流量输入的总数；类似地，定义 $B(s,t]$ 和 $B[s,t]$ 为在第二个节点输入端的总数。具有下列的关系

$$A(s,t] = \sum_{n\geqslant 1} 1_{\{s<a_n\leqslant t\}} l_n, \quad A[s,t] = \sum_{n\geqslant 1} 1_{\{s\leqslant a_n\leqslant t\}} l_n$$
$$B(s,t] = \sum_{n\geqslant 1} 1_{\{s<b_n\leqslant t\}} l_n, \quad B[s,t] = \sum_{n\geqslant 1} 1_{\{s\leqslant b_n\leqslant t\}} l_n$$

注意

$$A(a_j, a_n] = \sum_{i=j+1}^{n} l_i$$

但是，由于缺少 FIFO 假设，因此 B 不存在这样的关系。

通过定义到达曲线，有 $A(s,t] \leqslant \alpha(t-s)$ 。

现在采用定理 7.3.2，设想一些规定的数据包编号 $0 \leqslant j < n$ 。必须表明下面的式子成立

$$d_n \leqslant e_2 + d_j + \frac{A(a_j, a_n]}{r} \tag{7.30}$$

或者存在一些 $k \in \{j+1, \cdots, n\}$，使得

$$d_n \leqslant e_2 + a_k + \frac{A[a_k, a_n]}{r} \tag{7.31}$$

证明的第 2 部分 A 段的情况 1：假设 $b_j \geqslant b_n$ 。由于第二个节点是 FIFO 的，因此有

$$d_n \leqslant d_j$$

并且式 (7.30) 的成立是显而易见的。

证明的第 2 部分 A 段的情况 2：假设 $b_j < b_n$。将定理 7.3.2 应用于第二个节点，有

$$d_n \leqslant e + d_j + \frac{1}{r} B(b_j, b_n] \tag{7.32}$$

或者存在一些 k，使得 $b_j \leqslant b_k \leqslant b_n$，并且

$$d_n \leqslant e + b_k + \frac{1}{r} B[b_k, b_n] \tag{7.33}$$

证明的第 2 部分 A 段的情况 2a：假设式 (7.32) 成立。通过式 (7.29)，任意在区间 $(b_j, b_n]$ 到达节点 2 的数据包在节点 1 必须在时间区间 $(a_j - \delta, b_n] \subset (a_j - \delta, a_n + \delta]$ 中到达。这样

$$\begin{aligned} B(b_j, b_n] &\leqslant A(a_j - \delta, a_n + \delta] \\ &\leqslant A(a_j, a_n] + A[a_j - \delta, a_j) + A(a_n, a_n + \delta] \\ &\leqslant A(a_j, a_n] + 2a(\delta) - 2l_{\min} \end{aligned}$$

最后一部分成立是由于引理 7.7.1。这样

$$d_n \leqslant e+\delta+\frac{\alpha(\delta)}{r}-\delta+\frac{\alpha(\delta)}{r}+d_j+\frac{1}{r}A\left(a_j, a_n\right]-2l_{\min} \leqslant e_2+d_j+\frac{1}{r}A\left(a_j, a_n\right]$$

表明式 (7.30) 成立。

证明的第 2 部分 A 段的情况 2b： 假设式 (7.33) 成立。注意，我们并不知道 k 对于 j 和 n 的次序。然而，在所有情况下，由式 (7.29) 可得

$$B\left[b_k, b_n\right] \leqslant A\left[b_k-\delta, a_n+\delta\right] \tag{7.34}$$

在下文中，将区分以下 3 种情况。

证明的第 2 部分 A 段的情况 2b1： 令 $k \leqslant j$，定义

$$u=a_j-b_k+\delta \tag{7.35}$$

依据题设，$a_k \leqslant a_j$ 并且 $b_k-\delta \leqslant a_k$, 所以 $u \geqslant 0$ 。还注意到 $a_j \leqslant b_j \leqslant b_k$ 并且 $u \leqslant \delta$。

由式 (7.34) 得

$$B\left[b_k, b_n\right] \leqslant A\left[b_k-\delta, a_j\right)+A\left[a_j, a_n\right]+A\left(a_n, a_n+\delta\right]$$

现在由引理 7.7.1, $A\left(a_n, a_n+\delta\right] \leqslant \alpha(\delta)$ 以及 $A\left[b_k-\delta, a_j\right) \leqslant \alpha(u)-l_{\min}$ 。这样，

$$B\left[b_k, b_n\right] \leqslant A\left[a_j, a_n\right]+\alpha(u)+\alpha(\delta)-2l_{\min}$$

联立式 (7.33) 和式 (7.35)，得到

$$d_n \leqslant a_j+\frac{A\left[a_j, a_n\right]}{r}+e_2$$

这说明式 (7.31) 成立。

证明的第 2 部分 A 段的情况 2b2： 令 $j<k \leqslant n$，定义 $u=\delta-b_k+a_k$ 。由式 (7.34) 得

$$B\left[b_k, b_n\right] \leqslant A\left[a_k, a_n\right]+\alpha(u)+\alpha(\delta)-2l_{\min}$$

这表明

$$d_n \leqslant e_2 + a_k + \frac{1}{r} A\left[a_k, a_n\right]$$

证明的第 2 部分 A 段的情况 2b3： 令 $k > n$，

定义 $u = \delta - b_k + a_n$。依据 $b_k \leqslant b_n$ 和 $b_n \leqslant a_n + \delta$，有 $u \geqslant 0$ 。依据 $b_k \geqslant a_k$ 和 $a_k \geqslant a_n$，有 $u \leqslant \delta$ 。

现在由式 (7.33) 得

$$d_n \leqslant e + b_k + \frac{1}{r} B\left[b_k, b_n\right] = e + \delta - u + a_n + \frac{1}{r} B\left[b_k, b_n\right]$$

由式 (7.34) 得

$$\begin{aligned} B\left[b_k, b_n\right] &\leqslant A\left[a_n - u, a_n + \delta\right] \\ &= A\left[a_n - u, a_n\right) + l_n + A\left(a_n, a_n + \delta\right] \\ &\leqslant a(u) + l_n + \alpha(\delta) - 2 l_{\min} \end{aligned}$$

这表明

$$d_n \leqslant e_2 + a_n + \frac{l_n}{r}$$

证明的第 2 部分 B 段： 现在处理数据包可能在两个元件中同时到达的情况。假设在元件 2 中数据包根据到达的次序排序，存在一些没有指定的机制用来切断联系。数据包还有一个标签，是它们在元件 1 的到达次序；称 (k) 是在这种次序下第 k 个数据包的编号（见图 7.5）。

称 S 为原始系统，给定一些任意整数 N，考虑删节系统（truncated system）S^N，该系统由原系统中忽略元件 1 在时刻 $a_N + \delta$ 之后到达的所有数据包构成。称 a_n^N、b_n^N、d_n^N、f_n^N 分别为元件 1 的到达时刻、元件 2 的到达时刻、离去时刻，以及删节系统中的虚拟完成时刻 [虚拟完成时刻由式 (7.1) 定义]。编号小于等于 N 的数据包不受删节系统的影响。这样对于 $n \leqslant N$，有 $a_n^N = a_n, b_n^N = b_n, d_n^N = d_n, f_n^N = f_n$ 。现在在删节系统中，不论是元件 1 还是元件 2，到达时刻的数量都是有限的。因此，能够找到两个正数 η 分隔到达时刻。对于任意 $m, n \leqslant N$，有

$$a_m = a_n \text{ 或 } \left|a_m - a_n\right| > \eta$$

并且

$$b_m = b_n \text{ 或 } |b_m - b_n| > \eta$$

令 $\varepsilon < \dfrac{\eta}{2}$，定义一个新的系统，记作 $S^{N,\varepsilon}$, 它由 S^N 导出的方法如下。

- 找到一些数字序列 $x_n \in (0, \varepsilon), n \leqslant N$，使得它们全都不同；如果以到达元件 2 的次序排序，带有标签 m 的数据包排在标签为 n 的数据包之前，则 $x_m < x_n$。构建这样的一个序列是容易的，并且任意满足上述规则的序列都很容易构建。例如，选取 $x_n = \dfrac{k}{N+1}\varepsilon$，其中 k 是数据包 n 到达的次序 [换句话说，$(k) = n$]。
- 由下式定义新的到达和离去时刻

$$a_n^\varepsilon = a_n + x_n, \quad b_n^\varepsilon = b_n + x_n, \quad d_n^\varepsilon = d_n + x_n$$

新的系统服从我们的构建规则，所有的 a_n^ε 对于 $n \leqslant N$ 都是不同的，并且对于 b_n^ε 也同样成立。数据包在元件 2 上的到达次序也与原始系统相同。

我们已经建立了新的系统 $S^{N,\varepsilon}$，其中所有到达时刻都是不同的。元件 2 的数据包的次序与 S^N 中的相同，到达和离去时刻不早于在 S^N 中的时刻，并且差别至多只有 ε 。

对于 $k \leqslant N$, 称 $F_{(k)}^\varepsilon$ 是在元件 2 上的虚拟完成时刻。由定义得

$$\begin{cases} F_{(0)}^\varepsilon = 0, & k = 0 \\ F_{(k)}^\varepsilon = \max\left\{b_{(k)}^\varepsilon, \min\left\{d_{(k-1)}^\varepsilon, F_{(k-1)}^\varepsilon\right\}\right\} + \dfrac{l_{(k)}}{r}, & k \geqslant 1 \end{cases}$$

并且类似的定义对于去掉 ε 的 $F_{(k)}$ 也成立。接下来由归纳法，有

$$F_{(k)}^\varepsilon \geqslant F_{(k)}$$

因此

$$d_{(k)}^\varepsilon \leqslant d_k + \varepsilon \leqslant e + F_{(k)} \leqslant e + F_{(k)}^\varepsilon + \varepsilon$$

类似地，$b_k^\varepsilon \leqslant a_k^\varepsilon + \delta$。这表明如果将 ε 替换为 $e + \varepsilon, S^{N,\varepsilon}$ 满足该定理的假设。

这样得到第 2 部分 A 段中对于 $S^{N,\varepsilon}$ 的结论。现在由式 (7.1) 定义 f_n^ε，将 f_n^ε 应用于 a_n^ε 和 d_n^ε，有

$$d_n^\varepsilon \leqslant f_n^\varepsilon + e_2 + \varepsilon \tag{7.36}$$

接下来利用归纳法，有

$$f_n^\varepsilon \leqslant f_n + \varepsilon$$

现在有 $d_n \leqslant d_n^\varepsilon$，因此

$$d_n - f_n \leqslant d_n^\varepsilon - f_n^\varepsilon + \varepsilon$$

将上式与式 (7.36) 相组合，给出

$$d_n - f_n \leqslant e_2 + 2\varepsilon$$

现在 ε 能够任意小，这样已经表明对于所有 $n \leqslant N$，有

$$d_n - f_n \leqslant e_2$$

因为 N 是任意取的，所以上式对于所有 n 都成立。

7.7.10　命题 7.5.2 的证明

对于 $\rho \leqslant r$ 的情况：假设源从时刻 0 开始是贪婪的，数据包 $n = 1$，长度 $l_1 = l_{\min}, a_1 = 0, b_1 = \delta_{\max}$，接下来所有的数据包在元件 1 具有等于 $\delta_{\max} - \delta$ 的延迟。能够构造一个数据包 1 被在间隔 $(0, \delta]$ 到达的数据包 $n = 2, \cdots, n_1$ 超过的例子，在该例子中有 $l_2 + \cdots + l_{n_1} = \rho\delta + \sigma - l_1$。设数据包 1 在元件 2 承受了 PSRG 所允许的最大的延迟。接下来经过一些代数推导，有 $d_1 = e + \delta_{\max} + \dfrac{\rho\delta + \sigma}{r}$。证明 $f_1 = \dfrac{l_{\min}}{r}$，因此 $d_1 - f_1 = e'$ 并且该性质是紧的。

对于 $\rho > r$ 的情况：构建一个最坏情况的场景。不失一般性地，令 $e = 0$（为这个例子加入一个延迟元件就能得到一般的情况）。首先，构建一个最大长度的突发，该突发被一个带有标签的数据包 j 超过。随后，带有标签的数据包 n 被第二个最大长度的突发超过。在这两者之间，数据包以速率 r 到达，第二次突发可能是由于 $r < \rho$，并且 $a_n - a_j$ 太长导致。图 7.9 和表 7.1 给出了细节。我们最终发现 $d_n - f_n = 2\left(\rho\delta + \sigma - l_{\min}\right)/r$，这表明可以得到相应的界限。

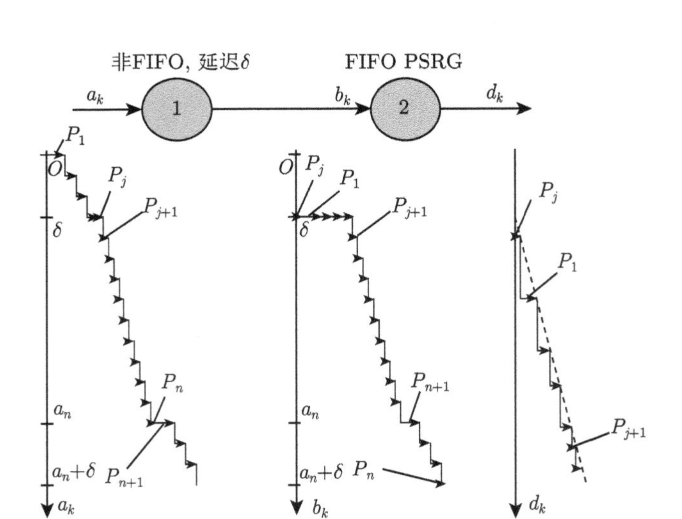

图 7.9　定理 7.5.3 的最坏情况下的例子

图 7.9 的说明：该图展示了定理 7.5.3 的最坏情况。除了数据包 $1,\cdots,j-1$ 和数据包 n，所有其他数据包以零延迟通过元件 1。

表 7.1　图 7.9 的细节

k	a_k	l_k	b_k	f_k	d_k
1	0	$\sigma-l_{\min}$	δ^+	无关	d_j+l_1/r
2	l_2/ρ	l_2	δ^+	无关	$d_j+(l_1+l_2)/r$
$\vdots$	$\vdots$	$\vdots$	$\vdots$	$\vdots$	$\vdots$
$j-1$	δ	l_{j-1}	δ^+	无关	d_j+A
j	δ	$l_{\min}$	δ	$\geqslant \delta+l_{\min}/r$	$\delta+l_{\min}/r$
$j+1$	$\delta+l_{\min}/r$	$l_{\min}$	a_{j+1}	$\delta+2l_{\min}/r$	$f_{j+1}+A$
$\vdots$	$\vdots$	$\vdots$	$\vdots$	$\vdots$	$\vdots$
$n-1$	$\delta+(n-j-1)l_{\min}/r$	$l_{\min}$	a_{n-1}	$\delta+(n-j)l_{\min}/r$	$f_{n-1}+A$
n	$\delta+(n-j)l_{\min}/r$	$l_{\min}$	$a_n+\delta$	$\delta+(n-j+1)l_{\min}/r$	$f_{n-1}+2A$
$n+1$	a_n^+	$\sigma-l_{\min}$	a_{n+1}	无关	$f_{n-1}+A+(\sigma-l_{\min})/r$
$n+2$	a_n+a_2	l_2	a_{n+2}	无关	$f_{n-1}+A+(\sigma-l_{\min}+l_2)/r$
$\vdots$	$\vdots$	$\vdots$	$\vdots$	$\vdots$	$\vdots$
$n+j-1$	$(a_n+\delta)^-$	l_{j-1}	$(a_n+\delta)^-$	无关	$f_{n-1}+2A$

注：① $A=(\rho\delta+\sigma-l_{\min})/r$；② $(j,l_2,\cdots,l_{j-1})$ 是 $l_2+\cdots+l_{j-1}=\rho\delta$ 的一个解，也就是 $l_2,\cdots,l_{j-1}\in[l_{\min},l_{\max}]$。例如，令 $j=2+\left\lfloor\frac{\rho\delta}{l_{\min}}\right\rfloor$，$l_2=\rho\delta-(j-3)l_{\min}$，$l_3=\cdots=l_{j-1}=l_{\min}$。因为 $l_{\max}\geqslant 2l_{\min}$，所以有 $l_2\leqslant l_{\max}$。

表 7.1 的说明： 该表展示了图 7.9 的细节。在这个表中假设 $\sigma - l_{\min} \leqslant l_{\max}$，否则用成批到达的数据包中更小的数据包替换数据包 1 和数据包 $n+1$ 。

7.8 参考文献说明

自适应服务曲线的概念由冲野的博士论文 [65] 提出，并被学者阿格拉沃尔、克鲁兹、冲野和拉詹发表于参考文献 [66]。这些参考文献包含了第 7.4.2 节中的大部分结论，以及对于窗口流控问题的应用（扩展了第 4.3.2 节）。他们称 $\widetilde{\beta}$ 为“自适应服务曲线”，称 β 为“部分服务曲线”。

数据包尺度速率保证最初在参考文献 [41] 中与自适应服务独立地被定义。该保证被作为互联网中加速转发容量定义的基础之一。

7.9 习　题

习题 7.1 假设 $R \to (\widetilde{\beta}, \beta) \to R^*$ 。

1. 请说明节点为流提供一条等于 $\widetilde{\beta} \otimes \bar{\beta}$ 的严格服务曲线，其中 $\bar{\beta}$ 是 β 的次可加闭包。
2. 如果 $\widetilde{\beta} = \beta$ 是一个速率–时延函数，则对于严格服务曲线得到的值是什么？

习题 7.2 设想一个具有输入 R 和输出 R^* 的系统。对于 $u \geqslant 0$，称“输入流在时刻 t 重启动”的流 R_t 由下式定义

$$R_t(u) = R(t+u) - R^*(t) = R(t,u] + Q(t)$$

其中 $Q(t) = R(t) - R^*(t)$ 是在时刻 t 的积压。类似地，对于 $u \geqslant 0$，令“输出流在时刻 t 重启动”的流 R_t^* 的定义为

$$R_t^*(u) = R^*(t+u) - R^*(t)$$

设该节点对所有成对的输入流、输出流 (R_t, R_t^*)，保证一条服务曲线 β。请说明 $R \to (\beta) \to R^*$。

第 8 章 时变整形器

8.1 概　　述

在本书中，通常假定系统在零时刻处于空闲状态。这并不会对系统有什么限制。系统具有更新属性，也就是通常会无限次地进入空闲状态。对于这样的系统，我们可选取某个所谓的零时刻作为时间起点。

在某些情况下，令我们感兴趣的是初始状态非空对于时刻 t 的影响，例如在重协商服务（re-negotiable service）等情况下，其流量合约可在周期性重新协商时进行修改。该服务的典型示例是遵守资源预留协议的 IETF 集成服务，其中的可协商合约（negotiable contract）可能周期性地被修改 [70] 。ATM 可用比特率（Available Bit Rate，ABR）服务也与此服务类似。由于服务可重新协商，因此源端使用的整形器也是随时间变化的。ATM 情形下，这种时变对应于动态通用信元速率算法（Dynamic Generic Cell Rate Algorithm，DGCRA）。由于在重新协商时通常不能假定系统处于空闲状态，因此需要推导显式公式，以描述初始状态非空时的瞬态影响。

第 8.2 节定义了时变整形器，它没有超过第 4.3 节基础的最小加定理的直接应用范围。第 8.3 节针对漏桶结合而成的整形器，提供显式公式：其中, 第 8.3.1 节推导出的公式描述具有非零初始缓冲区的整形器；第 8.3.2 节增加约束条件，即整形器需要利用一些历史信息。第 8.4 节应用上述结果分析整形器参数被周期性修改的案例。

此外，本章还给出了一个使用时移（time shifting）的例子。

8.2 时变整形器

定义时变整形器如下。

定义 8.2.1　对于流量 $R(t)$，给定时间变量 t、s 的函数 $H(t,s)$，时变整形器强制要求输出流量 $R^*(t)$ 对于任意 $s \leqslant t$，满足条件

$$R^*(t) \leqslant H(t,s) + R^*(s)$$

这可能会以缓冲某些数据作为代价。最佳时变整形器或贪婪时变整形器是所有可能的整形器中输出流量最大的整形器。

贪婪时变整形器的存在性由命题 8.2.1 给出。

命题 8.2.1　对于输入流量 $R(t)$ 和时间变量为 t、s 的函数 $H(t,s)$，在所有满足 $R^* \leqslant R$ 且

$$R^*(t) \leqslant H(t,s) + R^*(s)$$

的输出流量 R^* 中，有一条上限流量，其可由

$$R^*(t) = \inf_{s \geqslant 0}\{\overline{H}(t,s) + R(s)\} \tag{8.1}$$

给出，其中 $\overline{H}$ 是 H 的最小加闭包，由式 (4.10) 定义。

证明：整形器的定义条件可表示为

$$\begin{cases} R^* \leqslant \mathcal{L}_H\left(R^*\right) \\ R^* \leqslant R \end{cases}$$

其中 $\mathcal{L}_H$ 是最小加线性算子，其脉冲响应为 H (定理 4.1.1)。根据定理 4.3.1，以及最小加线性算子 $\mathcal{L}_H$ 是上界半连续（upper-semi-continuous）的，可以确定存在最大解。定理 4.2.1 和定理 4.3.1 可以给出命题其他部分的解释说明。　□

贪婪整形器的输出由式 (8.1) 给出。时不变整形器是一种特殊情况，它对应于 $H(s,t) = \sigma(t-s)$，其中 σ 是整形曲线，该式即定理 1.5.1 给出的结果。

通常情况下，命题 8.2.1 对我们并没有很大的帮助。本章的其他部分将专门介绍凹形分段线性时变整形器。

命题 8.2.2　设想一组时变速率为 $r_j(t)$ 和桶深为 $b_j(t)$ 的 j 个漏桶。在零时刻，所有的漏桶均为空。对于流量 $R(t)$，当且仅当任取 $0 \leqslant s \leqslant t$ 时，有

$$R(t) \leqslant H(t,s) + R(s)$$

成立，可称 $R(t)$ 满足这 j 个漏桶的联合约束，其中

$$H(t,s) = \min_{1 \leqslant j \leqslant J}\left\{b_j(t) + \int_s^t r_j(u)\mathrm{d}u\right\} \tag{8.2}$$

证明：根据第 1.3.2 节，漏桶是可变容量节点，第 j 个漏桶的水位 (level) 可以表征其积压量，且服从累积函数

$$M_j(t) = \int_0^t r_j(u)\mathrm{d}u$$

根据第 4 章，可变容量节点的输出有

$$R'_j(t) = \inf_{0\leqslant s\leqslant t}\{M_j(t) - M_j(s) + R(s)\}$$

第 j 个漏桶的约束有

$$R(t) - R'_j(t) \leqslant b_j(t)$$

两者综合考虑，可得到第 j 个约束，即任取 $0 \leqslant s \leqslant t$，有

$$R(t) - R(s) \leqslant M_j(t) - M_j(s) + b_j(t)$$

联合所有约束，则得到式 (8.2) 。

本章其他部分针对式 (8.2) 中 H 给定且函数 $r_j(t)$ 和 $b_j(t)$ 是分段常数的情况，给出 $\overline{H}$ 的实用显式计算。

8.3 初始状态非空的时不变整形器

本节研究时不变整形器。首先考虑整形曲线为 σ 的通用整形器，并假设其初始缓冲区非空。然后应用相关结论，进一步分析初始状态为非空的漏桶整形器。

8.3.1 初始缓冲区非空的整形器

命题 8.3.1（初始缓冲区非空的整形器） 考虑整形器的整形曲线为良态函数 σ，假设初始缓冲区容量为 ω_0，则给定输入为 R 时，任取 $t \geqslant 0$，输出 R^* 有

$$R^*(t) = \sigma(t) \wedge \inf_{0\leqslant s\leqslant t}\{R(s) + \omega_0 + \sigma(t-s)\} \tag{8.3}$$

证明：首先推导整形器输出的约束条件。 σ 是整形函数，因此对任意 $0 \leqslant s \leqslant t$ 有

$$R^*(t) \leqslant R^*(s) + \sigma(t-s)$$

假设漏桶在零时刻为非空的，对于任意 $t \geqslant 0$，有

$$R^*(t) \leqslant R(t) + \omega_0$$

在时刻 $s=0$，没有数据离开整形器，可表示为

$$R^*(t) \leqslant \delta_0(t)$$

因此输出受限于

$$R^*(t) \leqslant (\sigma \otimes R^*) \wedge (R + \omega_0) \wedge \delta_0$$

其中“$\otimes$”为最小加卷积运算，定义为 $(f \otimes g)(t) = \inf_s\{f(s) + g(t-s)\}$ 。更进一步地，由于整形器是最优整形器，因此输出流量是满足该不等式的最大函数。根据引理 1.5.1，有

$$\begin{aligned} R^*(t) &= \sigma \otimes [(R + \omega_0) \wedge \delta_0] \\ &= [\sigma \otimes (R + \omega_0)] \wedge [\sigma \otimes \delta_0] \\ &= [\sigma \otimes (R + \omega_0)] \wedge \sigma \end{aligned}$$

展开后，可得到命题 8.3.1 中的公式。 □

从该命题中也能发现缓冲区的初始容量可由零时刻的瞬时突发量表示，进而有推论 8.3.1。

推论 8.3.1（初始缓冲区非空的整形器积压） 考虑整形器缓冲区的初始缓冲容量为 ω_0，则整形器积压有

$$\omega(t) = [R(t) - \sigma(t) + \omega_0] \vee \sup_{0<s\leqslant t}\{R(t) - R(s) - \sigma(t-s)\} \tag{8.4}$$

8.3.2 初始水位非空的漏桶整形器

本节研究初始水位非空的漏桶整形器的特征。

命题 8.3.2（遵从 J 个初始水位非空的漏桶） 设想 J 个漏桶具有漏桶规范 $(r_j, b_j), j = 1, 2, \cdots, J$，并具有初始水位 q_j^0，则对于遵从上述 J 个漏桶的流 $S(t)$，当且仅当任取 $0 < s \leqslant t$ 时，有

$$S(t) - S(s) \leqslant \min_{1\leqslant j\leqslant J}\{r_j(t-s) + b_j\}$$

且任取 $t \geqslant 0$ 时，有

$$S(t) \leqslant \min_{1 \leqslant j \leqslant J}\left\{r_j t+b_j-q_j^0\right\}$$

流量 $s(t)$ 符合这 J 个漏桶。

证明： 对每个漏桶应用第 8.3.1 节的结论即可。 □

命题 8.3.3（初始水位非空的漏桶整形器） 设想贪婪整形器由 J 个漏桶 $(r_j, b_j), j=1,2\cdots J$ 构成。假设第 j 个漏桶的初始水位为 q_j^0 且整形器缓冲区初始水位为 0，则给定输入为 R 时，输出 R^* 任取 $t \geqslant 0$ 时，有

$$R^*(t)=\min \left\{\sigma^0(t),(\sigma \otimes R)(t)\right\} \tag{8.5}$$

其中 σ 是整形函数，有

$$\sigma(u)=\min_{1 \leqslant j \leqslant J}\left\{\sigma_j(u)\right\}=\min_{1 \leqslant j \leqslant J}\left\{r_j u+b_j\right\}$$

且定义 σ^0 为

$$\sigma^0(u)=\min_{1 \leqslant j \leqslant J}\left\{r_j u+b_j-q_j^0\right\}$$

证明： 令推论 8.3.2 中 $S=R^*$，则遵从 J 个漏桶的输出如下。
任取 $0<s \leqslant t$ 时，有

$$R^*(t)-R^*(s) \leqslant \sigma(t-s)$$

且任取 $t \geqslant 0$ 时，有

$$R^*(t) \leqslant \sigma^0(t)$$

因为 $\sigma^0(u) \leqslant \sigma(u)$，故可将第一个方程的有效性扩展到 $s=0$，有

$$R^*(t) \leqslant\left[\left(\sigma \otimes R^*\right) \wedge\left(R \wedge \sigma^0\right)\right](t)$$

假设系统是一个贪婪整形器，则 $R^*(\cdot)$ 是满足如上约束的最大解。使用与命题 8.3.1 相同的最小加结果，可获得

$$R^*(t)=\sigma \otimes\left(R \wedge \sigma^0\right)=(\sigma \otimes R) \wedge\left(\sigma \otimes \sigma^0\right)$$

因为 $\sigma^0 \leqslant \sigma$，所以有

$$R^*(t)=(\sigma \otimes R) \wedge \sigma^0$$ □

现在，可以获得初始状态为非空的漏桶整形器的特性。

定理 8.3.1（初始状态为非空的漏桶整形器）　设想漏桶整形器由 J 个漏桶 $(r_j, b_j), j=1,2\cdots J$ 构成。假设第 j 个漏桶的初始水位为 q_j^0 且整形器缓冲区初始水位为 ω_0，则给定输入为 R 时，输出 R^* 任取 $t \geqslant 0$ 时，对于所有 $t \geqslant 0$，有

$$R^*(t)=\min\left\{\sigma^0(t), \omega_0+\inf_{u>0}\{R(u)+\sigma(t-u)\}\right\} \tag{8.6}$$

其中

$$\sigma^0(u)=\min_{1\leqslant j\leqslant J}\left\{r_j u+b_j-q_j^0\right\}$$

证明：令命题 8.3.2 输入 $R'=(R+\omega_0)\wedge\delta_0$，并结合 $\sigma^0\leqslant\sigma$ 即可得证。

可以这样理解式 (8.6)，初始状态非空的漏桶整形器的输出是如下两种情况的较小值：计入缓冲区初始值的普通漏桶整形器的输出；仅受限于初始状态而与输入无关的输出。

8.4　时变漏桶整形器

本节研究分段恒定的时变漏桶整形器，其由固定数量的 J 个漏桶组成，且各漏桶的参数在时刻 t_i 改变，对 $t\in[t_i, t_{i+1}):=I_i$，有

$$r_j(t)=r_j^i, b_j(t)=b_j^i$$

在时刻 t_i 漏桶的参数被改变，此时保持漏桶的水位 $q_j(t_i)$ 不变，并认为随时间变化的整形曲线在时间间隔 I_i 内为 $\sigma_i(u)=\min\limits_{1\leqslant j\leqslant J}\left\{r_j^i u+b_j^i\right\}$，利用第 8.2 节的符号，如果 $t_i\in I_i$，有

$$H(t, t_i)=\sigma_i(t-t_i)$$

现在可以利用第 8.3 节的结果。

命题 8.4.1（漏桶水位）　考虑分段恒定的时变漏桶整形器输出为 R^*，如果 $t_i\in I_i$，则第 j 个漏桶的水位 $q_j(t)$ 有

$$q_j(t)=\left[R^*(t)-R^*(t_i)-r_j^i(t-t_i)+q_j(t_i)\right]\vee\sup_{t_i<s\leqslant t}\left\{R^*(t)-R^*(s)-r_j^i(t-s)\right\} \tag{8.7}$$

证明： 固定时间间隔 I_i，定义时移如下

$$x^*(\tau) := R^*(t_i+\tau) - R^*(t_i)$$

观察到 $q_j(t_i+\tau)$ 是时刻 τ 的积压，并在整形曲线为 $\sigma(\tau) = r_j^i\tau$ 、输入流量为 x^* 且初始漏桶水位为 $q_j(t_i)$ 的整形器上将其命名为 $\omega(\tau)$，根据第 8.3.1 节有

$$\omega(\tau) = \left[x^*(\tau) - r_j^i\tau + q_j(t_i)\right] \vee \sup_{0<s'\leqslant\tau}\left\{x^*(\tau) - x^*(s') - r_j^i(\tau - s')\right\}$$

代入 R^* 替换时移 x^* 即可得到式 (8.7) 。

定理 8.4.1（时变漏桶整形器） 考虑分段恒定的时变漏桶整形器，其在时间间隔 I_i 内的时变整形曲线为 σ_i 。给定输入为 R 时，输出 R^* 有

$$R^*(t) = \min\left\{\sigma_i^0(t-t_i) + R^*(t_i), \inf_{t_i<s\leqslant t}\{\sigma_i(t-s) + R(s)\}\right\} \tag{8.8}$$

其中 σ_i^0 定义为

$$\sigma_i^0(u) = \min_{1\leqslant j\leqslant J}\left\{r_j^i u + b_j^i - q_j(t_i)\right\}$$

$q_j(t_i)$ 由式 (8.7) 递归定义。如果 $t\in I_i$，则时刻 t 的积压有递归定义

$$\omega(t) = \max\left\{\sup_{t_i<s\leqslant t}\{R(t) - R(s) - \sigma_i(t-s)\}, R(t) - R(t_i) - \sigma_i^0(t-t_i) + \omega(t_i)\right\} \tag{8.9}$$

证明： 使用与命题 8.4.1 证明过程相同的符号，并另外定义

$$x(\tau) = R(t_i+\tau) - R(t_i)$$

应用定理 8.3.1，当初始漏桶水位等于式 (8.7) 给出的 $q_j(t_i)$ 且初始缓冲区积压等于 $\omega(\tau_i)$ 时，系统的输入/输出特征由式 (8.6) 给出，因此

$$x^*(\tau) = \sigma_i^0(\tau) \wedge [\sigma_i \otimes x'](\tau)$$

其中

$$x'(\tau) = \begin{cases} x(\tau) + \omega(t_i), & \tau > 0 \\ x(\tau), & \tau \leqslant 0 \end{cases}$$

此时重新引入原始符号，即可得到

$$R^*(t)-R^*(t_i)=\sigma_i^0(t-t_i)\wedge\inf_{t_i<s\leqslant t}\{\sigma_i(t-s)+R(s)-R(t_i)+\omega(t_i)\}$$

即式 (8.8) 所给出的结果。时刻 t 的积压也可由此立即得出。 □

注意，定理 8.4.1 提供了 $\overline{H}$ 的表示形式, 但该形式是递归的，即为了计算 $R^*(t)$, 需要对所有 $t_i<t$ 计算 $R^*(t_i)$ 。

8.5 参考文献说明

参考文献 [71] 说明了第 8.4 节中的公式如何构成可重新协商 VBR 服务的基础, 以及如果网络和客户端存在不一致时, 无论是否在每次重新协商时重置漏桶，都可能因为流量监督而导致无法接受的损失或服务降级。

参考文献 [72] 分析了时变整形器的一般概念。

第9章 有损系统

前文处理的都是无损系统。本章介绍如果将有损系统建模成为前端带有“削波器”（clipper）[73,74] 的无损系统，网络演算也能够被应用于有损系统。所谓“削波器”是一种控制器，它在缓冲器满的时候，或者在如果不削波就会违反延迟约束的时候，丢弃部分数据。通过再次应用定理 4.3.1，可以得到一个关于损失的表示方程，使用该方程可以计算不同的界限。第一种界限是在输入流量的到达曲线和元件的最小服务曲线已知的条件下，元件损失率的界限。采用更简单的服务曲线（如 CBR 整形器）意义下的损失，第二次使用该方程计算具有复杂服务曲线（如 VBR 整形器）的复杂元件的损失界限。最后，将削波器扩展为“补偿器”（compensator），削波器对于缓冲器上溢造成的数据丢弃建模，补偿器对于防止缓冲器下溢的数据增殖（accrual）建模。进而使用带有两个界限的 Skorokhod 反射映射问题来计算显式解。

9.1 损失的表示方程

9.1.1 有限存储元件中的损失

设想一种网络元件，该元件提供服务曲线 β，具有有限的存储容量（缓冲器）X。将输入流量记为 $a(t)$。

假设缓冲器的容量不足以避免所有可能输入流量模式下的损失，习惯上令 $t=0$ 时系统为空，希望计算在时刻 t 数据损失的数量。建立有损系统如图 9.1 所示，其中 $x(t)$ 是在时间间隔 $[0,t]$ 中实际进入系统的数据。这样在相同的时段内损失的数据为 $L(t)=a(t)-x(t)$。

图 9.1 中的有损系统替换了原先的有损元件，将其等效为串联一个控制器或规整器，该元件将一条输入流 $a(t)$ 隔离为两条分离的流 $x(t)$ 和 $L(t)$。因此，沿用参考文献 [74] 中的分类，将该元件称为削波器；削波器与原系统一起来看，削波器对于流 x 是无损的。

在任意时间间隔 $(s,t]$, 实际进入系统的数据量为 $x(t)-x(s)$，该数据量总是以在相同时段到达系统的数据总量 $a(t)-a(s)$ 为上限。对于任意 $0 \leqslant s \leqslant t$，有 $x(t) \leqslant x(s)+a(t)-a(s)$，或者等价地采用第 4.1.5 节定义的线性幂等算子（linear idempotent operator）表示

$$x(t) \leqslant \inf_{0 \leqslant s \leqslant t}\{a(t)-a(s)+x(s)\} = h_a(x)(t) \tag{9.1}$$

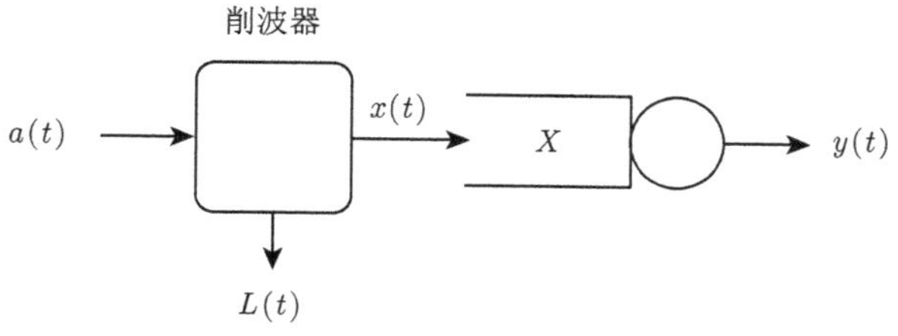

图 9.1　有损系统

另外，x 是 a 中确实进入系统的部分。如果以 y 表示它的输出，对于任意时刻 t，如果 $x(t)-y(t) \leqslant X$，则存在无损的 x。我们不知道由系统实现的确切的映射 $y=\Pi(x)$，但假设 Π 是保序的，在任意时刻 t，存在

$$x(t) \leqslant y(t)+X = \Pi(x)(t)+X \tag{9.2}$$

这样实际进入系统的数据 x 是式 (9.1) 和式 (9.2) 的解的最大值，x 可以被重新表示为

$$x \leqslant a \wedge \{\Pi(x)+X\} \wedge h_a(x) \tag{9.3}$$

该式与式 (4.33) 完全一样，只不过 X 相当于式 (4.33) 的 W，a 相当于式 (4.33) 的 M。解的最大值由下式给出

$$x = \overline{\{\Pi(x)+X\} \wedge h_a(x)}(a)$$

或是等效地，采用推论 4.2.1 之后，表示为

$$x = \left(\overline{\{h_a \circ (\Pi+X)\}} \circ h_a\right)(a) = \left(\overline{\{h_a \circ (\Pi+X)\}}\right)(a) \tag{9.4}$$

其中最后的等式由 $h_a(t)=a$ 得到。

我们不知道确切的映射 Π，但知道 $\Pi \geqslant C_\beta$，有

$$x \geqslant \overline{(h_a \circ C_{\beta+X})}(a) \tag{9.5}$$

因此，在时间间隔 $[0,t]$ 损失的数据量由下式给出

$$\begin{aligned}
L(t) &= a(t) - x(t) \\
&= a(t) - \overline{h_a \circ \{C_{\beta+X}\}}(a)(t) \\
&= a(t) - \inf_{n\in\mathbf{N}} \left\{(h_a \circ C_{\beta+X})^{(n)}\right\}(a)(t) \\
&= \sup_{n\in\mathbf{N}} \left\{a(t) - (h_a(t) \circ C_{\beta+X})^{(n)}(a)(t)\right\} \\
&= \sup_{n\geqslant 0}\{a(t) - \inf_{0\leqslant s_{2n}\leqslant\cdots\leqslant s_2\leqslant s_1\leqslant t}\{a(t) - a(s_1) + \beta(s_1 - s_2) \\
&\quad + X + a(s_2) - \cdots + a(s_{2n})\}\} \\
&= \sup_{n\in\mathbf{N}}\{\sup_{0\leqslant s_{2n}\leqslant\cdots\leqslant s_2\leqslant s_1\leqslant t}\{a(s_1) - \beta(s_1 - s_2) - a(s_2) \\
&\quad + \cdots - a(s_{2n}) - nX\}\}
\end{aligned}$$

因此，损失过程可以用下面的公式表示

$$\begin{aligned}
L(t) \leqslant \sup_{n\in\mathbf{N}} \Bigg\{ \sup_{0\leqslant s_{2n}\leqslant\cdots\leqslant s_2\leqslant s_1\leqslant t} \Bigg\{ \sum_{i=1}^{n} [a(s_{2i-1}) \\
- a(s_{2i}) - \beta(s_{2i-1} - s_{2i}) - X] \Bigg\}\Bigg\}
\end{aligned} \tag{9.6}$$

如果网络元件是贪婪整形器，且具有整形曲线 β，则 $\Pi(x) = C_\beta$，式 (9.5) 和式 (9.6) 变为等式。

式 (9.6) 表达的含义为：通过对所有时间间隔 $[s_{2i-1}, s_{2i}]$ 的损失求和，可以得到直到时刻 t 的损失。其中 s_{2i} 是溢出时间段的终点，s_{2i-1} 是 s_{2i} 之前缓冲器为空的最迟时刻。因此，这些时间间隔大于拥塞时间间隔，它们的数量 n 小于或等于拥塞时间间隔的数量。图 9.2 展示出一个 n=2 且存在 3 个拥塞时段的例子。

在下文中，我们将看到式 (9.6) 如何能够在一些系统的损失过程中帮助得到确定性的界限。

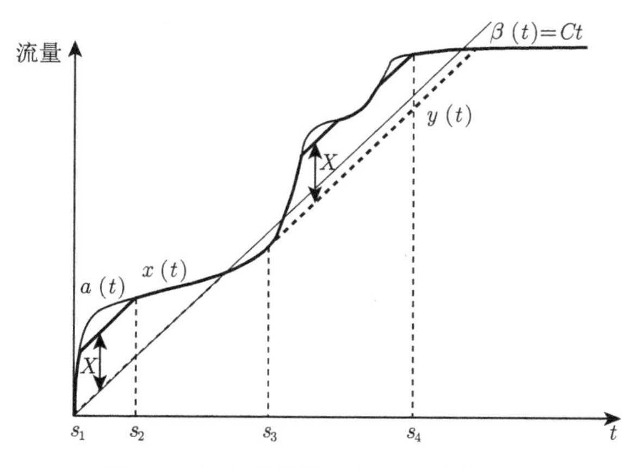

图 9.2　恒定速率整形器中损失的例子

图 9.2 的说明： 在恒定速率整形器 $[\beta(t)=\lambda_C]$ 中的损失。以细实线表示新流量 $a(t)$；以粗实线表示接受流量 $x(t)$；以粗虚线表示输出过程 $y(t)$。

9.1.2　有界延迟元件中的损失

在将话题转移到具体的应用之前，首先对一个类似的问题推导出一个表示方程，其中的数据被丢弃并不是由于有限的缓冲界限，而是由于延迟约束，即任何进入系统的数据必须在最多 d 个时间单位后离开系统，否则它会被丢弃。这些被丢弃的数据被称为由 d 个时间单位延迟约束的损失。

如上所述，令 x 为 a 中实际进入系统的部分，令 y 是 a 的输出。所有在 $[0,t]$ 中进入系统的数据 $x(t)$ 必须最迟在时刻 $t+d$ 之前离开，这样对于任意 t 有 $x(t)-y(t+d)\leqslant 0$，则

$$x(t)\leqslant y(t+d)=\Pi(x)(t+d)=(S_{-d}\circ\Pi)(x)(t) \tag{9.7}$$

其中 S_{-d} 是由定义 4.1.7 定义的平移算子（向前移动 d 个时间单位）。

另外，如同前面的例子，在任意时间间隔 $(s,t]$ 实际进入系统的数据量 $x(t)-x(s)$ 的上限总是被在同一时段内已经到达系统的总数据量 $a(t)-a(s)$ 限制。所以，实际进入系统的数据量是下式的最大解。

$$x\leqslant a\wedge(S_{-d}\circ\Pi)(x)\wedge h_a(x) \tag{9.8}$$

这样

$$x=\overline{(\{S_{-d}\circ\Pi\}\wedge h_a)}(a)$$

或者等价地，采用推论 4.2.1 之后，有

$$x = \left(\overline{h_a \circ (\{S_{-d} \circ \Pi\}) \circ h_a}\right)(a) = (\overline{h_a \circ S_{-d} \circ \Pi})(a) \tag{9.9}$$

因为 $\Pi \geqslant C_\beta$，有：

$$x \geqslant \overline{(h_a \circ S_{-d} \circ C_\beta)(a)} \tag{9.10}$$

这样在时间间隔 $[0,t]$ 损失的数据由下式给出

$$L(t) \leqslant \sup_{n \in \mathbf{N}} \{a(t) - (h_a \circ S_{-d} \circ C_\beta)^{(n)}(a)(t)\}$$

该式可以展开为

$$L(t) \leqslant \sup_{n \in \mathbf{N}} \left\{ \sup_{0 \leqslant s_{2n} \leqslant \cdots \leqslant s_2 \leqslant s_1 \leqslant t} \left\{ \sum_{i=1}^{n} [a(s_{2i-1}) - a(s_{2i}) - \beta(s_{2i-1} + d - s_{2i})] \right\} \right\} \tag{9.11}$$

如果 $\Pi = C_\beta$，则式 (9.11) 变成等式。

还能够将延迟约束与缓冲器约束相结合，从下式开始重复同样的推理

$$x \leqslant a \wedge \{\Pi(x) + X\} \wedge (S_{-d} \circ \Pi)(x) \wedge h_a(x) \tag{9.12}$$

得到

$$\begin{aligned} L(t) \leqslant \sup_{n \in \mathbf{N}} \Bigg\{ \sup_{0 \leqslant s_{2n} \leqslant \cdots \leqslant s_2 \leqslant s_1 \leqslant t} \Bigg\{ \sum_{i=1}^{n} & [a(s_{2i-1}) - a(s_{2i}) \\ & - (\beta(s_{2i-1} + d - s_{2i}) \wedge \{\beta(s_{2i-1} - s_{2i}) + X\})] \Bigg\} \Bigg\} \end{aligned} \tag{9.13}$$

以这种时间方法代替空间方法求解式 (9.12)。如果 $t \in \mathbf{N}$，则这能够被改写为递归的形式。这种递归方法在参考文献 [73] 中给出。

9.2 应用 1：损失率的界限

让我们回顾一下由于缓冲器溢出导致损失的案例，并在本节假设新产生的流量 a 受到达曲线 α 的约束。

下面的定理提供了关于损失率 $l(t) = L(t)/a(t)$ 的界限，这是损失表达式 (9.6) 的直接结果。

定理 9.2.1（损失率的界限）　设想一个带有存储容量 X 的系统，对于被到达曲线 α 约束的流，提供一条服务曲线 β，则损失率 $l(t)=L(t)/a(t)$ 的上限为

$$\hat{l}(t)=\left[1-\inf_{0<s\leqslant t}\left\{\frac{\beta(s)+X}{\alpha(s)}\right\}\right]^{+} \tag{9.14}$$

证明　$\hat{l}(t)$ 的定义如式 (9.14)。对于任意 $0\leqslant u<v\leqslant t$，有

$$1-\hat{l}(t)=\inf_{0<s\leqslant t}\left\{\frac{\beta(s)+X}{\alpha(s)}\right\}\leqslant\frac{\beta(v-u)+X}{\alpha(v-u)}\leqslant\frac{\beta(v-u)+X}{a(v)-a(u)}$$

由到达曲线的定义，有 $a(v)-a(u)\leqslant\alpha(v-u)$。所以，对于任意 $0\leqslant u\leqslant v\leqslant t$，有

$$a(v)-a(u)-\beta(v-u)-X\leqslant\hat{l}(t)[a(v)-a(u)]$$

对于任意 $n\in\mathbf{N}_0=\{1,2,3,\cdots\}$，以及对于任意的序列 $\{s_k\}_{1\leqslant k\leqslant 2n}$，其中 $0\leqslant s_{2n}\leqslant\cdots\leqslant s_1\leqslant t$，在前面的式子中设置 $v=s_{2i-1}$ 和 $u=s_{2i}$，对于 i 求累加和，得到

$$\sum_{i=1}^{n}[a(s_{2i-1})-a(s_{2i})-\beta(s_{2i-1}-s_{2i})-X]\leqslant\hat{l}(t)\sum_{i=1}^{n}[a(s_{2i-1})-a(s_{2i})]$$

因为 s_k 一直随 k 增长，所以这个不等式的右边总是小于或等于 $\hat{l}(t)\cdot a(t)$。这样，有

$$\begin{aligned}L(t)&\leqslant\sup_{n\in\mathbf{N}}\left\{\sup_{0\leqslant s_{2n}\leqslant\cdots\leqslant s_2\leqslant s_1\leqslant t}\left\{\sum_{i=1}^{n}[a(s_{2i-1})-a(s_{2i})-\beta(s_{2i-1}-s_{2i})-X\right\}\right\}\\&\leqslant\hat{l}(t)\cdot\alpha(t)\end{aligned}$$

这表明 $\hat{l}(t)\geqslant l(t)=L(t)/a(t)$。

为了得到独立于时刻 t 的界限，对于式 (9.14) 在所有 t 上取上确界，得到

$$\hat{l}=\sup_{t\geqslant 0}\{\hat{l}(t)\}=\left[1-\inf_{t>0}\left\{\frac{\beta(t)+X}{\alpha(t)}\right\}\right]^{+} \tag{9.15}$$

并重新得到参考文献 [75] 中的结果。

对于不是由有限缓冲容量 X 造成，而是由延迟约束 d 造成的损失，也能够很容易地得到类似的结果，如下

$$\hat{l}(t)=\left[1-\inf_{0<s\leqslant t}\left\{\frac{\beta(s+d)}{\alpha(s)}\right\}\right]^{+} \tag{9.16}$$

$$\hat{l} = \left[1 - \inf_{t>0}\left\{\frac{\beta(t+d)}{\alpha(t)}\right\}\right]^+ \tag{9.17}$$

9.3 应用 2：复杂系统中的损失界限

作为损失表达式 (9.6) 的一个特殊应用，本节展示如何能够通过更简单的系统中的损失，在提供有些复杂的服务曲线 β 的系统中求得损失的界限。在本节中，第一个应用通过某个在存储系统和管制器之间分隔资源（缓冲器、带宽）的系统，得到整形器中损失的界限。本节中第二个应用处理 VBR 整形器，并与两个 CBR 整形器相比较。对于这两个应用，利用更简单系统中的界限，原系统的损失在每条采样路径上被限定。然而，对于拥塞的时刻，同样的结论并不总是成立。

9.3.1 缓冲器和管制器之间分隔的损失界限

对于同样的输入流 $a(t)$，首先比较该流在两种系统中的损失。

第一种系统如图 9.1 所示，具有服务曲线 β 和缓冲器 X，流的损失 $L(t)$ 由式 (9.6) 给出。

第二种系统由两部分组成，如图 9.3(a) 所示。第一部分是带有缓冲 X 的系统，所实现的某种输入的映射 Π' 在这里并没有显式地给出，但该映射被设定为保序的，并且不小于 Π（$\Pi' \geqslant \Pi$）。我们还知道只要积压的数据总量超过 X，第一个削波器就会丢弃数据。这种操作被称为缓冲丢弃（buffer discard）。在 $[0,t]$ 缓冲丢弃的数量表示为 $L_{\mathrm{Buf}}(t)$。第二部分是一个不带缓冲器的管制器，该管制器的输出是接纳的数据流与管制器 β 的最小加卷积。只要存储系统的总输出流量超过管制器允许的最大输入流量，第二个削波器就会丢弃数据。这种操作被称为管制丢弃（policing discard）。在 $[0,t]$ 管制丢弃的数量表示为 $L_{\mathrm{Pol}}(t)$。

定理 9.3.1　对于服务曲线 β 和缓冲 X，令 $L(t)$ 为原始系统中损失的数据量。缓冲丢弃和管制丢弃的定义如上所述。令 $L_{\mathrm{Buf}}(t)[L_{\mathrm{Pol}}(t)]$ 是在时间间隔 $[0,t]$ 由于缓冲丢弃（管制丢弃）损失的数据量，则 $L(t) \leqslant L_{\mathrm{Buf}}(t) + L_{\mathrm{Pol}}(t)$。

证明　令 x 和 y 分别表示第二个系统中缓冲部分被准入的流和输出的流，则管制器意味着 $y = \beta \otimes x$，并且在任意时刻 s，具有

$$a(s) - L_{\mathrm{Buf}}(s) - X = x(s) - X \leqslant y(s) \leqslant x(s) = a(s) - L_{\mathrm{Buf}}(s)$$

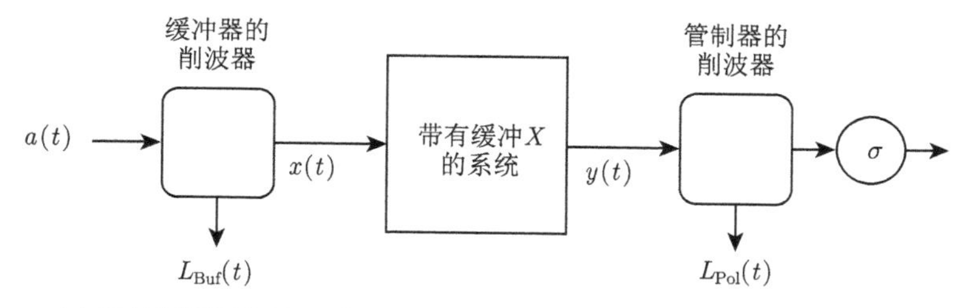

(a) 带有分隔的缓冲器和管制器系统由于缓冲丢弃和管制丢弃而发生损失

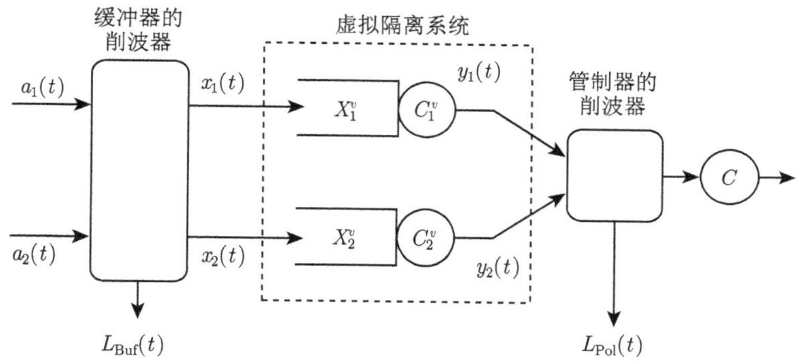

(b) 对于两种类型的流采用虚拟分隔系统

图 9.3　缓冲器和管制器系统

图 9.3 的说明：(a) 图为带有分隔的缓冲器和管制器系统由于缓冲丢弃和管制丢弃而发生损失；(b) 图为洛普雷斯蒂 (Lo Presti) 等学者 [76] 所采用的，对于两种类型的流量采用虚拟分隔系统，具有缓冲损失和管制损失。

该式意味着对任意 $0 \leqslant u \leqslant v \leqslant t$，有

$$\begin{aligned}
& y(v) - y(u) - \beta(v-u) \\
\geqslant & (a(v) - L_{\mathrm{Buf}}(v) - X) - (a(u) - L_{\mathrm{Buf}}(u)) - \beta(v-u) \\
= & a(v) - a(u) - \beta(v-u) - X - (L_{\mathrm{Buf}}(v) - L_{\mathrm{Buf}}(u))
\end{aligned}$$

使用与定理 9.2.1 证明中同样的推理：选取任意 $n \in \mathbf{N}_0$，以及任意的递增序列 $\{s_k\}_{1\leqslant k\leqslant 2n}$，具有 $0 \leqslant s_{2n} \leqslant \cdots \leqslant s_1 \leqslant t$，则在前面的不等式中令 $v = s_{2i-1}$ 和 $u = s_{2i}$，对所有的 i 求和，得到

$$\sum_{i=1}^{n}[y(s_{2i-1}) - y(s_{2i}) - \beta(s_{2i-1} - s_{2i})]$$

$$\geqslant \sum_{i=1}^{n}[a(s_{2i-1})-a(s_{2i})-\beta(s_{2i-1}-s_{2i})-X]$$
$$-\sum_{i=1}^{n}[(L_{\mathrm{Buf}}(s_{2i-1})-L_{\mathrm{Buf}}(s_{2i}))]$$

对于所有 n 和所有的序列 $\{s_k\}_{1\leqslant k\leqslant 2n}$ 求上确界，由式 (9.6)[因为管制器的输出是 $y=\beta\otimes x$，能够将式 (9.6) 由不等式替换为等式]，上式的左边等于 $L_{\mathrm{Pol}}(t)$。因为 $\{s_k\}$ 是广义递增序列，并且 L_{Buf} 是一个广义递增函数。这样得到

$$\begin{aligned}&L_{\mathrm{Pol}}(t)\\ \geqslant&\sup_{n\in\mathbf{N}}\left\{\sup_{0\leqslant s_{2n}\leqslant\cdots\leqslant s_1\leqslant t}\{a(s_{2i-1})-a(s_{2i})-\beta(s_{2i-1}-s_{2i})-X\}\right\}-L_{\mathrm{Buf}}(t)\\ =&L(t)-L_{\mathrm{Buf}}(t)\end{aligned}$$

通过上式完成了证明。 □

对于埃尔瓦利德 (Elwalid) 等学者在参考文献 [77] 中以及洛普雷斯蒂等学者在文献 [78] 中提出的统计性呼叫接受控制（Call Acceptance Control，CAC）算法，在“缓冲器”和“管制器”之间的资源隔离被用于估计损失概率。输入的流量被分隔为两类。所有与第一类（第二类）有联系的变量被标注为以角标 1 为标号 1（以角标 2 为标号 2），这样 $a(t)=a_1(t)+a_2(t)$，则原先的系统是一个 CBR 整形器（$\beta=\lambda_C$），并且存储系统是一个虚拟隔离的系统，如图 9.3(b) 所示，该整形器由两个速率为 C_1^v 和 C_2^v 以及缓冲量为 X_1^v 和 X_2^v 的整形器构成。虚拟整形器足够大，足以确保对于所有可能的到达函数 $a_1(t)$ 和 $a_2(t)$ 没有损失发生。总缓冲空间（带宽）大于原先的缓冲空间（带宽）：$X_1^v+X_2^v\geqslant X$（$C_1^v+C_2^v\geqslant C$）。然而，只要在虚拟系统中的总积压数据超过 X，缓冲控制器就丢弃数据，并且只要虚拟系统中的输出速率超过 C，管制控制器就丢弃数据。

9.3.2 VBR 整形器中的损失界限

在本节中，设想缓冲为 X 的“缓冲漏桶”整形器 [78]，它的输出遵守峰值速率为 P 的 VBR 整形曲线，可持续速率为 M，突发容限为 B，以至于单元的映射为 $\Pi=C_\beta$，其中 $\beta=\lambda_P\wedge\gamma_{M,B}$。我们将考虑两种系统来确定这些损失的界限：第一种是两个并联的 CBR 整形器 [见图 9.4(a)]，第二种是两个串联的 CBR 整形器 [图 9.4(b)]。类似的结果对由延迟约束造成的损失也成立 [79]。

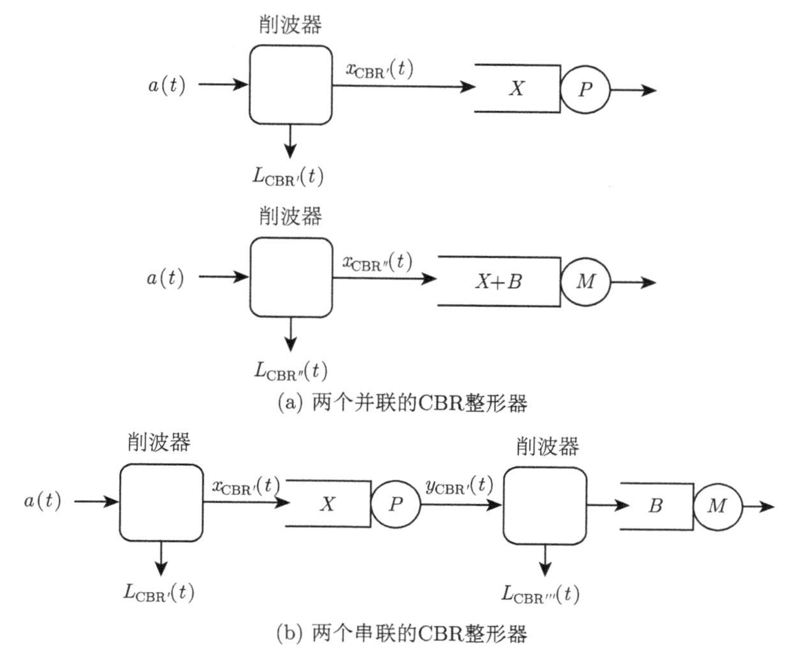

图 9.4　并联的两个 CBR 整形器和串联的两个 CBR 整形器

首先，展示这个系统在时间间隔 $[0,t]$ 的损失数量由两个并联的 CBR 整形器的损失之和限定，如图 9.4(a) 所示，第一个整形器具有容量为 X 和速率为 P 的缓存器，而第二个缓冲器具有容量为 $X+B$ 和速率为 M 的缓存器。两者都接收与 VBR 整形器一样的到达流量 $a(t)$。

定理 9.3.2　当在 $[0,t]$ 已经到达的数据为 $a(t)$ 时，令 $L_{\text{VBR}}(t)$ 是一个缓冲容量为 X 和整形曲线为 $\beta=\lambda_P\wedge\gamma_{M,B}$ 的 VBR 整形器在时间间隔 $[0,t]$ 的损失数量。

对于同样的输入流量 $a(t)$，令 $L_{\text{CBR}'}(t)[L_{\text{CBR}''}(t)]$ 是一个带有缓冲容量 X（$X+B$）和整形曲线 λ_P（λ_M）的 CBR 整形器在时间间隔 $[0,t]$ 的损失的数量，则 $L_{\text{VBR}}(t)\leqslant L_{\text{CBR}'}(t)+L_{\text{CBR}''}(t)$。

证明： 该证明直接地应用了式 (9.6)。选取任意的 $0\leqslant u\leqslant v\leqslant t$，因为 $\beta=\lambda_P\wedge\gamma_{M,B}$，则

$$
\begin{aligned}
&a(\nu)-a(u)-\beta(\nu-u)-X\\
=&\{a(\nu)-a(u)-P(\nu-u)-x\}\vee\{a(\nu)-a(u)-M(\nu-u)-B-X\}
\end{aligned}
$$

选取任意 $n \in \mathrm{N}_0$，且对于 $0 \leqslant s_{2n} \leqslant \cdots \leqslant s_1 \leqslant t$ 选取任意增序列 $\{s_k\}_{1 \leqslant k \leqslant 2n}$。在前面的式子中设 $v = s_{2i-1}$ 和 $u = s_{2i}$，在 i 上求和，由式 (9.6) 得到

$$
\begin{aligned}
&\sum_{i=1}^{n} [a(s_{2i-1}) - a(s_{2i}) - \beta(s_{2i-1} - s_{2i}) - X] \\
=&\sum_{i=1}^{n} [\{a(s_{2i-1}) - a(s_{2i}) - P(s_{2i-1} - s_{2i}) - X\} \\
&\vee \{a(s_{2i-1}) - a(s_{2i}) - M(s_{2i-1} - s_{2i}) - B - X\}] \\
\leqslant&\sum_{i=1}^{n} [a(s_{2i-1}) - a(s_{2i}) - P(s_{2i-1} - s_{2i}) - X] \\
&+ \sum_{i=1}^{n} [a(s_{2i-1}) - a(s_{2i}) - M(s_{2i-1} - s_{2i}) - B - X] \\
\leqslant& L_{\mathrm{CBR}'}(t) + L_{\mathrm{CBR}''}(t)
\end{aligned}
$$

在前面的不等式中对于所有的 n 和所有的序列 $\{s_k\}_{1 \leqslant k \leqslant 2n}$ 取上确界，可以得到所预期的结果。 □

类似的操作表明 VBR 系统在时间间隔 $[0, t]$ 损失的总数的上界也被图 9.4 所示的两个级联的 CBR 整形器的损失总和所限定：第一个具有容量 X 和速率 P 的缓冲器，接收如同原来 VBR 整形器一样的到达流量，而该缓冲器的输出被馈入具有容量为 B 和速率 M 的缓冲器的第二个整形器。

定理 9.3.3 令 $L_{\mathrm{VBR}}(t)$ 是缓存为 X 和整形曲线为 $\beta = \lambda_P \wedge \gamma_{M,B}$ 的 VBR 整形器在时间间隔 $[0, t]$ 损失数据的总数，在时间间隔 $[0, t]$ 已经到达的数据记为 $a(t)$。

令 $L_{\mathrm{CBR}'}(t)[L_{\mathrm{CBR}''}(t)]$ 是缓冲为 X（B）的 CBR 整形器在时间间隔 $[0, t]$ 的损失数据的总数，具有同样的输入 $a(t)$（输入流量为第一个 CBR 整形器的输出）。则 $L_{\mathrm{VBR}}(t) \leqslant L_{\mathrm{CBR}'}(t) + L_{\mathrm{CBR}''}(t)$。

这个定理的证明留给读者。

对于任意的流量模式，图 9.4 所示的两种系统都不能给出更好的界限。例如，设 VBR 系统参数为 $P = 4$、$M = 1$、$B = 12$ 和 $X = 4$，并且在 4 个时间单位内以速率 R 发出一个单突发数据流量，这样

$$
a(t) = \begin{cases} Rt, & 0 \leqslant t \leqslant 4 \\ 4R, & t \geqslant 4 \end{cases}
$$

如果 $R=5$，VBR 系统以及含有 CBR′ 和 CBR″ 的并联系统都是无损的，而在串联的 CBR′ 和 CBR‴ 系统中 5 个时间单位之后损失数据的数量为 3。

另外，如果 $R=6$，在 5 个时间单位之后，损失数据的数量在 VBR 系统、并联系统（CBR′ 和 CBR″）以及串联系统（CBR′ 和 CBR‴）中分别为 4、8 和 7。

十分有趣的是，尽管图 9.4 中的系统都能限定原先系统的损失数量，但对于拥塞时段（损失出现的时间间隔）却不是这样。对于拥塞时段串联系统没有提供界限，但反之，并联系统可以提供界限 [79]。

9.4　带有两个边界的 Skorokhod 反射问题的解

为了得到图 9.1 所示的模型，在系统之前加入一个规整器（称为“削波器”），给定一个有限的存储容量 X，该削波器的输入 $a(t)$ 是确保无损服务的最大输入。该削波器消除了超出 $a(t)$ 的新流量的一部分。无损系统的输出被记为 $y(t)$（见图 9.5），现在通过在无损系统之后加入第二个规整器泛化这个模型。第二个规整器与 y 互补，以致于现在全过程的输出是一个给定的函数 $b(t)\in\mathcal{F}$。结果过程（resulting process）$N(t)=y(t)-b(t)$ 是为了防止无损系统进入饥饿状态而需要馈入的流量。$N(t)$ 补偿可能的缓冲器下溢（underflow），这样我们将第二个规整器命名为“补偿器”。

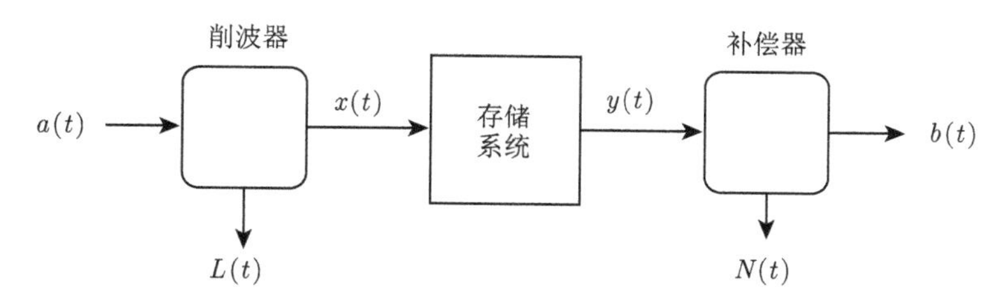

图 9.5　用于表示求解带有两个界限的 Skorokhod 反射问题的变量的无损系统

再次使用定理 4.3.1，从到达过程 a 和离去过程 b 显式地计算损失过程 L 和补偿过程 N。寻找对于如下不等式集合的最大解 $\vec{x}(t)$，即

$$\vec{x}(t)=[x(t)\quad y(t)]^{\mathrm{T}}$$

其中，角标 T 表示转置，不等式集合为

$$x(t)\leqslant\inf_{0\leqslant s\leqslant t}\{a(t)-a(s)+x(s)\}\tag{9.18}$$

$$x(t) \leqslant y(t) + X \tag{9.19}$$

$$y(t) \leqslant x(t) \tag{9.20}$$

$$y(t) \leqslant \inf_{0 \leqslant s \leqslant t} \{b(t) - b(s) + y(s)\} \tag{9.21}$$

前两个不等式与式 (9.1) 和式 (9.2) 相同，后两个不等式是关于 y 的对偶约束。这样能够将该系统改写成

$$x \leqslant a \wedge h_a(x) \wedge \{y + X\} \tag{9.22}$$

$$y \leqslant b \wedge x \wedge h_b(x) \tag{9.23}$$

这是一个最小加线性不等式组成的系统，它的解为

$$\vec{x} = \overline{\mathcal{L}}_{\boldsymbol{H}}(\vec{a}) = \mathcal{L}_{\overline{\boldsymbol{H}}}(\vec{a})$$

其中，对于所有 $0 \leqslant s \leqslant t$，$\vec{a}$ 和 $\boldsymbol{H}$ 的定义如下

$$\vec{a}(t) = [\ a(t) \quad b(t)\ ]^{\mathrm{T}}$$

$$\boldsymbol{H}(t,s) = \begin{bmatrix} a(t) - a(s) & \delta_0(t-s) + X \\ \delta_0(t-s) & b(t) - b(s) \end{bmatrix}$$

不用计算 $\overline{\boldsymbol{H}}$，更快的方法是首先计算式 (9.23) 解的最大值。使用线性幂等算子的属性，得到

$$y = \overline{h_b}(x \wedge b) = h_b(x \wedge b) = h_b(x) \wedge h_b(b) = h_b(x)$$

接下来在式 (9.22) 中用 $h_b(x)$ 代替 y，并计算它的解的最大值，即

$$x = \overline{h_a \wedge \{h_b + X\}}(a)$$

采用推论 4.2.1 计算次可加闭包，我们得到

$$x = \overline{(h_a \circ \{h_b + X\})}(a) \tag{9.24}$$

并且

$$y = \left(h_b \circ \overline{h_a \circ \{h_b + X\}}\right)(a) \tag{9.25}$$

经过一番推导，得到

$$
\begin{aligned}
N(t) &= b(t) - y(t) \\
&= \sup_{n\in\mathbf{N}}\left\{\sup_{0\leqslant s_{2n+1}\leqslant\cdots\leqslant s_2\leqslant s_1\leqslant t}\left\{\sum_{i=1}^{2n+1}(-1)^i(a(s_i)-b(s_i))\right\}-nX\right\} \quad (9.26)\\
L(t) &= a(t) - x(t) \\
&= \sup_{n\in\mathbf{N}}\left\{\sup_{0\leqslant s_{2n}\leqslant\cdots\leqslant s_2\leqslant s_1\leqslant t}\left\{\sum_{i=1}^{2n}(-1)^{i+1}(a(s_i)-b(s_i))\right\}-nX\right\} \quad (9.27)
\end{aligned}
$$

特别有趣的是，这两个函数是带有两个固定边界的所谓的“Skorokhod 反射问题”[80,81] 的解。

根据参考文献 [82] 中的阐述对反射映射问题（reflection mapping problem）进行描述，给出一个将在这里作为原始基准的下界，一个 $X>0$ 的上界，以及一个使 $0\leqslant z(0^-)\leqslant X$ 的自由过程（free process）$z(t)\in\mathbf{R}$。Skorokhod 反射问题寻找函数 $N(t)$（下界过程）和 $L(t)$（上界过程）。

(1) 对于所有 $t\geqslant 0$，在区间 $[0,X]$ 存在反射过程（reflected process）

$$W(t)=z(t)+N(t)-L(t) \tag{9.28}$$

(2) $N(t)$ 和 $L(t)$ 都是非减函数，具有 $N(0^-)=L(0^-)=0$，并且 $N(t)$[或 $L(t)$] 只有在 $W(t)=0$[或 $W(t)=X$] 时才增长，以 $1_{\{A\}}$ 表示 A 的指示函数，即

$$\int_0^{\infty}1_{\{W(t)>0\}}\mathrm{d}N(t)=0 \tag{9.29}$$

$$\int_0^{\infty}1_{\{W(t)<X\}}\mathrm{d}L(t)=0 \tag{9.30}$$

这个问题的解存在并且是唯一的 [81]。当只有一个界限存在时，就可以有显式的方程。例如，如果 $X\to+\infty$，这里只有一个下界，则容易发现这个问题的解如下

$$N(t)=-\inf_{0\leqslant s\leqslant t}\{z(s)\}$$

$$L(t)=0$$

如果 $X<+\infty$，则这个问题的解可以依靠持续逼近构造。但就我们所知，这时不能得到解的显式表达。对于连续的变差有限（Variation Finite，VF）函数

$z(t)$，在 $\mathbf{R}_+$ 上的一个 VF 函数 [81,83] 使得对于所有 $t>0$，有下式成立

$$\sup_{n\in\mathbf{N}_0}\left\{\sup_{0=s_n<s_{n-1}<\cdots<s_1<s_0=t}\left\{\sum_{i=0}^{n-1}|z(s_i)-z(s_{i+1})|\right\}\right\}<+\infty$$

VF 函数具有如下的属性 [83]：当且仅当它能够被写成 $\mathbf{R}_+$ 上两个广义递增函数的差值，$z(t)$ 是 $\mathbf{R}_+$ 上的 VF 函数。

定理 9.4.1（Skorokhod 反射映射） 令自由过程 $z(t)$ 是一个 $\mathbf{R}_+$ 上的连续 VF 函数。则在区间 $[0,X]$ 上 Skorokhod 反射问题的解是

$$N(t)=\sup_{n\in\mathbf{N}}\left\{\sup_{0\leqslant s_{2n+1}\leqslant\cdots\leqslant s_2\leqslant s_1\leqslant t}\left\{\sum_{i=1}^{2n+1}(-1)^i z(s_i)\right\}-nX\right\} \tag{9.31}$$

$$L(t)=\sup_{n\in\mathbf{N}}\left\{\sup_{0\leqslant s_{2n}\leqslant\cdots\leqslant s_2\leqslant s_1\leqslant t}\left\{\sum_{i=1}^{2n}(-1)^{i+1} z(s_i)\right\}-nX\right\} \tag{9.32}$$

证明 因为 $z(t)$ 是在 $[0,+\infty)$ 上的 VF 函数，所以存在两个增函数 $a(t)$ 和 $b(t)$，使得对于所有 $t\geqslant 0$，存在 $z(t)=a(t)-b(t)$。因为 $z(t)\geqslant 0$，所以能够得到 $b(0)=0$ 和 $a(0)=z(0)$。注意 $a,b\in\mathcal{F}$。当 x 和 y 是式 (9.22) 和式 (9.23) 的解的最大值时，我们将说明 $L=a-x$ 和 $N=b-y$ 是 Skorokhod 反射问题的解。

首先注意到，由式 (9.19) 和式 (9.20)，对于所有的 $t\geqslant 0$，$W(t)$ 在区间 $[0,X]$ 有

$$\begin{aligned}W(t)&=z(t)+N(t)-L(t)=(a(t)-b(t))+(b(t)-y(t))-(a(t)-x(t))\\&=x(t)-y(t)\end{aligned}$$

其次，由式 (9.21) 知，注意 $N(0)=b(0)-y(0)=0$，并且对于任意 $t>0$ 和 $0\leqslant s<t$，$N(t)-N(s)=b(t)-b(s)+y(s)-y(t)\geqslant 0$，其中可见 $N(t)$ 是非非减函数。对于 $L(t)$，同样的属性能够以式 (9.18) 导出。

最后，如果 $W(t)=x(t)-y(t)>0$，因为 y 是满足式 (9.20) 和式 (9.21) 的解的最大值，则存在一些 $s^*\in[0,t]$ 使得 $y(t)=y(s^*)+b(t)-b(s^*)$。所以对于所有 $s\in[s^*,t]$，存在

$$0\leqslant N(t)-N(s)\leqslant N(t)-N(s^*)=b(t)-b(s^*)+y(s^*)-y(t)=0$$

其中可见 $N(t) - N(s) = 0$，并且如果 $W(t) > 0$，则 $N(t)$ 为非增函数。同理可见，如果 $W(t) < X$，则 $L(t)$ 为非增函数。

所以，$N(t)$ 和 $L(t)$ 是我们寻找的反射过程的下界和上界。我们已经将它们计算出来，由式 (9.26) 和式 (9.27) 给出。在这两个表达式中用 $z(s_i)$ 代替 $a(s_i) - b(s_i)$，则建立式 (9.31) 和式 (9.32)。 □

9.5　参考文献说明

削波器的概念由学者克鲁兹和学者特纳哈 (Tenaja) 引入，并被扩展用以得到损失表达式 [73,79]。当算子 Π 是一般、时变算子时，在参考文献 [73] 中可以找到显式的表达式。对于带有复杂整形函数的有损整形器，我们期望本章中的结论可以构成得到损失概率或拥塞概率的界限的起点。相应的方法在于将已知的界限用于虚拟系统，以及在虚拟系统的集合中找到最小系统。

参考文献

[1] GUNAWARDENA J. From max-plus algebra to nonexpansive mappings: a nonlinear theory for discrete event systems[J]. Theoretical Computer Science, 2003, 293(1):141–167.

[2] BACCELLI F, COHEN G, OLSDER G J, et al. Synchronization and Linearity, An Algebra for Discrete Event Systems[M]. Chichester: John Wiley and Sons, 1992.

[3] CHANG C S. Performance Guarantees in Communication Networks[M]. London: Springer-Verlag, 2000.

[4] NAUDTS J. Towards real-time measurement of traffic control parameters[J]. Computer Networks, 2000, 34(1):157–167.

[5] KESHAV S. An engineering approach to computer networking ATM networks the internet and the telephone network[M]. 1st edition. Reading, Massachusetts: Addison-Wesley, 1997.

[6] PAREKH A K, GALLAGER R G. A generalized processor sharing approach to flow control in integrated services networks-the single node case[C]. [Proceedings] IEEE INFOCOM '92: The Conference on Computer Communications, IEEE, 1992:915–924.

[7] BLAKE S, BLACK D, CARLSON M, et al. An architecture for differentiated services[EB/OL]. (1998-12)[2020-09-25]. IETF RFC 2475.

[8] STILIADIS D, VARMA A. Latency-rate servers: a general model for analysis of traffic scheduling algorithms[C]. IEEE/ACM Transactions on Networking, IEEE, 1998:611–624.

[9] THIELE L, CHAKRABORTY S, NAEDELE M. Real-time calculus for scheduling hard real-time systems[C]. 2000 IEEE International Symposium on Circuits and Systems (ISCAS), IEEE, 2000:101–104.

[10] GUÉRIN R A, PLA V. Aggregation and conformance in differentiated service networks: a case study[J]. ACM SIGCOMM Computer Communication Review, 31(1):21–32.

[11] LE BOUDEC J-Y. Some properties of variable length packet shapers[J]. SIGMETRICS Performance Evaluation Review, 29(1):175–183.

[12] GEORGIADIS L, GUERIN R, PERIS V, et al. Efficient network QoS provisioning

based on per node traffic shaping[C]. Proceedings of IEEE INFOCOM '96. Conference on Computer Communications, IEEE, 1996:102–110.

[13] AGRAWAL R, RAJAN R. A general framework for analyzing schedulers and regulators in integrated services network[C]. 34th Annual Allerton Conference on Communication, Control, and Computing. Allerton Conference, 1996:239–248.

[14] GUN L, GUÉRIN R A. Bandwidth management and congestion control framework of the broadband network architecture[J]. Computer Networks and ISDN Systems, 1993, 26(1):61–78.

[15] NAUDTS J, DE LAET G, YIN X W. A scheme for multiplexing ATM sources[M]// KOUVATSIS D D. ATM Networks. Boston:Springer, 1996.

[16] LOW S, VARAUYA P. A simple theory of traffic and resource allocation in ATM[C]. IEEE Global Telecommunications Conference and Exhibition, IEEE, 1991:1633–1637.

[17] CHANG C-S, CHEN W-J, HUANG H-Y. On service guarantees for input-buffered crossbar switches: a capacity decomposition approach by Birkhoff and von Neumann[C]. 1999 Seventh International Workshop on Quality of Service, IEEE,1999:79–86.

[18] CRUZ R L. A calculus for network delay. I. Network elements in isolation[J]. IEEE Transactions on Information Theory, 1991, 37(1):114–131.

[19] CRUZ R L, OKINO C M. Service guarantees for window flow control[C]. 34th Annual Allerton Conference on Communication, Control, and Computing. Allerton Conference, 1996:1–12.

[20] DEMERS A, KESHAV S, SHENKER S. Analysis and simulation of a fair queuing algorithm[C]. Proceedings of ACM SIGCOMM '89, ACM, 1989:3–26.

[21] PAREKH A K, GALLAGER R G. A generalized processor sharing approach to flow control in integrated services networks: the multiple node case[C]. IEEE/ACM Transactions on Networking, IEEE, 1994:137–150.

[22] Zhang L. A new traffic control algorithm for packet switching networks[C]. Proceedings of ACM SIGCOMM '90, ACM, 1990:19–29.

[23] GEORGIADIS L, GUÉRIN R A, PERIS V, et al. Efficient support of delay and rate guarantees in an Internet[C]. Proceedings of ACM SIGCOMM '96, ACM, 1996:106–116.

[24] GOLESTANI S J. A Self Clocked Fair Queuing Scheme for High Speed Applications[C]. Proceedings of IEEE INFOCOM '94, IEEE, 1994:636–646.

[25] ZHANG H. Service Disciplines for Guaranteed Performance Service in Packet Switching Networks[C]. Proceedings of the IEEE, IEEE, 1995:1374–1396.

[26] GOYAL P, LAM S S, VIN H. Determining end-to-end delay bounds in heterogeneous

networks[C]. 5th International Workshop on Network and Operating System Support for Digital Audio and Video, Springer, 1995:273–284.

[27] SARIOWAN H, CRUZ R L, POLYZOS G C. Scheduling for quality of service guarantees via service curves[C]. Proceedings ICCCN'95, IEEE, 1995:512–520.

[28] LIEBEHERR J, WREGE D E, FERRARI D. Exact admission control for networks with bounded delay services[C]. ACM/IEEE Transactions on Networking, IEEE, 1996: 885–901.

[29] SARIOWAN H. A service curve approach to performance guarantees in integrated service networks[D]. La Jolla : University of California, San Diego,1996.

[30] KALMANEK C, KANAKIA H, RESTRICK R. Rate controlled servers for very high speed networks[C]. IEEE Globecom'90, IEEE, 1990:12–20.

[31] ZHANG H, FERRARI D. Rate controlled service disciplines[J]. Journal of High Speed Networks, 1994, 3(4):389–412.

[32] PERIS V. Architecture for guaranteed delay service in high speed networks[D]. Maryland: University of Maryland, 1997.

[33] BOYER P E, SERVEL M J, GUILLEMIN F M. The spacer-controller: an efficient upc/npc for ATM networks[C]. ISS '92, 1992.

[34] CRUZ R L. Sced+: Efficient management of quality of service guarantees[C]. IEEE INFOCOM '98, the Conference on Computer Communications, IEEE, 1998:625–634.

[35] BENNETT R, MOTOROLA, BENSON K, et al. An expedited forwarding PHB [EB/OL]. (2002-03)[2020-09-25]. IETF RFC 3246.

[36] BENNETT R, BENSON K, CHARNY A, et al. Delay Jitter Bounds and Packet Scale Rate Guarantee for Expedited Forwarding[J]. ACM/IEEE Transactions on Networking, 2002, 10(4):529–540.

[37] HEINANEN J, BAKER F, WEISS W, et al. Assured forwarding PHB group[EB/OL]. (1999-06)[2021-09-25]. IETF RFC 2597.

[38] CHARNY A, LE BOUDEC J-Y. Delay bounds in a network with aggregate scheduling[C]. First International Workshop on Quality of future Internet Services, Springer, 2000:1–13.

[39] JIANG Y-M. Delay bounds for a network of guaranteed rate servers with FIFO aggregation[J]. Computer Networks, 2002, 40(6):683–694.

[40] FARKAS F, LE BOUDEC J-Y. A delay bound for a network with aggregate scheduling[C]. Proceedings of the Sixteenth UK Teletraffic Symposium on Management of Quality of Service, 2000:5.

[41] BENNETT R, BENSON K, CHARNY A, et al. Delay Jitter Bounds and Packet Scale Rate Guarantee for Expedited Forwarding[C]. Proceedings of IEEE INFOCOM 2001,

IEEE, 2001:1–10.

[42] VERMA D,ZHANG H, FERRARI D. Guaranteeing delay jitter bounds in packet switching networks[C]. Proceedings of IEEE Tricomm Conference '91, IEEE, 1991:35–46.

[43] ZHANG Z-L, DUAN Z. Fundamental trade-offs in aggregate packet scheduling[C]. Proceedings of the SPIE, IEEE, 2001:129–137.

[44] LE BOUDEC J-Y, VOJNOVIC M. Stochastic analysis of some expedited forwarding networks[C]. Proceedings of Infocom, 2002:1–10.

[45] ROCKAFELLAR R T. Convex Analysis[M]. Princeton: Princeton University Press, 1997.

[46] BOYD S, VANDENBERGHE L. Convex Optimization[M]. Cambridge:Cambridge University Press, 2004.

[47] CHANG C S. On deterministic traffic regulation and service guarantee: A systematic approach by filtering[J]. IEEE Transactions on Information Theory, 1998, 44:1096–1107.

[48] AGRAWAL R, RAJAN R. Performance bounds for guaranteed and adaptive services[EB/OL]. (1996-12-05)[2020-09-25].

[49] AGRAWAL R, CRUZ R L, OKINO C, et al. Performance bounds for flow control protocols[J]. IEEE/ACM Transactions on Networking, 1999, 7(3):310–323.

[50] DUFFIELD N G, RAMAKRISHAM K K, REIBMAN A R. Save: An algorithm for smoothed adaptive video over explicit rate networks[J]. IEEE/ACM Transactions on Networking, 1998, 6:717–728.

[51] REXFORD J, TOWSLEY D. Smoothing variable-bit-rate video in an internetwork[J]. IEEE/ACM Transactions on Networking, 1999, 7:202–215.

[52] SALEHI J D, ZHANG Z-L, KUROSE J F, et al. Supporting stored video: Reducing rate variability and end-to-end resource requirements through optimal smoothing[J]. IEEE/ACM Transactionson Networking, 1998, 6:397–410.

[53] MCMANUS J M, ROSS KW. Video-on-demand over ATM: Constant-rate transmission and transport[J]. IEEE Journal on Selected Areas in Communications, 1996, 7:1087–1098.

[54] FENG W-C, REXFORD J. Performance evaluation of smoothing algorithms for transmitting variable bit-rate video[J]. IEEE Transactions on Multimedia, 1999, 1:302–312.

[55] THIRAN P, LE BOUDEC J-Y, WORM F. Network calculus applied to optimal multimedia smoothing[C]. Proceedings IEEE INFOCOM 2001, 2001: 1474–1483.

[56] LE BOUDEC J-Y, VERSCHEURE O. Optimal smoothing for guaranteed service [EB/OL]. (2000-03-16)[2020-09-25].

[57] CHANG S. Stability, queue length, and delay of deterministic and stochastic queueing networks[J]. IEEE Transactions on Automatic Control, 1994, 39(5):913–931.

[58] ANDREWS M. Instability of FIFO in session-oriented networks[C]. Eleventh Annual ACM-SIAM Symposium on Discrete Algorithms, ACM, 2000:440–447.

[59] CHLAMTAC I, ZHANG H-B, FARAGÓ A, et al. A deterministic approach to the end-to-end analysis of packet flows in connection oriented networks[J]. IEEE/ACM transactions on networking, 1998, (6)4:422–431.

[60] ZHANG H. A note on deterministic end-to-end delay analysis in connection oriented networks[C]. 1999 IEEE International Conference on Communications, IEEE, 1999: 1223–1227.

[61] LE BOUDEC J-Y, HEBUTERNE G. Comment on a deterministic approach to the end-to-end analysis of packet flows in connection oriented network[J]. IEEE/ACM Transactions on Networking, 2000, 8:121–124.

[62] HAJEK B. Large bursts do not cause instability[J]. IEEE Transactions on Automatic Control, 2000, 45:116–118.

[63] CRUZ R L. A calculus for network delay, part ii: Network analysis[J]. IEEE Transactions on Information Theory, 1991, 37(1):132–141.

[64] TASSIULAS L, GEORGIADIS L. Any work conserving policy stabilizes the ring with spatial reuse[J]. IEEE/ACM Transactions on Networking, 1996, 4(2): 205–208.

[65] OKINO C. A framework for performance guarantees in communication networks[D]. La Jolla : University of California, San Diego, 1998.

[66] AGRAWAL R, CRUZ R L, OKINO C, et al. A framework for adaptive service guarantees[C]. Annual Allerton Conference on Communication, Control, and Computing. Allerton Conference, 1998:693–702.

[67] JACOBSON V, NICHOLS K, PODURI K. An expedited forwarding PHB[EB/OL]. (1999-06)[2020-09-25]. IETF RFC 2598.

[68] COURTNEY W, BENSON K, BENNETT J, et al. Supplemental Information for the New Definition of the EF PHB (Expedited Forwarding Per-Hop Behavior)[EB/OL]. (2002-03)[2020-09-25]. IETF RFC 3247.

[69] BENNETT J, ZHANG H. WF^2Q: Worst-case fair weighted fair queueing[C]. Proceedings of IEEE INFOCOM '96, IEEE, 1996:120–128.

[70] GUÉRIN R, PERIS V. Quality-of-service in packet networks: basic mechanisms and directions[J]. Computer Networks, 1999, 31(3):169–189.

[71] LE BOUDEC J-Y, GIORDANO S. On a class of time varying shapers with application to the renegotiable variable bit rate service[J]. Journal on High Speed Networks, 2000, 9(2):101–138.

[72] CHANG C-S, CRUZ R L. A time varying filtering theory for constrained traffic regulation and dynamic service guarantees[C]. IEEE INFOCOM '99, IEEE, 1998:63–70.

[73] CRUZ R L, CHANG C-S, LE BOUDEC J-Y, et al. A min,+ system theory for constrained traffic regulation and dynamic service guarantees[J]. IEEE/ACM Transactions on Networking, 2002, 10(6): 805–817.

[74] CRUZ R L, TANEJA M. An analysis of traffic clipping[C]. Proceedings of 1998 Confenrence on Information Science & Systems, Princeton University, 1998:1–6.

[75] CHUANG C-M, CHANG J-F. Deterministic loss ratio quality of service guarantees for high speed networks[J]. IEEE Communications Letters, 2000, 4(7):236–238.

[76] LO PRESTI F, ZHANG Z-L, TOWSLEY D, et al. Source time scale and optimal buffer/bandwidth trade-off for regulated traffic in a traffic node[J]. IEEE/ACM Transactions on Networking, 1999, 7:490–501.

[77] ELWALID A, MITRA D, WENTWORTH R. A new approach for allocating buffers and bandwidth to heterogeneous, regulated traffic in ATM node[J]. IEEE Journal of Selected Areas in Communications, 1995, 13(6):1048–1056.

[78] LE BOUDEC J-Y. Application of network calculus to guaranteed service networks[J]. IEEE Transactions on Information Theory, 1998, 44:1087–1096.

[79] LE BOUDEC J-Y, THIRAN P. Network calculus viewed as a min-plus system theory applied to communication networks[EB/OL]. (1998-04-03)[2020-09-25].

[80] SKOROKHOD. Stochastic equations for diffusion processes in a bounded region[J]. Theory of Probability and its Applications, 1961, 6(3):264–274.

[81] HARRISON J M. Brownian Motion and Stochastic Flow Systems[M]. New York:John Wiley & Sons, 1985.

[82] KONSTANTOPOULOS T, ANANTHARAM V. Optimal flow control schemes that regulate the burstiness of traffic[J]. IEEE/ACM Transactions on Networking, 1995, 3:423–432.

[83] ROYDEN H L. Real Analysis[M] , 2 edition. New York: Macmillan Library Reference, 1968.

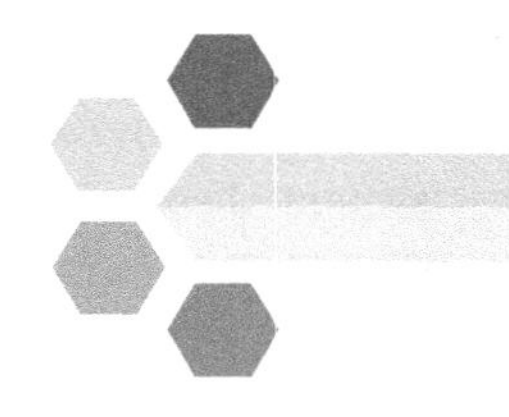

索　　引

（索引标注的是该词条的定义或概念解释所在的位置。）

A

B

C

D

F

G

H

J

K

L

P

Q

S

T

W

X

Y

Z

其他